内容更全面 · 功能巨强大 · 学习超简单 · 效果数一流

我的照片我做主

快速成为Photoshop CS6照片修饰高手

蒋林　万丹◎等编著

机械工业出版社
CHINA MACHINE PRESS

本书通过代表性极强的实例来详细讲解Photoshop CS6照片后期修饰的方法，使读者能更加轻松地处理数码摄影后期的诸多问题。全书分为18章，循序渐进地介绍了Photoshop CS6照片修饰的操作方法以及该软件的全部功能,同时DVD光盘中附带了与全书正文内容配套的教学视频与素材图片，帮助读者深入领会操作技巧，灵活使用素材图片学习修饰方法。本书适合广大美术爱好者、家庭数码摄影爱好者、影楼平面设计师、网页设计师阅读，也可供各类数码图片培训班作为教材使用，还适用于大、中专院校学生自学，是一本不可多得的全能照片修饰教程。

图书在版编目（CIP）数据

我的照片我做主：快速成为Photoshop CS6照片修饰高手 / 蒋林等编著. —北京：机械工业出版社，2014.4
ISBN 978-7-111-46397-9

Ⅰ.①我… Ⅱ.①蒋… Ⅲ.①图象处理软件 Ⅳ.①TP391.41

中国版本图书馆CIP数据核字（2014）第069118号

机械工业出版社（北京市百万庄大街22号　邮政编码100037）
策划编辑：宋晓磊　责任编辑：宋晓磊　陈瑞文
封面设计：鞠　杨　责任校对：白秀君
责任印制：乔　宇
北京画中画印刷有限公司印刷
2014年7月第1版第1次印刷
184mm × 260mm · 19印张 · 471千字
标准书号：ISBN 978-7-111-46397-9
　　　　　ISBN 978-7-89405-447-0（光盘）
定价：89.90元（含1DVD）

凡购本书，如有缺页、倒页、脱页，由本社发行部调换

电话服务	网络服务
社服务中心：（010）88361066	教 材 网：http://www.cmpedu.com
销 售 一 部：（010）68326294	机工官网：http://www.cmpbook.com
销 售 二 部：（010）88379649	机工官博：http://weibo.com/cmp1952
读者购书热线：（010）88379203	**封面无防伪标均为盗版**

前言

Photoshop CS6是当前最流行的图像处理软件之一，应用范围较广泛，但是这毕竟是一款专业软件，普通用户很难掌握它的全部功能。最新版本的Photoshop CS6，功能十分强大，不仅超过以往版本，还远远领先于其他同类软件。本书详细介绍了该软件的全部功能，结合海量数码照片处理实例，解析各种应用操作，引领读者深入学习这款软件，提升照片处理水平，创造生活乐趣。

使用Photoshop CS6处理数码照片的方法很多，也没有严格的操作程序，但是为了提高效率，在实际操作中应注意以下几点。

1.勤思考少操作

Photoshop CS6的操作难度不大，很多初学者认为，处理一张照片应该花费很长时间，唯美效果应该建立在频繁且复杂的操作之上。因此，为了达到某一种效果，多次且反复地针对同一命令进行操作，这样不仅浪费时间，而且还会破坏高清的原文件。Photoshop CS6的表现效果主要来自创意，用户应当进行目的性操作，而不是尝试性操作，要仔细领悟本书的操作细节，选择合适的命令来变化照片效果。

2.合理设置参数

使用Photoshop CS6处理各种数码照片时需要设置很多参数，大多数参数表示操作强度的大小。不要贪图简便，急于将各种参数设置过大，具体参数应当根据实际需要来设置。一次性将参数设置过大，会使照片迅速失去原有效果，瞬间变得很特异，虽然可以恢复操作，但是会让初学者产生抵触情绪，不愿再使用这类命令，给深入修饰造成障碍。

3.分层处理数码照片

要对数码照片进行颜色修饰或增加配饰等操作，都应增加图层，应该为每一种效果或配饰元素赋予一个图层，或是将原图图层复制，或是新建空白图层。不宜在同一图层上进行多重操作或全部操作，否则，一旦需要再次修改就会陷入僵局。本书所有案例都以分层处理为宗旨，为拓展创意奠定了基础。

4.分类保存文件

经过修饰的数码照片应当及时保存，照片文件的重新命名方式一般以汉字为主，相同内容可以在汉字后面增加数字，数字一般以三位数为佳，可以一次保存1000张图片。不要随意将图片名称临时命名为单独数字，如111、222、333等，看似方便，时间一长就容易忘掉。不同类型的照片文件应当分开保存，如按时间、场所、人物、主题、事件等类型分开建立文件夹，这样才能迅速查找到想要的照片。

总之，Photoshop CS6的学习应持之以恒，要让该软件成为生活的一部分，这样用户修饰照片的水平就会日益提高。本书在编写过程中得到以下同仁的帮助，感谢他们为本书提供照片素材（排名不分先后）。

边　塞　曹洪涛　陈庆伟　程媛媛　程婷婷
邓贵艳　付　洁　方　禹　马一峰　高宏杰
李　恒　李吉章　李建华　刘　敏　卢　丹
吕　菲　罗　浩　秦　哲　施艳萍　孙未靖
苏　如　汤留泉　田　蜜　万　阳　吴方胜
肖　萍　肖　璐　苑　轩　祖　赫　张惠娟

编　者

精彩导读

P016 2.2.4 旋转视图
P046 3.8.7 制作个性杯子
P049 3.9.2 Alpha通道保护图像
P069 4.7.4 细化工具抠毛发
P099 5.9.1 制作发黄照片
P169 8.8.2 校正桶形与枕形失真
P115 6.3.4 描边命令
P171 8.8.5 校正倾斜照片
P191 10.3.2 神奇眼镜
P139 7.5.2 使用通道调出夕阳余辉
P183 9.3.1 去除人像斑点
P242 16.1.10 载入外部动作制作素描淡彩照片
P254 17.4 照片打印设置
路径文字
P206 11.3.4 画笔描边路径
P212 12.3.1 创建路径文字
P257 18.1.2 气泡效果
P265 18.3.1 牛奶字
P222 13.3.3 制作抽丝效果照片
P223 14.1.2 按钮翻转
P233 15.3.5 为视频添加文字和特效
P273 18.4.2 艺术拼贴
P281 18.5.3 制作彩色漂白效果

目录

第1章　认识Photoshop CS6

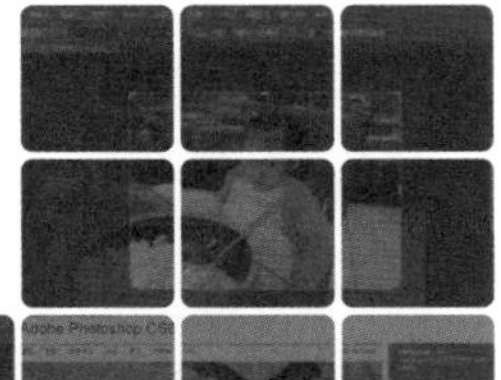

本章介绍

本章主要介绍Photoshop CS6的基本概况，使读者熟悉该软件的用途与性能，为后期深入学习打好基础。本章重点在于掌握正确的安装方法，了解新增功能，培养建立随时查阅帮助中心的习惯。

难度等级 ★☆☆☆☆

1.1　发展历程

Photoshop是迄今为止世界上最畅销的图像编辑软件之一，并且它在图形、图像、出版等多个行业都有涉及。但是Photoshop的最初设计却不是这样的。

1987年秋，攻读博士学位的美国研究生托马斯·洛尔（Thomes Knoll）编写了一个在黑白位图监视器上能够显示灰阶图像的程序Display，这个简单的程序引起了在影视特效制作公司工作的哥哥约翰·洛尔（John Knoll）的注意，他让托马斯帮忙编写一个能处理数字图像的程序，这正是Display的起点，他们的合作也是从此开始。两兄弟在此后的一年多的时间里，将Display修改成了内容更齐全、功能更强大的图像处理程序，最终更名为Photoshop。

最初，Photoshop是与Bameyscan XP扫描仪捆绑发行的，版本是0.87。直到1988年，Adobe公司看出了其中的商机，买下了Photoshop的发行权，使其成为了Adobe家族中的一员。

1990年，Photoshop 1.0发布，它仅有“工具面板”和少量的“滤镜”。1991年，Photoshop 2.0发布，增加了“路径”功能，内存分配扩展到了4MB，同时支持了Illustrator文件格式。1992年，发布了Windows视窗版本Photoshop 2.5，增加了“Dodge”和“Burn”工具以及“蒙版”的概念。1994年，发布了Photoshop 3.0，在功能上增加了“图层”。1996年末发布的Photoshop 4.0，增加了动作功能、调整层和标明版权的水印图像。1998年发布的Photoshop 5.0，增加了历史面板、图层样式、撤消功能、垂直书写文字和魔术套索工具，从5.0.2版本开始，Photoshop设计了中文版。1999年，Photoshop 5.5发布，并与Image Ready2.0捆绑。2000年，Photoshop 6.0发布，增加了Web功能、矢量绘图工具，增强了层管理功能。2002年3月，Photoshop 7.0发布，此时的Photoshop已经具有了强大的数码图像编辑功能。

2003年，Photoshop CS发布，它将Adobe的其他几个软件集成为Photoshop Creative Suite套装，增加了镜头模糊、镜头修正和智能调节亮度的数码相片修正功能。2005年，Photoshop CS2发布，在功能上增加了智能对象、图像扭曲、红眼工具、智能锐化和消失点等。2007年4月发布的Photoshop CS3，使用了全新的用户界面，增加了智能滤镜、视频编辑和3D等功能。2008年9月发布的Photoshop CS4，特别注重简化工作流程和提高工作效率，增加了旋转画布、显卡加速等功能。2010年4月，Photoshop CS5发布，增加了自动镜头校正、内容自动填补和智能选择等功能。两年后，Photoshop CS6正式发布。图1-1为各个版本的Photoshop的启动画面。

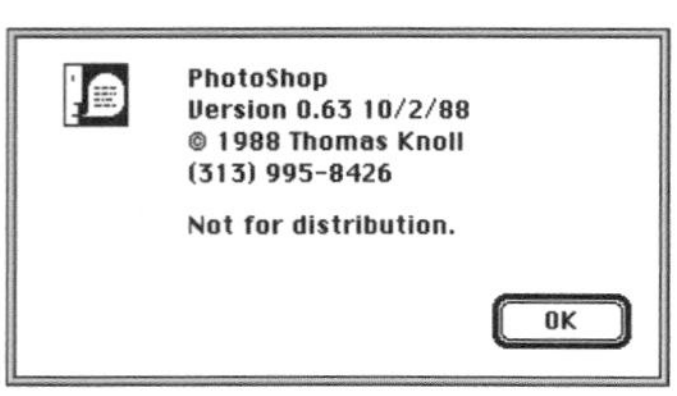

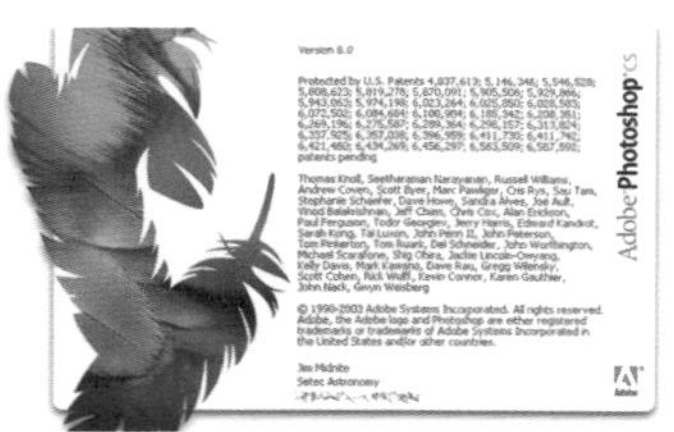

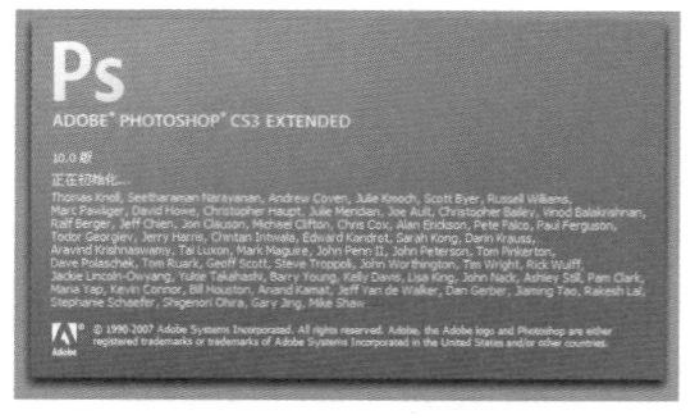

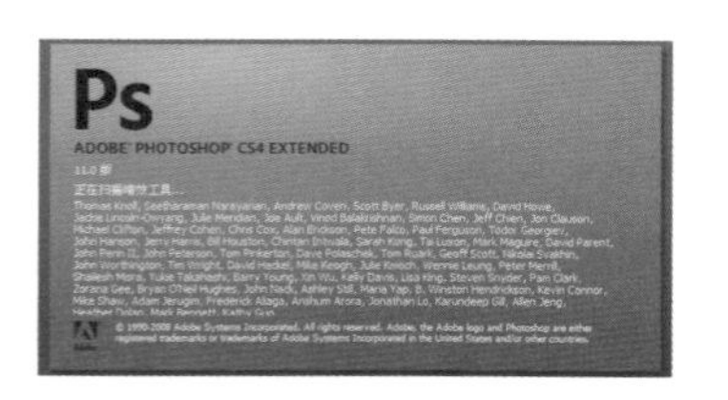

图1-1

1.2　应用领域

1.2.1　平面设计

平面设计是Photoshop应用最为广泛的领域之一，平面设计与制作中的各个环节都需要使用Photoshop对其中的图像进行合成、处理。Photoshop是平面设计师不可缺少的软件。

1.2.2　数码摄影后期处理

Photoshop作为最专业的图像处理软件之一，它可以轻松完成从输入到输出的一系列工作，包括校色、修复、合成等。

1.2.3　插画设计

由于Photoshop具有良好的绘画与调色功能，因此很多人开始使用计算机图形设计工具来创作艺术插图，插画已经成为青年人表达文化意识形态的利器。

1.2.4　网页设计

制作网页时，Photoshop是必不可少的网页图像处理软件。使用Photoshop设计并制作出网页页面后，再使用Dreamweaver进行处理，加入动画内容，一个互动的网站页面即可生成。

1.2.5　界面设计

随着计算机硬件性能的不断加强和人们审美情趣的不断提高，软件、游戏、手机等的界面设计也变得备受重视，在此领域，Photoshop扮演着非常重要的角色。

1.2.6　动画与CG设计

使用3ds Max、Maya等三维软件做出精良的模型后，不为模型赋予逼真的贴图，是无法得到较好的渲染效果的。使用Photoshop制作出的人物、场景等贴图，效果逼真，还可提高渲染效率。

1.2.7　绘画与数码艺术

Photoshop具有强大的图像编辑功能，为绘画和数码艺术爱好者的创作提供了无限的可能。随心所欲地修改、合成、替换，使得大量想象力丰富的作品被创作出来。

1.2.8　效果图后期制作

使用三维软件渲染出的效果图大多要使用Photoshop进行后期处理，如调节画面颜色、对比或添加人物和植物等装饰品，这样不仅提高了渲染的效率，也使效果图更加精美。

Photoshop一直以来都是应用于平面设计和图像处理等专业领域，随着计算机的普及才开始进入家庭，越来越多的非专业个人开始使用这一专业软件。相对于操作更简单的其他图像软件而言，Photoshop的功能更齐全，能满足更多的个性化应用，且学习起来并不是很难。近年来，Photoshop CS也在不断更新，上手门坎一降再降，凡是购买了数码相机的家庭消费者、青年学生和摄影爱好者都在学习Photoshop，而且都能掌握基本的操作方法。学习和使用Photoshop软件已经成为一种生活时尚。

1.3 安装与卸载方法

1.3.1 安装Photoshop CS6 【视频】

1.准备好软件后，打开安装文件夹根目录下的Adobe CS6文件夹，双击安装向导文件（图1-2），双击后运行初始化安装程序（图1-3）。

图1-2

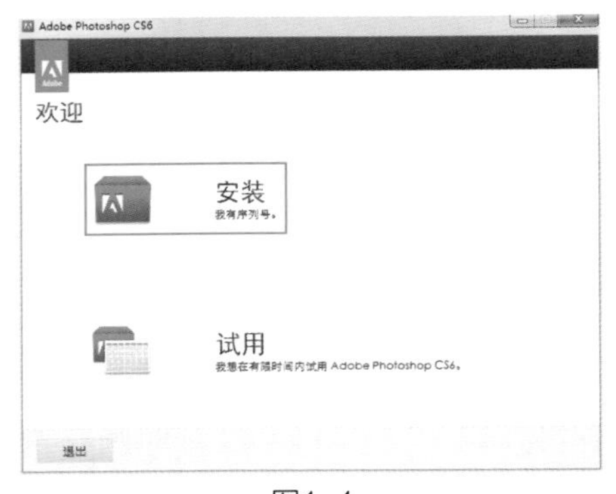

图1-3

2.初始化完成后，进入“欢迎”窗口，单击“安装”按钮（图1-4），出现“Adobe软件许可协议”，单击“接受”按钮（图1-5）。

图1-4

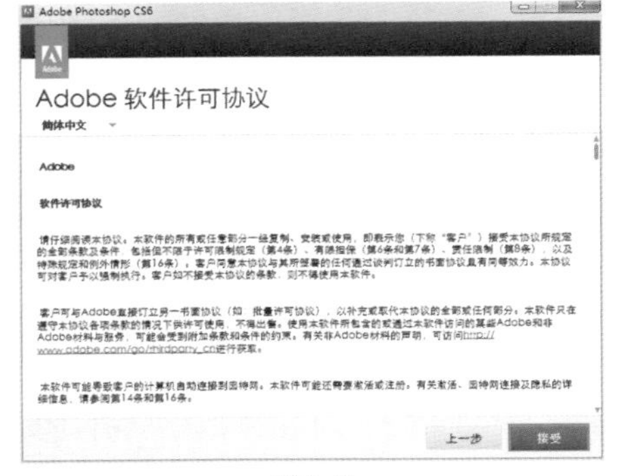

图1-5

3.在打开的“序列号”对话框中输入安装序列号，输入完成后单击“下一步”按钮（图1-6）。

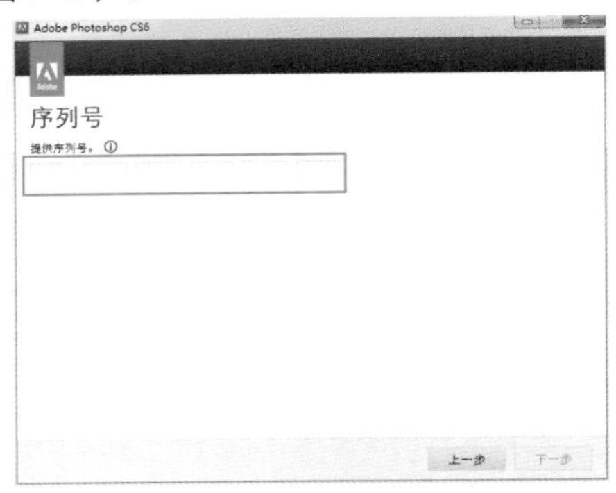

图1-6

4.打开“选项”窗口后，设置“语言”为“简体中文”，系统默认的安装位置是C盘，如需更改，可以单击右侧图标 ，设置安装路径（图1-7）。

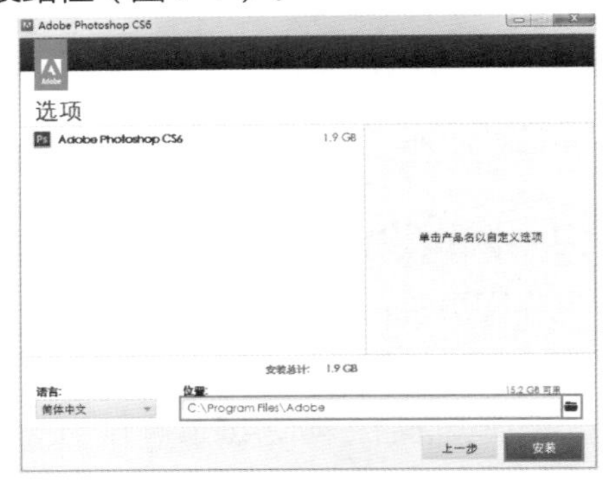

图1-7

Photoshop CS6的安装目录一般应保持为默认状态，即与操作系统同在C盘中，最好不要随意修改安装路径，因为这样可以提高计算机的运行速度。安装完毕后，在正式使用的过程中，应时常观察C盘的剩余空间，保留约30%的剩余空间才能使系统正常运行。

5.设置完成后，单击“安装”按钮进行安装，系统会自动显示安装的进度条和剩余时间（图1-8）。安装完成后单击“关闭”按钮（图1-9）。

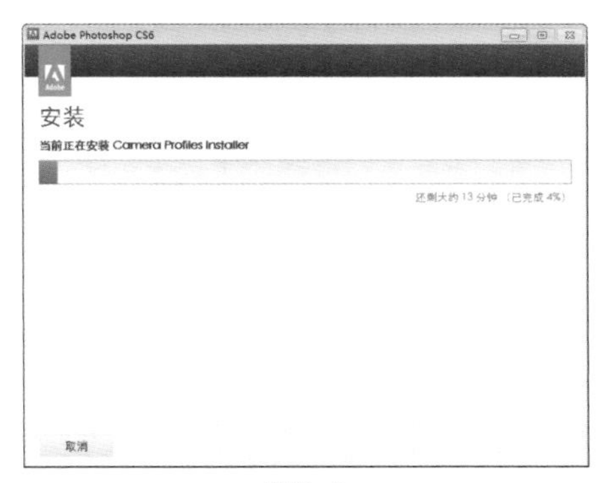

图1-8

图1-9

6.此时安装完成，在开始菜单中找到Photoshop CS6，双击程序图标启动程序，图1-10为启动画面。

图1-10

1.3.2 卸载Photoshop CS6 [视频]

1.在“开始”菜单中打开Windows控制面板，单击“程序”下的“卸载程序”选项（图1-11）。在打开的“卸载或更改程序”对话框中选择Photoshop CS6选项（图1-12）。

图1-11

图1-12

2.单击“卸载/更改”按钮（图1-13）。在弹出的“卸载选项”对话框中单击“卸载”按钮（图1-14）。

图1-13

图1-14

3.单击“卸载”按钮后，“卸载”窗口会显示卸载的进度条和剩余时间（图1-15）。弹出“卸载完成”窗口后，单击“关闭”按钮（图1-16），此时Photoshop CS6卸载完成。

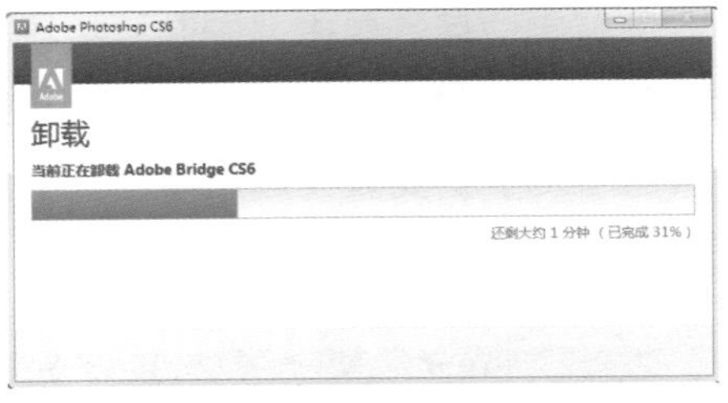

图1-15

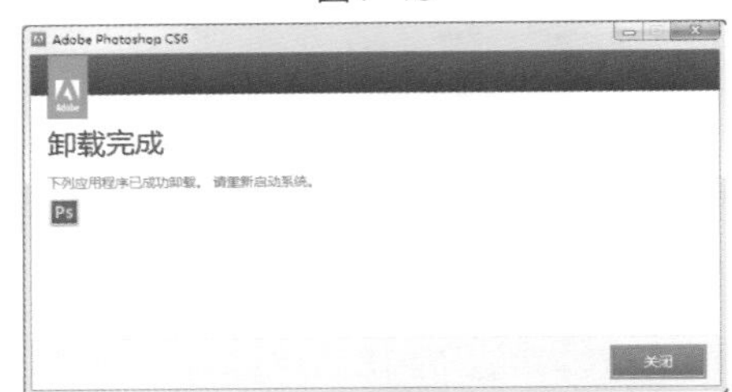

图1-16

1.4 新增功能

Photoshop CS6是Adobe公司历史上最大规模的一次产品升级，数百项的设计改进提供了方便、快捷、智能的用户体验，下面对几项大的改动进行讲解。

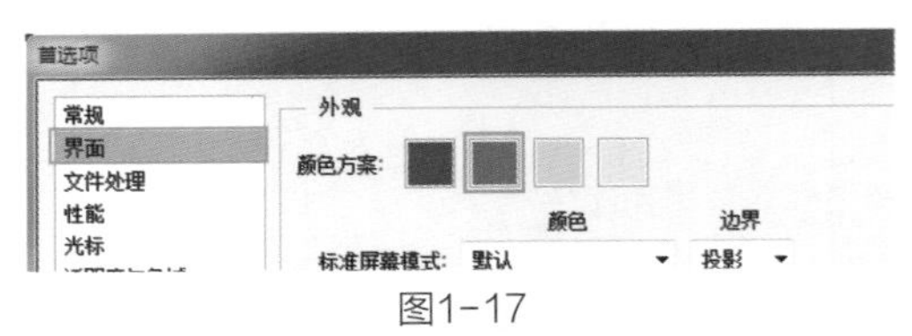

图1-17

1.4.1 工作界面

Photoshop CS6增加了界面的颜色方案，用户可以在“首选项”的“界面”选项卡中自行调节（图1-17）。其中深色界面更加典雅精致，图像更加凸显，用户的工作效率也大大提高（图1-18）。

图1-18

1.4.2 裁剪工具

Photoshop CS6的“裁剪”工具 可以将裁剪区域进行隐藏，还可以自由选择是否删除裁剪的图像，这样便使常规操作变得更加灵活、精确（图1-19）。

图1-19

1.4.3 内容感知移动工具

使用Photoshop CS6工具箱中的“内容感知移动”工具，可以将选择的图像移动或复制到其他区域，能够产生良好的融合效果（图1-20、图1-21）。

图1-20

图1-21

1.4.4 肤色识别

在Photoshop CS6的色彩范围命令中，为用户提供了“肤色”选项，在进行人物照片修饰时，可以毫不费力地创建选区，对皮肤进行调整（图1-22）。

图1-22

1.4.5 矢量图层

Photoshop CS6改进后的矢量图层可以应用描边、为矢量对象添加渐变、自定义描边图案，还可以创建像矢量程序一样的虚线描边（图1-23）。

图1-23

1.4.6 图层过滤器

Photoshop CS6在“图层”控制面板中增加了“图层过滤器”（图1-24），同时在“选择”菜单中增加了“查找图层”命令（图1-25）。用户可以通过“名称”、“效果”、“模式”等方式查找图层，提高了工作效率。

图1-24

图1-25

1.4.7 自动储存恢复

Photoshop Cs6新增加的自动储存恢复功能可以避免因死机、突然关闭等意外情况而导致的文件丢失。这一功能会自动在第一个暂存盘中创建一个名为“PSAutoRecover”

的文件夹，将正在被编辑的图像备份至此，如文件非正常关闭，那么再次运行Photoshop时，系统会自动打开并恢复该文件。文件自动储存恢复信息的时间间隔在“编辑”→“首选项”→“文件处理”中进行设置（图1-26）。

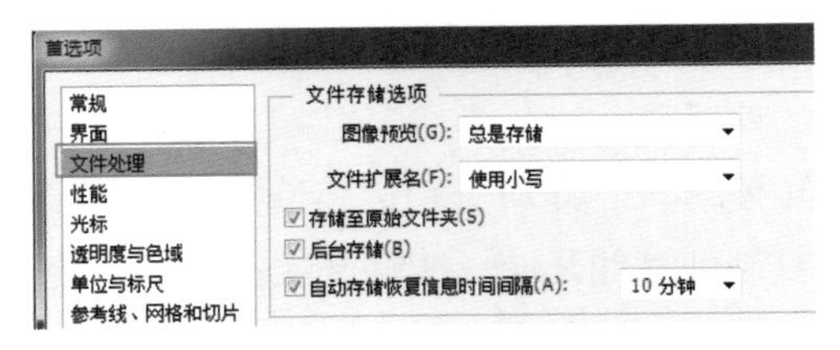

图1-26

1.5 Adobe帮助应用

1.5.1 Photoshop联机帮助和支持中心

在菜单栏中单击“帮助”→“Photoshop联机帮助”或“Photoshop支持中心”命令，即可链接到Adobe网站的帮助社区，用户可以在线观看由Adobe专家录制的Photoshop演示视频。

1.5.2 关于Photoshop

单击“帮助”→“关于Photoshop”命令，在弹出的窗口中会显示Photoshop的版本号、研发小组的人员名单和其他的相关信息。

1.5.3 关于增效工具

增效工具是由Adobe公司与其他软件开发者合作开发的软件程序，旨在增添Photoshop的功能。单击“帮助关于增效工具Camera Raw”或“CompuServe GIF”等命令，即可查看增效工具的各种信息，了解相关功能。

1.5.4 法律声明

单击“帮助”→“法律声明”命令，即可在打开的窗口中查看关于Photoshop的专利和法律声明。

1.5.5 系统信息

单击“帮助”→“系统信息”命令，即可在打开的“系统信息”窗口中查看当前操作系统的显卡、内存和驱动等信息，以及安装组件、增效工具等信息。

1.5.6 产品注册

单击“帮助”→“产品注册”命令，即可在线注册Photoshop，注册成功的用户可获取最新的产品信息，同时还可以享受培训、咨询等服务。

1.5.7 取消激活

由于Photoshop的单用户零售许可只支持两台计算机使用，因此如果要在第3台计算机上使用同一个Photoshop产品，那么需要先在之前的计算机上取消激活。单击“帮助”→“取消激活”命令，即可取消激活。

1.5.8 更新

单击“帮助”→“更新”命令，即可从Adobe公司的网站上下载最新版本的软件。

图1-27

1.5.9 Photoshop联机和联机资源

单击“帮助”→“Photoshop联机”命令，可以链接到Adobe公司的网站首页（图1-27）。单击“帮助”→“Photoshop联机资源”命令，可以链接到Adobe公司的网站帮助页面（图1-28）。

1.5.10 Adobe公司产品改进计划

单击“帮助”→“Adobe公司产品改

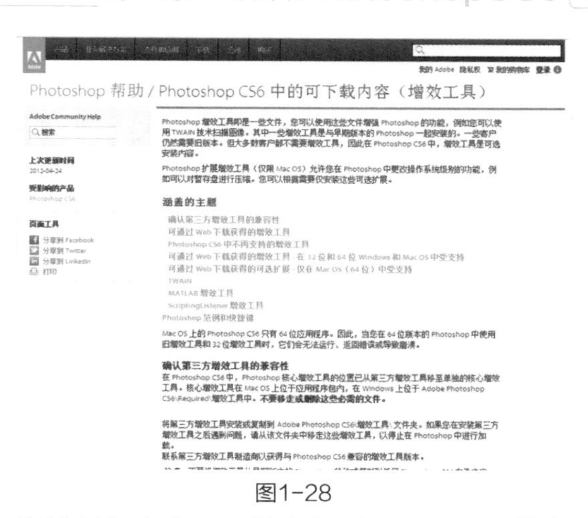

图1-28

进计划”命令，可以参与到Adobe公司的产品改进计划，可以针对软件提出自己的意见。

1.5.11 远程连接

单击“编辑”→“远程连接”命令，可以借助ConnectNow服务，实现屏幕共享，方便了用户之间的沟通与合作。一直以来，Photoshop在联机互助方面都做得很到位。■

第2章　基本操作方法

本章介绍

本章主要介绍Photoshop CS6的基本操作方法，读者可以初步认识操作界面，掌握查看照片文件的方法，能设置个性化操作界面，以提高工作效率，能合理运用该软件自带的辅助工具与素材资源。

2.1　基本操作界面

Photoshop CS6的工作界面被重新设计后，划分更加合理，使用更加方便。Photoshop CS6的工作界面包括菜单栏、工具箱、工具属性栏、控制面板、图像编辑窗口和状态栏（图2-1）。

图2-1

文件(F)　编辑(E)　图像(I)　图层(L)　文字(Y)　选择(S)　滤镜(T)　3D(D)　视图(V)　窗口(W)　帮助(H)

图2-2

2.1.1　菜单栏【视频】

Photoshop CS6 Extended菜单栏包含了文件、编辑、图像、图层、文字、选择、滤镜、3D、视图、窗口和帮助共11个主菜单（图2-2），每个主菜单都包含一系列命令。

在菜单上单击鼠标左键即可打开菜单。如果命令名称的后面带有黑色三角标记，则表示该命令含有下拉菜单。单击命令或按下键盘上与之对应的快捷键均可执行该命令（图2-3）。

图2-3

2.1.2　工具箱【视频】

Photoshop CS6的工具箱共分为4组，各组之间以分割线隔开，分别为“选取和移动工具组”、“绘画和修饰工具组”、“矢量工具组”和“辅助工具组”（图2-4）。

在工具上单击鼠标左键即可选中该工具。如果工具图标的右下角带有三角标记，则表示还有其他相关工具隐藏于此，将鼠标移动到这样的工具上，按住鼠标左键保持不动，即可显示出隐藏的工具（图2-5）。

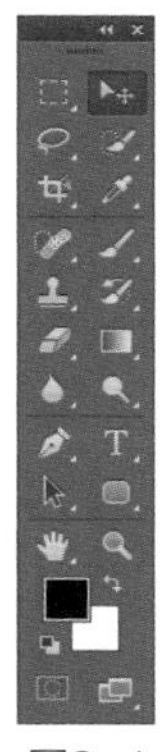

图2-4

图2-5

2.1.3　工具属性栏 视频

工具属性栏用来设置工具的参数，是Photoshop CS6的重要组成部分，它会随着工具的改变而改变选项内容，图2-6为文字工具 的属性栏。

图2-6

1.在工具属性栏的文本框中单击鼠标左键，输入数值并按<Enter>键确定，即可调整数值（图2-7）。

图2-7

2.如果文本框右侧有三角形标志的按钮 ，那么按下该按钮，会弹出控制滑块，通过拖动滑块来调整数值（图2-8）。

图2-8

3.对于含有文本框的选项，用户还可以将鼠标放在选项名称上，鼠标会自动变成左右箭头的状态，此时按住鼠标左键并左右移动即可调整数值（图2-9）。

4.工具属性栏中的选项如果带有双向三角标志 ，那么单击该选项，可以打开其下拉菜单（图2-10）。

图2-9

图2-10

2.1.4　控制面板 视频

Photoshop CS6的控制面板用于图像及其应用工具的属性显示与参数设置等，灵活使用控制面板可以大大提高工作效率。

1.选择控制面板。单击控制面板选项卡中的面板名称，即可显示选择的面板（图2-11）。

图2-11

2.折叠与展开。在控制面板上单击右上角的三角按钮 ，可以将控制面板折叠为图标的状态（图2-12）。单击图标即可打开相应的面板（图2-13）。在图标状态下，单击鼠标左键拖动控制面板的左边界，即可调整宽度，使文字显示出来（图2-14）。

图2-12

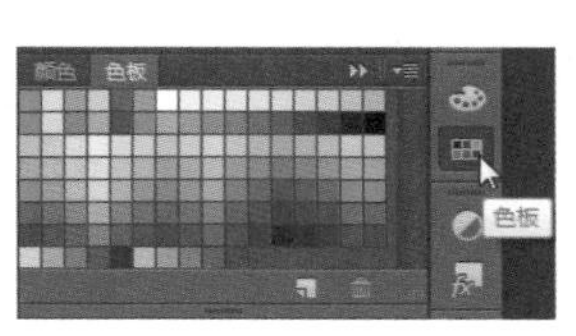

图2-13

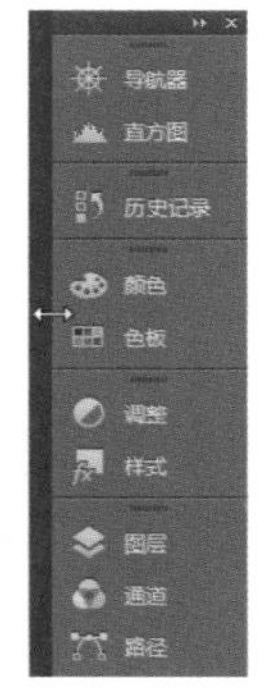

图2-14

3.打开控制面板菜单。控制面板菜单中包含了与当前控制面板相关的命令，单击控制面板右上角的按钮 ，即可打开控制面板菜单（图2-15）。

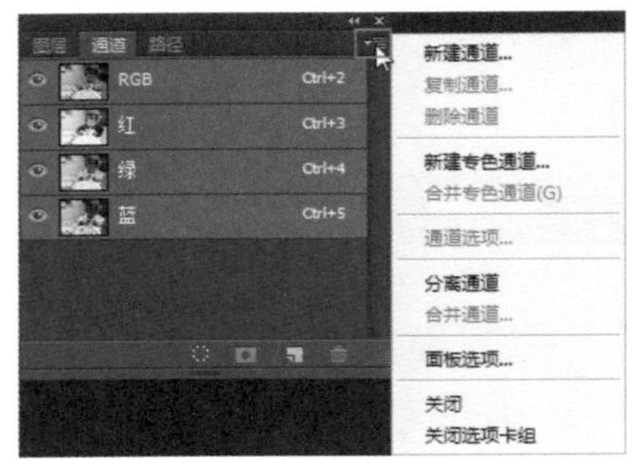

图2-15

4.关闭控制面板。在控制面板的标题栏处单击鼠标右键，在弹出的快捷菜单中单击“关闭”或“关闭选项卡组”命令，即可关闭该控制面板或控制面板组（图2-16）。关闭浮动面板可以直接单击“关闭”按钮 。

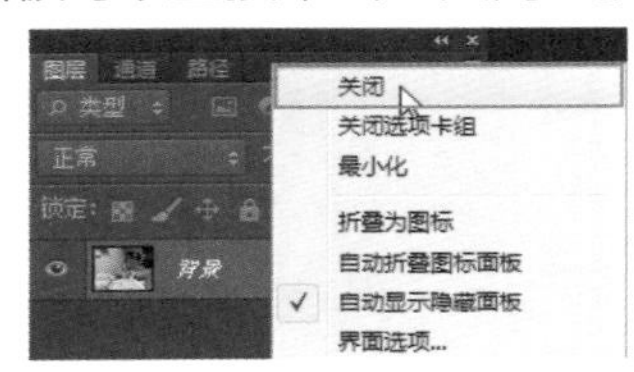

图2-16

2.1.5 图像编辑窗口 [视频]

在使用Photoshop CS6时，可以打开或创建多个图像窗口，在标题栏上单击图像的名称，可以将其设置为当前操作对象（图2-17）。当打开的图像窗口过多，不能显示所有的图像名称时，单击标题栏右侧的按钮 ，在弹出的下拉菜单中选择需要的图像（图2-18）。

图2-17

单击窗口右上角的关闭按钮 ，即可关闭窗口。如需关闭所有窗口，可以在标题栏上单击鼠标右键，在打开的菜单中单击“关闭全部”命令即可（图2-19）。

图2-18

图2-19

2.1.6 状态栏 [视频]

位于图像编辑窗口底部的状态栏是显示图像编辑窗口的缩放比例、文档大小、使用工具等信息的组件。

在状态栏上单击三角按钮 ，则可以在弹出的菜单中选择其他图像的信息内容（图2-20）。

在状态栏上单击鼠标左键，可以查看到图像的宽度、高度和分辨率等信息（图2-

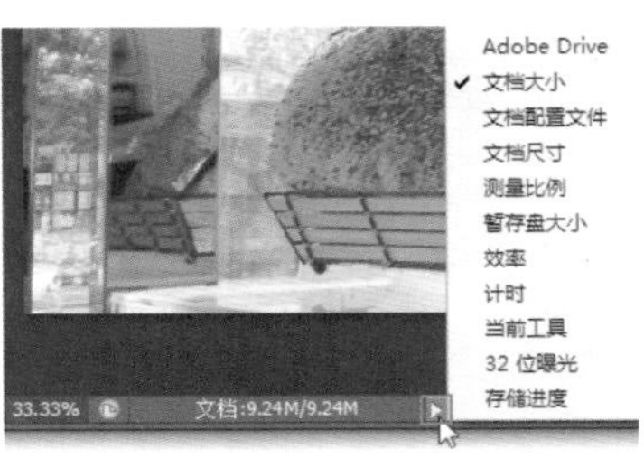

图2-20

21）。按住<Ctrl>键并在状态栏上单击鼠标左键，可以查看到图像的拼贴宽度和拼贴高度等信息（图2-22）。

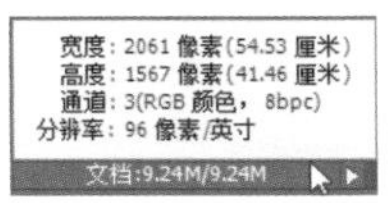

图2-21

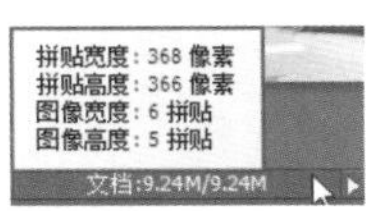

图2-22

2.2　查看照片

2.2.1　屏幕模式 【视频】

单击“工具箱”中的屏幕模式按钮，可以切换不同的屏幕模式，包括标准屏幕模式（图2-23）、带有菜单栏的屏幕模式（图2-24）和全屏模式（图2-25）。

图2-23

图2-24

图2-25

2.2.2　排列 【视频】

在菜单栏中单击“窗口”→“排列”命令，在弹出的下拉菜单中可以选择图像窗口的各种排列方式（图2-26）。

打开多个图像文件后，可以在“窗口”→“排列”菜单中选择任意一种排列方式进

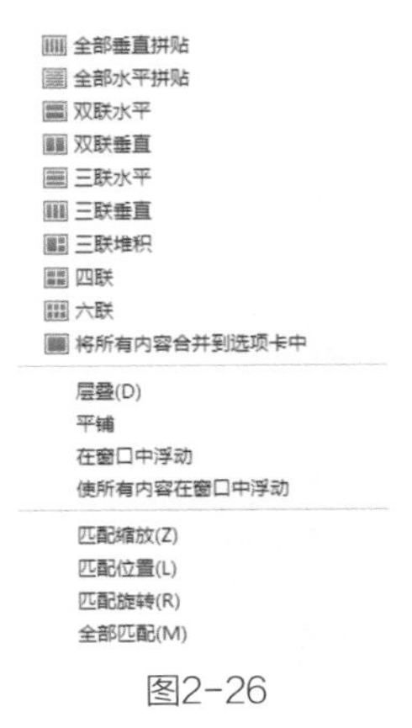

图2-26

行排列，如全部垂直拼贴（图2-27）、全部水平拼贴（图2-28）、双联水平（图2-29）、双联垂直（图2-30）、将所有内容合并到选项卡中（图2-31）。

1.层叠。将浮动窗口按左上角到右下角的方向进行层叠（图2-32）。

图2-27

图2-28

图2-29

图2-30

图2-31

图2-32

要点提示

将图片并列排放在窗口中能方便用户观察，能比较不同图片的差异，还能将其中一张图片拖入到另一张图片中，但是这样不方便长期操作，而且会占用更多的计算机内存，所以应当在比较或拖动完图片后，及时关闭暂时不作处理的图片文件。

2.平铺。以填满整个图像编辑窗口的方式进行显示（图2-33）。

图2-33

3.在窗口中浮动。允许所选图像在窗口中自由浮动（图2-34）。

图2-34

4.使所有内容都在窗口中浮动。允许所有图像都在窗口中自由浮动（图2-35）。

图2-35

5.匹配缩放。使其他窗口都与当前窗口的缩放比例相同（图2-36、图2-37）。

图2-36

图2-37

6.匹配位置。使其他窗口都与当前窗口的显示位置相同（图2-38、图2-39）。

图2-38

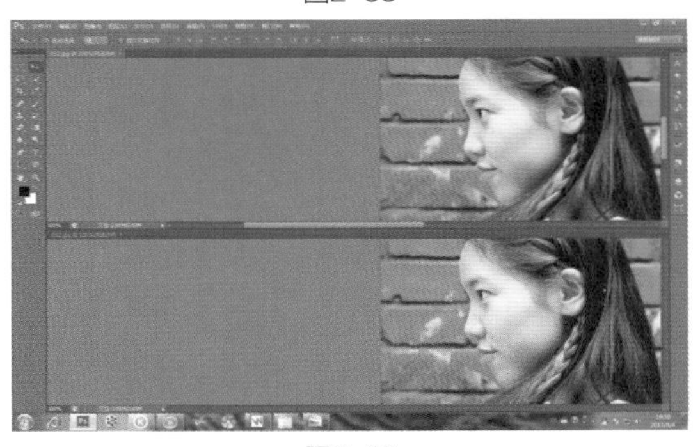

图2-39

7.匹配位置。使其他所有窗口的画布旋转角度都与当前窗口相同（图2-40、图2-41）。

图2-40

图2-41

2.2.3 导航器面板 视频

用户可以在“导航器”控制面板中看到图像的缩略图，可以通过“缩放”滑块调整预览图，对图像进行定位（图2-42）。

图2-42

2.2.4 旋转视图 视频

1.按快捷键<Ctrl+O>打开素材光盘中的“素材”→“第2章”→“2.2.4旋转视图”素材（图2-43）。

图2-43

2.选取“工具箱”中的“旋转视图”工具，在窗口上单击鼠标左键，这时会显示指针（图2-44）。

图2-44

3.按住鼠标左键并进行拖动即可旋转视图（图2-45）。工具属性栏为用户提供了精确旋转角度的数值输入框、恢复旋转的“复位视图”按钮和用于多个图像旋转的“旋转所有窗口”选项。

图2-45

2.2.5　调整窗口比例 视频

1.按快捷键<Ctrl+O>打开素材光盘中的“素材”→“第2章”→“2.2.5调整窗口比例”素材（图2-46）。

图2-46

2.选取“工具箱”中的“缩放”工具，当把光标放在画面中时，光标呈状，单击鼠标左键即可放大窗口的显示比例（图2-47）。按住<Alt>键，此时光标呈状，单击鼠标左键即可缩小窗口的显示比例（图2-48）。

图2-47

注意观察窗口左下角的百分比，当大于100%时，图像会变得模糊或呈现出马赛克，当小于100%时，图像的边缘会变得锐利或缺少像素，因此应尽量缩放至100%再进行操作。

图2-48

3.在“缩放”工具的属性栏中，勾选“细微缩放”选项，在图像上按住鼠标左键并向右拖动，窗口会以平滑方式放大（图2-49）。向左拖动鼠标，窗口会以平滑方式缩小（图2-50）。

图2-49

图2-50

2.2.6 抓手工具 视频

1.按快捷键<Ctrl+O>打开素材光盘中的“素材”→“第2章”→“2.2.6抓手工具”素材（图2-51）。

图2-51

2.选取工具箱中的“抓手”工具，按住<Ctrl>键，并在图像上单击鼠标左键，可将窗口的显示比例放大（图2-52）。按住<Alt>键，并在图像上单击鼠标左键，可将窗口的显示比例缩小（图2-53）。它与“缩放”工具功能相同。

3.当窗口不能显示完整的图像时，选取工具箱中的“抓手”工具，按住鼠标左键并拖动可移动画面（图2-54）。

4.按住键盘上<H>键并按住鼠标左键，窗口会显示出全部图像并出现一个矩形框（图2-55）。移动矩形框到需要查看的位置，松开键盘键和鼠标键，矩形框内的区域会迅速放大显示，这时能查看图片的局部细节，适合用于图片的局部处理操作（图2-56）。

图2-53

图2-54

图2-52

图2-55

图2-56

要点提示

选择“抓手”工具，按下鼠标中央的滑轮再移动鼠标，可以移动画面，前提是图片要大于当前的显示区域。此外，滚动鼠标中央的滑轮，可以将图片进行放大或缩小，只不过缩放的速度很快，难以控制，需要多次练习才能熟练掌握力度。Photoshop CS6中的移动、缩放都可以通过滚动鼠标中央的滑轮来控制。

2.3 设置个性化操作界面

在Photoshop CS6中，图像窗口、工具箱、菜单栏和控制面板的排列方案称为工作区。Photoshop Cs6提供了几种预设工作区，如“绘画”工作区、“摄影”工作区等，可以在菜单栏“窗口”→“工作区”的下拉菜单中根据需要进行选择，也可以在Photoshop CS6中定义自己的操作界面。

2.3.1 定义工作区 【视频】

1.打开Photoshop CS6，在“窗口”菜单中将需要的控制面板勾选，将不需要的控制面板关闭，将右侧的控制面板进行排列组合（图2-57）。

2.设置完成后，在菜单栏中单击“窗口”→“工作区”→“新建工作区”命令，在打开的“新建工作区”对话框中设置工作区名称（图2-58），完成后单击“存储”按钮。

3.单击“窗口”→“工作区”命令，在打开的下拉菜单中可以看到目前已经定义的工作区，单击它即可调出该工作区（图2-59）。

图2-57

图2-58

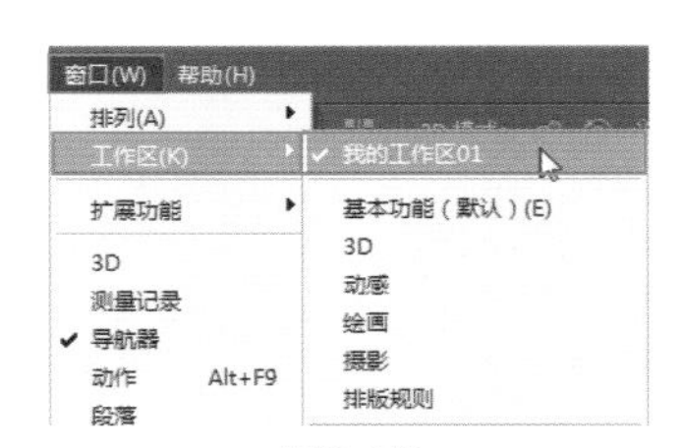

图2-59

2.3.2 定义彩色菜单 【视频】

1.在菜单栏中单击“编辑”→“菜单”命令，在打开的“键盘快捷键和菜单”对话框中单击“滤镜”前的展开按钮 ，将“滤镜”卷展栏打开（图2-60）。

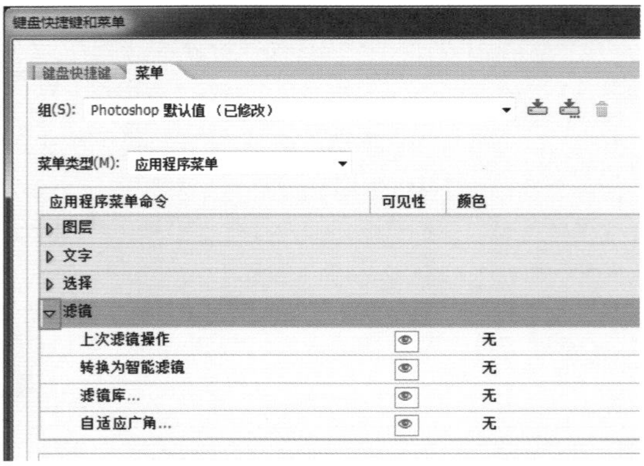

图2-60

2.单击“滤镜库”命令，然后单击颜色栏，设置颜色为红色（图2-61）。设置完成后单击“确定”按钮。

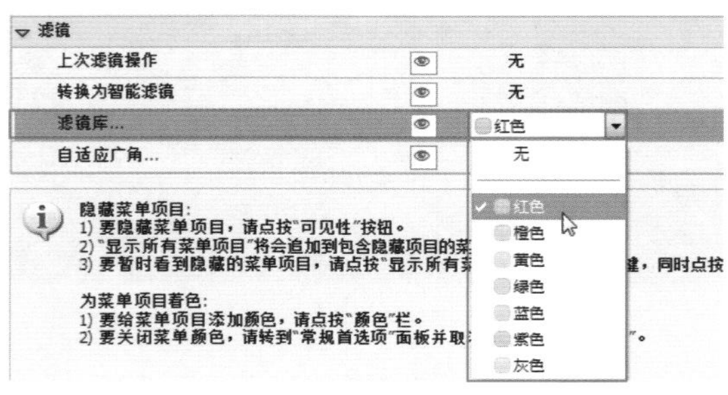

图2-61

3.设置完成后，在菜单栏中单击“滤镜”，可以看到“滤镜库”命令已经被定义好了（图2-62）。

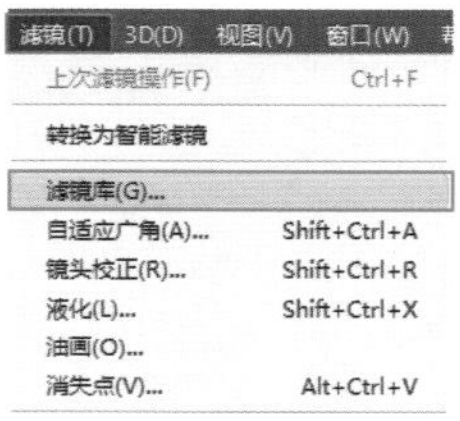

图2-62

2.3.3 自定义快捷键 【视频】

1.在菜单栏中单击“编辑”→“键盘快捷键”命令或“窗口”→“工作区”→“键盘快捷键和菜单”命令，在“键盘快捷键和菜单”对话框中设置“快捷键用于”选项为“工具”（图2-63）。

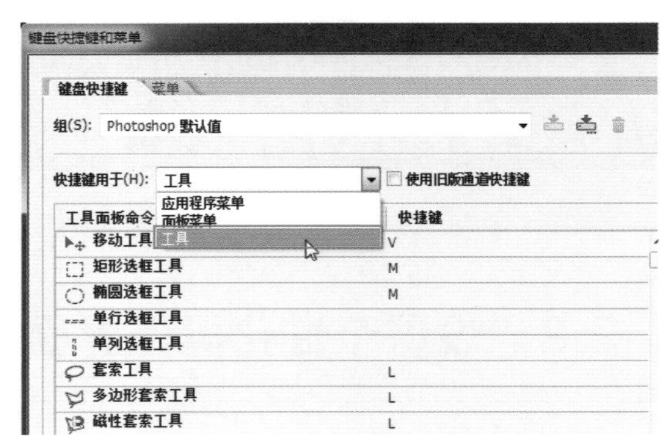

图2-63

2.在“工具”列表中，可以看到“移动工具”的快捷键为“V”，选择“移动工具”，单击“删除快捷键”按钮（图2-64），将其快捷键删除。

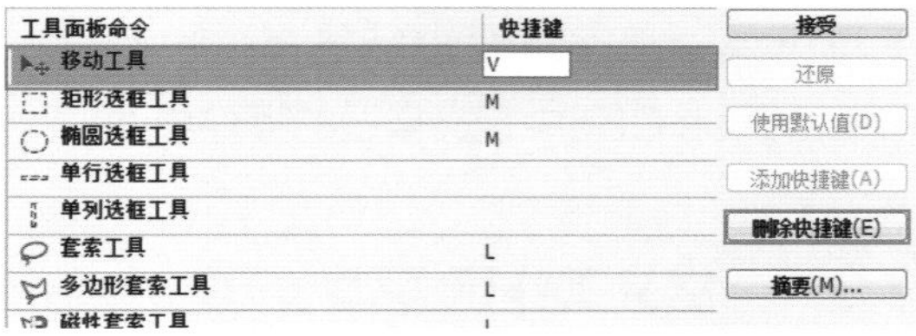

图2-64

3.单击“单行选框工具”，在输入框内输入“V”（图2-65），单击“接受”按钮。设置完成后，单击“确定”按钮关闭对话框。此时，“单行选框工具”的快捷键为“V”（图2-66）。

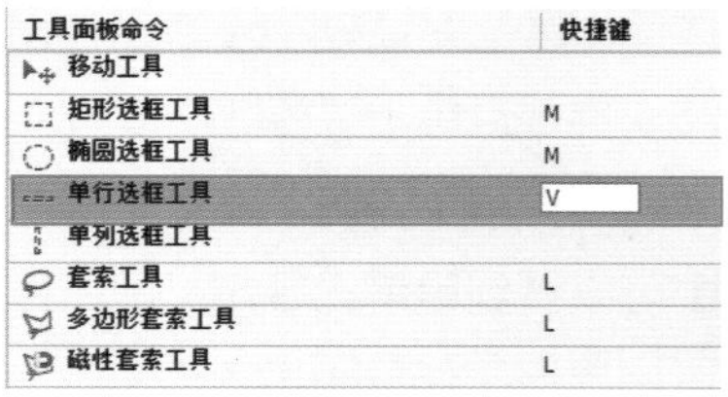

图2-65

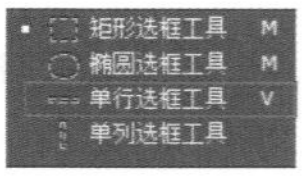

图2-66

2.4　使用界面辅助工具

2.4.1　标尺与参考线 【视频】

1.按快捷键<Ctrl+O>打开素材光盘中的"素材"→"第2章"→"2.4.1标尺与参考线"素材（图2-67）。在菜单栏中单击"视图"→"标尺"命令或按下快捷键<Ctrl+R>，将标尺显示出来（图2-68）。

2.标尺的默认原点位于窗口的左上角，

图2-67

图2-68

更改标尺原点，可以使标尺从自定义位置开始进行测量。将光标放在原点处，按住鼠标左键并拖动，画面中会出现十字线（图2-69）。将其拖动到需要的起点位置，新起点即定义成功（图2-70）。

图2-69

图2-70

3.想要将起点恢复到默认的位置，那么在窗口的左上角双击即可（图2-71）。在标尺上双击鼠标左键，打开“首选项”对话框，可以修改标尺的测量单位（图2-72）。再次单击“视图”→“标尺”命令或按下快捷键<Ctrl+R>即可隐藏标尺。

图2-71

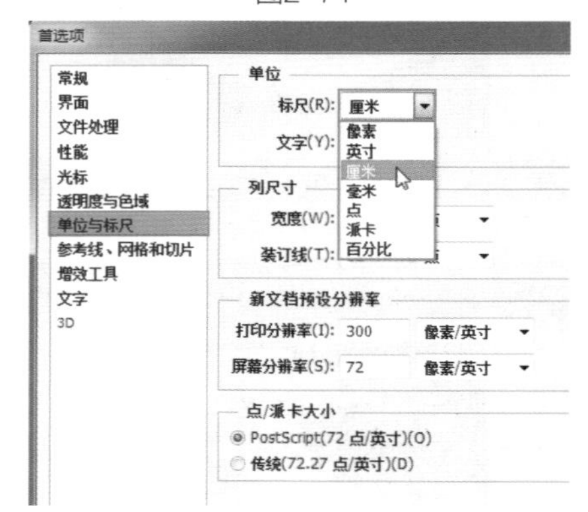

图2-72

4.将光标放在水平标尺上，按住鼠标左键并向下拖动即可拖出水平参考线（图2-73）。将光标放在垂直标尺上即可拖出垂直参考线（图2-74）。选取“工具箱”中的“移动”工具，将光标放在参考线上，光标会变成形，按住鼠标左键并拖动即可移动参考线（图2-75）。

5.将参考线移动到标尺处，可将其删除（图2-76）。删除所有参考线需要在菜单栏中单击“视图”→“清除参考线”命令。

图2-73

图2-74

图2-75

图2-76

2.4.2 智能参考线 [视频]

开启智能参考线后，当对图层对象进行移动操作时，当该对象与其他对象的中心、边缘等接近时，会出现一条对齐辅助线并自动贴齐（图2-77）。在菜单栏中单击“视图”→“显示”→“智能参考线”命令即可将智能参考线开启。

图2-77

2.4.3 网格 [视频]

网格用于分布空间和精确定位。打开一张图片（图2-78），在菜单栏中单击“视图”→“显示”→“网格”命令，可以将网格开启（图2-79）。

然后单击“视图”→“对齐”→“网格”命令，启用网格的对齐功能，之后所进行的各种操作，对象都会自动对齐到网格上，这样既可以方便定位，又可以提供准确的位置操作。

图2-78

图2-79

2.4.4 注释 [视频]

1.按快捷键<Ctrl+O>打开素材光盘中的“素材”→“第2章”→“2.4.4注释”素材（图2-80）。

图2-80

2.选取“工具箱”中的“注释”工具，在工具属性栏中可以输入作者的名称（图2-81）。在画面中单击鼠标左键，在弹出的“注释”面板中输入注释内容（图2-82）。

作者: 赵老师

图2-81

如需查看注释，双击注释图标即可。

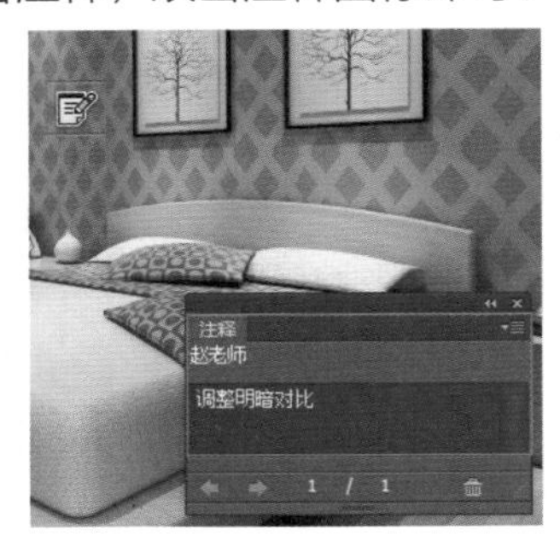

图2-82

3.如需删除注释，可以在注释上单击鼠标右键，在弹出的快捷菜单中单击“删除注释”或“删除所有注释”命令即可（图2-83）。也可以将PDF文件格式的注释导入到图像中，在菜单栏中单击“文件”→“导入”→“注释”命令，选中需要导入的文件，单击“载入”按钮即可。

图2-83

2.4.5 对齐 [视频]

在执行精确放置对象、裁剪等命令时开启对齐功能，将事半功倍。在菜单栏中单击“视图”→“对齐”命令，使“对齐”处于勾选状态，然后单击“视图”→“对齐到”命令，在下拉菜单中选择需要对齐的项目（图2-84）。

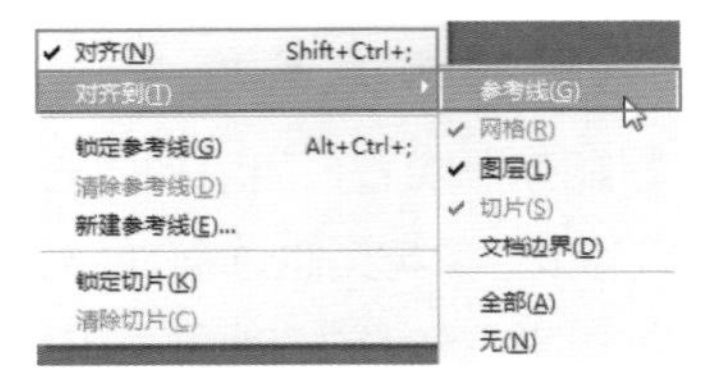

图2-84

2.5 素材资源介绍

2.5.1 Photoshop资源管理 [视频]

在菜单栏中单击“编辑”→“预设”→“预设管理器”命令，在打开的“预设管理器”对话框中可以设置要管理的“预设类型”（图2-85）。

单击对话框右上角的设置按钮 ，在打开的下拉菜单中选择要载入的资源库，如金属（图2-86）。Photoshop CS6中自带了丰富的资源库供用户选用，单击需要的资源即可将其载入（图2-87）。

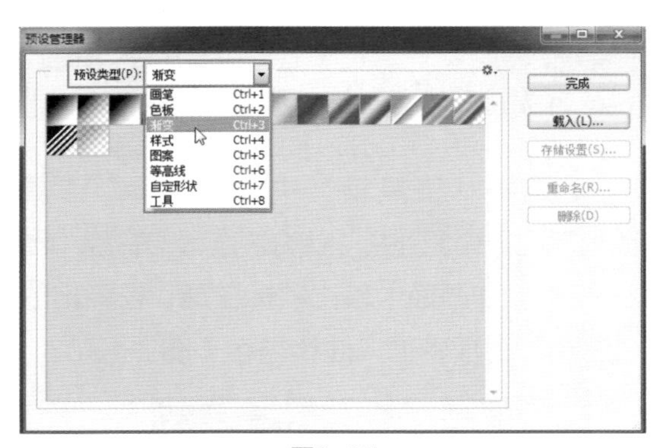

图2-85

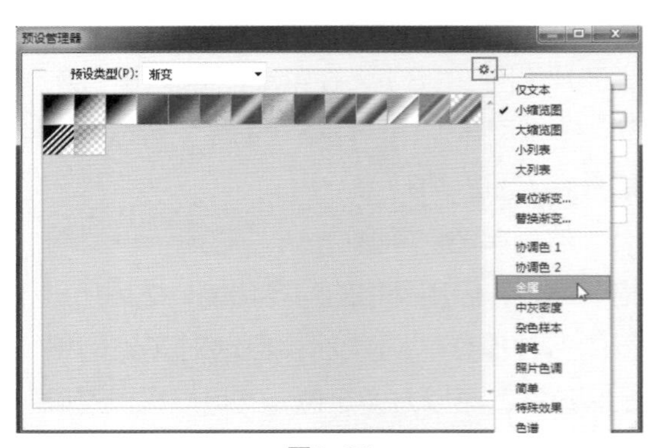

图2-86

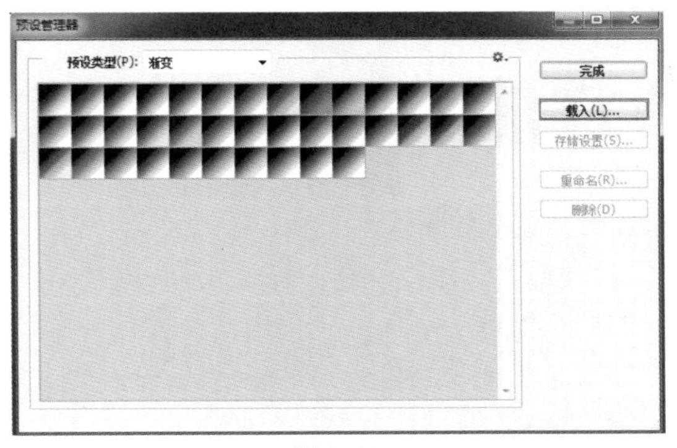

图2-87

2.5.2 外部资源管理 视频

在“预设管理器”中设置要管理的“预设类型”，单击“载入”按钮。在“载入”对话框中找到要载入的文件（图2-88），选中后单击“载入”按钮即可（图2-89）。

Photoshop CS6可以加载很多的外部资源。Photoshop CS6自带的资源样式能满足普通用户的各种应用需求，专业用户可以到相关的设计网站下载更多资源。■

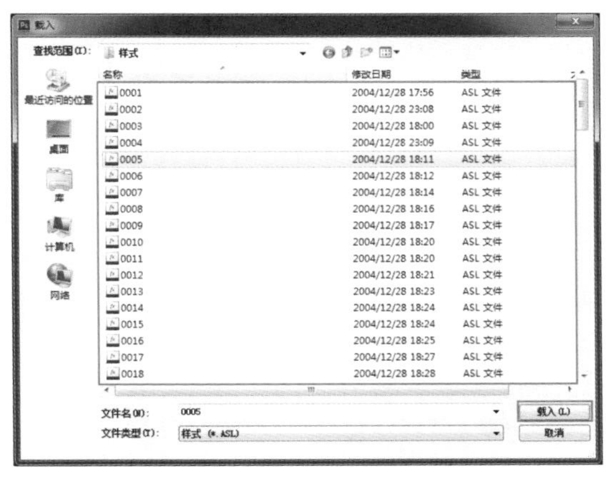

图2-88

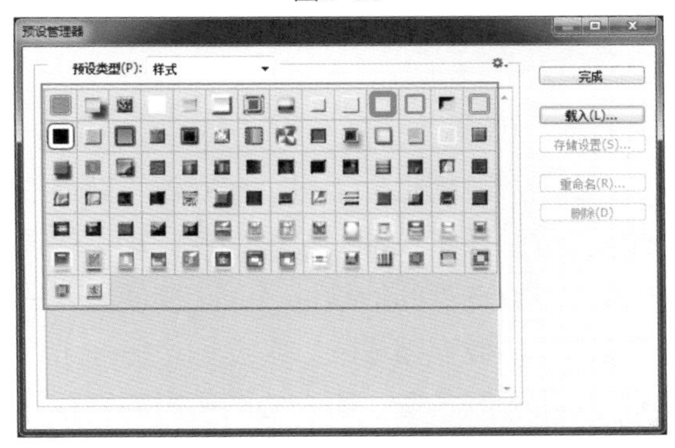

图2-89

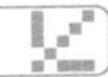

第3章　数码照片编辑方法

本章介绍

本章主要介绍数码照片的基本编辑方法，如管理照片、设置照片大小等一系列常规编辑操作。掌握了这些基础才能进一步使用Photoshop CS6的巨大功能，为后期的深入拓展打下基础。

难度等级 ★★☆☆☆

3.1　数码照片基础

3.1.1　位图

使用数码相机、手机、扫描仪等获得的图像文件都属于位图。位图颜色丰富、效果逼真，可以在不同的软件之间转换使用。由于位图是由像素组成的，需要记录每一个像素的位置和颜色值，所以位图所需的储存空间比较大。

由于位图的像素有限，所以在对其进行放大的时候，无法产生新的像素，只能将原有像素机械地扩张。放大到一定程度后，图像就不再清晰了（图3-1、图3-2）。

图3-1

图3-2

3.1.2　像素和分辨率

像素是组成位图图像最基本的元素。每一个像素都记录着颜色信息，并且在图像中都有自己的位置。一个像素所能表达的颜色数取决于表示每像素的位数，位数越多，色彩也就越丰富。

分辨率是图像的精密度，是指单位长度内包含像素点的数量，它的单位通常为dot/in（1英寸=25.4mm），如300dpi表示每英寸包含300个像素点。通常，分辨率越高，图像就越清晰。

3.2　基本操作方法

3.2.1　打开文件 [视频]

1.打开命令。在菜单栏中单击“文件”→“打开”命令，在弹出的“打开”对话框中选择要打开的照片文件（图3-3），如要打开多个照片文件，则按住<Ctrl>键后再单击。选择完成后单击“打开”按钮或双击文件即可。

图3-3

2.快捷键方式。将需要打开的图像文件拖动到桌面的Photoshop CS6应用程序图标上（图3-4），或将图像文件拖动到已打开的Photoshop CS6窗口中（图3-5），同样可以打开图像文件。

3.最近打开文件。在菜单栏中单击“文件”→“最近打开文件”命令，在弹出的下拉菜单中选择最近打开的文件名（图3-6），即可打开文件。单击下拉菜单底部的“清除最近的文件列表”命令，可以清除该目录。

图3-4

图3-5

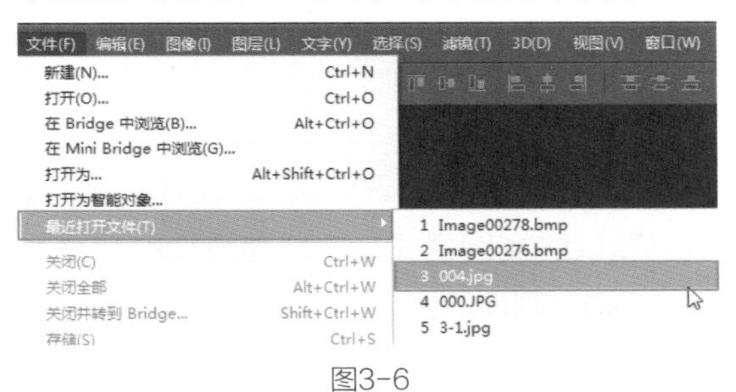

图3-6

3.2.2　存储文件 [视频]

1.存储。当我们对文件进行修改、润饰等编辑后，在菜单栏中单击“文件”→“存储”命令，或按快捷键<Ctrl+S>，可以对文件进行存储。

2.储存为。当文件需要以另外的名称和格式进行存储，或需要存储在其他位置时，单击“文件”→“存储为”命令，在打开的“存储为”对话框中设置保存的位置、文件名、存储格式等信息（图3-7）。

3.文件保存格式。在菜单栏执行“存储为”命令时，需要对存储文件的格式进行设置，Photoshop CS6为用户提供了很多种存

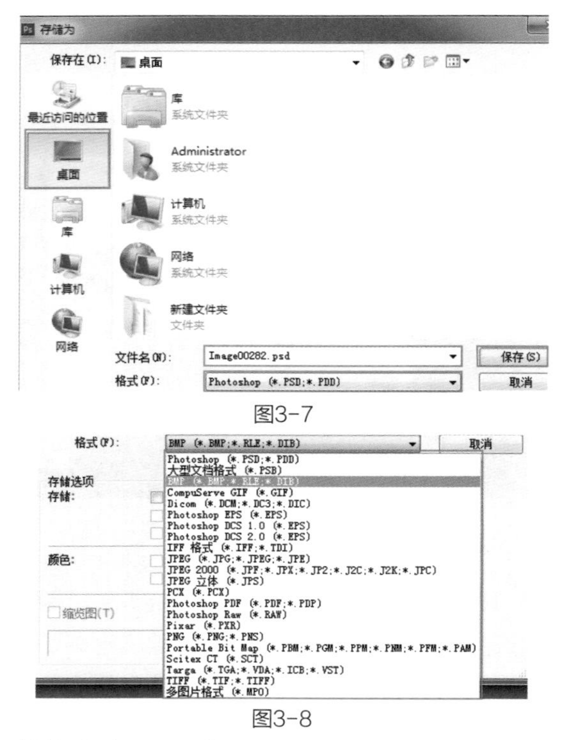

图3-7

图3-8

储格式（图3-8）。

（1）PSD格式:PSD格式是Photoshop CS6默认的文件格式，它能够精确的保留图层、通道、路径等信息，但占用内存空间大。

（2）GIF格式:GIF格式是基于网络传输而创建的图像格式，它支持透明背景和动画功能，文件容量小且清晰，被广泛用于网络传输和网页设计等。

（3）JPEG格式:JPEG格式是应用最为广泛的压缩文件格式之一，但它属于有损压缩方式，普通照片可以通过这种方式进行存储。

（4）PDF格式:PDF格式也可称为便携文档格式，它是一种通用的文件格式，具有电子文档搜索和导航功能。

（5）PNG格式:PNG格式是为替代GIF和TIFF格式而开发的，它增加了一些GIF格式所不具备的特性。因其具有高保真、高压缩比和较好的透明性等优点，所以被广泛应用于网页设计中。

（6）TGA格式:TGA格式是在计算机上应用最广泛的图像格式之一，它最大的特点是可以作出不规则形状的图形，它支持压缩，使用不失真的压缩算法，保持了清晰度。

（7）TIFF格式:TIFF格式是一种很灵活的图像格式，大部分的桌面扫描仪都可以生成TIFF格式的图像，Photoshop CS6可以在该格式中存储图层。

3.2.3 关闭文件和程序 视频

1.关闭文件。在菜单栏中单击“文件”→“关闭”命令，或按快捷键<Ctrl+W>，或单击文档窗口右上角的关闭按钮 ，均可关闭文件。

2.关闭全部文件。如果需要将开启的多个文件全部关闭，则在菜单栏中单击“文件”→“全部关闭”命令即可。

3.关闭程序。在菜单栏中单击“文件”→“退出”命令，或单击界面右上角的关闭按钮 ，即可关闭程序。

使用Photoshop CS6打开、编辑照片后一般储存为PSD格式，这样可以将各种图像处理信息都保存下来，如图层、滤镜、特效等，方便日后继续编辑。但是这种格式储存数据量过大，而且很多图片浏览器都不支持这种格式，给交流、携带、展示带来困难，除此之外，批量处理照片时还会造成计算机硬盘资源的浪费。批量处理的照片可以保存为JPEG格式，保存时会提示用户是否需要进行压缩，用户可将压缩级别定制为最高，这样照片的像素损失会比较少。这种格式不会占用太多的存储空间，适用于日常拍摄的大量照片。同时，JPEG格式支持很多图片浏览器，能随时随地查阅观看。但是用于大幅面打印、输出的照片还是应选用PSD格式保存。

3.3　Adobe Bridge管理文件

3.3.1　操作界面 视频

在菜单栏中单击“文件”→“在Bridge中浏览”命令，打开Bridge（图3-9）。

图3-9

Bridge的工作界面由菜单栏、路径栏、收藏夹面板、文件夹面板、过滤器面板、收藏集面板、内容面板、预览面板、元数据面板和关键字面板等组件组成。

Mini Bridge是Bridge的简化版（图3-10），单击“文件”→“在Mini Bridge中浏览”命令或单击“窗口”→“扩展功能”→“Mini Bridge”命令都可以打开Mini Bridge。在左侧的导航栏中，选择要预览图像的文件夹，选完后，面板中就会显示图像文件的预览图（图3-11）。双击图像，即可打开。

图3-10　图3-11

3.3.2　浏览 视频

Bridge为用户提供了几种不同的图像显示方式。打开Bridge后，单击窗口右上角的展开按钮 ，在弹出的下拉菜单中选择显示方式，如“胶片”（图3-12）、“元数据”（图3-13）、“预览（图3-14）”等。

图3-12

图3-13

图3-14

窗口底部有调整图像显示比例的滑动条、在图像之间添加网格的“单击锁定预览图网格”按钮和“以缩览图形式查看内容”按钮、“以详细信息形式查看内容”按钮、“以列表形式查看内容”按钮。

1.审阅模式。在菜单栏中单击“视图”→“审阅模式”命令，即可切换到审阅模式（图3-15）。单击缩览图，它会跳转成以大图显示。单击大图，会弹出窗口将局部放大显示（图3-16）。单击右下角的关闭按钮可以退出审阅模式。

图3-15

图3-16

2.幻灯片模式。在菜单栏中单击“视图”→“幻灯片放映”命令或按快捷键<Ctrl+L>，图像将会以幻灯片的形式自动播放，按下<Esc>键可以退出播放。

3.3.3 打开 视频

在Bridge中双击文件，文件会以其原始应用程序或指定应用程序打开。如需以其他程序打开，则在菜单栏中单击“文件”→“打开方式”命令，在弹出的下拉菜单中选择需要的程序（图3-17）。

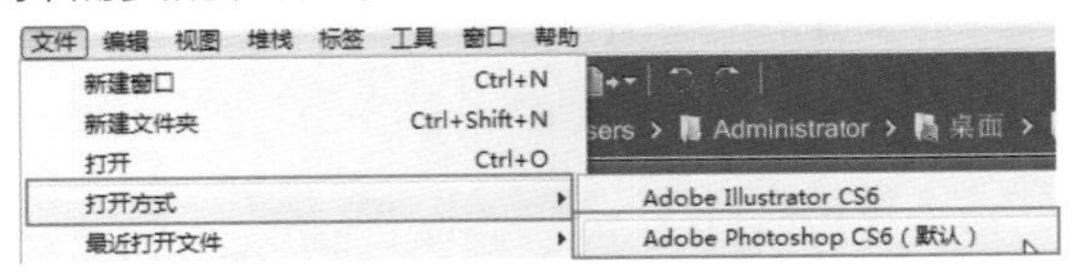

图3-17

3.3.4 排序 视频

在菜单栏中单击“视图”→“排序”命令，在弹出的下拉菜单中选择一种排序方式（图3-18），文件将自动排序。

图3-18

3.3.5 标记和评级 视频

1.在Bridge中导航到“素材”→“第3章”→“3.3.5标记和评级”文件夹，将文件夹中所有的文件选中（图3-19）。

图3-19

2.在菜单栏中单击“标签”命令，在弹出的下拉菜单中选择任意一个标签，如“选择”、“第二”等（图3-20），即可为文件标记颜色（图3-21），单击“无标签”命令可以取消标记。

图3-20

图3-21

3.选择要评级的文件，单击“标签”命令，选择一种星级别（图3-22），文件即被评级（图3-23）。在“标签”下拉菜单中单击“提升评级”或“降低评级”命令，可以提升或降低文件星级，如果要删除所有星级，单击“无评级”命令即可。

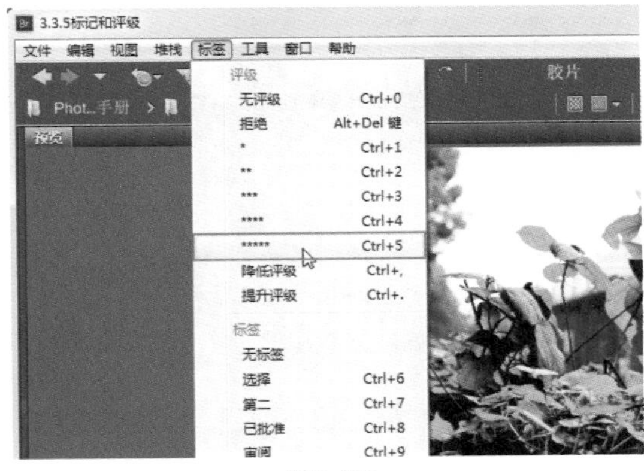

图3-22

图3-23

3.3.6　关键字搜索 [视频]

1.在Bridge中导航到“素材”→“第3章”→“3.3.6关键字搜索”文件夹，单击窗口右上角的展开按钮 ，选择“关键字”（图3-24）和要添加关键字的文件。

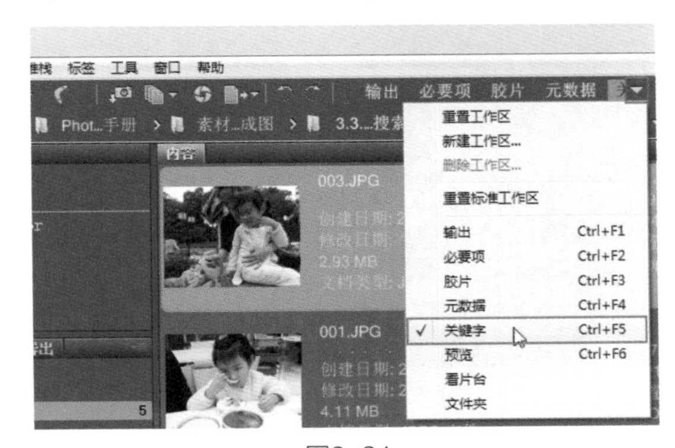

图3-24

要点提示

在Bridge中搜索照片时，应尽量输入模糊的字和词，不宜输入过于明确的短语，否则很难搜索到需要的照片。此外，一般应将照片按日期命名，并分类放置在文件夹中，这样更有利于查找。

2.单击关键字面板右下角的新建关键词按钮 ■（图3-25），在输入框中输入关键字，如“公园”，输入完成后，勾选该关键字（图3-26）。

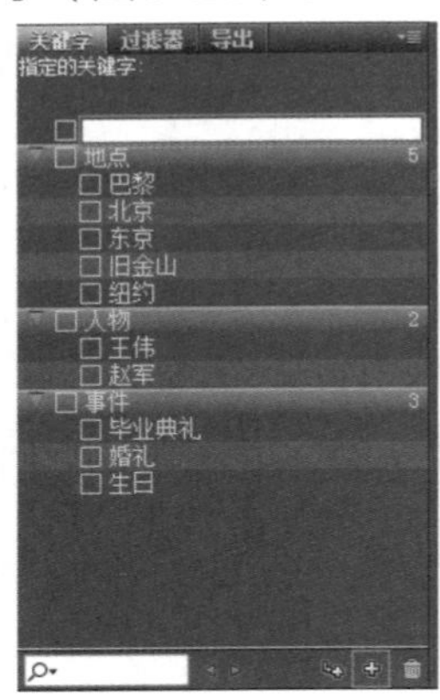

图3-25

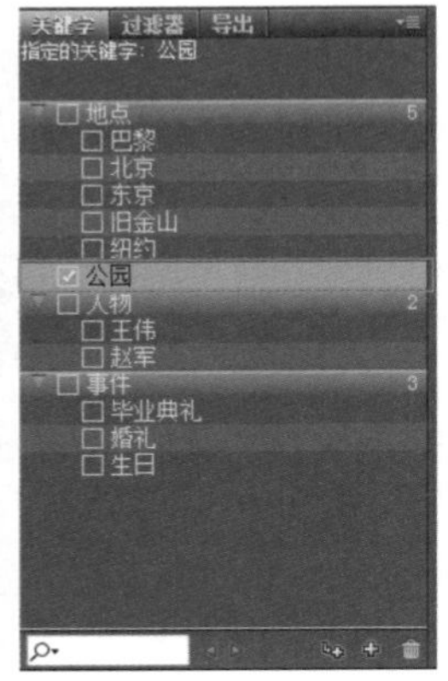

图3-26

3.关键字指定完成后，在Bridge窗口右上角的搜索框中输入关键字，如“公园”，然后按<Enter>键确定，指定的图片就被搜索出来了（图3-27）。

图3-27

3.3.7 元数据 视频

1.在Bridge中导航到“素材”→“第3章”→“3.3.7元数据”素材，在Bridge窗口中单击“元数据”选项，用户可以在窗口左侧的元数据面板中看到照片的“文件属性”、“相机数据”等原始数据信息（图3-28）。

2.在元数据面板中，打开“IPTC Core”卷展栏，用户可以为照片添加创建者的职务、地址、电话等信息（图3-29），输入完成后，按下<Enter>键即可。

图3-28

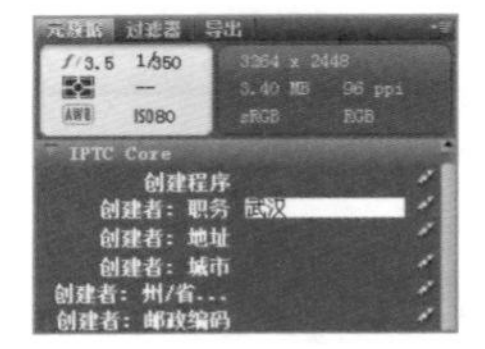

图3-29

3.3.8 批量重命名 视频

1.在Bridge中导航到“素材”→“第3章”→“3.3.8批量重命名”文件夹，按快捷键<Ctrl+A>将所有照片全选（图3-30）。

2.在菜单栏中单击“工具”→“批重命名”命令，在打开的“批重命名”对话框中设置目标文件夹为“在同一文件夹中重命

图3-30

名”，然后输入新名称“风景”，输入序列数字，序列数字为3位数（图3-31）。

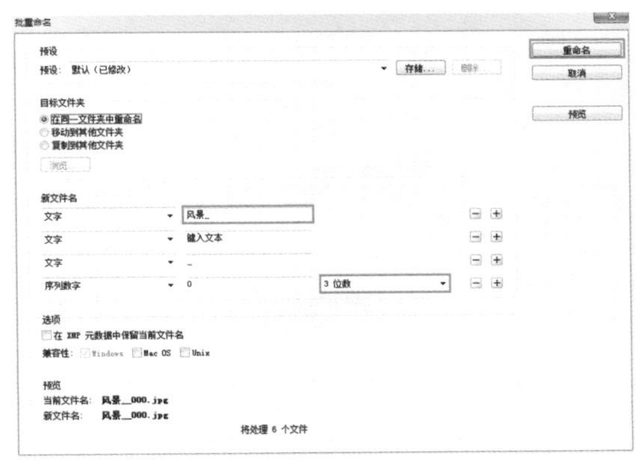

图3-31

3.设置完成后单击“重命名”按钮，文件重命名完成（图3-32）。

图3-32

3.3.9　给照片添加版权信息 [视频]

在Bridge菜单栏中单击“文件”→“文件简介”命令，在打开的对话框中设置“版权状态”为“版权所有”，在“版权公告”中输入版权信息，还可以在“版权信息URL”中输入邮箱地址（图3-33），以后使用该图片的人就可以通过单击该链接跳转到版权人的邮箱了。

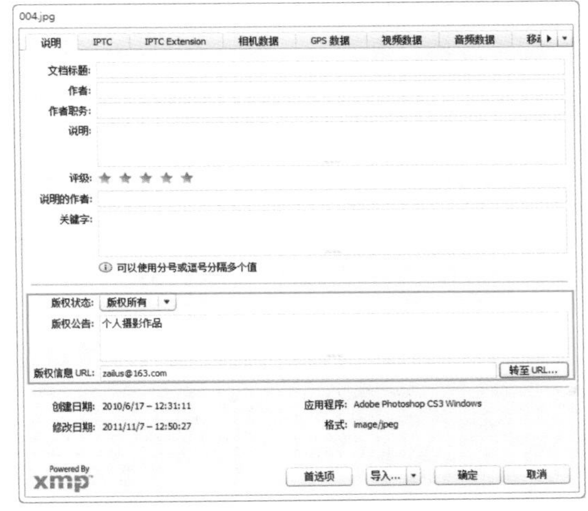

图3-33

3.4　设置照片大小

3.4.1　修改照片大小 [视频]

1.按快捷键<Ctrl+O>打开素材光盘中的“素材”→“第3章”→“3.4.1修改照片大小”素材（图3-34）。

图3-34

2.在菜单栏中单击“图像”→“图像大小”命令，打开“图像大小”对话框（图3-35），在对话框中修改像

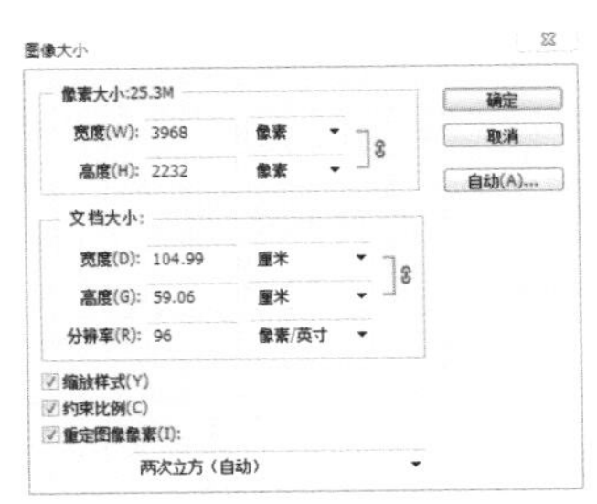

图3-35

素大小，修改完成后，新文件的大小会显示在对话框的顶部，括号内显示的是原文件的大小（图3-36）。

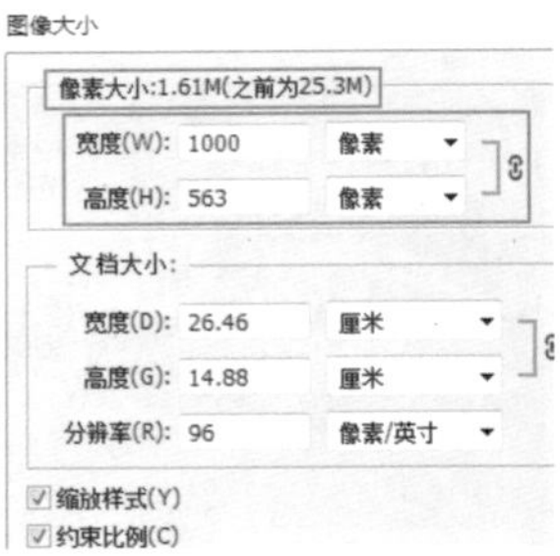

图像大小
像素大小:1.61M(之前为25.3M)
宽度(W): 1000 像素
高度(H): 563 像素
文档大小:
宽度(D): 26.46 厘米
高度(G): 14.88 厘米
分辨率(R): 96 像素/英寸
缩放样式(Y)
约束比例(C)
图3-36

3.“文档大小”选项组用来设置图像的打印尺寸和分辨率。当“重定图像像素”复选框被勾选，图像被缩小时，会减少像素的数量，图片虽变小了，但画面质量不变（图3-37、图3-38）。而当放大图像或提高分辨率时，虽然增加了新的像素，图像尺寸也增大了，但是画面质量会下降（图3-39、图3-40）。

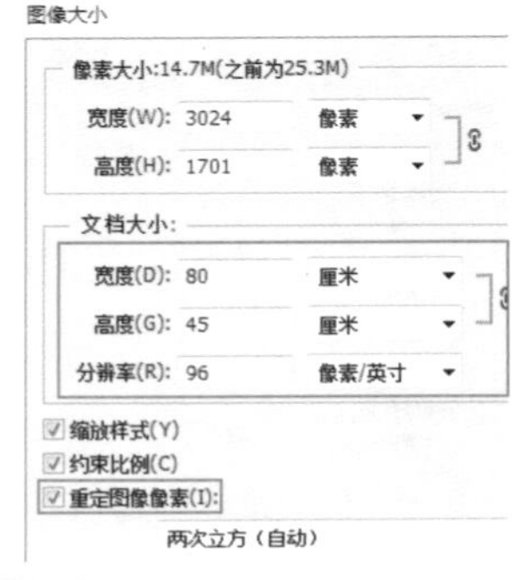

图像大小
像素大小:14.7M(之前为25.3M)
宽度(W): 3024 像素
高度(H): 1701 像素
文档大小:
宽度(D): 80 厘米
高度(G): 45 厘米
分辨率(R): 96 像素/英寸
缩放样式(Y)
约束比例(C)
重定图像像素(I):
两次立方（自动）
图3-37

图3-38

图像大小
像素大小:92.0M(之前为14.7M)
宽度(W): 7559 像素
高度(H): 4252 像素
文档大小:
宽度(D): 200 厘米
高度(G): 112.5 厘米
分辨率(R): 96 像素/英寸
缩放样式(Y)
约束比例(C)
重定图像像素(I):
图3-39

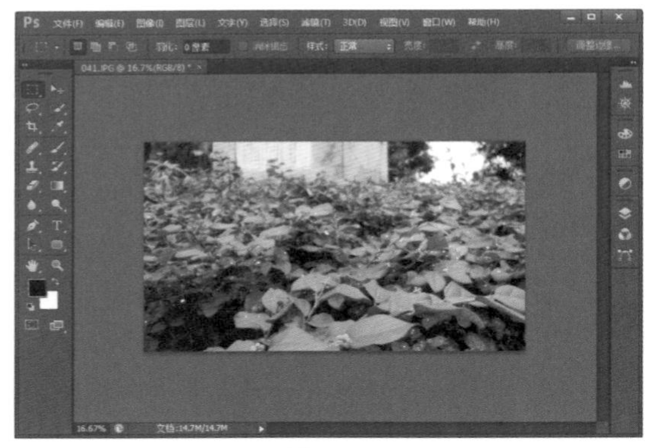

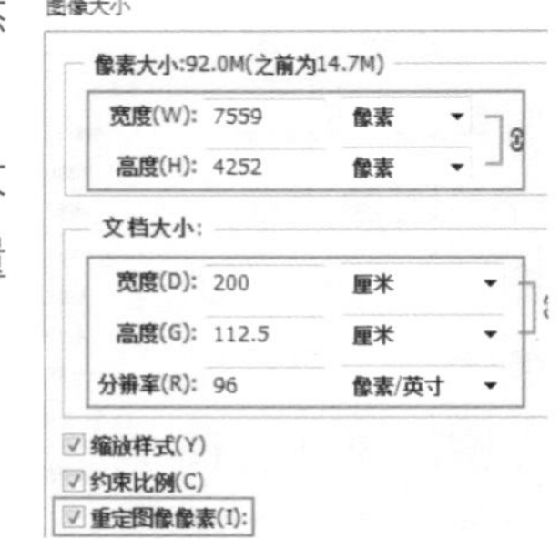

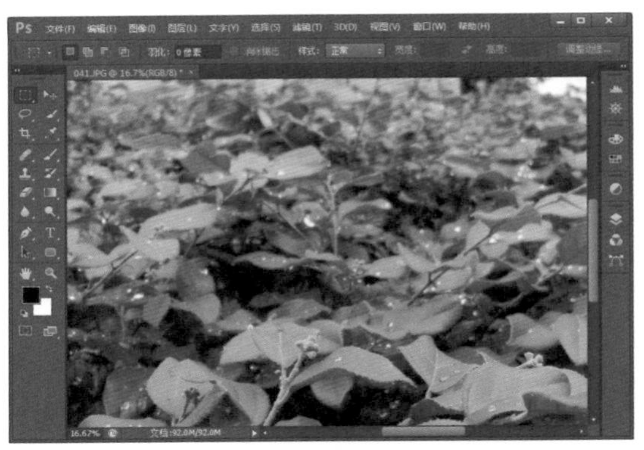

图3-40

4.取消“重定图像像素”复选框的勾选，这时图像的像素总量不会发生改变。当减小宽度和高度时，分辨率会自动增加（图3-41、图3-42）；当增加宽度和高度时，分辨率会自动减小（图3-43、图3-44），并且图像的大小和画质看起来都没有改变。

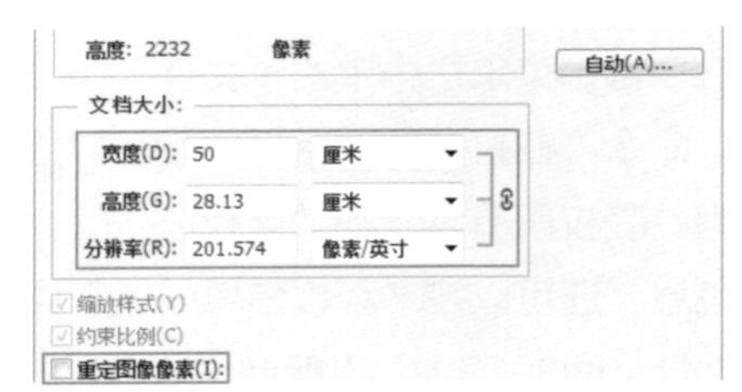

高度: 2232 像素
自动(A)...
文档大小:
宽度(D): 50 厘米
高度(G): 28.13 厘米
分辨率(R): 201.574 像素/英寸
缩放样式(Y)
约束比例(C)
重定图像像素(I):
图3-41

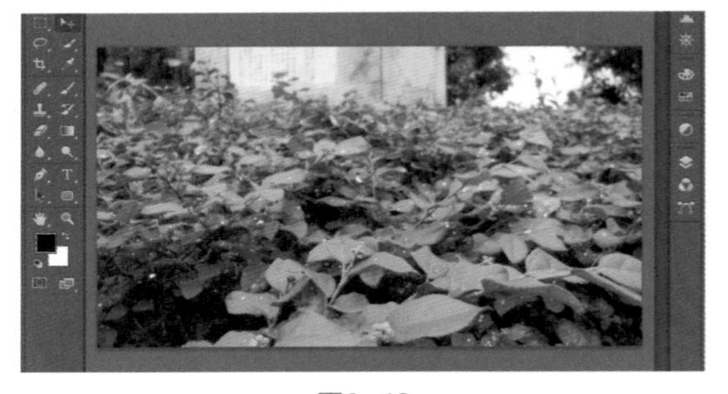

图3-42

高度: 2232 像素
自动(A)...
文档大小:
宽度(D): 200 厘米
高度(G): 112.5 厘米
分辨率(R): 50.394 像素/英寸
缩放样式(Y)
约束比例(C)
重定图像像素(I):
两次立方（自动）
图3-43

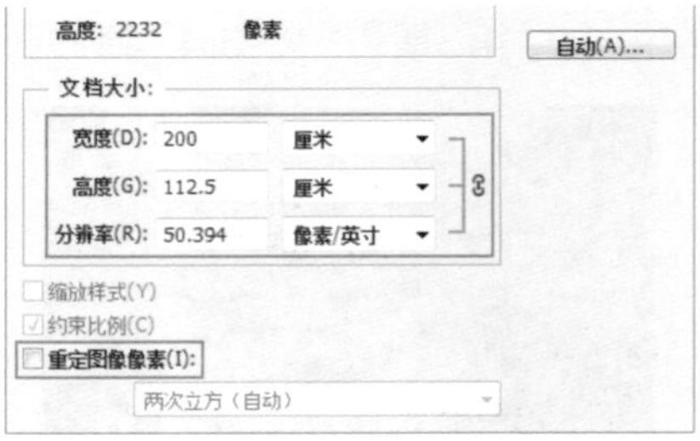

图3-44

3.4.2　制作电脑桌面 视频

1.在电脑桌面上单击鼠标右键，在弹出的快捷菜单中单击“个性化”命令（图3-45），在打开的对话框中单击左侧的“显示”→“调整分辨率”选项（图3-46、图3-47），在“屏幕分辨率”对话框中查看电脑屏幕的像素尺寸（图3-48）。

图3-45

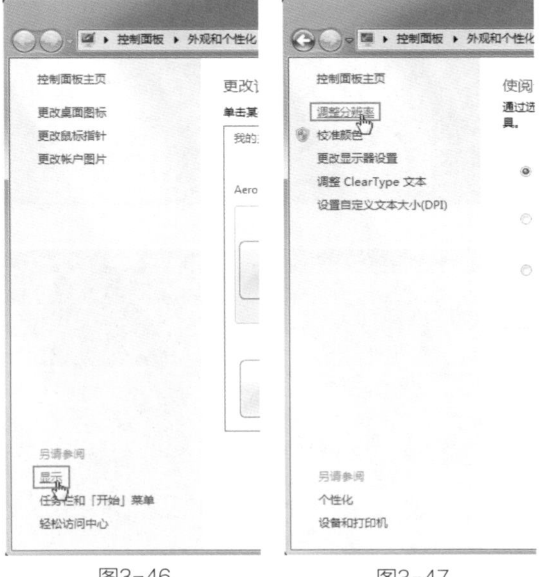

图3-46　　图3-47

图3-48

2.打开Photoshop CS6，按快捷键<Ctrl+N>，在打开的“新建”对话框中设置和屏幕尺寸一样的“宽度”和“高度”，设置分辨率为72像素/英寸（图3-49），单击“确定”按钮，一个与桌面大小相同的文档创建完成。

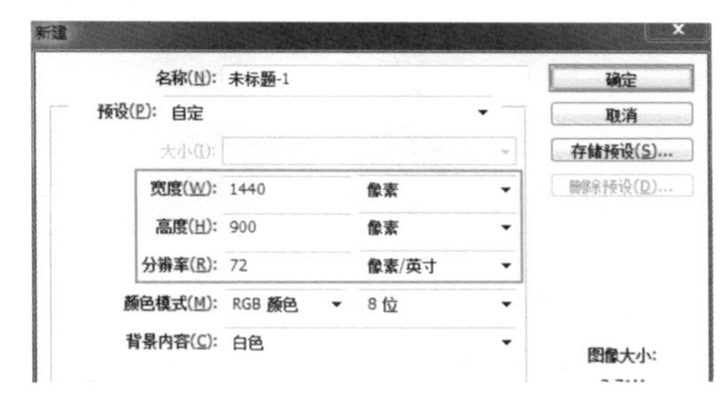

图3-49

3.按快捷键<Ctrl+O>打开素材光盘中的“素材”→“第3章”→“3.4.2制作电脑桌面”素材，使用“移动”工具，将素材拖入到新建的文件中（图3-50），按快捷键<Ctrl+E>，合并图层，再将文件存储为JPEG格式的图片。

图3-50

4.找到保存的图片，单击鼠标右键，在弹出的快捷菜单中单击“设置为桌面背景”命令（图3-51），此时与电脑屏幕完全切合的桌面制作完成（图3-52）。

图3-51

图3-52

3.4.3　修改画布大小 视频

画布是指文档的工作区域，在菜单栏中单击“图像”→“画布大小”命令，可以打开“画布大小”对话框（图3-53）。

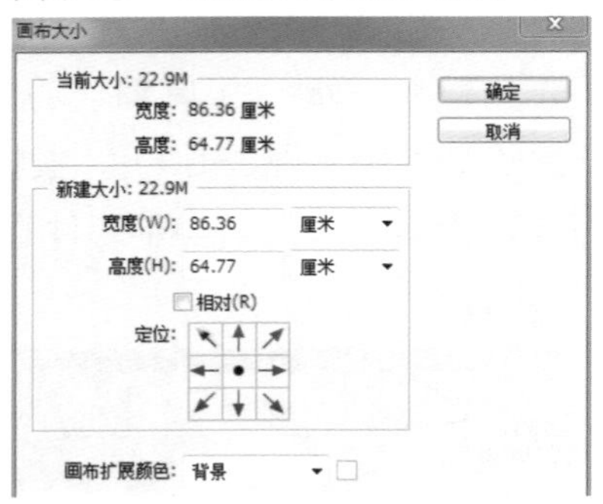

图3-53

对话框中参数的含义如下。

1.当前大小：用来显示当前图像的宽度、高度和文件大小值。

2.新建大小：在“宽度”和“高度”输入框中输入数值，对画布进行扩大或裁减，改变后的文件大小会显示在选项右侧。

3.相对：勾选“相对”复选框后，在“宽度”和“高度”输入框中输入的数值，将代表实际增加或减少的区域的大小，而不再代表整个文档的大小。

4.定位：单击不同位置的方格，为图像指定在新画布上的位置。

5.画布拓展颜色：为图像选择新填充画布的颜色。

3.4.4　旋转画布 视频

在菜单栏中单击“图像”→“图像旋转”命令，在弹出的下拉菜单中包含了用于旋转画布的各项命令（图3-54）。图3-55与图3-56是图像执行“水平翻转画布”命令前后的状态。

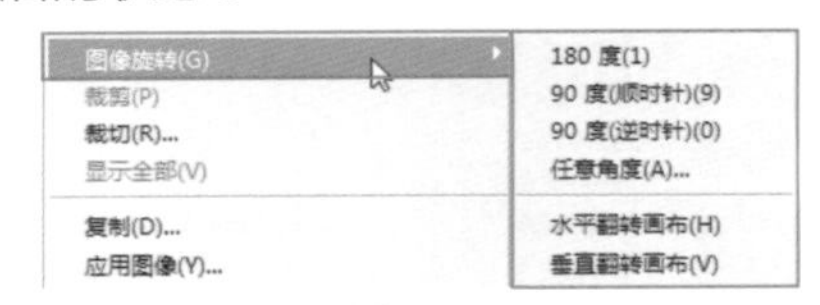

图3-54

图3-55

图3-56

3.5　复制、粘贴、剪切

3.5.1　复制 视频

在菜单栏中单击“图像”→“复制”命令，在打开的对话框中设置新图像的名称（图3-57），单击“确定”按钮即可为图像的当前状态创建文档副本。若为多图层对象，可以勾选“仅复制合并的图层”复选框，则复制后的图像将会合并图层。

在文档窗口顶部标题的后面单击鼠标右键，单击“复制”命令即可快速复制图像（图3-58），新图像的名称为“原图像名+副本”。

图3-57

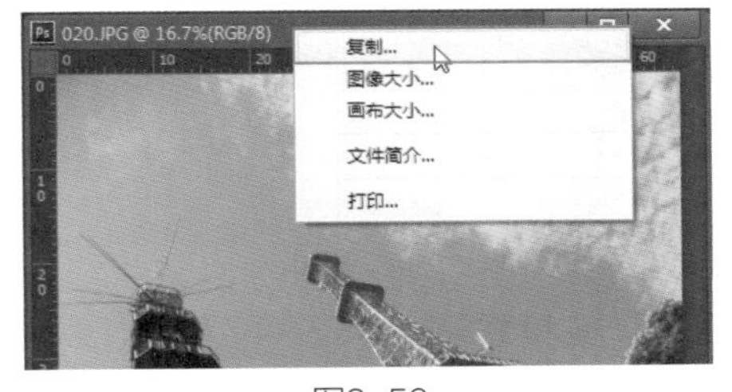

图3-58

3.5.2　拷贝与剪切 视频

1.拷贝。打开一个文件（图3-59），使用“矩形选框”工具，在图像上选取要拷贝的区域（图3-60），单击“编辑”→“拷贝”命令或按快捷键<Ctrl+C>，可以将选区中的图像

图3-59

图3-60

复制到剪贴板，原画面中的图像保持不变。

2.合并拷贝。如果文件为多图层对象（图3-61），则单击“编辑”→“合并拷贝”命令，可以将选区内所有可见图层中的图像复制到剪贴板，图3-62为执行“合并拷贝”命令复制图像，然后粘贴到空白文件中的效果。

图3-61

图3-62

3.剪切。单击“编辑”→“剪切”命令，可以将选区内的图像从画面中剪切掉（图3-63），图3-64是将剪切的图像粘贴到空白文件中的效果。

图3-63

图3-64

3.5.3 粘贴【视频】

1.粘贴。打开文件，在图像上创建选区（图3-65），对图像进行复制或剪切，然后单击“编辑”→“粘贴”命令或按快捷键<Ctrl+V>，将剪贴板中的图像粘贴到当前文档中（图3-66）。

图3-65

图3-66

2.选择性粘贴。复制或剪切图像后，单击“编辑”→“选择性粘贴”命令，有3种粘贴模式供用户选择（图3-67）。

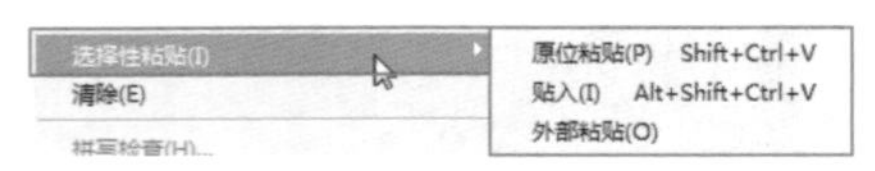

图3-67

（1）原位粘贴：将图像按照其原来的位置粘贴到文档中。

（2）贴入：创建选区后（图3-68），执行该命令可将图像粘贴到选区，并自动添加蒙版，隐藏选区外的图像（图3-69、图3-70）。

图3-68

图3-69

图3-70

要点提示

粘贴图像后，计算机会为粘贴的新图像自动新建一个图层，新图层位于原图层上方，会遮挡部分或全部原图层，这时应通过图层管理器来查看不同图层之间的关系。保存为JPEG格式后，图层会自动合并，因此中途保存应选用PSD格式。

（3）外部粘贴：创建选区后，执行该命令，可将图像粘贴并自动添加蒙版，隐藏选区内的图像（图3-71、图3-72）。

图3-71

图3-72

3.5.4　清除 [视频]

创建选区后（图3-73），单击“编辑”→“清除”命令，可将选区内的图像清除（图3-74）。如果清除的是“背景”上的图像，那么清除区域会自动填充背景色（图3-75）。

图3-73

图3-74

图3-75

3.6　恢复操作

3.6.1　恢复操作 [视频]

1.还原与重做。在菜单栏中单击“编辑”→“还原”命令或按快捷键<Ctrl+Z>，可撤销最近的一步操作，将图像还原到上一步的编辑状态。如需取消还原操作，可单击“编辑”→“重做”命令或按快捷键<Shift+Ctrl+Z>。

2.前进一步与后退一步。如果需要还原多步操作，可连续单击“编辑”→“后退一步”命令或连续按快捷键<Alt+Ctrl+Z>。如需恢复被撤销的操作，可连续单击“编辑”→“前进一步”命令或连续按快捷键<Shift+Ctrl+Z>。

3.恢复文件。单击“文件”→“恢复”命令可将文件恢复到上次保存时的状态。

3.6.2　历史记录面板恢复操作 [视频]

1.按快捷键<Ctrl+O>打开素材光盘中的“素材”→“第3章”→“3.6.2历史记录面

板恢复操作”素材（图3-76），图3-77为此时的历史记录面板状态。

图3-76

图3-77

2.在菜单栏中单击“滤镜”→“模糊”→“径向模糊”命令，在打开的“径向模糊”对话框中设置“数量”为28，“模糊方法”为“缩放”，“中心模糊”定在如图3-78所示的位置，设置完成后单击“确定”按钮，效果见图3-79。

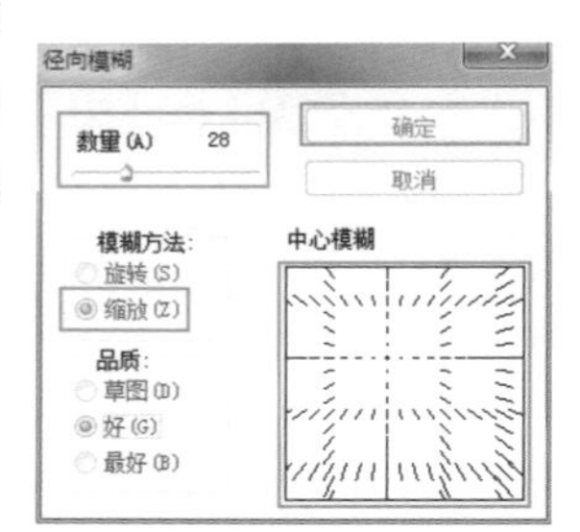

图3-78

图3-79

3.按快捷键<Ctrl+M>打开“曲线”对话框，设置“预设”为“增加对比度”（图3-80），设置完成后单击“确定”按钮，效果如图3-81。

图3-80

图3-81

4.下面使用历史记录面板将操作还原，图3-82为当前历史记录面板的状态。单击“径向模糊”（图3-83），图像即可恢复到“径向模糊”时的编辑状态（图3-84）。

5.单击图像初始状态登录的快照区（图3-85），可以撤销所有操作，中途保存过的文件也可被恢复（图3-86）。

图3-82

图3-83

图3-84

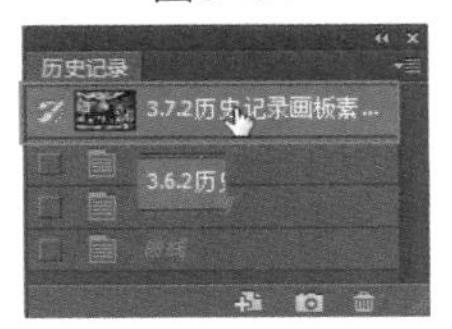

图3-85

图3-86

6.执行最后一步“曲线”操作，即可恢复所有被撤销的操作（图3-87、图3-88）。

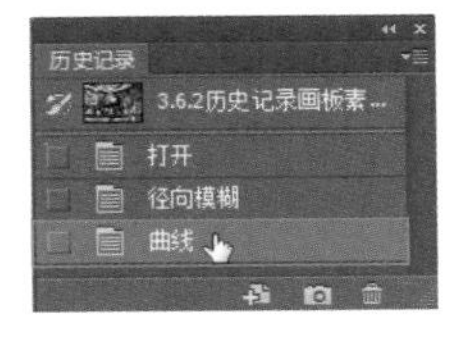

图3-87

图3-88

3.6.3　快照 [视频]

历史记录面板的还原能力十分有限，因为该面板只能记录20步操作，用户可以单击“编辑”→“首选项”→“性能”命令，在“首选项”对话框中增加“历史记录状态”的保存数量（图3-89）。但是保存的步骤数越多，占用的内存就越大。

用户还可以通过历史记录面板中的“快照”按钮 来解决这一问题。每当操作完重要的效果后，就单击历史记录面板中的“快照”按钮 ，将当前状态保存为一个快照（图3-90），这样不论之后操作了多少步，都可以通过快照将文件进行恢复。

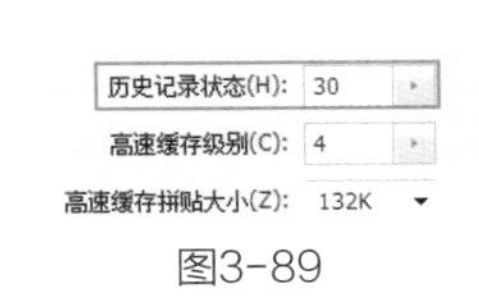

图3-89

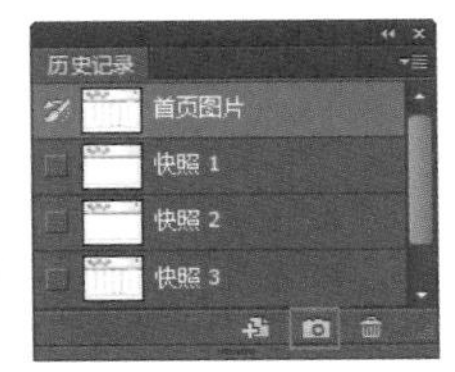

图3-90

3.7　清理内存

在菜单栏中单击“编辑”→“清理”命令，弹出下拉菜单（图3-91），用户可以将“还原”命令、历史记录面板和剪切板所占

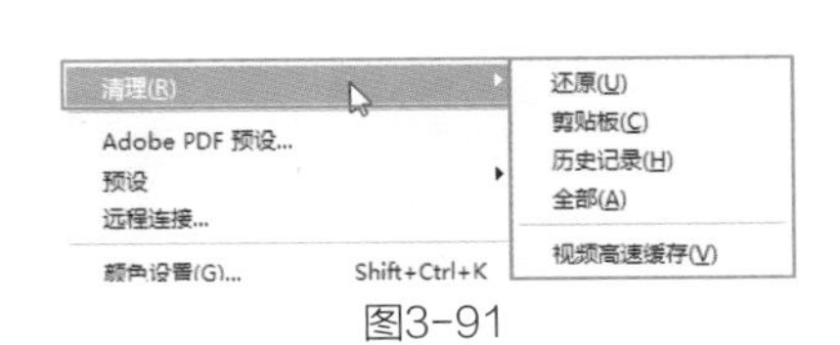

图3-91

用的内存进行释放，单击“全部”命令，可将上述所有内容进行清理。如果只想对当前文档进行清理，可以单击历史记录面板中的“清除历史记录”命令来实现。

在使用Photoshop CS6进行编辑时，如果内存不够，就会使用硬盘来扩充内存，这种虚拟的内存技术称为暂存盘。为了保证Photoshop CS6运行流畅，暂存盘与内存的总容量至少为运行文件的5倍。

在文档窗口底部的状态栏中，“暂存盘”显示了可用内存与当前已占用内存的大小（图3-92），当左侧数值大于右侧数值时，表示Photoshop CS6在使用虚拟内存。观察状态栏中显示的“效率”数值，如果接近100%，则表示仅使用少量暂存盘，如果低于75%，则需要释放内存。

使用“拷贝”和“粘贴”命令会占用剪贴板和内存空间，以下几个方法可以减少内存占用量。

1.将需要复制对象的图层拖动到“图层”控制面板底部的“创建新图层”按钮 上，能复制出新的图层。

2.将图像中需要的对象用“移动”工具 拖入到正在编辑的文档中。

3.在菜单栏中单击“图像复制”命令，将整幅图像进行复制。

暂存盘：349.8M/960.6M

图3-92

3.8 变换与变形

3.8.1 定界框、中心点与控制点 [视频]

在菜单栏中单击“编辑”→“变换”命令，在弹出的下拉菜单中包含各种变换命令，如缩放、旋转、斜切、扭曲等（图3-93）。这些命令可以对图层、路径、形状等进行操作。

当执行这些命令时，在对象周围会出现一个定界框，中央有一个中心点，四周有控制点（图3-94），中心点是对象变换的中心，拖动它可以移动图像的位置。拖动控制点可对图像进行变换操作。

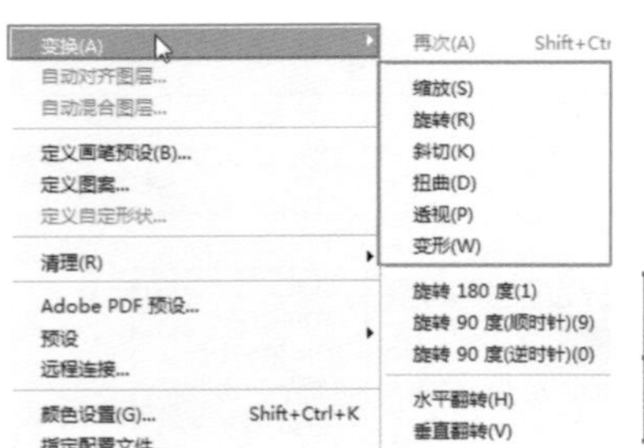

图3-93

图3-94

3.8.2 移动 [视频]

1.移动同一文档的图像。在“图层”控制面板中选择要移动的图层（图3-95），使用“工具箱”中的“移动”工具 在画面中

图3-95

拖动，图层中的图像即被移动（图3-96）。如果在图像上创建了选区（图3-97），使用“移动”工具 在画面上拖动，即可移动选区内的图像（图3-98）。

图3-96

图3-97

图3-98

2.移动不同文档的图像。同时打开两个或多个文档，使用“移动”工具 拖动要移动的对象至另一个文档的标题栏上（图3-99），停留片刻后会自动切换到该文档（图3-100）。拖动鼠标到画面中，即可将图像移动到其他文档中（图3-101）。

3.8.3　旋转与缩放 视频

1.按快捷键<Ctrl+O>打开素材光盘中的“素材”→“第3章”→“3.8.3旋转与缩

图3-99

图3-100

图3-101

放”素材（图3-102），选择要旋转的对象所在的图层（图3-103）。

2.在菜单栏中单击“编辑”→“自由变换”命令或按快捷键<Ctrl+T>，使定界框显示，然后将光标放在中间位置的控制点处，这时光标会变

图3-102

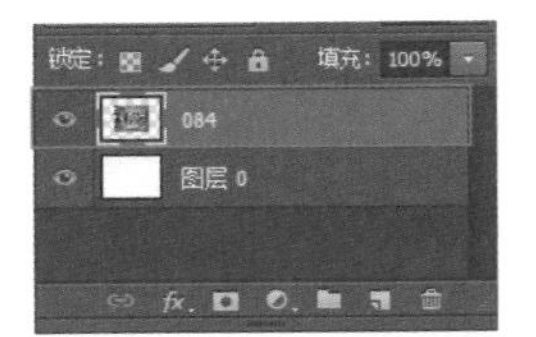

图3-103

为 状态（图3-104），按住鼠标左键并拖动即可旋转对象（图3-105）。按<Enter>键确定操作，如不满意，按<Esc>键可以取消操作。

图3-104

图3-105

3.将光标放在四周的控制点处，光标会变为 状态，按住鼠标左键并拖动即可缩放对象（图3-106、图3-107）。

图3-106

图3-107

3.8.4 斜切与扭曲 【视频】

1.将光标放在上下定界框中间位置的控制点处，按住<Ctrl+Shift>键，光标会变为 状态，按住鼠标左键并拖动即可水平方向斜切对象（图3-108）。将光标放在左右定界框中间位置的控制点处，按住<Ctrl+Shift>键，光标会变为 状态，按住鼠标左键并拖动即可垂直方向斜切对象（图3-109）。

图3-108

图3-109

2.将光标放在四周的控制点处，按住<Ctrl>键，光标会变为 状态，按住鼠标左键并拖动即可扭曲对象（图3-110）。

图3-110

3.8.5 透视变换 [视频]

将光标放在四周的控制点处，按住<Ctrl+Shift+Alt>键，光标会变为 ▷ 状态，按住鼠标左键并拖动即可完成透视变换（图3-111、图3-112）。

图3-111

图3-112

3.8.6 精确变换 [视频]

1.在菜单栏中单击“编辑”→“自由变换”命令或按快捷键<Ctrl+T>，使定界框显示，在工具属性栏中会显示变换选项（图3-113）。

图3-113

2.在“X”文本框中输入数值，按<Enter>键确定，图像将水平移动（图3-114）；在“Y”文本框中输入数值，按<Enter>键确定，图像将垂直移动（图3-115）。

图3-114

图3-115

3.在“W”文本框中输入数值，按<Enter>键确定，图像将水平拉伸（图3-116）；在“H”文本框中输入数值，按<Enter>键确定，图像将垂直拉伸（图3-117）。

4.在 ◪ 文本框中输入正数，按

图3-116

图3-117

<Enter>键确定，图像将顺时针旋转（图3-118）；输入负数，按<Enter>键确定，图像将逆时针旋转（图3-119）。

图3-118

图3-119

5.在“H”文本框中输入数值，按<Enter>键确定，图像将水平斜切（图3-120）；在“V”文本框中输入数值，按<Enter>键确定，图像将垂直斜切（图3-121）。

图3-120

图3-121

3.8.7 制作个性杯子【视频】

1.按快捷键<Ctrl+O>打开素材光盘中的“素材”→“第3章”→“3.8.7制作个性杯子第1、2”两张素材（图3-122、图3-123）。

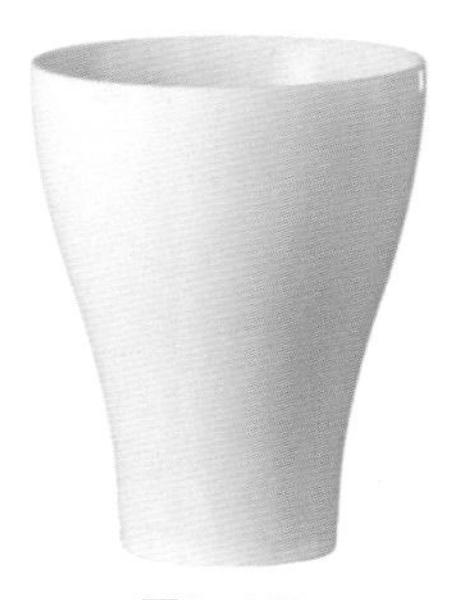

图3-122

图3-123

2.使用“工具箱”中的“移动”工具■，将风景图片拖入到杯子素材中，调整好大小后，按快捷键<Ctrl+T>自由变换，在图片上单击鼠标右键，在弹出的快捷菜单中单击“变形”命令（图3-124），此时，图片上会显示出网格的效果（图3-125）。

图3-124

图3-125

3.使用“移动”工具■，将图片四个角上的锚点拖动到杯子边缘，使之与杯体边缘吻合（图3-126、图3-127）。

图3-126

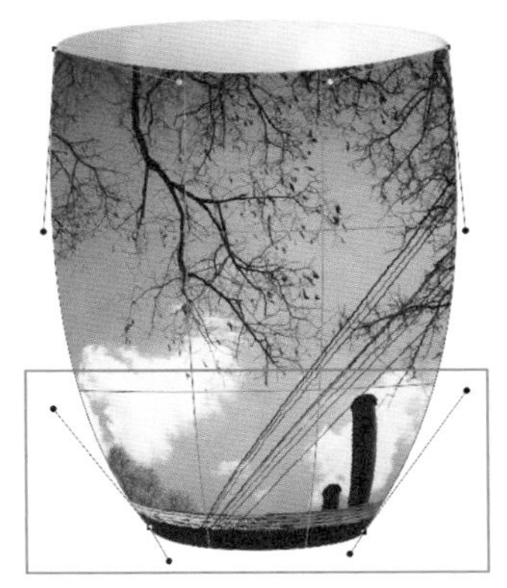

图3-127

4.调整锚点上的方向点，使图片向内收缩，再调整其余锚点，使图片完全与杯体吻合（图3-128）。

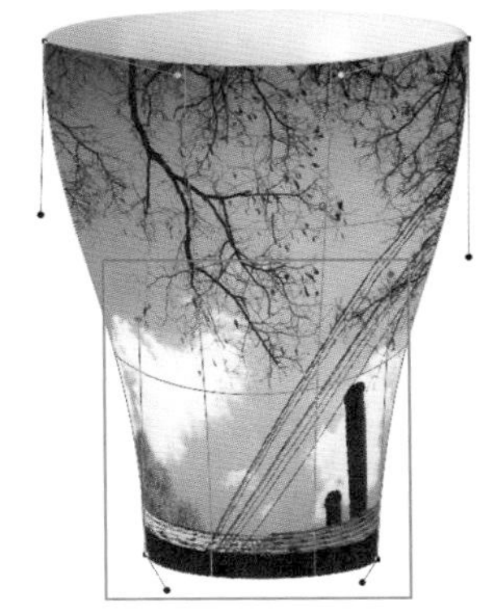

图3-128

5.调整完成后按<Enter>键确定，在“图层”控制面板中设置“图层1”的混合模式为“柔光”（图3-129），此时效果更加自然、融合（图3-130）。

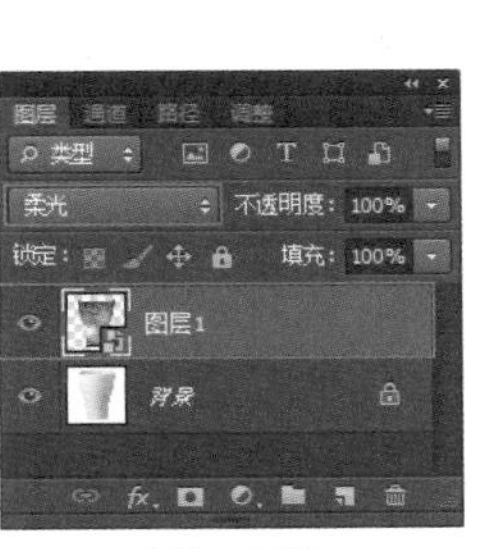

图3-129

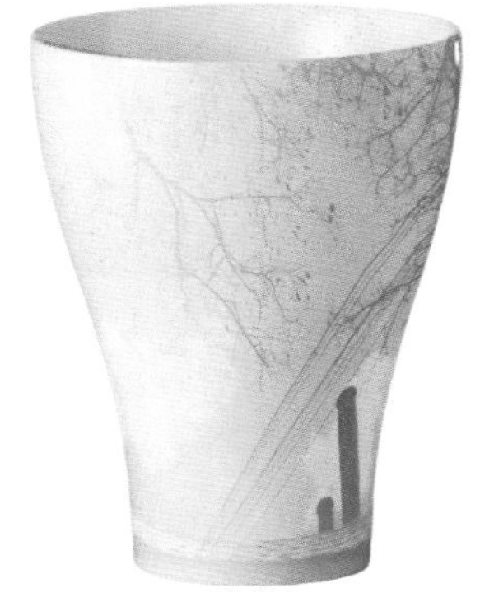

图3-130

6.单击图层控制面板底部的“添加蒙版”按钮，为“图层1”添加蒙版，使用“工具箱”中的“画笔”工具，在杯子周围涂抹，将超出杯体的图像遮盖。连按两次快捷键<Ctrl+J>复制两个图层，使贴图更加清晰。将“图层1副本2”图层的“不透明度”设置为60%（图3-131），这样最终的效果即可显示出来（图3-132）。

图3-131

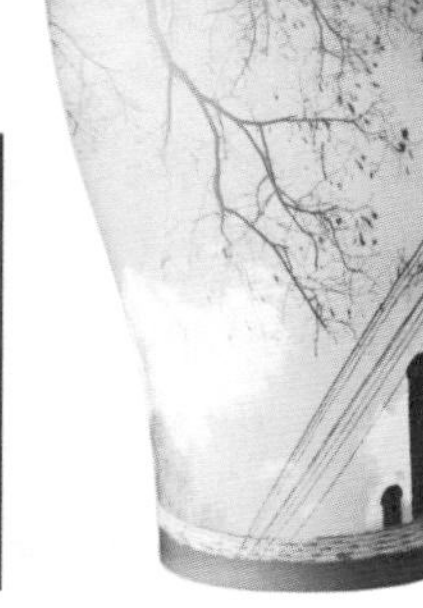

图3-132

3.9 高级编辑

3.9.1 内容识别比例缩放 【视频】

1.按快捷键<Ctrl+O>打开素材光盘中的“素材”→“第3章”→“3.9.1内容识别比例缩放”素材（图3-133）。因为内容识别比例缩放不能对“背景”图层进行操作，所以要按住<Alt>键并双击“背景”图层，将“背景”图层转化为普通图层（图3-134、3-135）。

图3-133

图3-134

图3-135

2.在菜单栏中单击“编辑”→“内容识别比例”命令，按住鼠标左键并拖动定界框，对图像进行缩放（图3-136），从图中可以看出人物已经严重变形。

图3-136

3.单击工具属性栏中的保护肤色按钮，Photoshop CS6对图像进行分析，会尽量避免肤色颜色区域变形（图3-137）。画面虽然变窄了，但人物比例还是正常的。

4.按<Enter>键确定操作，如需取消，可以按<Esc>键。图3-138和图3-139为普通方式和内容识别比例缩放的效果对比。

图3-137

图3-138

图3-139

3.9.2　Alpha通道保护图像 视频

1.按快捷键<Ctrl+O>打开素材光盘中的“素材”→“第3章”→“3.9.2 Alpha通道保护图像”素材（图3-140），按住<Alt>键并双击“背景”图层（图3-141）。

2.在菜单栏中单击“编辑”→“内容识别比例”命令，按住鼠标左键并向左拖动定界框（图3-142），此时照片人物严重变形，然后按下工具属性栏中的“保护肤色”按钮，效果有些改善，但依然存在变形（图3-143）。

图3-140

图3-141

图3-142

图3-143

3.按<Esc>键取消操作，使用“工具箱”中的“快速选择”工具，在人物身上拖动，创建选区（图3-144）。单击“通

图3-144

道”控制面板中的“将选区存储为通道”按钮 ，将选区储存为“Alpha通道”（图3-

图3-145

145）。按快捷键<Ctrl+D>可以取消选区。

4.再次单击“编辑”→“内容识别比例”命令，按住鼠标左键并向左拖动定界框，弹起“保护肤色”按钮 ，在“保护”下拉菜单中选择创建的通道（图3-146），通道内的图像将会受到保护。此时，照片背景虽然被压缩了，但人物没有任何变化（图3-147）。

图3-146

图3-147

第4章　照片区域选取

本章介绍

本章主要介绍数码照片的区域选取方法，尤其是边缘模糊、色彩相近的照片。只有经过精确选取才能进行深入编辑。照片区域选取是Photoshop CS6的重要功能之一。

难度等级
★★☆☆☆

4.1　区域选取基础

4.1.1　选区 【视频】

在使用Photoshop CS6对局部图像进行操作前，首先要选取操作的有效区域，即选区。选区可以将编辑操作限定在选定的区域内（图4-1、图4-2）。如不创建选区，则会对整张图片进行修改（图4-3）。

图4-1

图4-2

图4-3

选区还可以用来分离图像，将对象用选区选中（图4-4），然后从背景中分离出来，再添入新的背景（图4-5、4-6）。

选区分为普通选区和羽化的选区（图4-7、图4-8）。普通选区边界清晰、准确，羽化的选区边界呈半透明效果。

图4-4

图4-5

图4-6

图4-7

图4-8

4.1.2 基本形状【视频】

对于边缘为圆形、椭圆形、矩形的对象，可以直接使用“工具箱”中的“选框”工具 进行选择（图4-9）。

对于魔方、盒子等边缘为直线的对象，可以使用多边形“套索”工具 进行选择（图4-10）。

图4-9

图4-10

4.1.3 色调差异【视频】

对于色调差异大的图像可以使用“快速选择”工具 、“魔棒”工具 、“磁性套索”工具 和“色彩范围”命令等进行选择。图4-11和图4-12是使用“色彩范围”命令抠出的图像。

图4-11 图4-12

4.1.4 快速蒙版【视频】

选区粗略地创建完成后，可以进入快速蒙版状态，然后使用画笔、滤镜等对选区进行精细编辑（图4-13）。

图4-13

4.1.5　选区细化【视频】

当对毛发等细微图像进行操作时，可以使用工具属性栏上的“调整边缘”命令 调整边缘... ，对选区进行调整。图4-14和图4-15为使用“调整边缘”命令抠出的图像。

图4-14

图4-15

4.1.6　钢笔工具【视频】

对于边缘光滑、形状不规则的对象（图4-16），可以使用“钢笔”工具 沿其边缘创建路径，然后再转换为选区（图4-17、图4-18）。

图4-16

图4-17

图4-18

要点提示　“钢笔”工具其实就是一种自由曲线绘制工具，绘制完成后可以任意调节各节点的曲度，使曲线能与图像边缘完全吻合，以保持完美的流畅度，然后再将其转换成选区就能形成选框了。“钢笔”工具操作起来比较麻烦，但是选择的精准度很高。

4.1.7 通道【视频】

对于玻璃、婚纱等细节非常丰富的、半透明的或因运动导致边缘模糊的对象，可以采用通道的方式来选取，图4-19和图4-20中的婚纱就是采用通道方式选取的。

图4-19

图4-20

4.2 区域选取的基本方法

4.2.1 全选与反选【视频】

如需选择文档边界内的所有图像（图4-21），可以在菜单栏中单击“选择”→“全部”命令或按快捷键<Ctrl+A>。对于背景简单的图像，可以先将背景选中（图4-22），然后在菜单栏中单击“选择”→“反向”命令或按快捷键<Ctrl+Shift+I>（图4-23）。

4.2.2 取消选择【视频】

操作结束后，可以单击“选择”→“取消选择”命令或按快捷键<Ctrl+D>取消选择。如需恢复，单击“选择”→“重新选择”命令即可。

图4-21

图4-22

图4-23

4.2.3 选区运算【视频】

Photoshop CS6为用户提供了4种选区运算，分别是新选区 、添加到选区 、从选区中减去 和与选区交叉 。

1.新选区。选择该选项后，可以在图像中新创建一个选区，如果图像中已有选区，则会替换原选区（图4-24）。

设置了选取的运算方式后会影响到下一次操作，即上次选择的运算方式会继续沿用，因此当再次使用选取运算方式之前，一定要先检查运算方式是否正确，以免选择后出现错误而导致重复操作。

2.添加到选区。选择该选项后，会在原有选区的基础上与新选区相加，图4-25为在原有的圆形选区的基础上与矩形选区相加的结果。

3.从选区中减去。选择该选项后，会在原有选区的基础上减去新创建的选区区域（图4-26）。

图4-24

图4-25

4.与选区交叉。选择该选项后，将只保留新选区与原有选区的公共区域（图4-27）。

图4-26

图4-27

4.2.4　移动【视频】

在使用“矩形选框”工具 或“椭圆选框”工具 创建选区时，按住空格键并拖动鼠标，可以移动选区。创建完成后，在新选区的运算状态下，将光标放在选区内并拖动鼠标即可移动选区。使用键盘上的方向键可以将选区微移。

4.2.5　隐藏【视频】

选区创建完成后，单击“视图”→“显示”→“选区边缘”命令或按快捷键<Ctrl+H>，将“选区边缘”命令取消勾选。选区隐藏后，依然会限定操作的有效区域。除此之外，选区隐藏后，用户可以直观的地看到选区边缘的变化。

4.3　区域选取工具

4.3.1　矩形选框工具【视频】

1.按快捷键<Ctrl+O>打开素材光盘中的“素材”→“第4章”→“4.3.1矩形选框工具”素材（图4-28）。选取“工具箱”中的“矩形选框”工具 ，在画面中拖动鼠标创建选区（图4-29）。

图4-28

2.按快捷键<Ctrl+Shift+I>将选区反选（图

图4-29

4-30），在菜单栏中单击“图像”→“调整”→“反相”命令，反转选区内的颜色（图4-31）。

图4-30

图4-31

4.3.2 椭圆选框工具 [视频]

1.按快捷键<Ctrl+O>打开素材光盘中的“素材”→“第4章”→“4.3.2椭圆选框工具1”素材（图4-32）。选取“工具箱”中的“椭圆选框”工具，按住<Shift>键并拖动鼠标创建正圆选区，选中图像中的轮胎（图4-33）。

2.按下工具属性栏中的“从选区中减去”按钮，再选取“工具箱”中的“矩形选框”工具，将轮胎下面多余的选区减去（图4-

图4-32

图4-33

图4-34

34），按快捷键<Ctrl+C>复制选区内的图像。

3.打开素材光盘中的“素材”→“第4章”→“4.3.2椭圆选框工具2”素材，按快捷键<Ctrl+V>将图像复制到此（图4-35），按快捷键<Ctrl+T>，拖动控制点将轮胎缩小，并将其移动到左下角的位置（图4-36）。

图4-35

图4-36

4.选取“移动”工具，按住<Alt>键并拖动轮胎，则复制出来1个轮胎，然后将其移动到旁边的位置（图4-37）。

图4-37

4.3.3　单行单列选框工具【视频】

1.按快捷键<Ctrl+O>打开素材光盘中的“素材”→“第4章”→“4.3.3单行单列选框工具”素材（图4-38）。

图4-38

2.在菜单栏中单击“编辑”→“首选项”→“参考线”命令，在打开的“首选项”对话框中设置“网格线间隔”为10毫米，“子网格”为4（图4-39）。

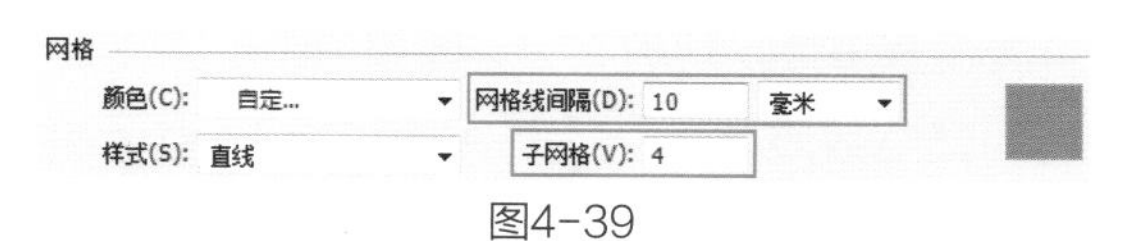

图4-39

3.单击“视图”→“显示”→“网格”命令，使网格显示（图4-40）。选取“单行选框”工具，按下工具属性栏中的“添加到选区”按钮，在网格上单击鼠标左键，创建高度为1像素的选区（图4-41）。

图4-40

图4-41

4.单击“图层”控制面板中的“创建新图层”按钮，创建“图层1”（图4-42），按快捷键<Ctrl+Delete>将背景色（白色）填充到选区，按快捷键<Ctrl+D>可以取消选区。单击“视图”→“显示”→“网格”命令，将“网格”取消勾选（图4-43）。

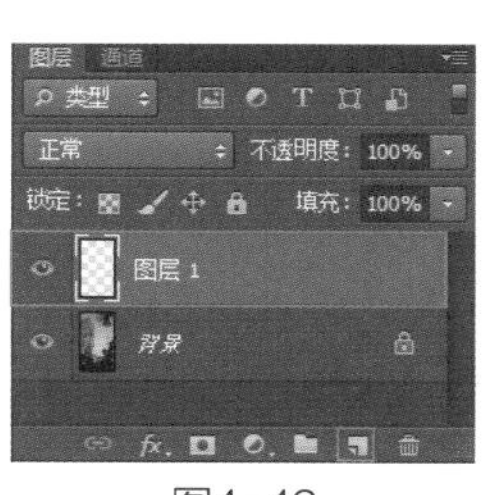

图4-42

图4-43

5.在“图层”控制面板中设置“图层1”的混合模式为“叠加”（图4-44），图4-45为最终效果。

图4-44　　图4-45

4.3.4　套索工具【视频】

1.按快捷键<Ctrl+O>打开素材光盘中的“素材”→“第4章”→“4.3.4套索工具”素材（图4-46）。

图4-46

2.选取“工具箱”中的“套索”工具，按住鼠标左键在画面中拖动绘制选区，当光标移至起点处时，松开鼠标左键即可封闭选区（图4-47、4-48）。

3.在使用“套索”工具绘制选区时，按住<Alt>键并松开鼠标左键，此时会自动切换为“多边形套索”工具，使用鼠标在画面中单击即可绘制直线（图4-49），松开<Alt>键后会恢复为“套索”工具（图4-50）。

图4-47

图4-48

图4-49

图4-50

4.3.5　多边形套索工具【视频】

1.按快捷键<Ctrl+O>打开素材光盘中的“素材”→“第4章”→“4.3.5多边形套索工具1”素材（图4-51）。选取“工具箱”中的“多边形套索”工具，按下工具属性栏中的“添加到选区”按钮，在窗户边角处单击鼠标左键，沿边缘转折处继续单击，当移至起点处时，再次单击鼠标左键，选区创建完成（图4-52）。

图4-51

图4-52

2.同样地，将其他窗口内的图像都选中（图4-53）。

图4-53

3.将窗口中的所有图像都选中后，按快捷键<Ctrl+J>将选区内的图像复制到新图层（图4-54）。打开素材光盘中的“素材”→“第4章”→“4.3.5多边形套索工具2”素材，使用“移动”工具将其拖入到窗口中（图4-55）。

图4-54

图4-55

4.按快捷键<Ctrl+Alt+G>，创建剪贴蒙版，此时窗口景色替换完成（图4-56）。

图4-56

要点提示

“多边形套索”工具是最常用的工具之一，它除了可以选取直线边缘，还可以选取曲线边缘，尤其是不规则的自由曲线，相对于“钢笔”工具而言更为自由。只是在选取曲线时应特别注意，最好将照片放大后再进行选取，因为每段圆弧之间虽然是直线，但是缩小还原后也能达到不错的平滑度，而且操作起来更轻松。

4.3.6 磁性套索工具 【视频】

1.按快捷键<Ctrl+O>打开素材光盘中的“素材”→“第4章”→“4.3.6磁性套索工具”素材（图4-57）。

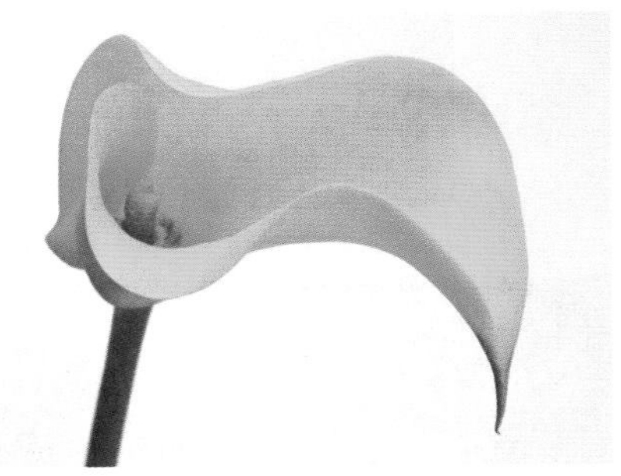

图4-57

2.选取“工具箱”中的“磁性套索”工具，在图像的边缘上单击鼠标左键（图4-58），放开鼠标后，将光标沿着图像的边缘移动，该工具会贴合图像边缘自动生成锚点（图4-59），

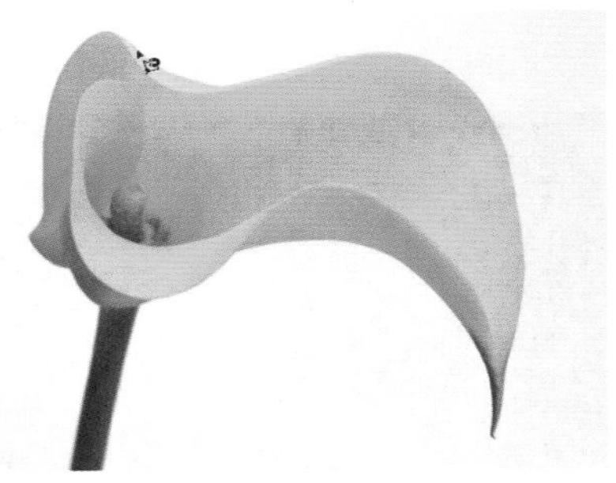

图4-58

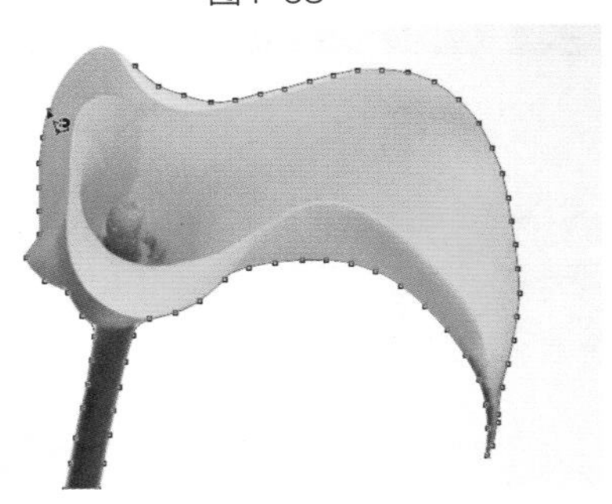

图4-59

也可以在某一位置单击鼠标左键放置锚点。按下<Delete>键可以依次将锚点删除（图4-60），按下<Esc>键可以清除所有锚点。

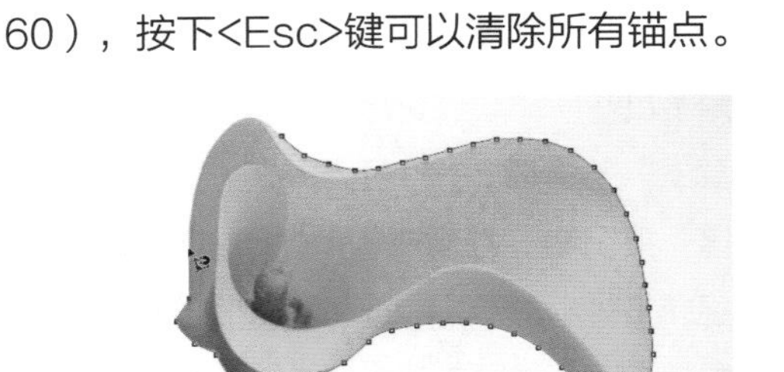

图4-60

3.当光标移动至起点处时（图4-61），单击鼠标左键可将选区闭合（图4-62）。如果在绘制过程中双击鼠标左键，那么会在双击处出现一条直线与起点处连接，将选区闭合。

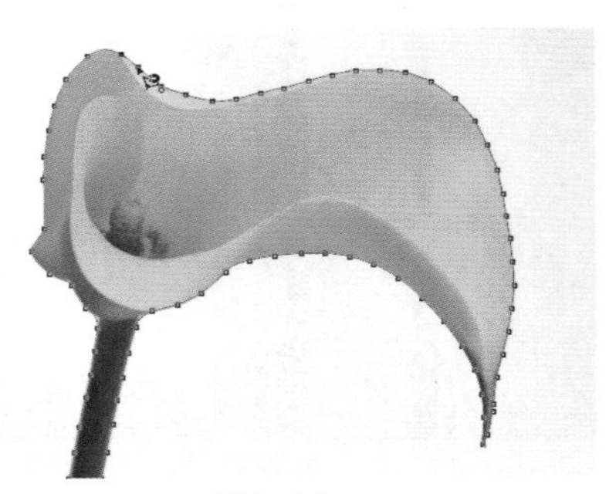

图4-61

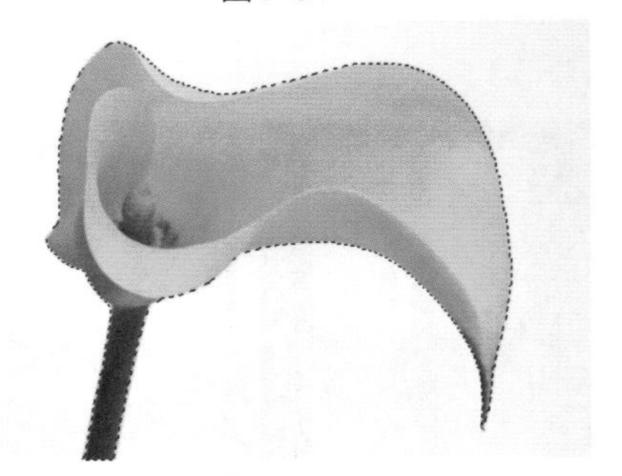

图4-62

4.4 魔棒与快速选择工具

4.4.1 魔棒工具【视频】

1.按快捷键<Ctrl+O>打开素材光盘中的“素材”→“第4章”→“4.4.1魔棒工具1”素材（图4-63）。选取“工具箱”中的“魔棒”工具，在工具属性栏中设置“容差”为10。设置完成后，在画面的空白处单击鼠标左键，将背景选中（图4-64）。

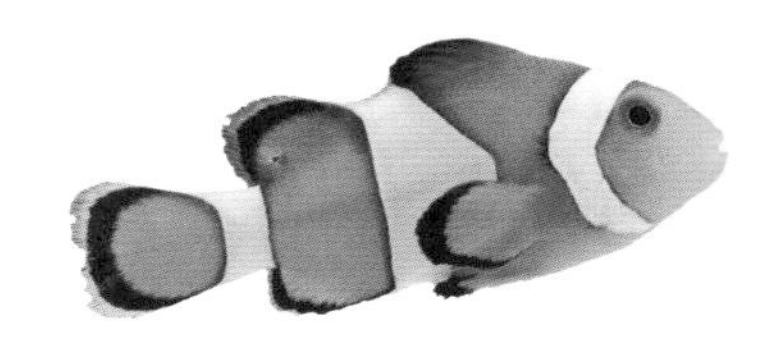

图4-63

图4-64

2.按快捷键<Ctrl+Shift+I>将选区反转，选中画面中的鱼（图4-65）。

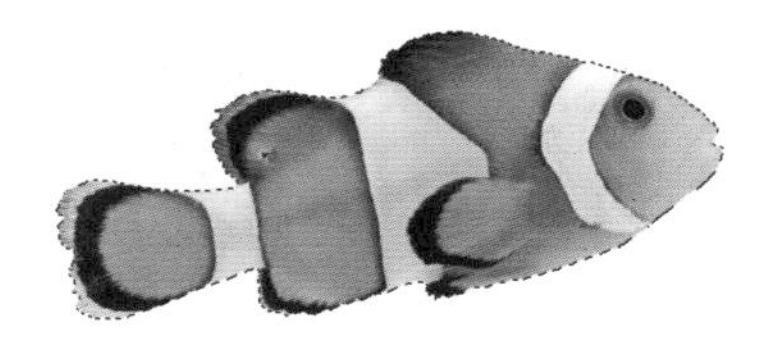

图4-65

3.打开素材光盘中的“素材”→“第4章”→“4.4.1魔棒工具2”素材，使用“移动”工具将图像拖动到背景文档中，生成“图层1”（图4-66），按快捷键<Ctrl+T>调整图像的大小，然后将其移动到合适的位置（图4-67）。

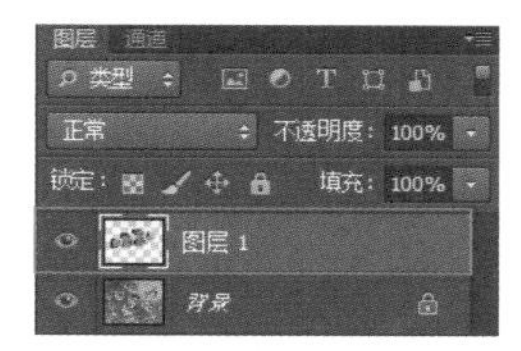

图4-66

图4-67

4.4.2 快速选择工具【视频】

1.按快捷键<Ctrl+O>打开素材光盘中的“素材”→“第4章”→“4.4.2快速选择工具1”素材（图4-68）。选取“工具箱”中的“快速选择”工具，在工具属性栏中单击“添加到选区”按钮，设置画笔大小为30像素，其他参数不变（图4-69）。

图4-68

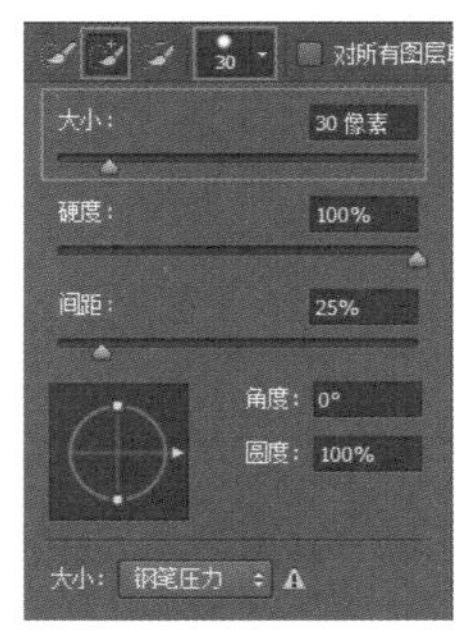

图4-69

2.设置完成后，在鹦鹉上单击鼠标左键并拖动，创建选区（图4-70）。如背景区域也被选中，则可以在工具属性栏中单击“从选区减去”按钮或按住<Alt>键，然后在选中的背景上单击鼠标左键并拖动，即可将其减去。

图4-70

3.打开素材光盘中的“素材”→“第4章”→“4.4.2快速选择工具2”素材，使用“移动”工具 将图像拖入到该文档中（图4-71）。按快捷键<Ctrl+T>调整图像的大小，然后将其移动到合适的位置（图4-72）。

图4-71

图4-72

4.5 色彩范围

4.5.1 色彩范围对话框 【视频】

打开文件后，在菜单栏中单击“选择”→“色彩范围”命令，即可打开“色彩范围”对话框（图4-73）。

1.选择：“选择”用来设置选区的创建方式（图4-74）。选择“取样颜色”选项时，在画面或“色彩范围”对话框的预览图中单击鼠标左键，可以对颜色进行取样，并有“添加到取样”按钮 和“从取样中减去”按钮 配合使用；选择“红色”、“绿色”等选项时，可以对画面中的特定颜色进行选择（图4-75）；选择“高光”、“中间调”等选项时，可对画面中的特定色调进行选择（图4-76）；选择“溢色”选项时，可选择溢色区域；选择“肤色”选项时，可选择肤色区域。

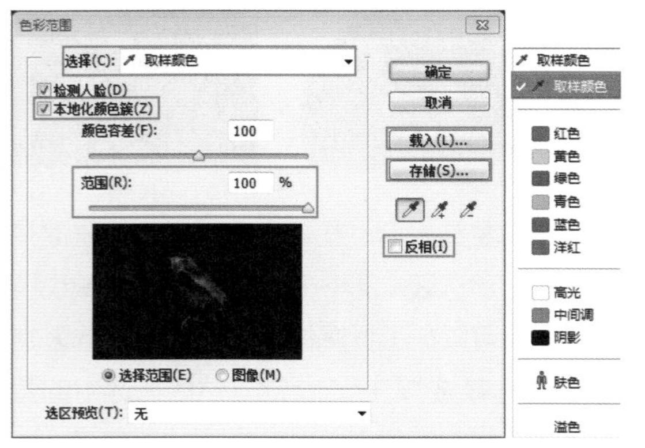

图4-73 图4-74

图4-75 图4-76

2. 检测人脸：勾选该复选框后，可以更加准确地选择画面中的肤色。

3.本地化颜色簇与范围：勾选“本地化颜色簇”复选框后，在“范围”中可以控制以选择像素为中心向外扩散的距离，还可以对画面局部区域进行选择。

4.颜色容差："颜色容差"用来控制色彩的识别度，数值越高，选取的颜色越广，范围也越大。

5.预览图：预览图有"选择范围"和"图像"两种预览方式。使用"选择范围"时，预览图中的黑色区域为未被选择区域，白色区域为已被选择区域，灰色区域为部分被选择区域（图4-77）；使用"图像"时，以彩色方式显示图像（图4-78）。

图4-77

图4-78

6.选区预览："选区预览"用来设置图像窗口的显示方式，有"无"、"灰度"、"黑色杂边"、"白色杂边"和"快速蒙版"5种方式（图4-79）。

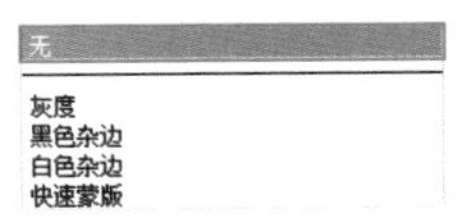

图4-79

7.储存与载入：单击"储存"按钮，当前的设置状态即被保存为选区预设，单击"载入"按钮，可以将储存的选区预设文件载入进来。

8.反向：勾选"反相"复选框可将选区反选。

4.5.2 色彩范围 视频

1.按快捷键<Ctrl+O>打开素材光盘中的"素材"→"第4章"→"4.5.1色彩范围1"素材（图4-80）。

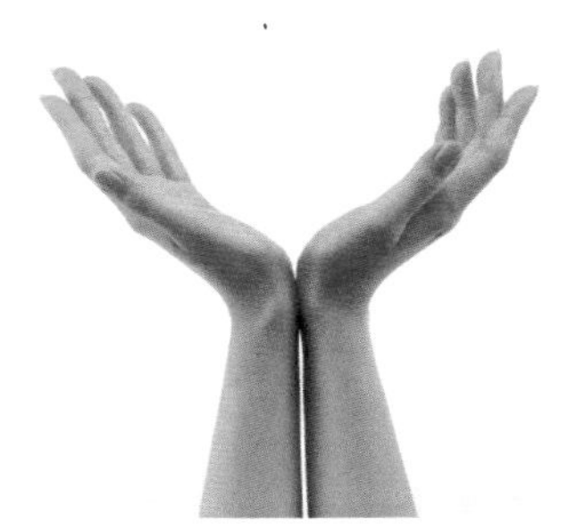

图4-80

2.在菜单栏中单击"选择"→"色彩范围"命令，打开"色彩范围"对话框，在画面中的背景区域单击鼠标左键，进行颜色取样（图4-81）。

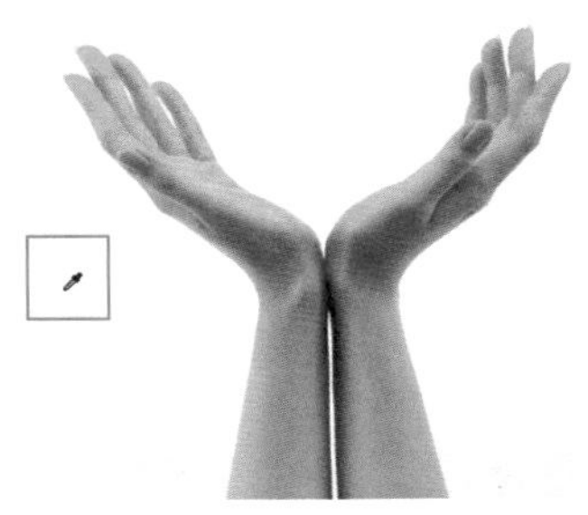

图4-81

3.此时，背景区域已全部添加到选区中（图4-82），在"色彩范围"对话框的预览区中可以看到背景区域完全呈白色显示。单击"确定"按钮，背景区域被选中（图4-83）。

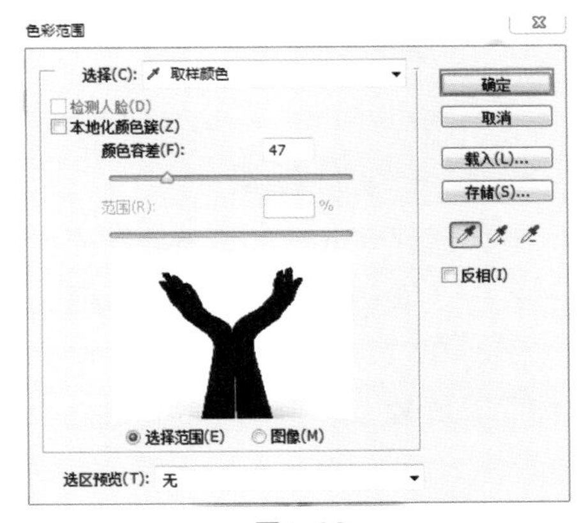

图4-82

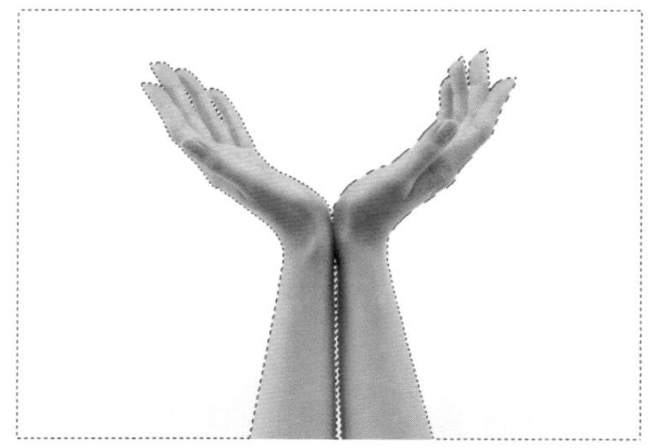

图4-83

4.按快捷键<Ctrl+Shift+I>将选区反转，选中画面中的图像，按快捷键<Ctrl+O>打开素材光盘中的“素材”→“第4章”→“4.5.1色彩范围2”素材，使用“移动”工具将图像拖入到该文档中，按快捷键<Ctrl+T>调整图像的大小，然后将其移动到合适的位置（图4-84）。

5.在菜单栏中单击“图层”→“图层样式”→“外发光”命令，在打开的“图层样式”对话框中设置“混合模式”为“滤色”，“不透明度”为46%，“大小”为21像素（图4-85），图4-86为最终效果。

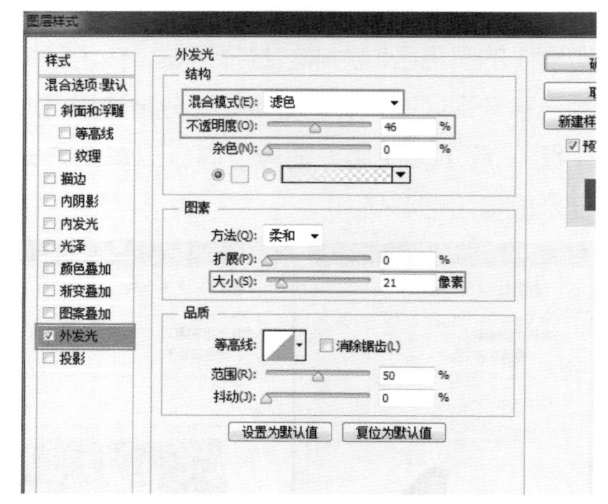

图4-85

图4-84

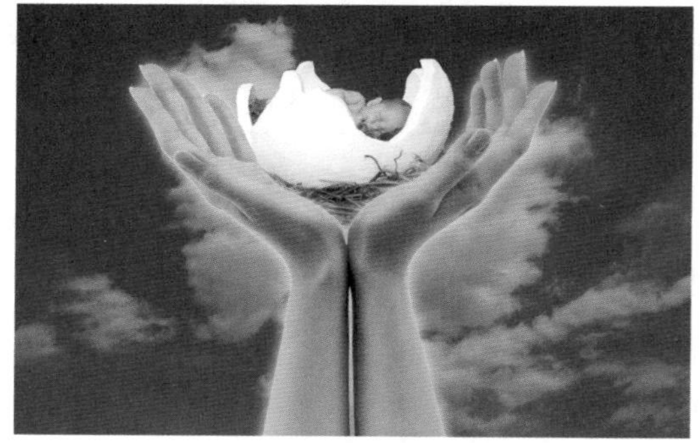

图4-86

4.6 快速蒙版

4.6.1 快速蒙版 【视频】

1.按快捷键<Ctrl+O>打开素材光盘中的“素材”→“第4章”→“4.6.1快速蒙版1”素材（图4-87）。选取“工具箱”中的“快速选择”工具，将画面中的企鹅选中（图4-88）。

2.选取投影时，不能太过生硬，否则会不真实。在菜单栏中单击“选择”→“在快速蒙版模式下编辑”命令或按下“工具箱”中的“以快速蒙版模式编辑”按钮，即可进入到快速蒙版编辑模式（图4-89）。

3.选取“工具箱”中的“画笔”工具，在工具属性栏中设置画笔大小为38，“不透明度”为32%（图4-90）。设置完成后，使

图4-87

图4-88

图4-89

图4-90

用画笔在投影处涂抹，使阴影添加到选区（图4-91）。

4.涂抹完成后，按下“工具箱”中的“以标准模式编辑”按钮，恢复到常规模式（图4-92）。按快捷键<Ctrl+O>打开素材光盘中的“素材”→“第4章”→“4.6.1快速蒙版2”素材，使用“移动”工具将企鹅拖入到该文档中（图4-93）。

图4-91

图4-92

图4-93

4.6.2　快速蒙版选项 [视频]

选区创建完成后，双击“工具箱”中的“以快速蒙版模式编辑”按钮，弹出“快速蒙版选项”对话框（图4-94）。

1.色彩指示：当“色彩指示”设置为

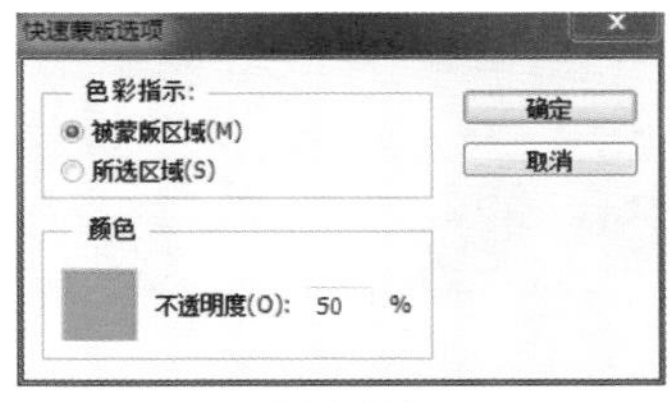

图4-94

“被蒙版区域”后，选区外的区域将被蒙版颜色覆盖，选区内的区域正常显示；当设置为“所选区域”后，选区内的区域将被蒙版颜色覆盖，选区外的区域正常显示。

2.颜色。单击色块，可以在打开的拾色器面板中修改蒙版颜色。更改“不透明度”数值，可以调整蒙版颜色的不透明度。

4.7 细化选区

4.7.1 视图模式 视频

选区创建完成后（图4-95），在菜单栏中单击“选择”→“调整边缘”命令，弹出“调整边缘”对话框，在下拉菜单中可以选择便于观察的视图模式（图4-96），如“闪烁虚线”（图4-97）、“叠加”（图4-98）、“黑底”（图4-99）、“白底”（图4-100）、“黑白”（图4-101）、“背景图层”（图4-102）和“显示图层”（图4-103）等。

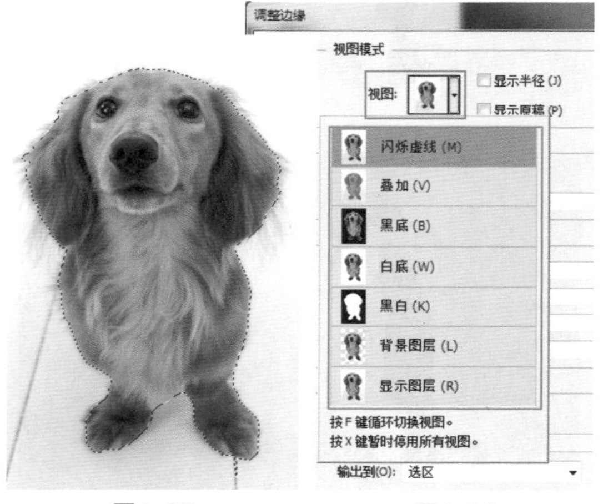

图4-95 图4-96

图4-99

图4-100

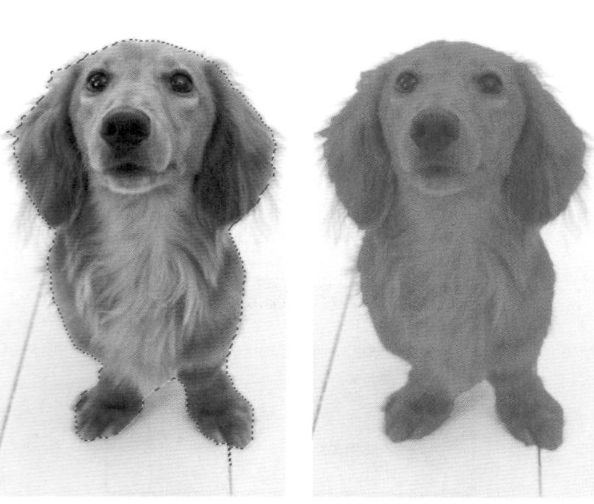
图4-97

图4-98

图4-101

图4-102

图4-103

4.7.2 调整边缘 视频

调节“调整边缘”对话框中的“调整边缘”选项组，可以对选区进行平滑、羽化、扩展等处理。在画面中创建一个矩形（图4-104），打开“调整边缘”对话框，设置“视图模式”为“背景图层”（图4-105）。

图4-104

图4-105

1.平滑：调整该数值，可以使选区轮廓更加圆滑（图4-106）。

图4-106

2.羽化：为选区设置羽化值，可使选区边界呈现出半透明的效果（图4-107）。

图4-107

3.对比度：对选区边缘模糊的对象进行锐化处理，以减少或消除羽化。

4.移动边缘：对选区边缘进行收缩或扩展操作（图4-108、图4-109）。

图4-108

图4-109

4.7.3 输出 视频

在“调整边缘”对话框中的“输出”选项组中，可以选择是否消除边缘杂色，并指定输出方式（图4-110）。

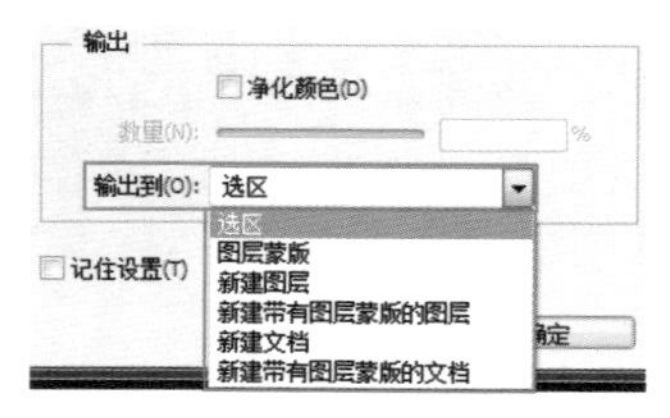

图4-110

1.净化颜色：勾选“净化颜色”复选框，并调整数量值，可以消除边缘杂色，数量值越大，消除范围越广。

2.输出到：对选区边缘调整完成后，可以在此选择输出方式，如“选区”（图4-111）、“图层蒙版”（图4-112）、“新建图层”（图4-113）、“新建带有图层蒙版的图层”（图4-114）和“新建文档”（图4-115）等。

图4-111

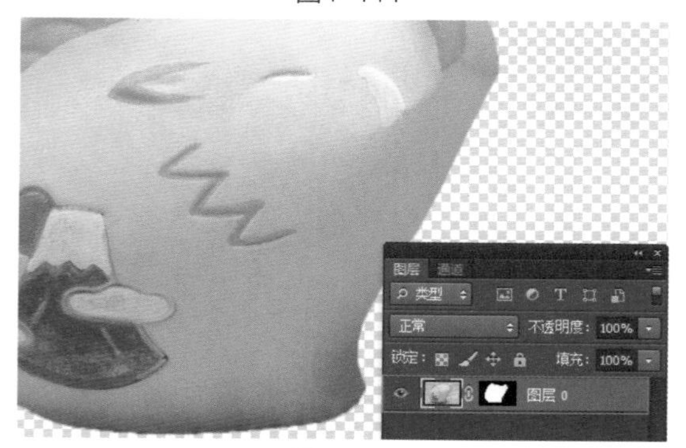

图4-112

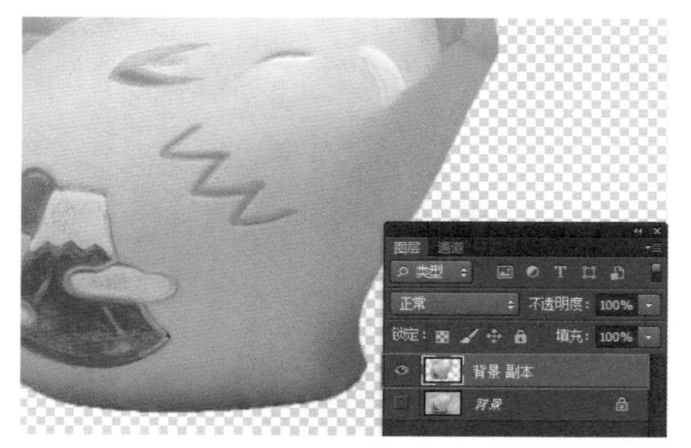

图4-113

图4-114

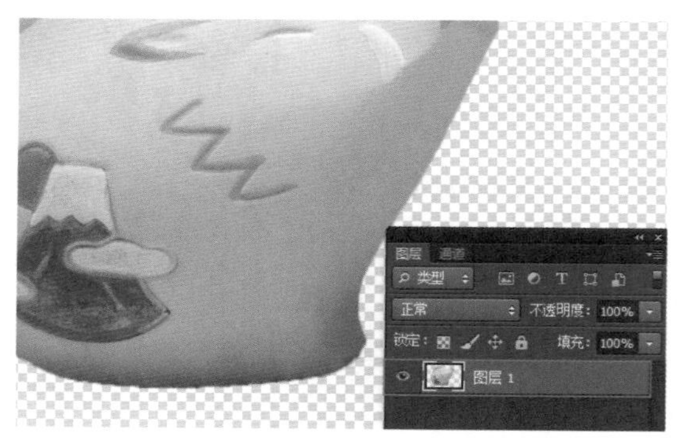

图4-115

要点提示

选区输出的主要优势是方便保存，尤其是形态特异的区域，通常选取过程很长，一次选择到位如不保存下来，可能会重复选择，降低操作效率。输出后的选区可以进行添加颜色、制作特效、复制图像等操作，这些都能提高工作效率。

4.7.4　细化工具抠毛发 视频

1..按快捷键<Ctrl+O>打开素材光盘中的“素材”→“第4章”→“4.7.4细化工具抠毛发1”素材（图4-116）。选取“工具箱”中的“快速选择”工具，将画面中的北极熊选中（图4-117）。

图4-116

图4-117

2.单击工具属性栏中的“调整边缘”按钮，在打开的“调整边缘”对话框中设置“视图模式”为“黑白”（图4-118、图4-119）。

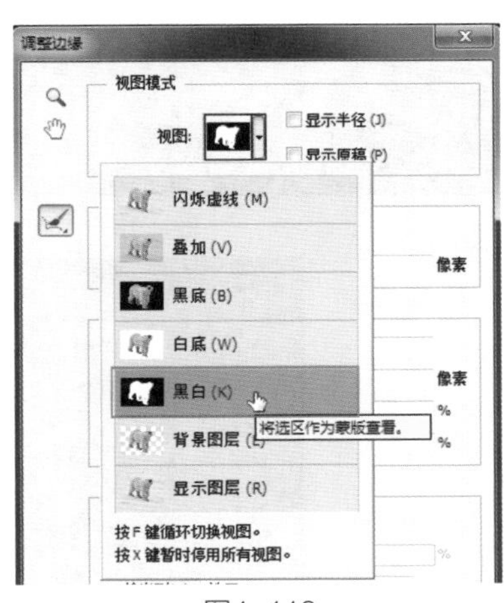

图4-118

图4-119

3.在“调整边缘”对话框中勾选“智能半径”和“净化颜色”两个复选框，“半径”设置为250像素，此时北极熊的毛发已经显现出来了（图4-120、图4-121）。

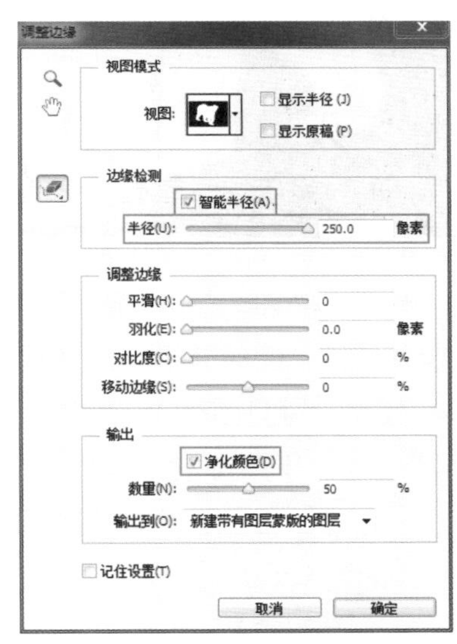

图4-120

图4-121

4.单击“调整半径工具”按钮 并保持片刻，在弹出的下拉菜单中选择“涂抹调整工具” 选项（图4-122），使用鼠标在北极熊脚部等区域涂抹，将多余的背景减去。

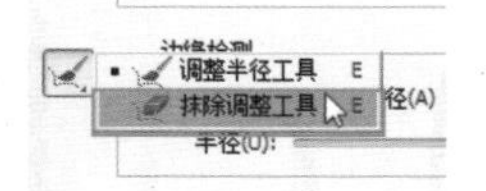

图4-122

5.涂抹完成后（图4-123），选择输出到

图4-123

“新建带有图层蒙版的图层”选项，单击“确定”按钮，此时北极熊已经被抠出来了（图4-124）。打开素材光盘中的“素材”→“第4章”→“4.7.4细化工具抠毛发2”素材，使用“移动”工具 将北极熊拖入到背景文档中（图4-125）。

6.按快捷键<Ctrl+J>将北极熊图层复制，使北极熊轮廓更加清晰（图4-126、图4-

图4-124

图4-125

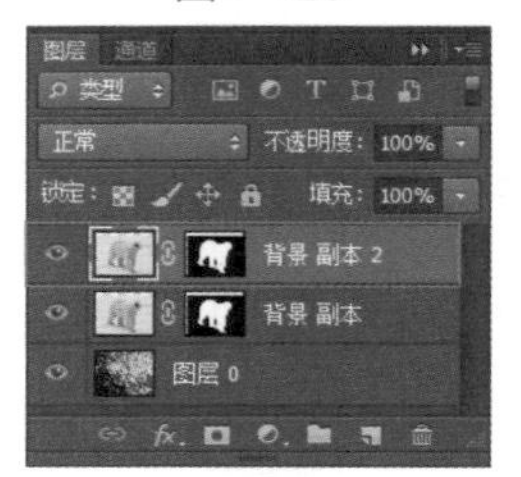

图4-126

127）。在“背景 副本2”图层上单击鼠标右键，在弹出的快捷键菜单中单击“向下合并”命令，将两个背景副本图层合并（图4-128）。

图4-127

图4-128

7.在“图层”控制面板中单击“创建新图层”按钮，新建图层，设置图层的混合模式为“颜色”，按快捷键<Alt+Ctrl+G>为“背景副本”图层创建剪贴蒙版（图4-129）。

8.设置前景色为与背景色相近的蓝色（图4-130），选择“画笔”工具，在工具属性栏中将“不透明度”设置为50%（图4-131）。设置完成后，使用鼠标在北极熊毛发边缘处涂抹，使毛发呈现出淡淡的蓝色，这样即与背景更加协调（图4-132）。

图4-129

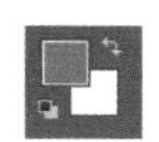
图4-130

图4-131

图4-132

4.8　选区编辑操作

4.8.1　修改边界 视频

创建选区后（图4-133），在菜单栏中单击“选择”→“修改”→“边界”命令，将选区的边界向内部和外部两个方向扩展，形成新的选区（图4-134）。

图4-133

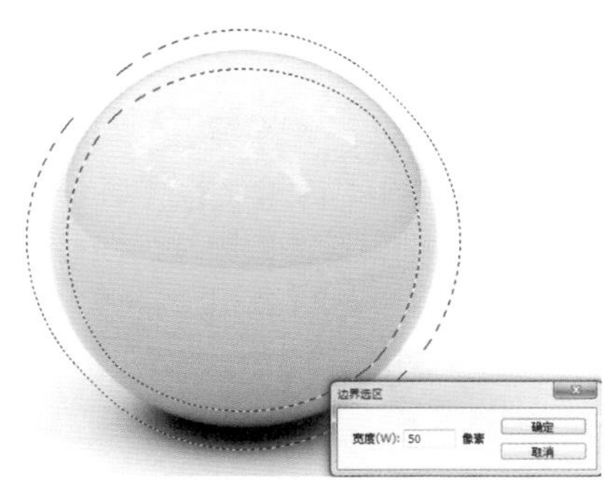

图4-134

4.8.2　平滑 视频

创建选区后（图4-135），单击“选择”→“修改”→“平滑”命令，在打开的“平滑选区”对话框中设置“取样半径”，可以让选取更加平滑（图4-136）。

图4-135

图4-136

4.8.3 扩展与收缩 [视频]

创建选区后（图4-137），单击“选择”→“修改”→“扩展”命令，在打开的“扩展选区”对话框中设置“扩展量”，可以将选区扩展（图4-138）。单击“选择”→“修改”→“收缩”命令，可将选区收缩（图4-139）。

图4-137

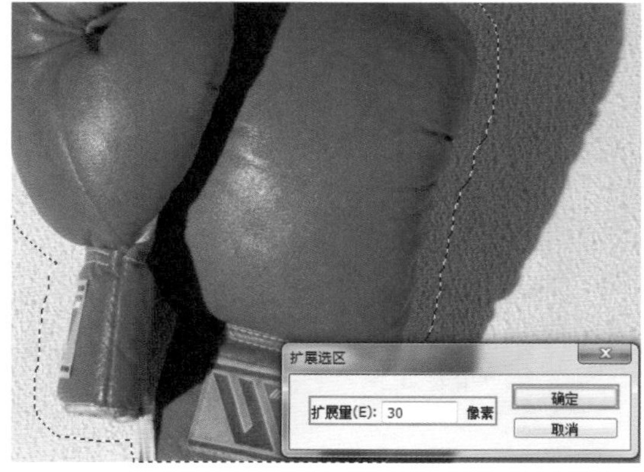

图4-138

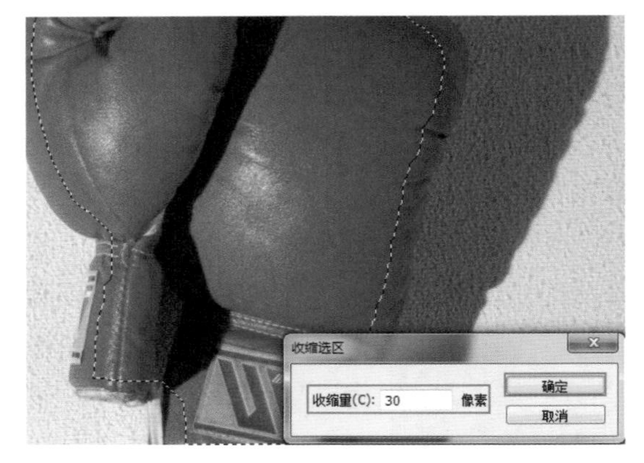

图4-139

4.8.4 羽化 [视频]

羽化是令选区边界虚化，然后产生半透明效果从而达到各部分自然衔接的命令。创建选区后（图4-140），单击“选择”→“修改”→“羽化”命令，在打开的“羽化”对话框中设置“羽化半径”，羽化后的效果如图4-141所示。

图4-140

图4-141

4.8.5 扩大选取与选取相似 视频

扩大选取与选取相似很相似，都是用来扩展选区的命令，扩展范围都是由“魔棒”工具属性栏中的“容差”值 容差: 32 来决定。

创建选区后（图4-142），单击“选择”→“扩大选取”命令，画面中那些与当前选区像素色调相近的像素会被选中，该命令只会影响到与原选区相连的区域（图4-143）。

图4-142

图4-143

> **要点提示**
>
> “容差”值在默认状态下为32，一般使用默认值即可。“容差”值设置的越小，“魔棒”工具的感应色彩范围越小，选取面积也就越小；“容差”值设置的越大，“魔棒”工具的感应色彩范围越大，选取面积也就越大。如果需要对“容差”值进行调整，那么合理范围是15～45。

创建选区后，单击“选择”→“选取相似”命令，画面中那些与当前选区像素色调相近的像素会被选中，但是该命令会影响到文档中的所有区域，包括与原选区没有相连的区域（图4-144）。

图4-144

4.8.6 变换 视频

创建选区后（图4-145），单击“选择”→“变换选区”命令，此时，选区周围会出现定界框（图4-146），拖动控制点可

图4-145

图4-146

对选区进行变形操作（图4-147），选区内的图像不会受到影响。

图4-147

创建选区后，单击“编辑”→“变换”命令，此时对选区进行变形操作，会影响选区内的图像（图4-148）。

图4-148

4.8.7 存储与载入选区 [视频]

学会存储与载入选区，可以避免因意外情况而带来的损失，也可以为以后的修改带来极大的便利。选区创建后，单击“通道”控制面板中的“将选区存储为通道”按钮，将选区保存在Alpha通道中（图4-149、图4-150），也可以在菜单栏中单击“选择”→“存储选区”命令将选区存储。

按住<Ctrl>键并单击通道缩略图，即可将选区载入到图像中（图4-151），也可通过单击“选择”→“载入选区”命令载入选区。

图4-149

图4-150

图4-151

第5章　图层运用方法

本章介绍

本章主要介绍图层的运用方法和照片分层的基本操作，剖析了图层面板的全部功能，演示了各种特效的制作方法，并附上了代表性极强的操作案例。运用图层是修饰照片的关键环节。

5.1　图层基础

5.1.1　图层

图层是Photoshop CS6最重要的概念之一，是构成图像的组成单位。图层就像一张张含有图像或文字的透明玻璃纸，将所有玻璃纸按顺序叠加起来，合成最终的图像效果（图5-1、图5-2）。

图5-1

图5-2

每个图层都可以单独进行操作，并且不会影响到其他图层（图5-3、图5-4）。除了锁定的“背景”图层外，其他图层都可以调整不透明度，产生半透明效果（图5-5、图5-6）；

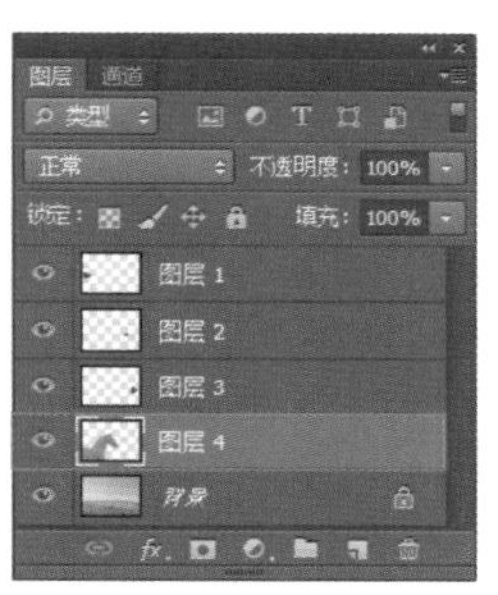

图5-3

图5-4

图5-5

图5-6

设置图层的混合模式，产生特殊的混合效果（图5-7、图5-8）。单击图层左侧的眼睛图标，可以将图层隐藏（图5-9、图5-10）。

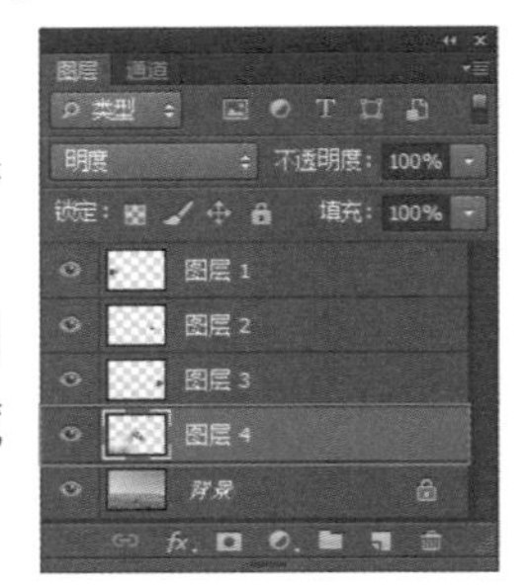

图5-7

图5-8

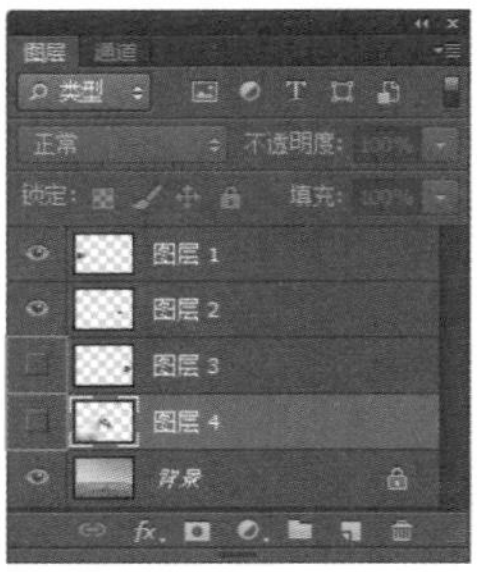

图5-9

图5-10

5.1.2 图层控制面板

“图层”控制面板用于创建、编辑和管理图层（图5-11）。

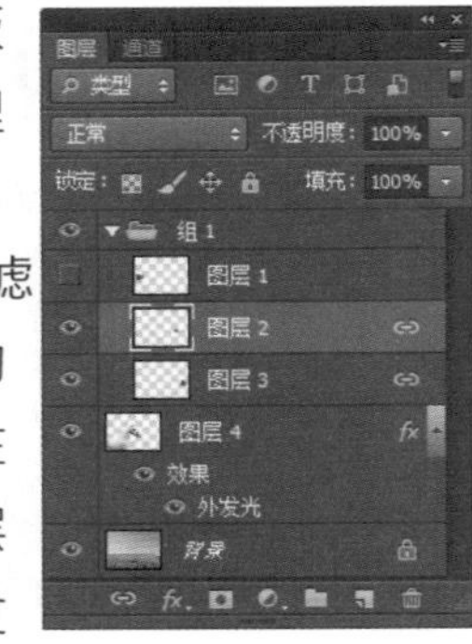

图5-11

1．图层过滤器：如果文件中的图层数量过多，可以在图层过滤器中选择图层的类型。找到后，通过不同的搜索条件，可以很好地组织图层。

2.图层混合模式：图层混合模式是指一个层与下面图层的色彩叠加方式，可以产生特殊的合成效果。

3.不透明度：调整图层或填充的不透明度，可以使之呈现透明效果。

4.锁定：对图层的透明区域、像素、位置等进行锁定，可以避免因操作失误而带来的损失。

5.链接图层：可以将当前选择的多个图层链接起来。

6.添加图层样式：单击该按钮，可以为图层选择并添加“阴影”或“内发光”等效果。

7.添加图层蒙版：单击该按钮，可以为图层添加用于遮盖图像的图层蒙版。

8.创建新的填充或调整图层：单击该按钮，可以选择并添加新的填充图层或调整图层。

9.创建新组：单击该按钮，可以创建一个新的图层组。

10.创建新图层：单击该按钮，可以创建一个新的图层。

11.删除图层：单击该按钮，可以将图层或图层组删除。

5.1.3　图层类型

在Photoshop CS6中可以创建各种类型的图层，每种图层都有其独特的功能和用途。下面根据图5-12，从下向上依次介绍不同的图层类型及其功能。

1.背景图层：文件创建时的图层，名称为“背景”，总是在堆叠顺序的最底部，不能添加图层样式与图层蒙版。

2.3D图层：包含3D文件的图层。

3.视频图层：包含视频文件帧的图层。

图5-12

4.文字图层：使用横排或直排文字工具输入文字时，创建的图层。

5.蒙版图层：用黑白灰3种颜色来决定图层局部透明状态的图层。

6.填充图层：填充了纯色、图案和渐变的图层，可以随时编辑颜色和图案。

7.调整图层：用于调整图像的纯度、明度和色彩平衡的图层，可以随时编辑。

8.智能对象：包含图像源内容和所有原始特性并能执行非破坏性编辑的图层。

9.形状图层：使用“路径”工具或各种“形状”工具绘制后，自动创建的图层。

10.普通图层：单击“图层”控制面板中的“创建新图层”按钮，创建的透明图层，即为普通图层。

5.2　创建图层

5.2.1　在图层控制面板中创建 视频

在“图层”控制面板中单击“创建新图层”按钮，即可在当前图层的上面新建一个图层（图5-13、图5-14）。

按住<Ctrl>键，并单击“创建新图层”按钮，新图层会创建在当前图层的下面（图5-15）。“背景”图层下面不能创建新图层。

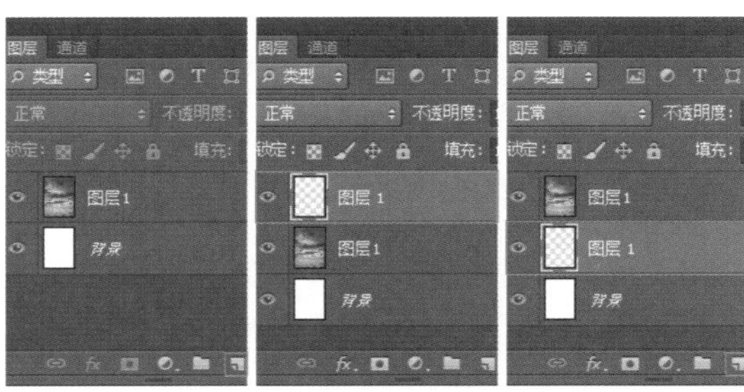

图5-13　图5-14　图5-15

5.2.2　用命令新建图层 视频

在菜单栏中单击“图层”→“新建”→“图层”命令或按<Alt>键并单击“创建新图层”按钮，即可打开“新建图层”对话框（图5-16），在此可以设置图层的名称、颜色、模式等属性，单击“确定”按钮后，即可新建一个图层（图5-17）。

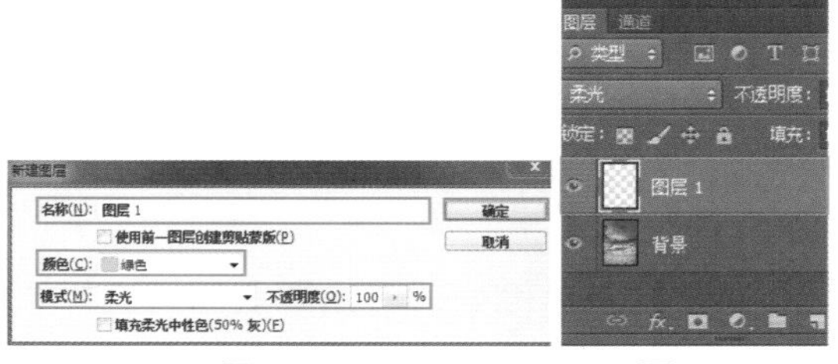

图5-16　图5-17

5.2.3 通过复制的图层创建 视频

在图像中创建了选区后（图5-18），在菜单栏中单击“图层”→“新建”→“通过拷贝的图层”命令或按快捷键<Ctrl+J>，复制选区内的图像到一个新的图层中（图5-19），原图层图像不发生变化。图像中没有选区时，执行该命令可将图层复制（图5-20）。

图5-18

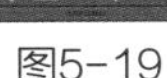

图5-19 图5-20

5.2.4 通过剪切的图层创建 视频

在图像中创建了选区后，在菜单栏中单击“图层”→“新建”→“通过剪切的图层”命令或按快捷键<Ctrl+Shift+J>，剪切选区内的图像到一个新的图层中（图5-21），原图层图像被剪切（图5-22）。

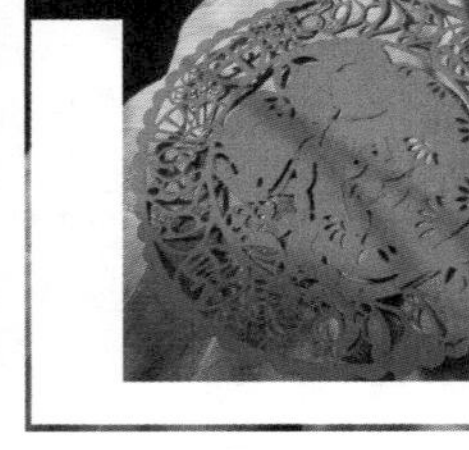

图5-21 图5-22

5.2.5 创建背景图层 视频

新建文档时，如果使用“透明色”作为背景内容（图5-23），那么是没有“背景”图层的（图5-24）。当文档中没有“背景”图层时，可以选择一个图层（图5-25），在菜单栏中单击“图层”→“新建”→“背景图层”命令，即可将该图层转换为“背景”图层（图5-26）。

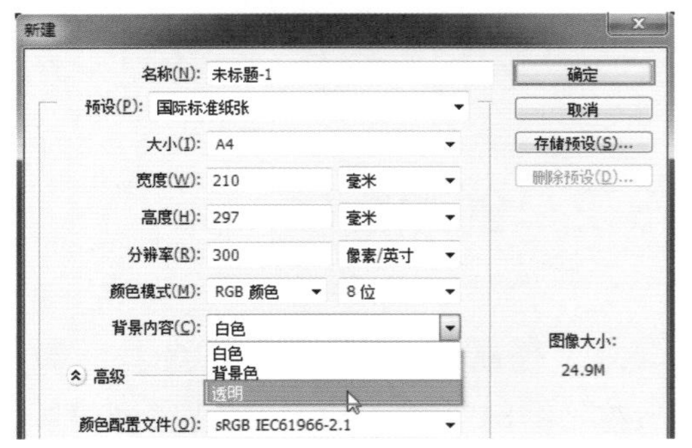

图5-23

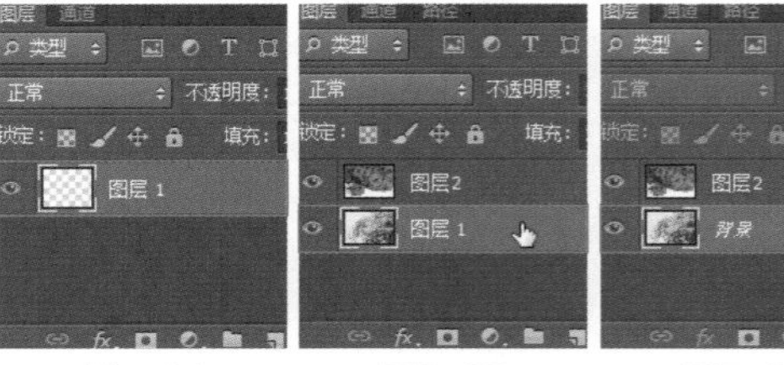

图5-24 图5-25 图5-26

5.3 编辑图层

5.3.1 选择 视频

1.选择一个图层。单击图层即可选择该图层，并成为当前图层（图5-27）。

2.选择多个图层。选择第1个图层（图5-28），按住<Shift>键并单击最后1个图层，即可将多个相邻图层选中（图5-29）。按住

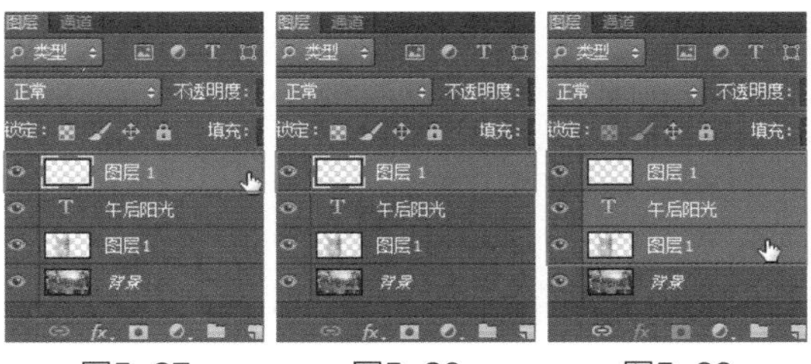

图5-27　　图5-28　　图5-29

<Ctrl>键并单击图层，可将任意图层选中（图5-30）。

3.选择所有图层。在菜单栏中单击“选择”→“所有图层”命令，即可将所有图层选中（图5-31）。

4.选择链接图层。选择一个链接图层（图5-32），单击“选择”→“选择链接图

图5-30　　图5-31　　图5-32

层”命令，即可将所有与之链接的图层选中（图5-33）。

5.取消选择图层。在“图层”控制面板中的图层下面的空白处单击鼠标左键（图5-34），或单击“选择”→“取消选择图层”命令，可以取消选中的图层。

图5-33　　图5-34

5.3.2　复制【视频】

1.面板中复制。用鼠标将需要复制的图层拖动到“创建新图层”按钮上（图5-35）或按快捷键<Ctrl+J>，都可以复制图层（图5-36）。

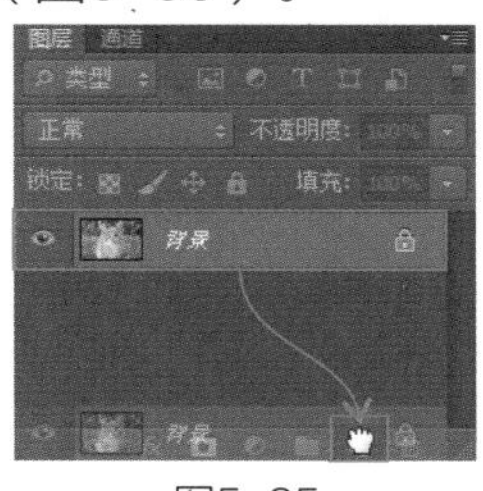

图5-35　　图5-36

2.命令复制。选择需要复制的图层，单击“图层”→“复制图层”命令，打开“复制图层”对话框（图5-37），在此可以设置新图层的名称和文档目标。设置完成后，单击“确定”按钮即可完成复制（图5-38）。

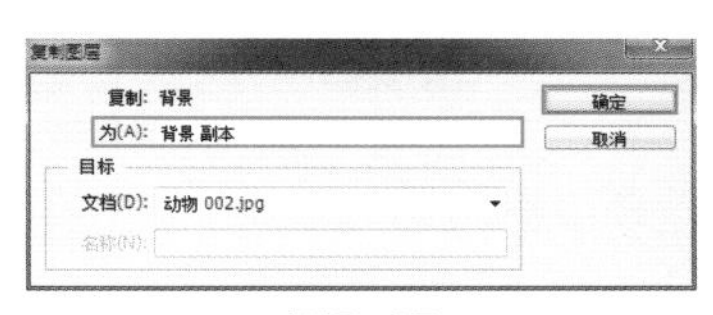

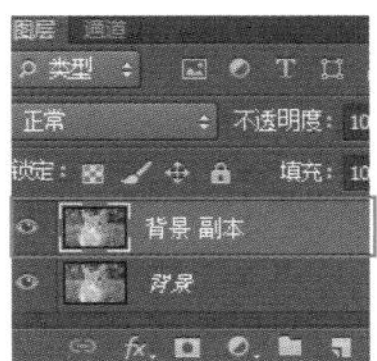

图5-37　　图5-38

5.3.3　链接【视频】

将多个图层链接起来，可以同时对这些图层进行移动、变换等操作。在“图层”控制面板中选择两个或多个图层（图5-39），单击“链接图层”按钮，将它们链接起来（图5-40）。如果需要取消链接，那么选择一个图层，然后再次单击“链接图层”按钮即可。

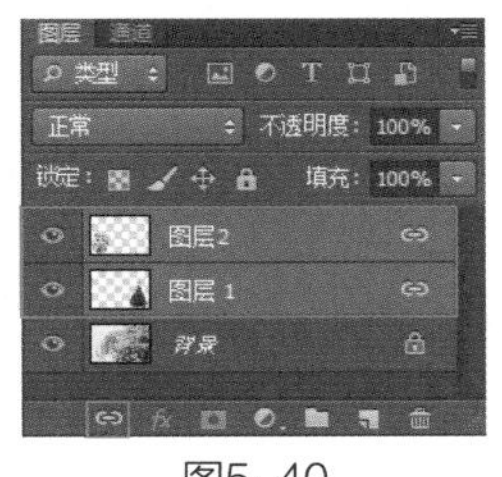

图5-39　　图5-40

5.3.4　修改名称和颜色【视频】

选择需要修改名称的图层，单击“图层”→“重命名图层”命令或直接双击该图层（图5-41），在文本输入框中输入新名称，按<Enter>键确定即可（图5-42）。

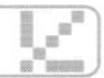

图5-41

图5-42

选择需要设置颜色的图层，单击鼠标右键，在弹出的下拉菜单中选择颜色（图5-43），即可为图层设置颜色（图5-44）。

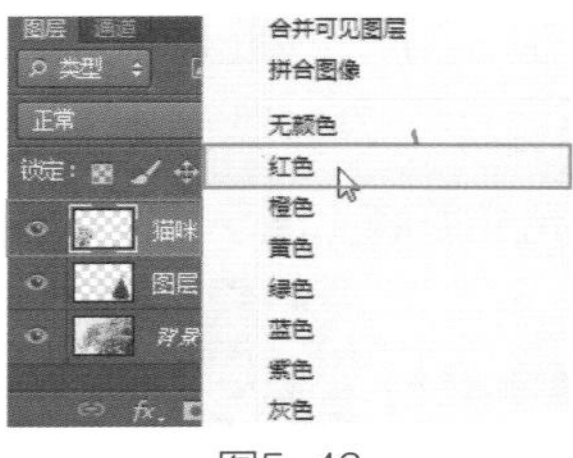

图5-43

图5-44

5.3.5 显示与隐藏【视频】

图层左侧的眼睛图标 用来控制图层的可见性，显示眼睛图标 的图层为可见图层（图5-45）。单击眼睛图标 可隐藏该图层（图5-46），再次在原处单击可显示该图层。

单击一个图层的眼睛图标 并垂直拖动鼠标，可以快速隐藏多个相邻图层（图5-47），显示图层的操作与隐藏图层的操作相同。

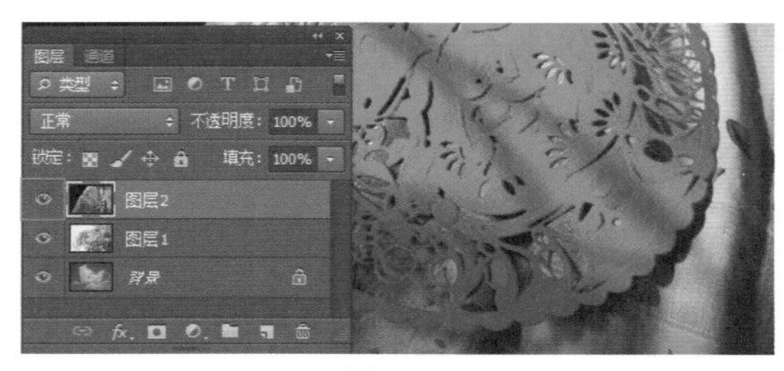

图5-45

图5-46

图5-47

5.3.6 锁定【视频】

“图层”控制面板提供的锁定功能可以实现部分或完全锁定图层的效果，可以避免因操作失误而带来的损失。

1.锁定透明像素 ：该按钮被按下后（图5-48），图层的透明区域将不可被编辑。锁定透明像素后，使用“画笔”工具 涂抹，效果即可呈现出来（图5-49）。

图5-48

图5-49

2.锁定图像像素 ：该按钮被按下后，图层只能进行移动和变换操作，不能对像素进行更改。锁定图像像素后，若使用“画笔” 等工具，则会弹出提示信息（图5-50）。

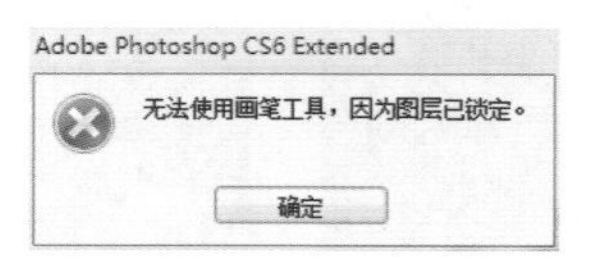

图5-50

3.锁定位置 ：该按钮被按下后，图层不能再被移动。

4.锁定全部 ：该按钮被按下后，以上选项全部被锁定。

5.3.7　查找 视频

如果文件中的图层数量过多，可以在菜单栏中单击“选择”→“查找图层”命令，在“图层”控制面板顶部出现的文本框中输入图层名称（图5-51），可以快速查找到需要的图层（图5-52），还可以在“图层”控制面板中设置显示图层的类型，如“效果”“模式”“属性”等。

图5-51

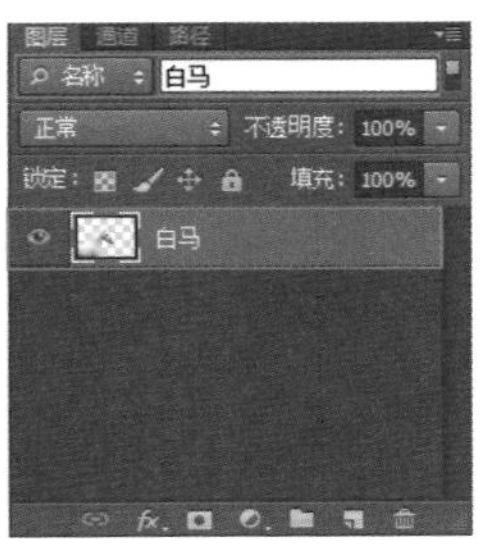

图5-52

选择“类型”选项并单击右侧的“文字图层滤镜”按钮，文字图层就显示出来了（图5-53）。

5.3.8　删除 视频

将图层拖动到“图层”控制面板底部的“删除图层”按钮上（图5-54），即可将图层删除，也可单击“图层”→“删除”命令，在弹出的下拉菜单中选择删除当前图层或所有隐藏图层。

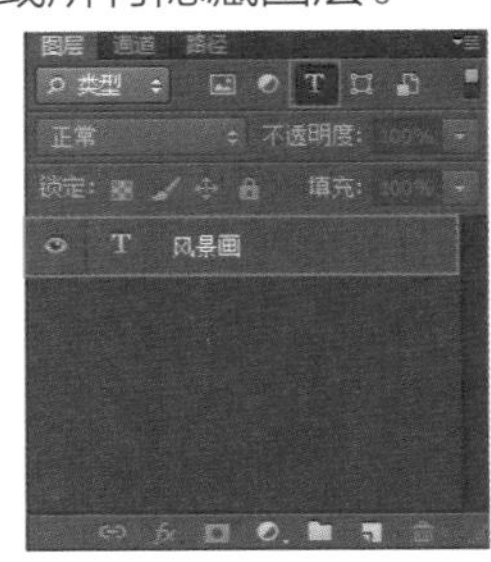

图5-53

图5-54

5.3.9　栅格化 视频

当对文字图层、形状图层、矢量蒙版等含有矢量数据的图层进行绘画、滤镜等操作时，首先要将其栅格化，将图层中的内容转化为光栅图像，才能继续编辑。

选择要栅格的图层，在菜单栏中单击“图层”→“栅格化”命令即可栅格化相应的图层内容（图5-55），也可在要栅格化的图层上单击鼠标右键，在弹出的快捷菜单中单击“栅格化图层”命令即可。

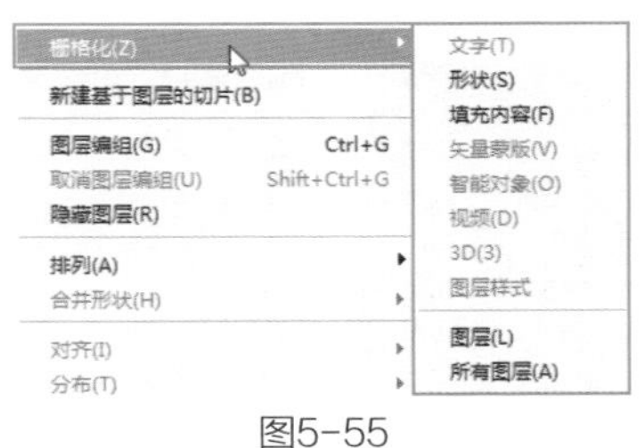

图5-55

5.3.10　清除杂边 视频

当将选区进行移动或粘贴时，选区周围的一些像素也会包含在内，形成杂边的效果，单击“图层”→“修边”命令即可将杂边清除（图5-56）。

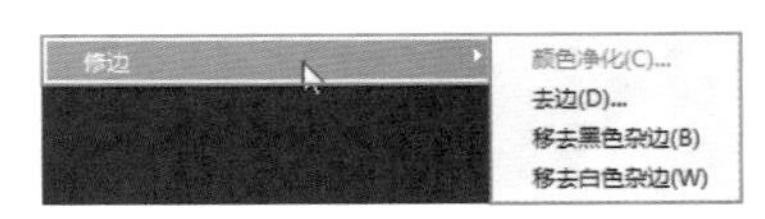

图5-56

1.颜色净化：可以将彩色杂边去掉。

2.去边：用邻近像素的颜色替换杂边的颜色。

3.移去黑色杂边：将图像的黑色杂边去掉。

4.移去白色杂边：将图像的白色杂边去掉。

从理论上来说，图层越多，能发挥的效果就越丰富，用户可以尝试将图层复制为多个，再根据需要对每个图层进行变化。如调节照片的亮度或对比度，可以将图层复制为两个，分别调整亮度和对比度，最后变化两个图层的透明度，效果会更细腻。

5.4 排列图层

5.4.1 调整图层顺序 [视频]

“图层”控制面板中的图层是按照创建的顺序堆叠的，拖动图层到其他图层的上面或下面，即可调整图层顺序（图5-57、图5-58）。

图5-57

图5-58

调整图层顺序会影响到图像的显示效果（图5-59、图5-60）。选择图层，单击“图层”→“排列”命令也可调整图层顺序（图5-61）。

图5-59

图5-60

图5-61

5.4.2 对齐图层 [视频]

1.按快捷键<Ctrl+O>打开素材光盘中的“素材”→“第5章”→“5.4.2对齐图层”素材（图5-62）。按住<Ctrl>键，依次单击“图层1”“图层2”“图层3”，将它们选中（图5-63）。

图5-62

2.在菜单栏中单击“图层”→“对齐”→“顶边”命令，选定图层的顶端像素将会与所有选定图层的最顶端像素对齐（图5-64）。

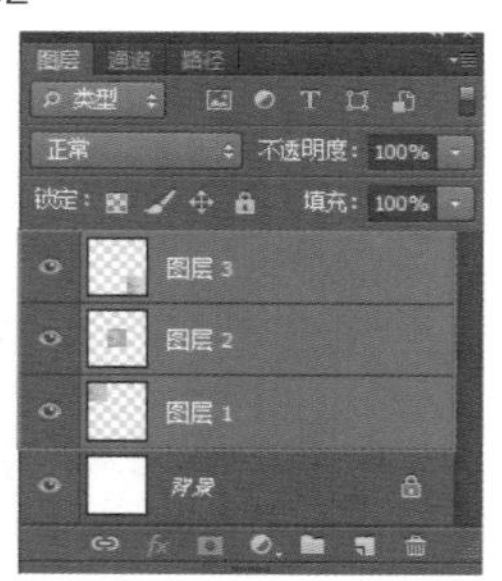

图5-63

图5-64

3.单击“图层”→“对齐”→“顶边垂直居中”命令，可以将图层的垂直中心像素与所有选定图层的垂直中心像素对齐（图5-65）。单击“图层”→“对齐”→“底边”命令，选定图层的底端像素将与所有选定图层的最底端像素对齐（图5-66）。

图5-65

图5-66

4.单击“图层”→“对齐”→“左边”命令，选定图层的左端像素将与所有选定图层的最左端像素对齐（图5-67）。单击“图层”→“对齐”→“水平居中”命令，选定图层的水平中心像素将与所有选定图层的水平中心像素对齐（图5-68）。

5.单击“图层”→“对齐”→“右边”命令，选定图层的右端像素将与所有选定图层的最右端像素对齐（图5-69）。

图5-67

图5-68

图5-69

6.将图层链接起来以后（图5-70），选择其中的一个图层（图5-71），然后单击“图层”→“对齐”命令，则会以该图层为基准进行对齐，图5-72为执行了“顶边”命令后的效果。

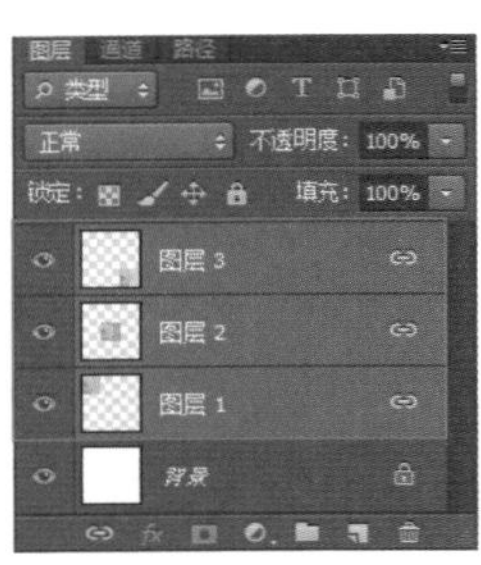

图5-70

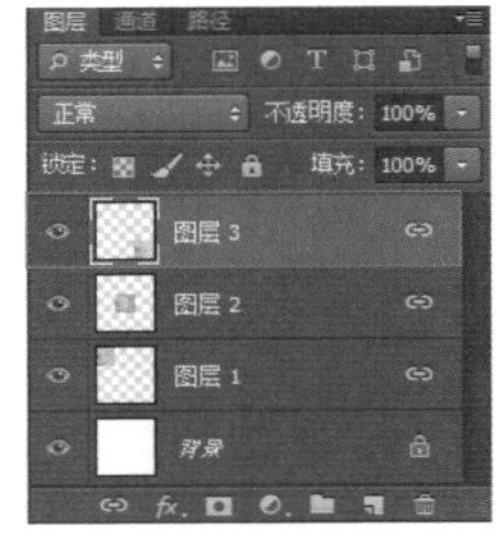

图5-71

图5-72

5.4.3 分布图层【视频】

1.按快捷键<Ctrl+O>打开素材光盘中的

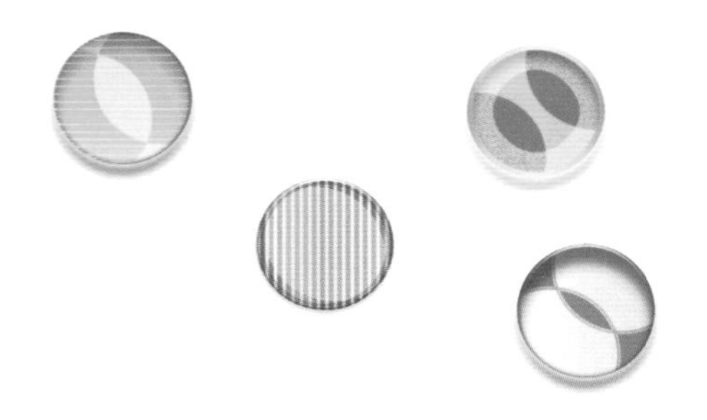

图5-73

“素材”→“第5章”→“5.4.3分布图层”素材（图5-73），将图层选中（图5-74）。

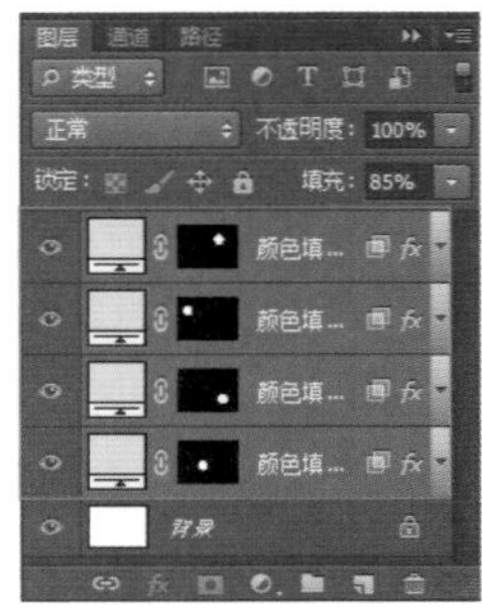

图5-74

2.单击“图层”→“分布”→“顶边”命令，位于最上端和最底端的图层不动，中间图层以顶端像素计算，间隔均匀地分布图层（图5-75）。

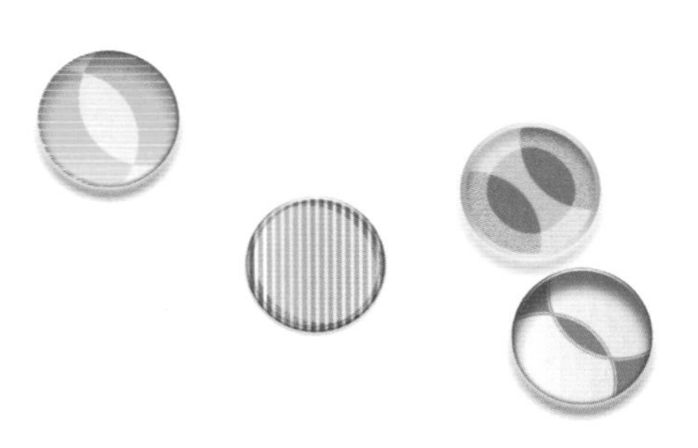

图5-75

3.单击“图层”→“分布”→“水平居中”命令，位于最左端和最右端的图层不动，中间图层以水平中心计算，间隔均匀地分布图层（图5-76）。单击“图层”→“分布”→“垂直居中”命令，位于最上端和最下端的图层不动，中间图层以垂直中心计算，间隔均匀地分布图层（图5-77）。

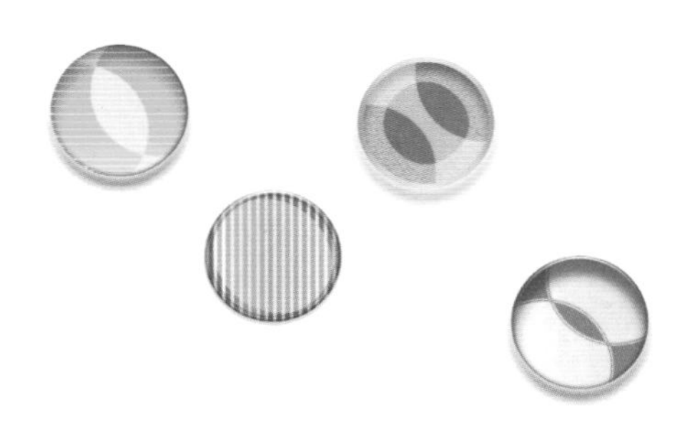

图5-76

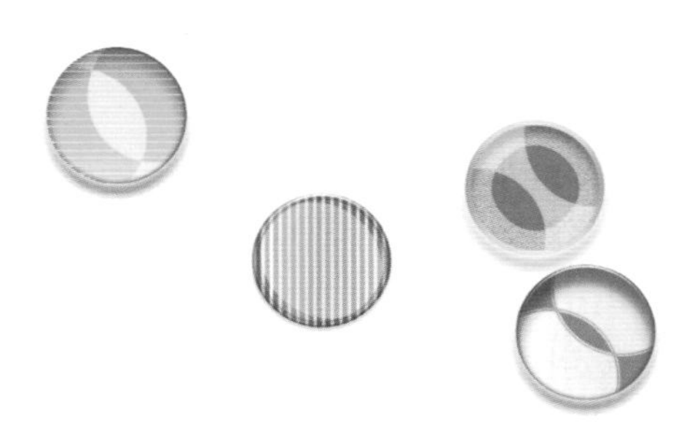

图5-77

5.4.4　将图层与选区对齐 视频

在画面中创建一个选区（图5-78），选择要对齐的图层（图5-79），单击“图层”→“将图层与选区对齐”命令（图5-80），可基于选区对齐所选的图层。图5-81和图5-82分别为执行了“左边”“右边”命令后的效果。

图5-78

图5-79

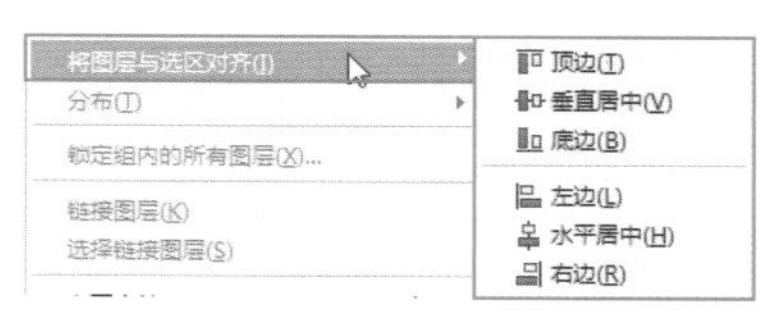

图5-80

图5-81

图5-82

5.5　合并图层

5.5.1　合并图层 视频

选择要合并的图层（图5-83），在菜单栏中单击“图层”→“合并图层”命令，即可合并图层，合并后的图层将会使用最上面图层的名称（图5-84）。

5.5.2　向下合并图层 视频

选择一个图层（图5-85），单击“图层”→“向下合并”命令或按快捷键<Ctrl+E>，将该图层与它下面的图层合并，合并后的图层

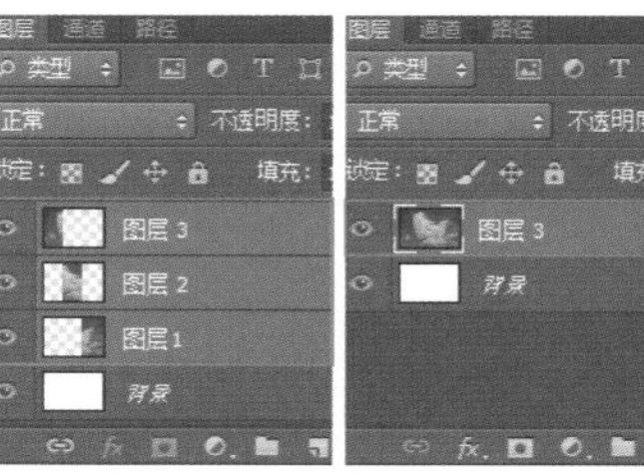

图5-83

图5-84

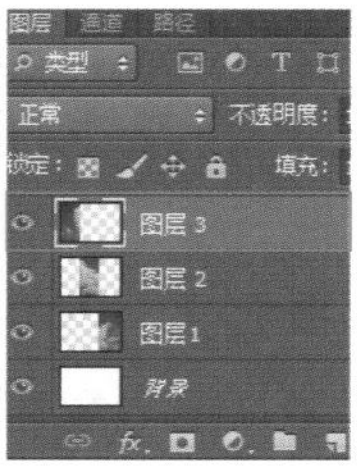

图5-85

将会使用下面图层的名称（图5-86）。

5.5.3 合并可见图层 【视频】

如果要将所有可见图层合并（图5-87），那么单击“图层”→“合并可见图层”命令或按快捷键<Ctrl+Shift+E>即可，所有可见图层将合并到“背景”图层中（图5-88）。

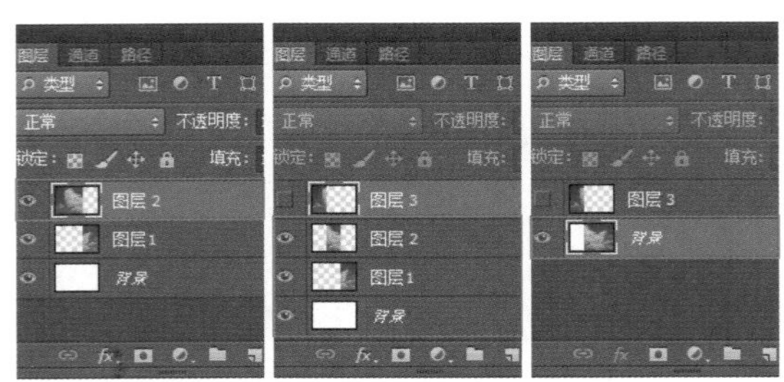

图5-86 图5-87 图5-88

5.5.4 拼合图像 【视频】

如果要将所有图层都合并到“背景”图层中，那么单击“图层”→“拼合图像”命令即可。如有隐藏图像，则会弹出是否要删除隐藏图层的提示框。

5.5.5 盖印图层 【视频】

盖印是特殊的图层合并方法，使用盖印既可以得到图层合并的效果，又可以保持原图层的完整。

1.向下盖印。选择任意一个图层（图5-89），按快捷键<Ctrl+Alt+E>，即可将该图层图像盖印到下面的图层中（图5-90）。

2.盖印多个图层。选择多个图层（图5-91），按快捷键<Ctrl+Alt+E>，即可将它们盖印到新图层中（图5-92）。

图5-89 图5-90

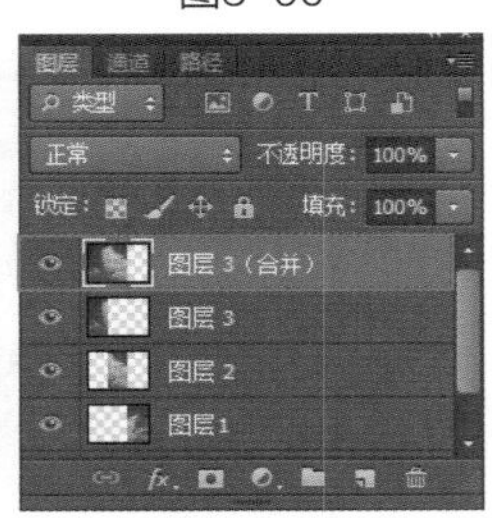

图5-91 图5-92

3.盖印可见图层。按快捷键<Ctrl+Shift+Alt+E>，可以将所有可见图层的图像盖印到新图层中（图5-93）。

4.盖印图层组。选择一个图层组（图5-94），按快捷键<Ctrl+Alt+E>，可以将该组中所有图层的图像盖印到新图层中（图5-95）。

图5-93 图5-94 图5-95

5.6 管理图层

5.6.1 创建图层组 【视频】

在“图层”控制面板中单击“创建新组”按钮，可以创建一个新的图层组（图5-96），在菜单栏中单击“图层”→“新建”→“组”命令不但可以创建组，还可以设置组的名称、颜色等属性（图5-97、图5-98）。

图5-96

图5-97

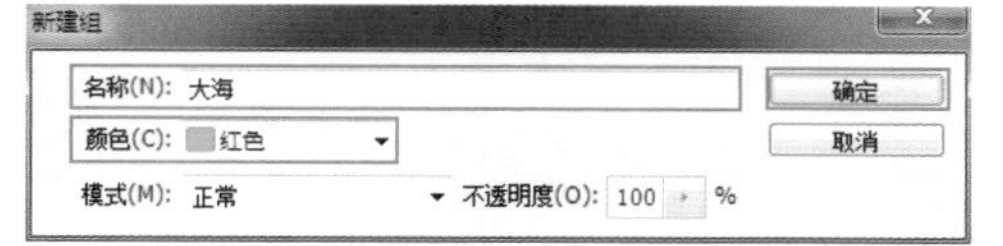

图5-98

5.6.2　图层编组 [视频]

选择需要放在一个组内的全部图层（图5-99），单击“图层”→“图层编组”命令或按快捷键<Ctrl+G>为图层编组。编组后，可单击组前面的三角图标 将组开启或关闭（图5-100、图5-101）。

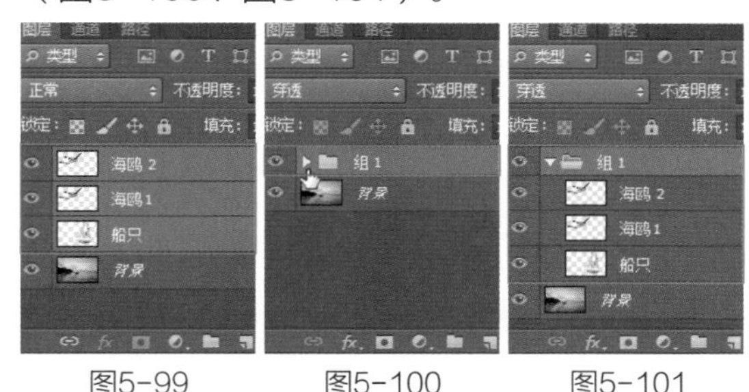

图5-99　　图5-100　　图5-101

5.6.3　移入与移出 [视频]

使用鼠标将图层拖到图层组内，可将其添加至图层组中（图5-102、图5-103）；将图层拖到图层组外，可将其移除图层组（图5-104、图5-105）。

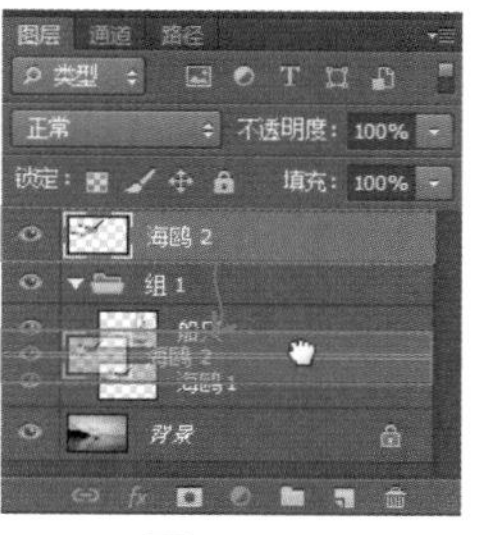

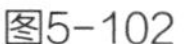

图5-102

图5-103

图5-104

图5-105

5.6.4　取消编组 [视频]

如需删除组，但保留图层，可以在选择组后，单击“图层”→“取消编组”命令或按快捷键<Ctrl+Shift+G>（图5-106、图5-107）。如要删除图层组与组内的图层，那么使用鼠标将图层组拖动至“删除图层”按钮 上即可。

图5-106

图5-107

要点提示

在处理复杂照片时，应尽量多设置图层，但图层过多就不方便查找，用户可以将相关类别的图层放在一个图层组中。如形态相同、色彩相同、位置相同、修改部位相同等，都可以分别建立图层组，但是图层组也不宜过多，以6～8个为佳，太多也容易遗忘图层所处的位置。

每个图层组还可以署名，双击图层组的名称即可重新署名。但是为了方便管理，放置在上方的图层在署名前应加上1，放置在其后的图层组署名前应加上2，依次类推，这样在修改时会更明确。每个图层组中所包含的图层数量一般不要超过15个，过多也会给人带来凌乱感。用户在图层组中可以适当地合并一些图层。

5.7 图层样式

5.7.1 图层样式

为图层添加图层样式，首先要选中该图层，然后打开“图层样式”对话框进行设置（图5-108）。

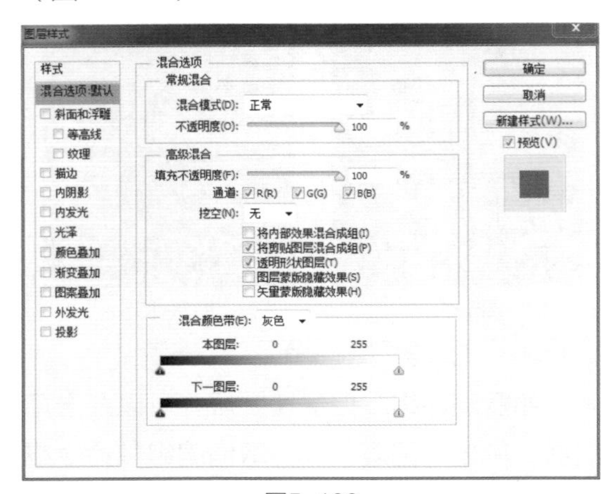

图5-108

在菜单栏中单击“图层”→“图层样式”命令（图5-109）或单击“图层”控制面板中的“添加图层样式”按钮 fx （图5-110），选择一个效果命令，都可以打开“图层样式”对话框并进入相应的设置面板。也可以直接双击图层，打开“图层样式”对话框。

“图层样式”对话框为用户提供了10种效果，效果名称前有 ☑ 标记的表示图层中已添加了该效果。单击效果名称，可添加该效果并进入到相应的设置面板（图5-111）。

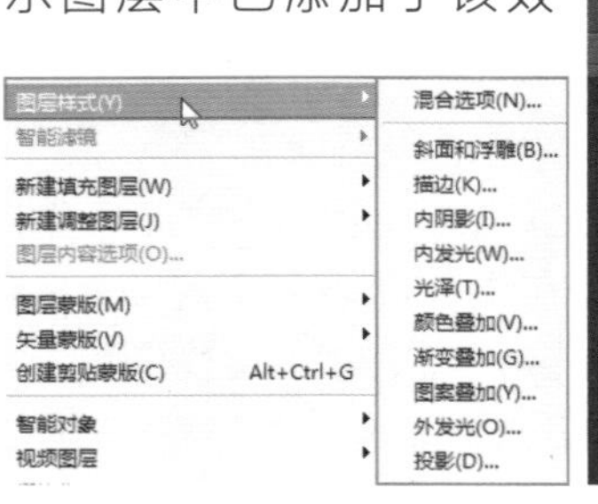

图5-109

图5-110

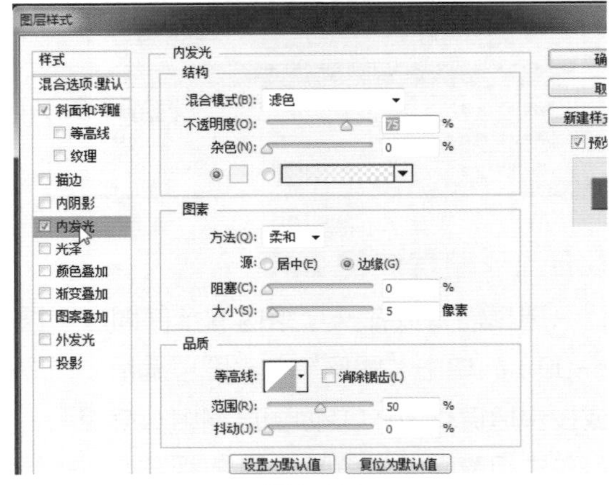

图5-111

设置完效果参数后，单击“确定”按钮，即可完成对图层效果的添加。此时，图层上会显示图层样式图标 fx 和效果列表（图5-112），单击“在面板中显示图层效果”按钮 ▾ 可以打开或折叠效果列表（图5-113）。

图5-112

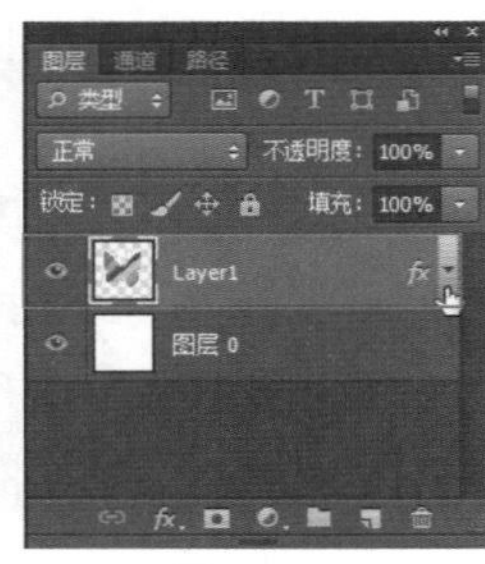

图5-113

5.7.2 斜面与浮雕 【视频】

使用“斜面与浮雕”效果可以使图层呈现出立体的浮雕效果（图5-114）。图5-115为“斜面和浮雕”设置面板。

图5-114

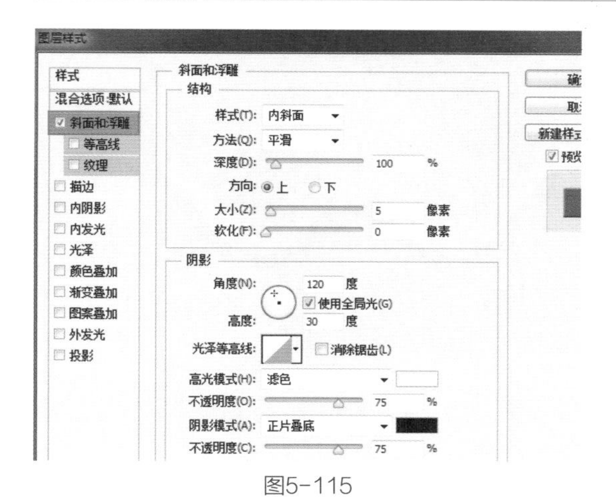

图5-115

1.设置斜面与浮雕。这是图层样式中装饰效果最好的工具之一，内容很多，但不是很复杂，主要包括以下内容。

（1）样式：在“斜面和浮雕”设置面板中共有5种样式。选择“外斜面”选项，可在图像外侧边缘创建斜面（图5-116）；选择“内斜面”选项，可在图像内侧边缘创建斜面（图5-117）；选择“浮雕效果”选项，可使图像呈现出浮雕状的效果（图5-118）；选择“枕状浮雕”选项，可使图像呈现出陷入的效果（图5-119）；选择“描边浮雕”选项，可将浮雕效果应用于图层的描边中（图5-120）。

（2）方法：选择“平滑”选项，可以模

图5-116

图5-117

图5-118

图5-119

糊边缘，基本上不保留细节特征（图5-121）；选择“雕刻清晰”选项，可以消除锯

图5-120

图5-121

齿形状的杂边，保留较好的细节特征（图5-122）；选择“雕刻柔和”选项，它不如“雕刻清晰”效果准确，但对较大范围的杂边很有用，而且保留细节的能力优于“平滑”（图5-123）。

图5-122

图5-123

（3）深度：设置斜面浮雕的应用深度，该参数越高，立体感越强。

（4）方向：光源角度定位后，通过该选项来设置高光与阴影的位置。图5-124和图5-125为当光源角度为90℃时，分别选择了“上”选项和“下”选项后的效果。

图5-124

图5-125

（5）大小：设置斜面和浮雕中阴影面积的大小。

（6）软化：设置斜面和浮雕的柔和程度。

（7）角度与高度：“角度”是用来设置光源照射角度的选项，“高度”是用来设置光源高度的选项。图5-126和图5-127是设置了不同“角度”与“高度”后的浮雕效果。勾选“使用全局光”复选框可以让所有浮雕样式的光照角度一致。

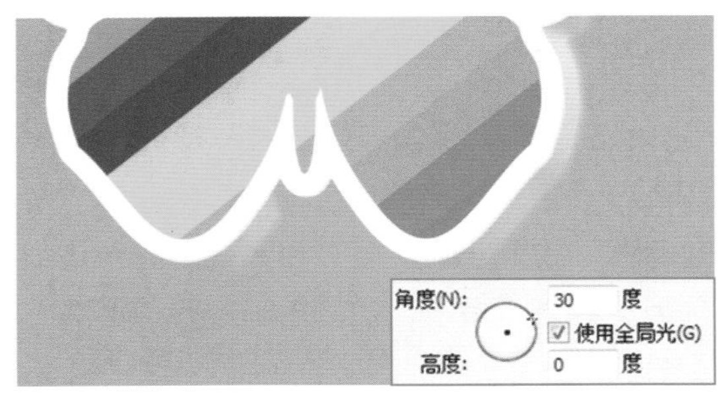

图5-126

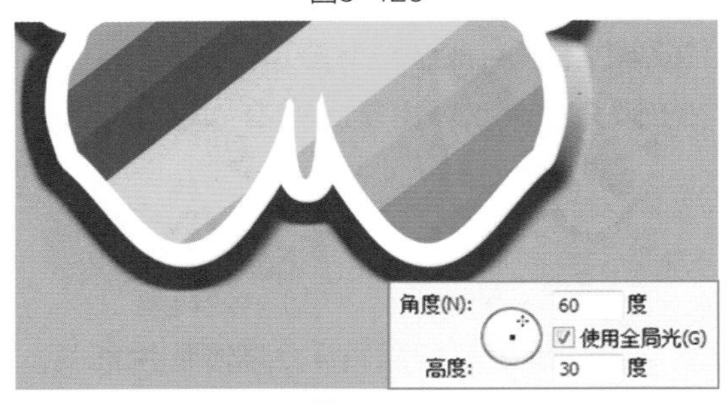

图5-127

（8）光泽等高线：选择不同的光泽等高线样式，可以为斜面和浮雕表面添加各种质感的光泽（图5-128、图5-129）。

（9）消除锯齿：用于消除设置了光泽等高线而产生的锯齿。

（10）高光模式：设置高光的混合模式、颜色和不透明度。

图5-128

图5-129

（11）阴影模式：设置阴影的混合模式、颜色和不透明度。

2.设置等高线。单击“斜面与浮雕”选项下面的“等高线”选项，切换到“等高线”设置面板（图5-130）。使用“等高线”可以设置在浮雕处理过程中的起伏、凹陷和凸起效果（图5-131、图5-132）。

图5-130

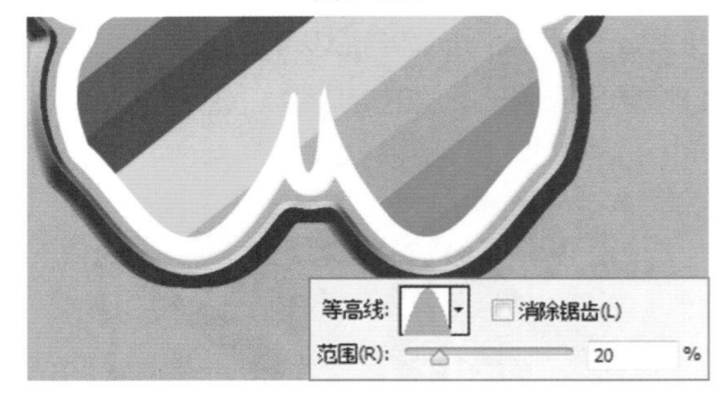

图5-131

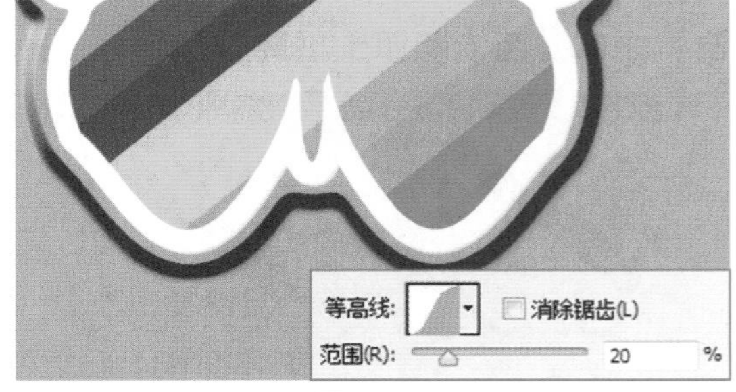

图5-132

3.设置纹理。单击“斜面和浮雕”选项下面的“纹理”选项，切换到“纹理”设置面板（图5-133）。

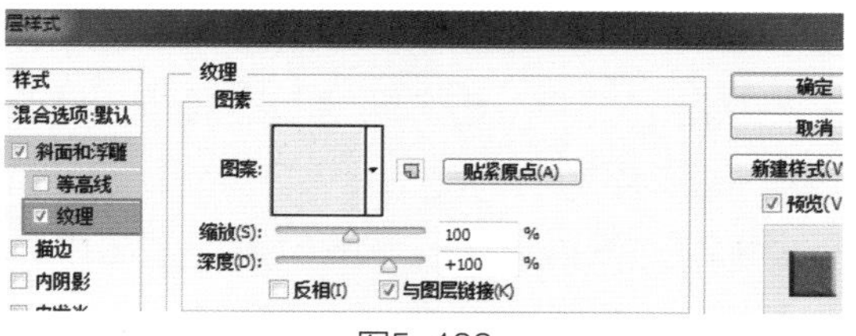

图5-133

（1）图案：单击“打开图案拾色器”按钮 ，可在打开的下拉菜单中选择图案，并应用到斜面和浮雕上（图5-134）。单击“从当前图案创建新的预设”按钮 可以将当前的图案创建为新的预设图案，并保存在“图案”下拉面板中。

（2）缩放：调整该数值可以改变图案的大小（图5-135）。

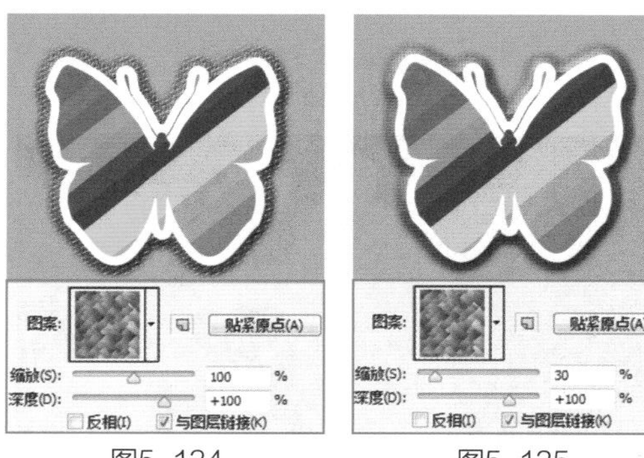

图5-134　图5-135

（3）深度：设置图案的纹理应用深度。

（4）反相：勾选该复选框后，图案纹理的凹凸方向将反转（图5-136、图5-137）。

（5）与图层链接：勾选该复选框可以将图案链接到图层，当图层进行变换操作时，图案也会一同变换。

图5-136

图5-137

5.7.3　描边 [视频]

“描边”效果可以使对象产生被颜色、渐变或图案描画过的效果。图5-138为“描边”设置面板，图5-139为原图像，可以使用颜色（图5-140）、渐变（图5-141）、图案描边（图5-142）等效果。

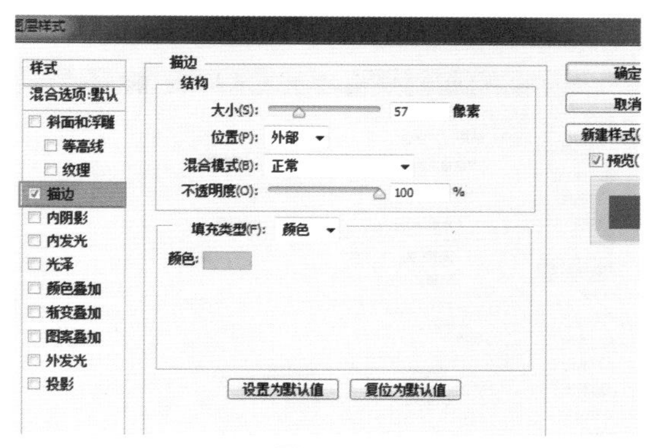

图5-138

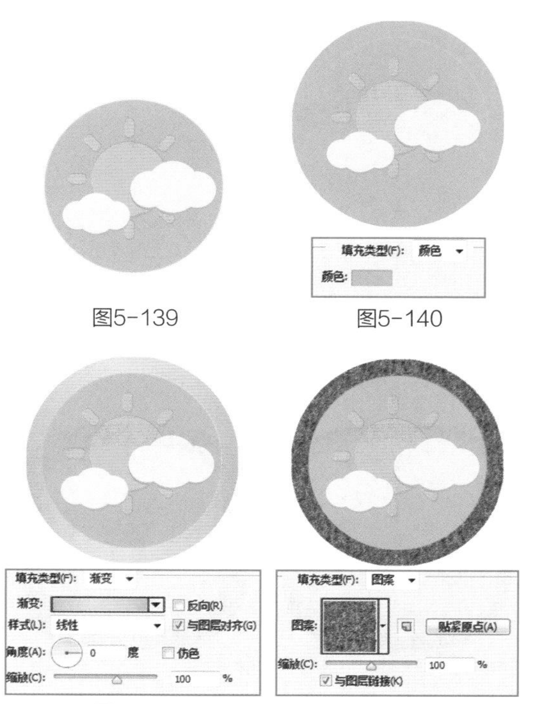

图5-139　图5-140

图5-141　图5-142

5.7.4 内阴影【视频】

“内阴影”效果可以沿对象边缘向内添加阴影，产生凹陷的效果。图5-143为“内阴影”设置面板，图5-144为原图像。

“内阴影”与“投影”的选项设置基本相同，“投影”是通过“扩展”来控制边缘的渐变程度，而“内阴影”是通过“阻塞”来控制。“阻塞”可以在模糊之前收缩内阴影的杂边边界，图5-145～图5-147是在不同数值下的效果。

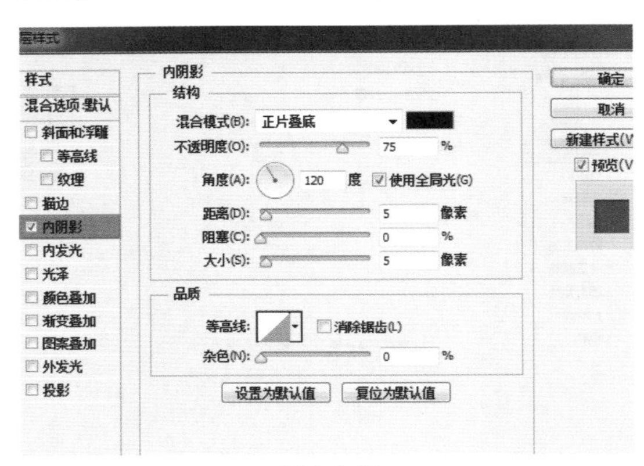

图5-143

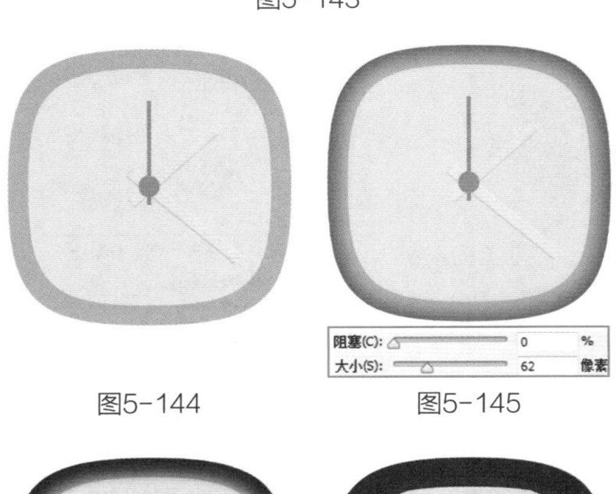

图5-144 图5-145

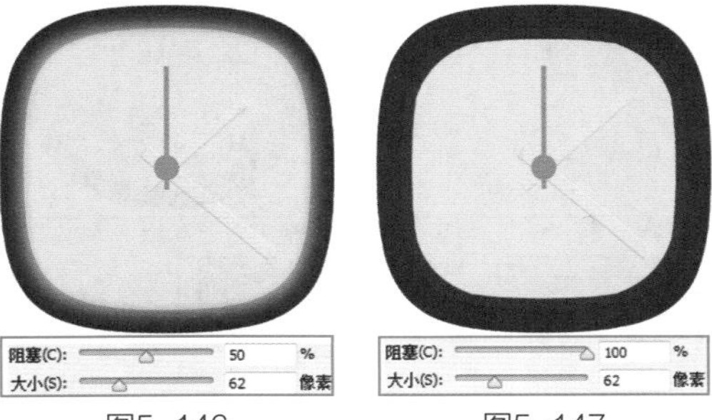

图5-146 图5-147

5.7.5 内发光【视频】

“内发光”效果可以沿对象边缘向内创建发光效果。图5-148为“内发光”设置面板，图5-149为原图像。“内发光”与“外发光”除了“源”与“阻塞”不同外，其他选项几乎相同。

1.源：设置发光光源的位置。“居中”表示光从对象的中心发出（图5-150），增

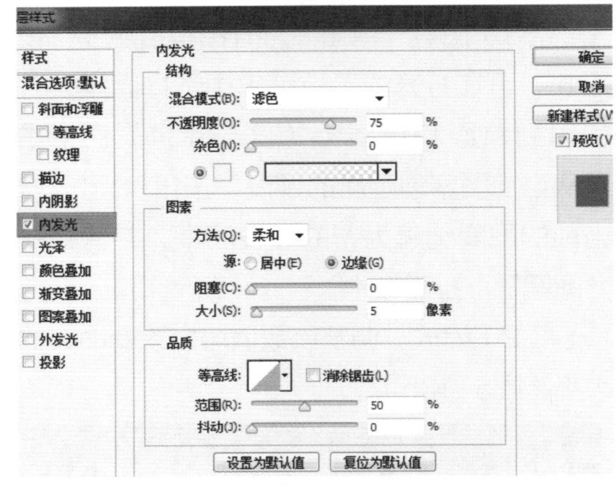

图5-148

图5-149

图5-150

加“大小”值，发光效果会向中央收缩；“边缘”表示光从对象的边缘发出（图5-151），增加“大小”值，发光效果会向中央扩展。

图5-151

2.阻塞：在模糊之前收缩内发光的杂边边界（图5-152、图5-153）。

图5-152

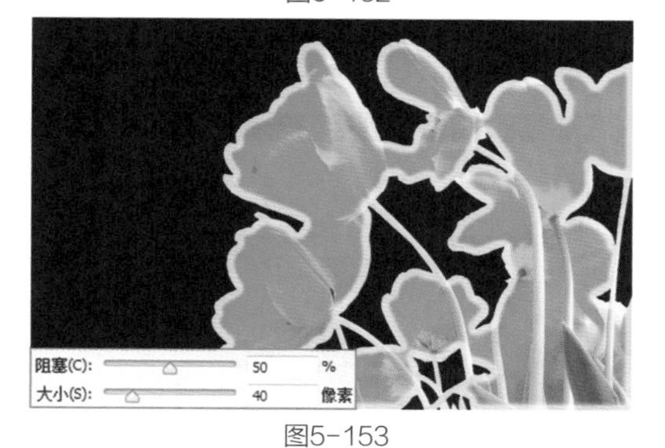

图5-153

5.7.6 光泽 【视频】

“光泽”效果可以用来创建金属表面的光泽外观，通过更改“等高线”的样式可以产生不同的光泽效果（图5-154、图5-155）。图5-156为“光泽”设置面板。

图5-154 图5-155

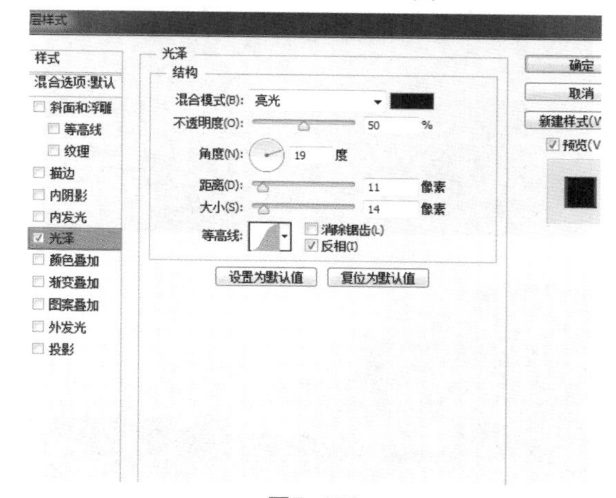

图5-156

要点提示

内阴影、内发光、光泽都能将照片进一步细化，使其显得更精致，这是一种很特别的修饰方法。以往这些一直是用于文字修饰，现在也适用于照片中的局部图像，只是要将该图像的选区精确描绘出来。

这3种图层特效一般不宜同时使用，因为使用多重效果会使图像显得凌乱或给人以草率的感觉，用户在操作时可以逐个尝试，选择适合的效果后再继续。

设置好的图层特效可以保存下来，直接使用鼠标将其移动至样式面板【样式】中，点击空白部位即可保存，还可以为该样式重新署名，方便日后随时选用。

5.7.7 颜色叠加【视频】

“颜色叠加”效果可以为对象叠加指定的颜色，通过调整混合模式和不透明度来控制叠加的效果（图5-157、图5-158）。图5-159为“颜色叠加”设置面板。

图5-157

图5-158

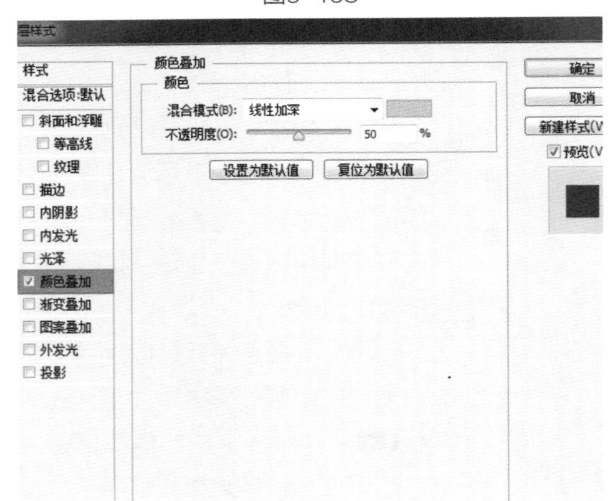

图5-159

5.7.8 渐变叠加【视频】

“渐变叠加”效果可以为对象叠加指定的渐变颜色（图5-160、图5-161），图5-162为“渐变叠加”设置面板。

图5-160

图5-161

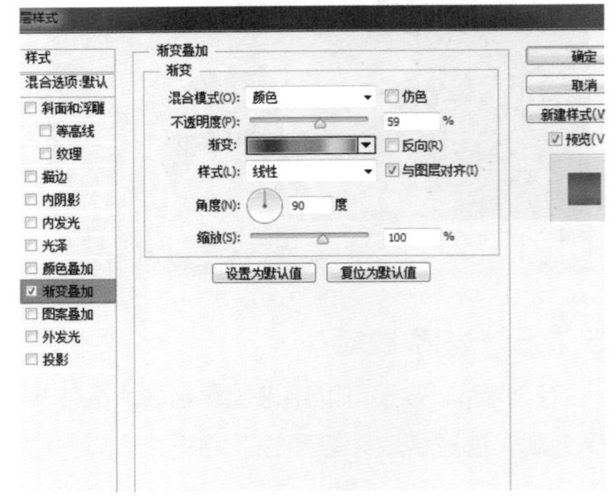

图5-162

5.7.9　图案叠加 视频

“图案叠加”效果可以为对象叠加指定的图案，通过调整混合模式、不透明度和缩放等来控制叠加的效果（图5-163、图5-164）。图5-165为“图案叠加”设置面板。

图5-163

图5-164

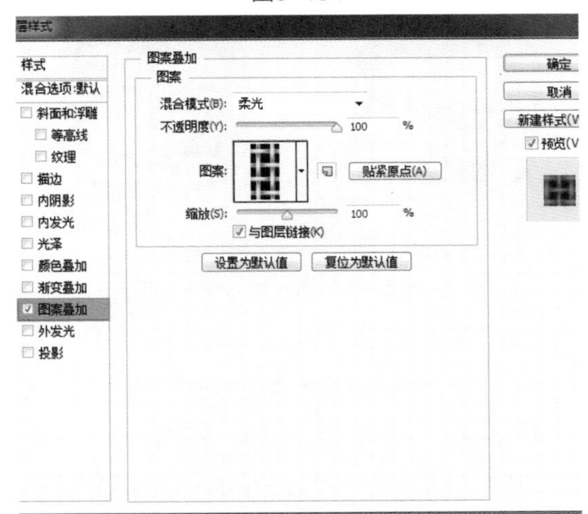

图5-165

5.7.10　外发光 视频

“外发光”效果可以沿对象边缘向外创建发光效果（图5-166、图5-167），图5-168为“外发光”设置面板。

图5-166

图5-167

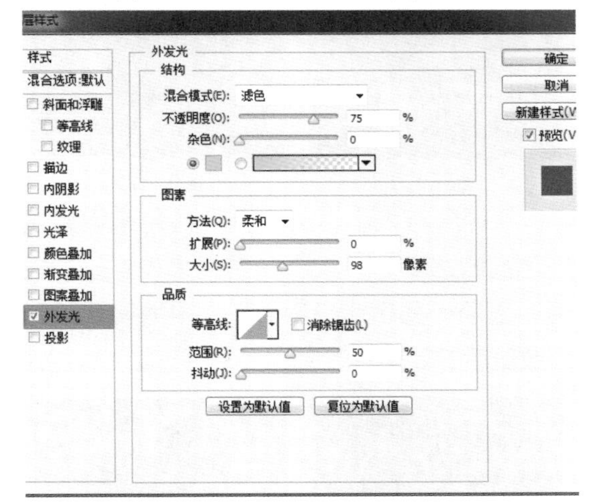

图5-168

1.混合模式与不透明度：“混合模式”是设置发光效果与下面图层混合方式的选项。“不透明度”是设置发光效果不透明度的选项，该参数越低，发光效果越微弱。

2.杂色：调整该数值，可以在发光效果中添加杂色，使光晕呈现颗粒感。

3.发光颜色：单击“杂色”选项下面的颜色块，可以设置发光颜色（图5-169），单击右侧的颜色条，可以设置渐变颜色，创建渐变的发光效果（图5-170）。

4.方法：用来设置发光的方法。选择“柔和”选项，可以得到柔和的边缘效果

（图5-171）；选择“精确”选项，可以得到精确的边缘效果（图5-172）。

图5-169

图5-170

图5-171

图5-172

5.扩展与大小：“扩展”是用来设置发光范围的选项，“大小”是用来设置光晕范围的选项。图5-173和图5-174为设置了不同数值后的效果。

图5-173

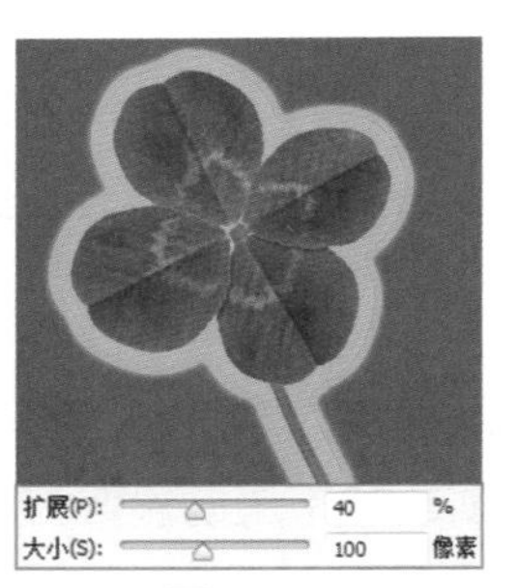

图5-174

5.7.11 投影 视频

“投影”效果可以为对象添加投影，产生立体的效果（图5-175、图5-176）。图5-177为“投影”设置面板。

图5-175

图5-176

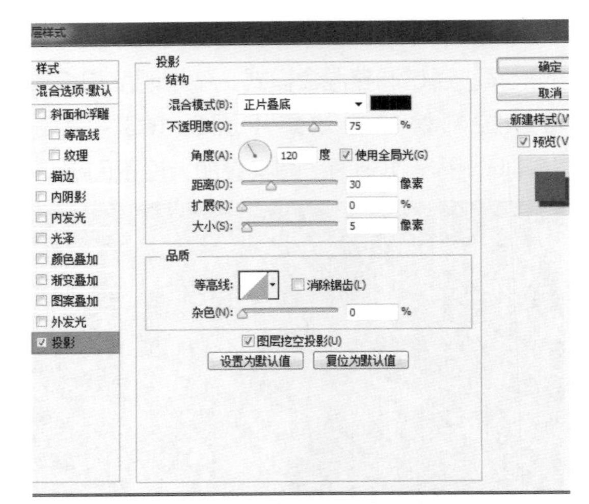

图5-177

1.混合模式：用来设置投影与下面图层的混合方式。

2.投影颜色：单击“混合模式”右侧的颜色块，即可设置投影颜色。

3.不透明度：通过拖动滑块或输入数值来调整投影的不透明度，该参数越低，投影越淡。

4.角度：通过输入数值或拖动圆形内的指针来调整投影应用于图层的光照角度。图5-178和图5-179为不同角度时的投影效果。

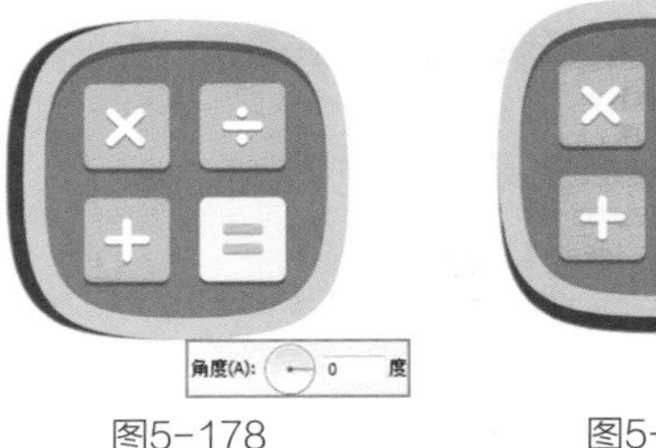

图5-178  图5-179

5.使用全局光：勾选该复选框后，可使所有光照角度保持一致。

6.距离：设置投影偏移对象的距离，该参数越高，投影越远。也可使用鼠标在文档窗口内拖动，直接调整投影的距离和角度（图5-180）。

图5-180

7.大小与扩展：“大小”是用来设置投影模糊范围的选项，该值越高，模糊范围越广，“扩展”是用来设置投影扩展范围的选项。图5-181和图5-182为设置了不同参数后的效果。

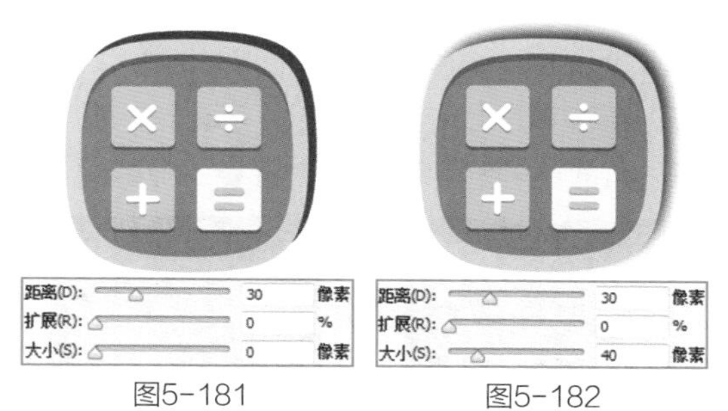

图5-181　　图5-182

8.等高线：等高线用来控制投影的形状。

9.消除锯齿：勾选该复选框，可以混合等高线边缘的像素，使投影更加平滑。

10.杂色：调整该参数值，可在投影中添加杂色（图5-183）。

图5-183

11.图层挖空阴影：此复选框用来控制半透明图层投影的可见性。勾选该复选框后，当图层的填充不透明度小于100%时，半透明图层内的投影不可见（图5-184、图5-185）。

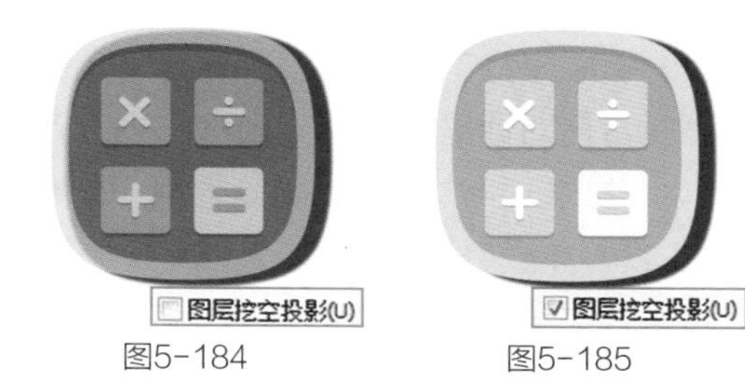

图5-184　　图5-185

5.8　图层复合

5.8.1　图层复合控制面板

图层复合是将各图层的位置、透明度、样式等信息存储起来，记录同一图像的多个状态。在“图层复合”控制面板中可以创建、编辑、显示、删除图层复合对象（图5-186）。

1.应用图层复合 ：该图标显示在当前使用的图层复合上，类似于“图层”控制面板中的眼睛图标 。

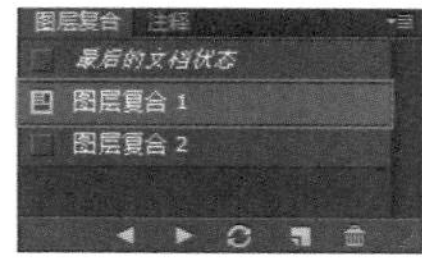

图5-186

2.应用选中的上一图层复合 ：点击该按钮，可以切换到上一个图层复合。

3.应用选中的下一图层复合 ：点击该按钮，可以切换到下一个图层复合。

4.更新图层复合 ：当更改了图层复合的配置时，单击此按钮可以更新图层复合。

5.创建新的图层复合 ：单击此按钮，可以创建新的图层复合。

6.删除图层复合 ：单击此按钮，可以

删除图层复合。

5.8.2 展示设计方案 视频

1.按快捷键<Ctrl+O>打开素材光盘中的“素材”→“第5章”→“5.8.2展示设计方案”素材（图5-187、图5-188）。

图5-187

图5-188

2.单击“图层复合”控制面板中的“创建新的图层复合”按钮，在打开的“新建图层复合”对话框中设置“名称”为“方案01”，勾选“可见性”复选框（图5-189），设置完成后单击“确定”按钮。此时，“方案01”创建完成，记录了“图层”控制面板中的当前状态（图5-190）。

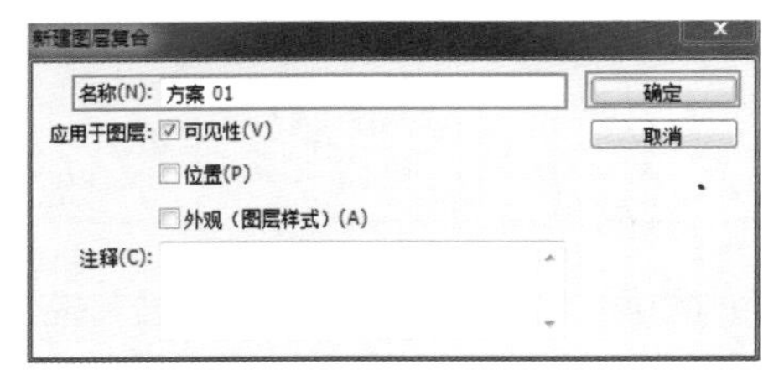

图5-189

图5-190

3.在“图层”控制面板中将“图层3”隐藏，将“图层2”显示（图5-191），然后再次单击“图层复合”控制面板中的“创建新的图层复合”按钮，创建“方案02”（图5-192）。

图5-191

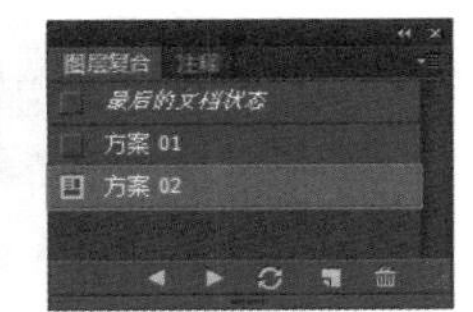

图5-192

4.此时已经记录了两套方案。在“方案01”和“方案02”的名称前单击鼠标左键，使“应用图层复合”按钮显示（图5-193、图5-194），即可查看此图层复合（图5-195、图5-196），也可通过单击“应用选中的上一图层复合”按钮或“应用选中的下一图层复合”按钮来切换。

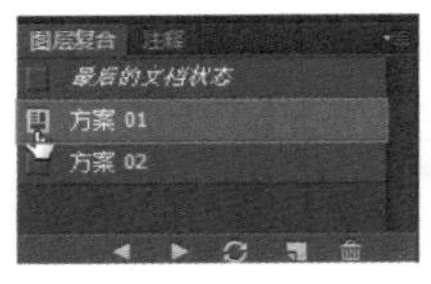

图5-193

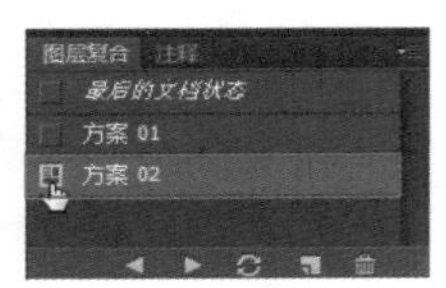

图5-194

图5-195

图5-196

5.9　图层高级应用

5.9.1　制作发黄照片 视频

1.按快捷键<Ctrl+O>打开素材光盘中的“素材”→“第5章”→“5.9.1制作发黄照片1”素材（图5-197）。

图5-197

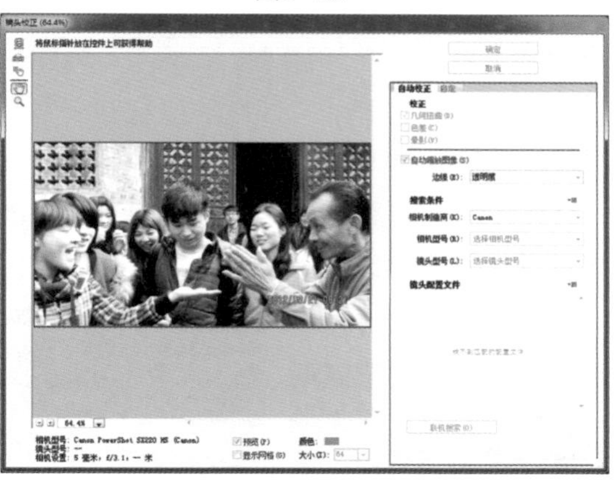

图5-198

2.在菜单栏中单击“滤镜”→“镜头校正”命令，打开“镜头校正”对话框（图5-198），选择“自定”选项卡，调整“晕影”数量为-100（图5-199）。

图5-199

3.设置完成后，单击“确定”按钮，照片四周的效果变暗（图5-200）。

图5-200

4.单击“滤镜”→“杂色”→“添加杂色”命令，打开“添加杂色”对话框，设置“数量”为12，勾选“平均分布”单选按钮（图5-201），此时照片出现杂色（图5-202）。

图5-201

图5-202

5.单击“图层”面板底部的“创建新的填充或调整图层”按钮，单击“纯色”命令，在“拾色器”对话框中设置一个偏暗的黄色（R：138、G：123、B：92），设置完成后，单击“确定”按钮，然后设置图层的混合模式为“颜色”（图5-203），照片效果即发生变化（图5-204）。

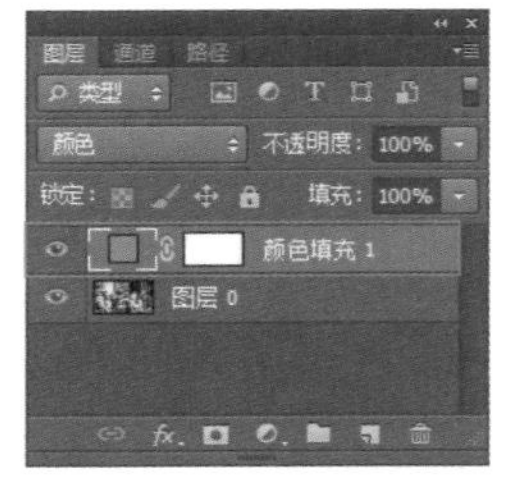

图5-203

图5-204

6.按快捷键<Ctrl+O>打开素材光盘中的“素材”→“第5章”→“5.9.1制作发黄照片2”素材（图5-205）。使用“移动”工具将其拖到文档中，设置图层的混合模式为“柔光”，“不透明度”为64%（图5-206）。

图5-205

图5-206

7.此时，发黄照片制作完成（图5-207）。

图5-207

5.9.2 制作摇滚风格的图像【视频】

1.按快捷键<Ctrl+O>打开素材光盘中的“素材”→“第5章”→“5.9.2制作摇滚风格图像1”素材（图5-208）。

图5-208

2.单击“图层”面板底部的“创建新的填充或调整图层”按钮，单击“色调分离”命令，在打开的“属性”控制面板中设置“色阶”为4（图5-209）。

3.设置完成后，“色调分离”的图层创建完成（图5-210），画面效果即有所变化（图5-211）。

图5-209

图5-210

图5-211

4.再次单击“创建新的填充或调整图层”按钮，单击“渐变映射”命令，在打开的“属性”控制面板中设置一个从红色到白色的渐变条（图5-212），画面效果即有所变化（图5-213）。

图5-212

图5-213

5.按快捷键<Ctrl+O>打开素材光盘中的“素材”→“第5章”→“5.9.2制作摇滚风格图像2”素材（图5-214）。使用“移动”工具将其拖到文档中，设置图层的混合模式为“滤色”（图5-215）。

6.此时，摇滚风格的图像制作完成，画面效果即有所变化（图5-216）。

图5-214

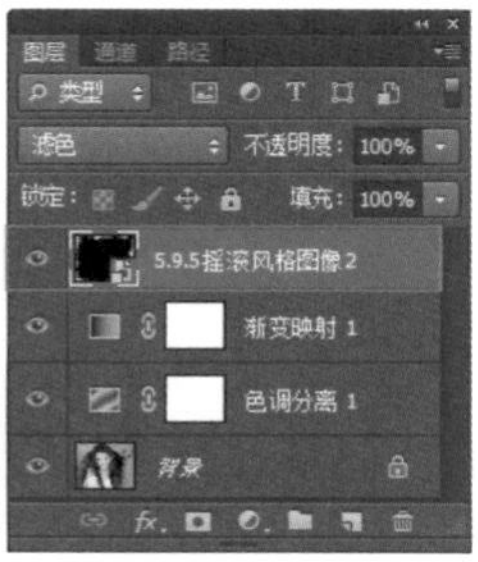

图5-215

图5-216

5.9.3　制作灯光效果 视频

1.按快捷键<Ctrl+O>打开素材光盘中的“素材”→“第5章”→“5.9.3制作摇灯光效果”素材（图5-217）。

图5-217

2.按住<Alt>键并单击“图层”控制面板中的“创建新图层”按钮，在弹出的“新建图层”对话框中设置“模式”为“叠加”，勾选“填充叠加中性色”复选框（图5-218），设置完成后，单击“确定”按钮，图层创建完成（图5-219）。

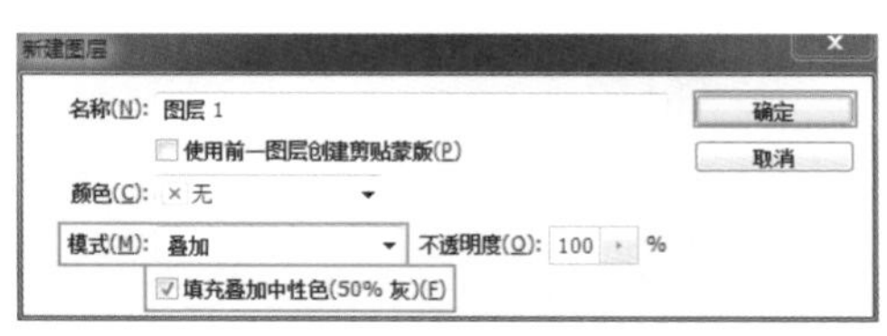

图5-218

图5-219

要点提示 使用"光照效果"滤镜后，照片会显得很暗，用户可以预先复制一个图层，在该图层添加"光照效果"滤镜，然后调整该图层的透明度与模式，这样就可以缓解过暗的效果了。

3.单击"滤镜"→"渲染"→"光照效果"命令，在打开的"光照效果"对话框中设置"预设"为"RGB光"（图5-220）。单击要调节的光源，拖动控制点即可调整光源照射的照射范围（图5-221）。

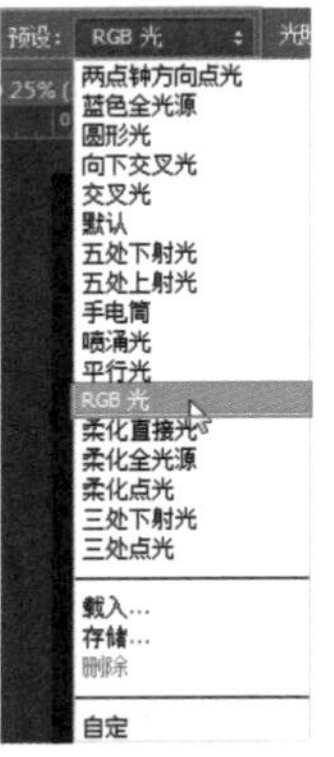

图5-220

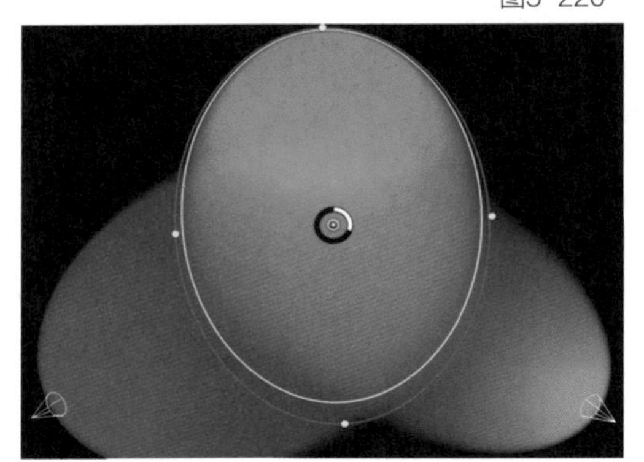

图5-221

4.调整完成后，单击"确定"按钮，灯光效果就制作完成了（图5-222、图5-223）。

图5-222

图5-223

第6章 绘画

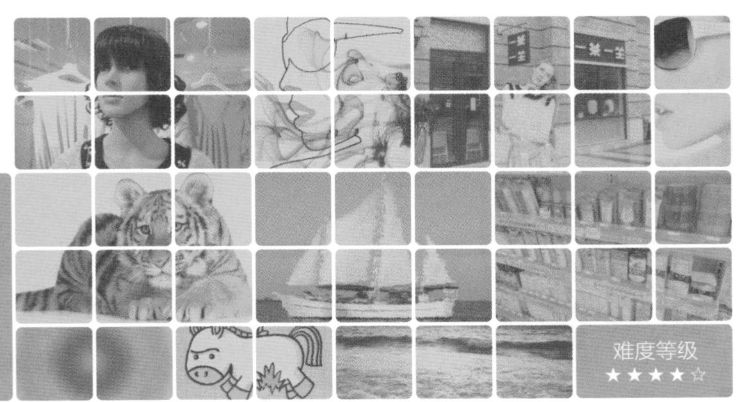

本章介绍

本章主要介绍Photoshop CS6的绘画功能，这是照片修饰的深入辅助内容，它能给照片带来创造性的改变。学习完本章，读者可以深入了解颜色、渐变的调节方法，能掌握各种画笔和擦除工具的使用方法。

6.1 设置颜色

6.1.1 前景色与背景色【视频】

前景色与背景色的设置图标位于“工具箱”的底部（图6-1），前景色用于绘画、文字等颜色的设置，背景色呈现于被擦除或新增画布的区域。

图6-1

默认情况下，前景色为黑色，背景色为白色。单击“前景色或背景色”图标，即可在打开的“拾色器”窗口中设置颜色；单击“切换前景色和背景色”图标或按<X>键可以切换前景色和背景色中的颜色；单击“默认前景色和背景色”图标或按<D>键可以恢复默认颜色。

6.1.2 拾色器

1.单击“工具箱”中的“前景色或背景色”图标，打开“拾色器”对话框，在渐变条上单击鼠标左键或拖动滑块可以定义颜色范围（图6-2），在色域中单击鼠标左键或拖动滑块可调整颜色深浅（图6-3）。

2.选中“S”单选按钮（图6-4），单击或

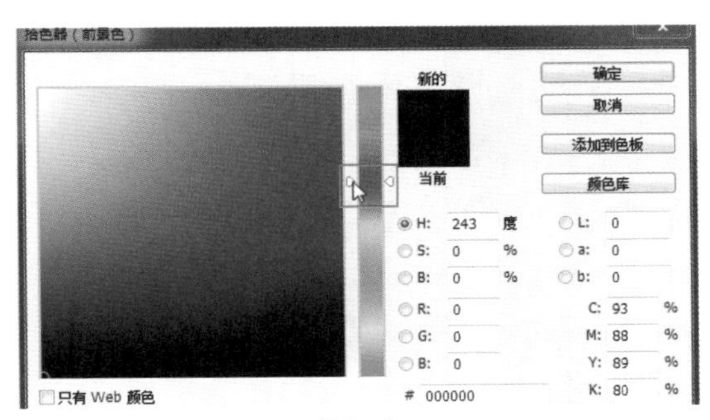

图6-2

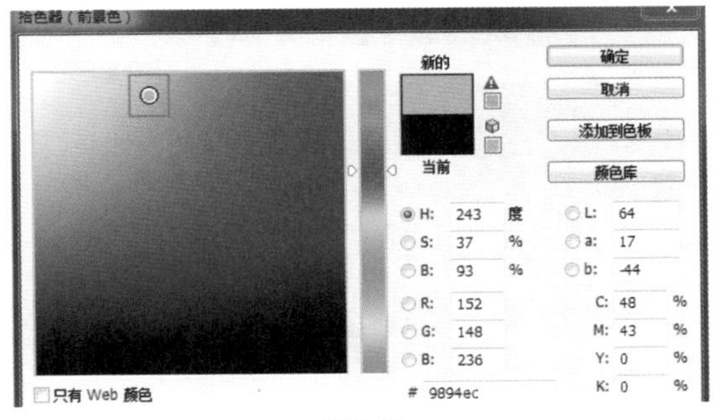

图6-3

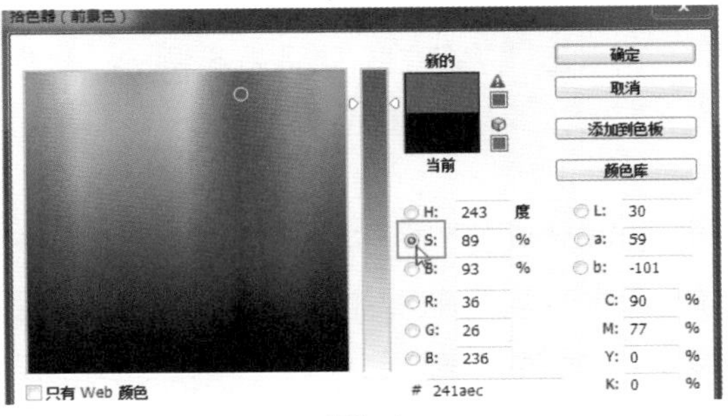

图6-4

拖动渐变条可调整颜色的饱和度（图6-5）。

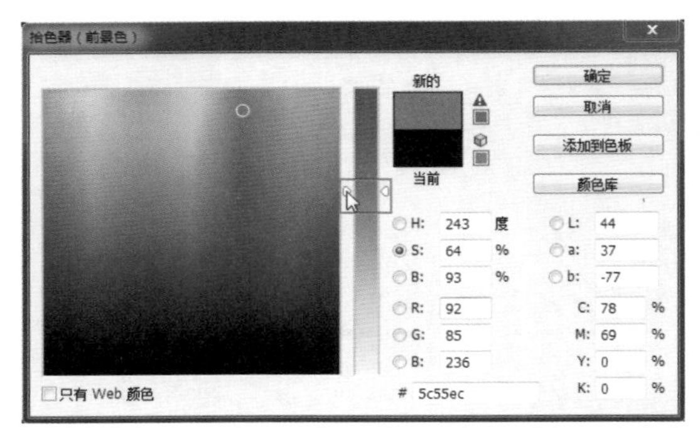

图6-5

3.选中“B”单选按钮（图6-6），单击或拖动渐变条可调整颜色明度（图6-7）。

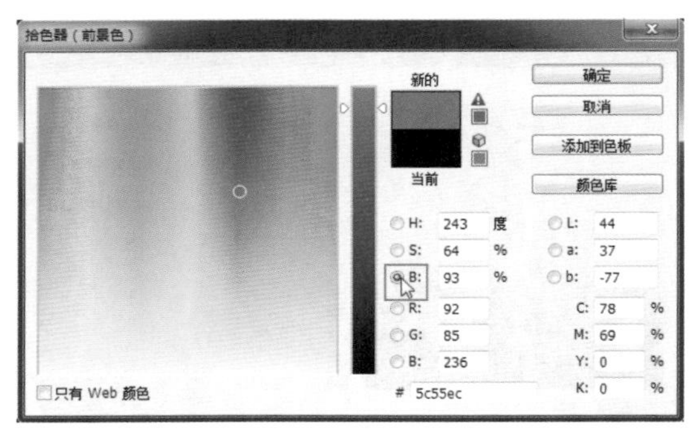

图6-6

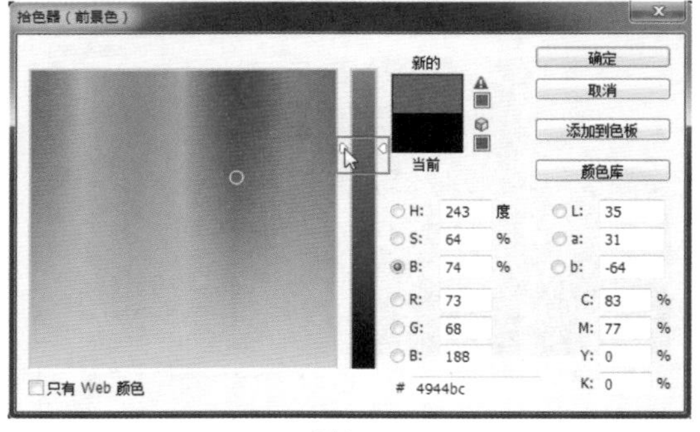

图6-7

4.单击“拾色器”对话框右侧的“颜色库”按钮，可以切换到“颜色库”对话框（6-8）。

5.在“色库”的下拉菜单中选择颜色系统（图6-9），在光谱上确定颜色范围（图6-10），然后在颜色列表中单击需要的颜色，即可将其设置为当前颜色（图6-11）。

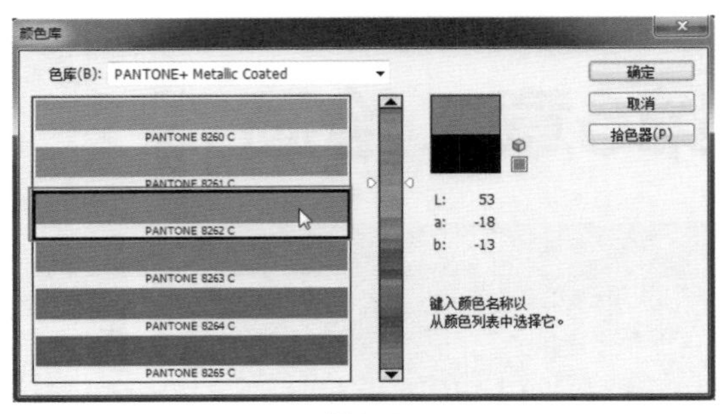

图6-8

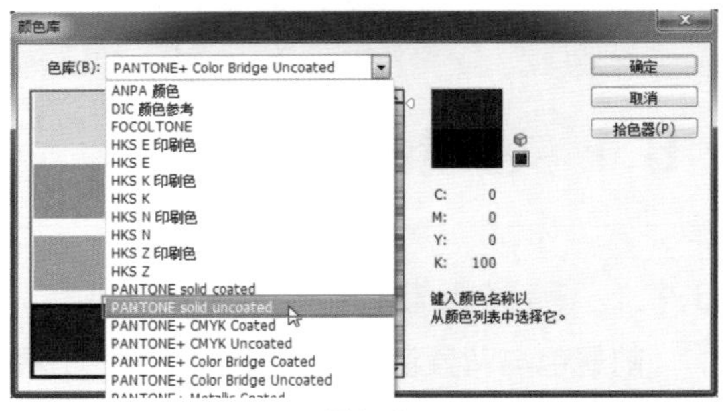

图6-9

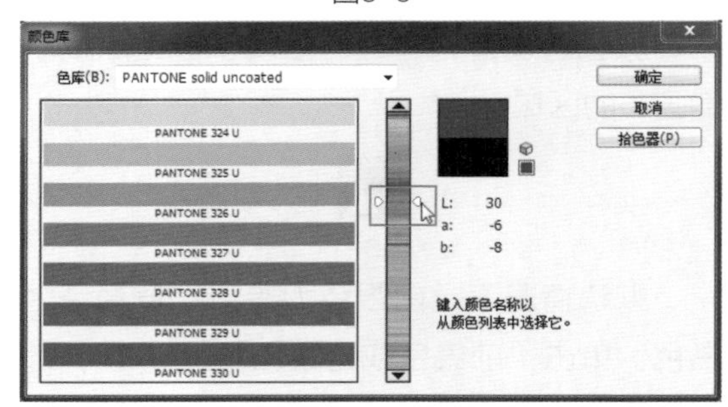

图6-10

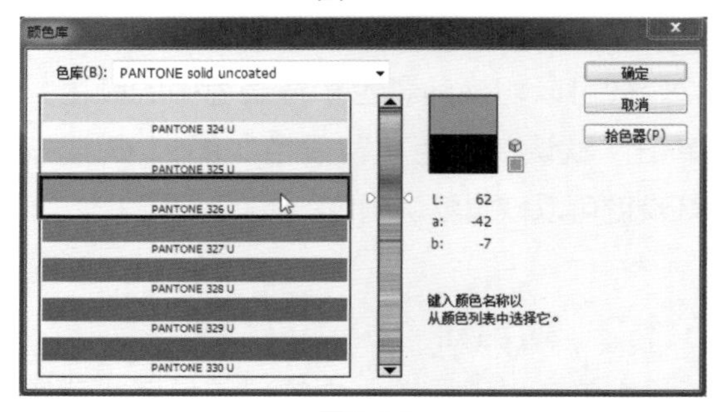

图6-11

6.1.3 吸管工具【视频】

1.按快捷键<Ctrl+O>打开素材光盘中的“素材”→“第6章”→“6.1.3吸管工具”素材（图6-12）。

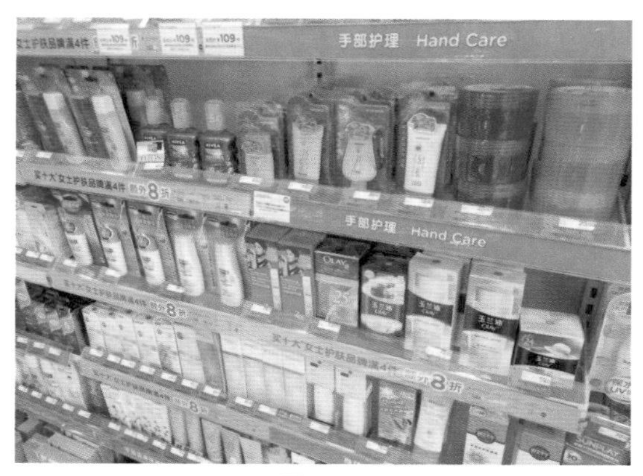

图6-12

2.选择“工具箱”中的“吸管”工具 ，在图像上单击鼠标左键会显示取样环，此时可拾取单击点上的颜色并将其设置为前景色（图6-13）。再次单击鼠标左键，取样环中上面的颜色为当前颜色，下面的是上次拾取的颜色（图6-14）。

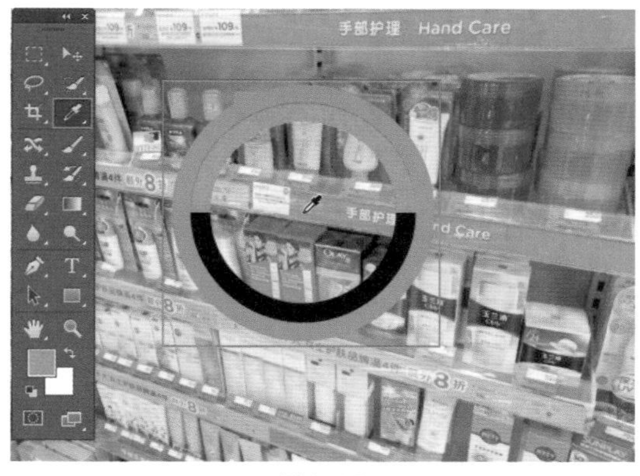

图6-13

图6-14

3.按住<Alt>键并单击鼠标左键，可将拾取到的颜色设置为背景色（图6-15）。将光标放在图像中，按住鼠标左键在屏幕上拖动，可以拾取屏幕上任意位置的颜色（图6-16）。

图6-15

图6-16

6.1.4　颜色控制面板 [视频]

1.在菜单栏中单击“窗口”→“颜色”命令，打开“颜色”控制面板，单击“前景色或背景色”图标可对前景色或背景色进行设置（图6-17、图6-18）。

图6-17

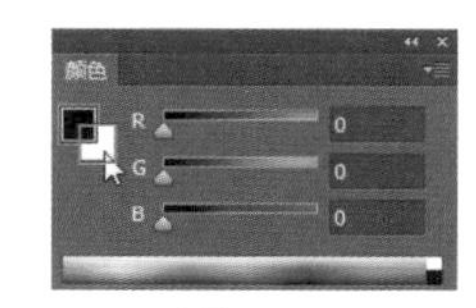

图6-18

2.在R、G、B文本框中输入数值或拖动滑块都可调整颜色（图6-19、图6-20）。

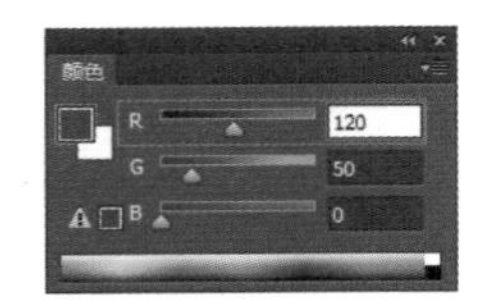

图6-19

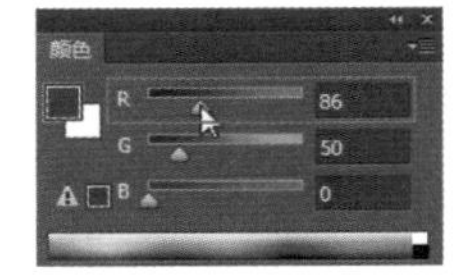

图6-20

3.在“颜色”面板下的“色彩取样板”中单击鼠标左键，即可拾取色样（图6-21）。可以在“颜色”面板的下拉菜单中选择不同的色谱模式（图6-22）。

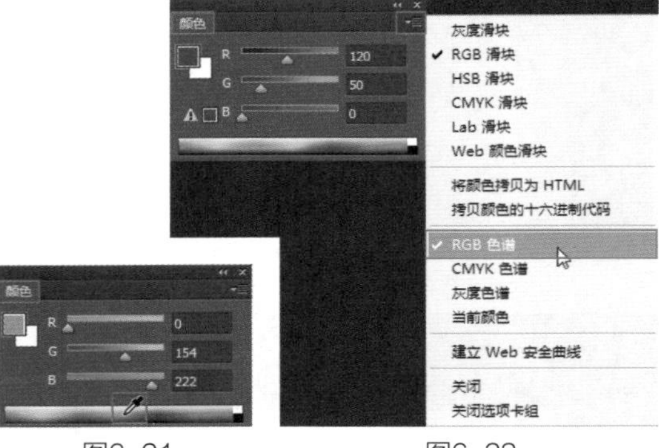

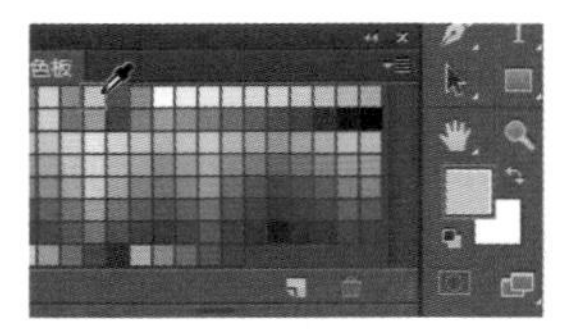

图6-21　　图6-22

6.1.5 色板控制面板 [视频]

1.在菜单栏中单击“窗口——色板”命令，打开“色板”控制面板，“色板”中的颜色是预先设置好的，直接单击鼠标左键即可将其设置为前景色（图6-23），按住<Ctrl>键并单击鼠标左键，即可将其设置为背景色（图6-24）。

图6-23　　图6-24

2.在“色板”控制面板的菜单中选择色板库（图6-25），在弹出的提示信息中单击“确定”按钮（图6-26），选择的色板库会替换原来的颜色（图6-27）。单击提示信息中的“追加”按钮，选择的颜色库会显示在原有颜色的后面。

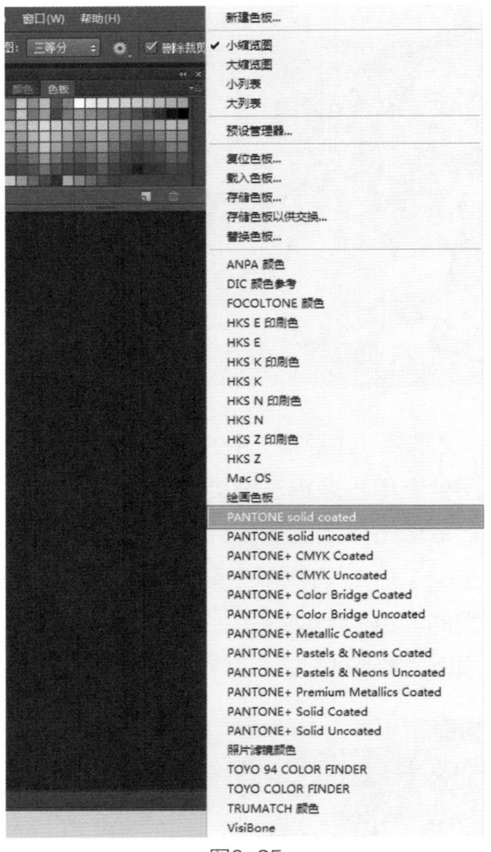

图6-25

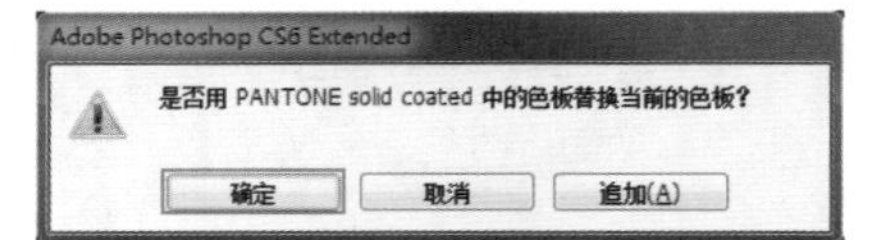

图6-26

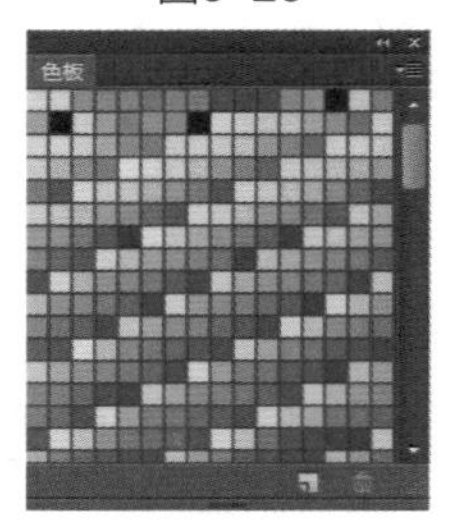

图6-27

要点提示 色板可以根据用户的需要进行存储和调用。如果长期修饰某种类型的照片，用户可以建立自己熟悉的色板库，并署上详细的名称，方便日后调用。

6.2 渐变工具

6.2.1 渐变工具选项

“渐变”工具 可以为整个文档或选区填充渐变颜色，应用非常广泛。图6-28为“渐变”工具属性栏。

图6-28

1.渐变颜色条 ：当前的渐变颜色在渐变颜色条中显示，单击右侧的展开按钮 ，可以在下拉面板中选择预设渐变颜色（图6-29）。单击渐变颜色条，可以在弹出的“渐变编辑器”中设置渐变颜色。

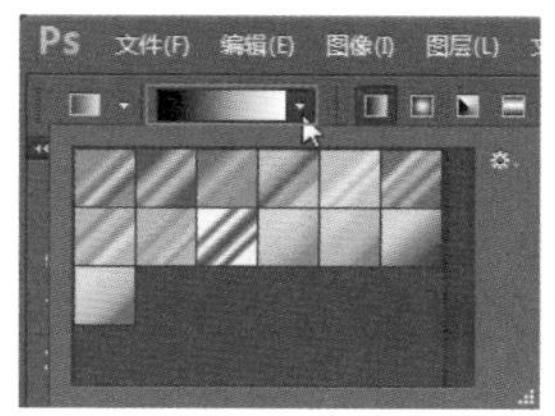

图6-29

2.渐变类型：选择“线性渐变” ，可以创建出以直线从起点到终点的渐变（图6-30）；选择“径向渐变” ，可以创建出以圆形图案从起点到终点的渐变（图6-31）；选择“角度渐变” ，可以创建出围绕起点扫描方式的渐变（图6-32）；选择“对称渐变” ，可以创建出对称的线性渐变（图6-33）；选择“菱形渐变” ，可以创建出以菱形方式从起点向外的渐变（图6-34）。

图6-30

图6-31

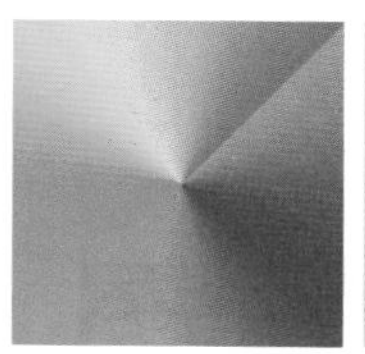

图6-32

图6-33

图6-34

3.模式：设置渐变的混合模式。

4.不透明度：设置渐变效果的不透明度。

5.反向：勾选该复选框，可以反转渐变中的颜色顺序。

6.仿色：勾选该复选框，可以使渐变效果更加平滑。

7.透明区域：勾选该复选框，可以创建包含透明效果的渐变（图6-35），图6-36为取消勾选该复选框的效果。

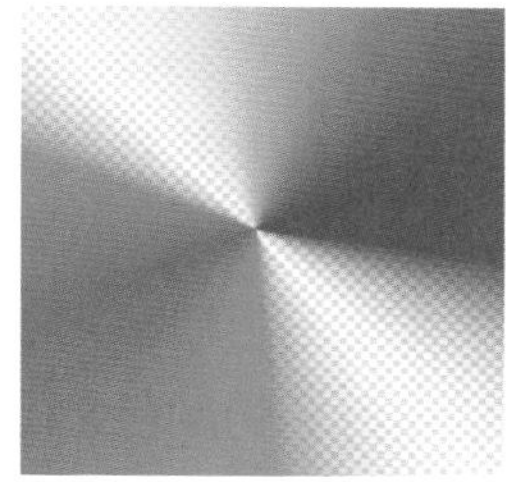

图6-35

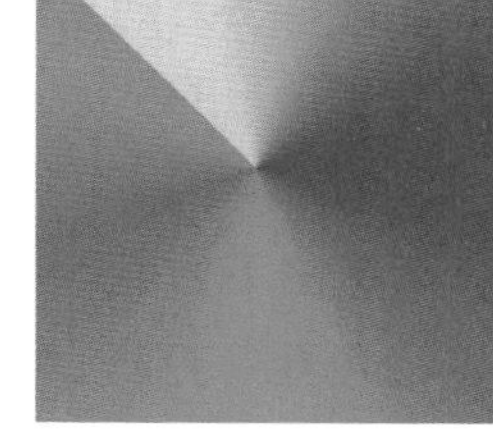

图6-36

要点提示

渐变工具能提供柔和、唯美或强硬的色彩过渡变化效果，一直以来，它都是Photoshop CS6修饰照片的必备工具。

在大多数情况下，修饰照片只需使用2～3种颜色进行渐变，过多的色彩只会让画面显得凌乱。对于精心调制且比较柔和的色彩渐变，应该当作模板及时保存下来。渐变调节完成以后，在渐变库中单击鼠标左键即可生成新的模板。

6.2.2 渐变 [视频]

1.选取“工具箱”中的“渐变”工具■，在工具属性栏中设置渐变类型为“线性渐变”■，单击渐变颜色条，打开“渐变编辑器”（图6-37）。

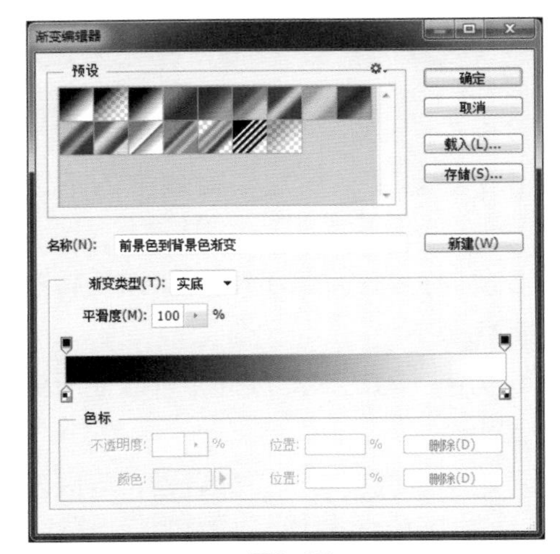

图6-37

2.选择“预设”中的一个渐变，该渐变就会出现在下方的渐变条中（图6-38），单击渐变条下方的色标 即可将其选中（图6-39）。

3.单击下方的颜色块或双击色标都可以将“拾色器”打开，调整该色标的颜色（图6-40、图6-41）。

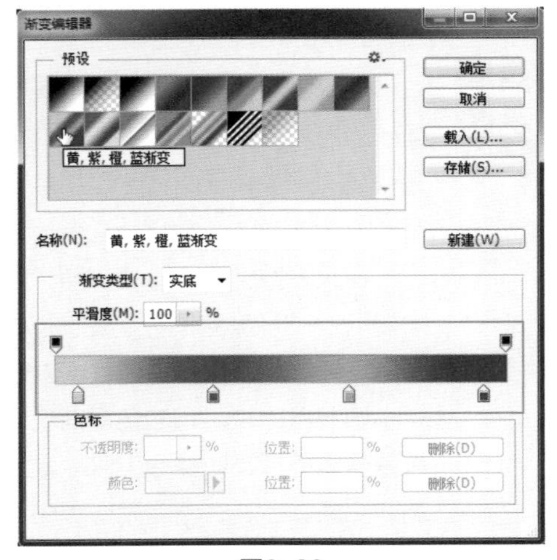

图6-38

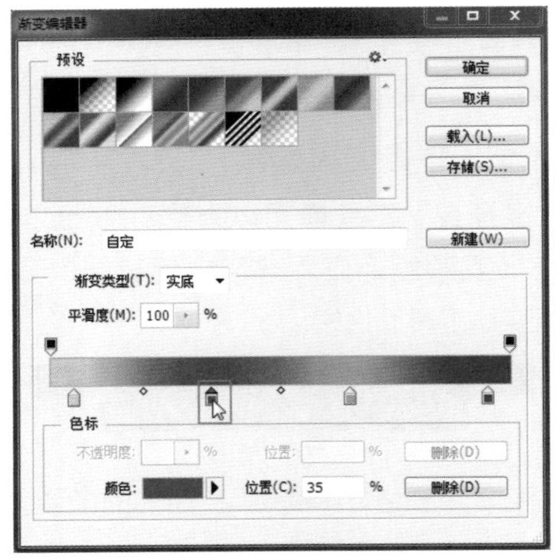

图6-39

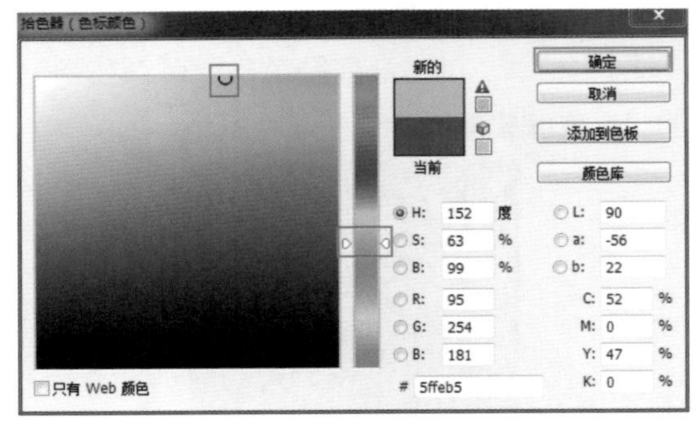

图6-40

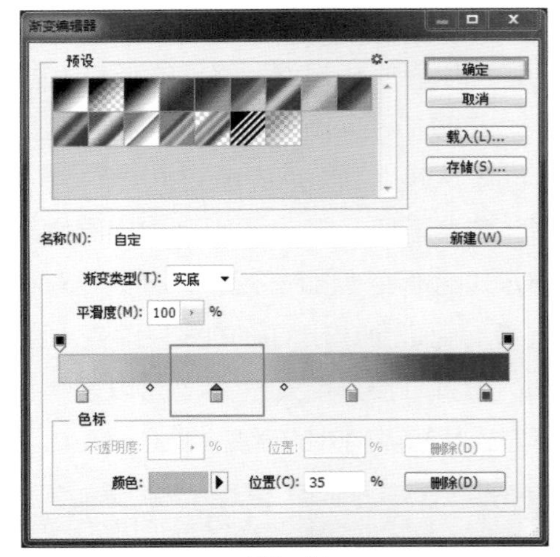

图6-41

4.选择并拖动色标，或选择色标后在“位置”文本框中输入数值都可以改变色标的位置（图6-42）。拖动两个渐变色之间的菱形图标即可更改两个颜色的混合位置（图

6-43）。

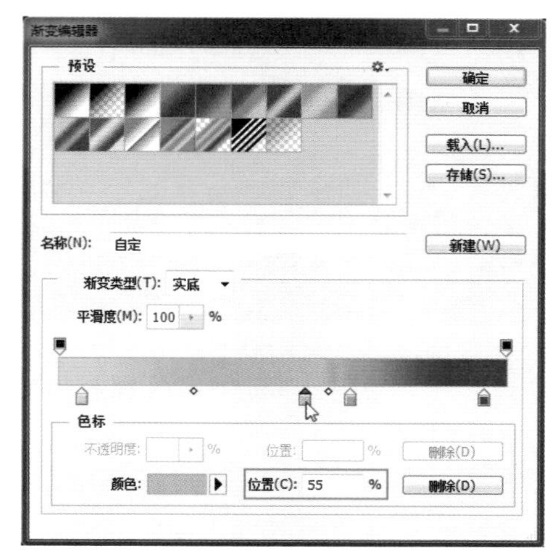

图6-42

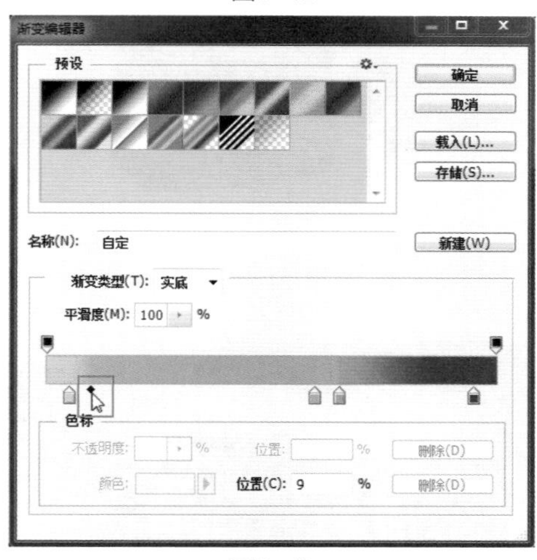

图6-43

5.在渐变条下方单击鼠标左键，可以添加新的色标（图6-44），选择色标后单击“删除”按钮或将其向渐变颜色条外拖动都可删除该色标（图6-45）。

6.2.3　杂色【视频】

1.按快捷键<Ctrl+N>打开“新建”对话框，设置文档大小为27厘米×18厘米，分辨率为72像素/英寸（图6-46）。

2.按<D>键将前景色与背景色恢复成默认状态，选择“渐变”工具，在工具属性

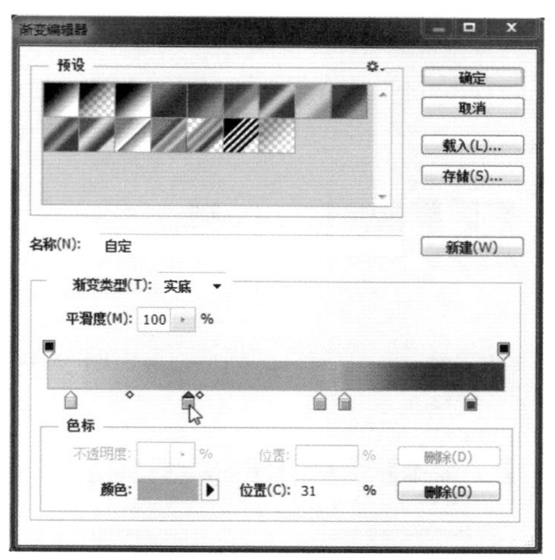

图6-44

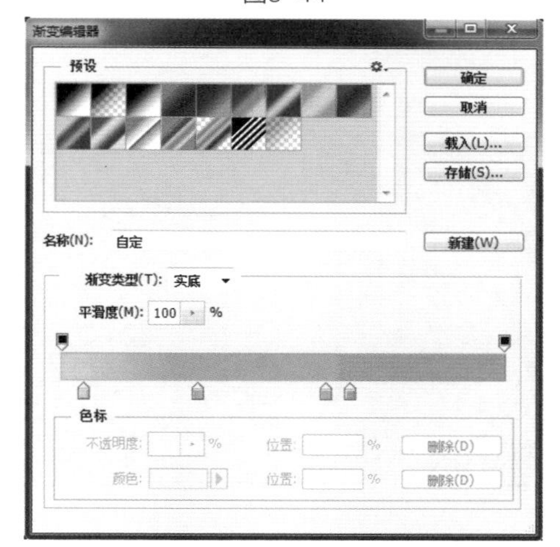

图6-45

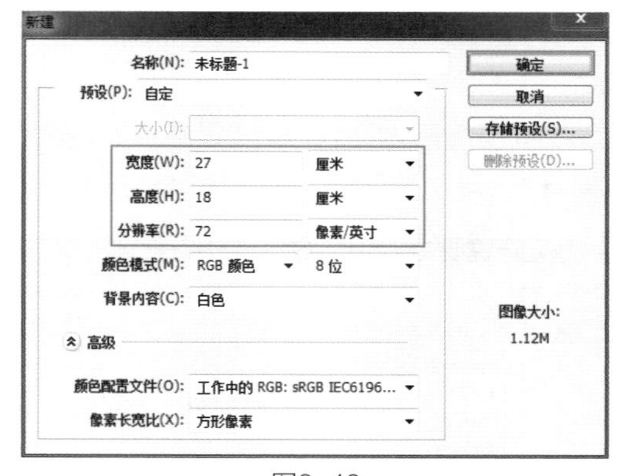

图6-46

栏中设置渐变类型为“角度渐变”。单击渐变色条打开“渐变编辑器”，设置“渐变类型”为“杂色”，“粗糙度”为100%，

“颜色类型”为“LAB”（图6-47），设置完成后在画面中填充渐变（图6-48）。

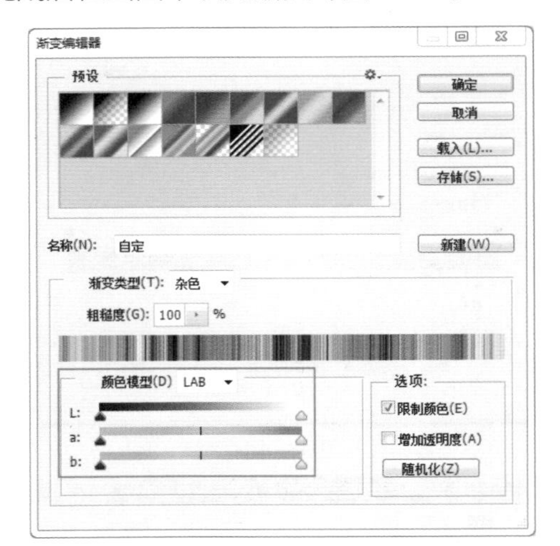

图6-47

图6-48

3.按快捷键<Ctrl+U>打开“色相/饱和度”对话框，拖动滑块调整“色相”和“饱和度”（图6-49、图6-50）。

4.按快捷键<Ctrl+O>打开素材光盘中的“素材”→“第6章”→“6.2.3杂色”素材

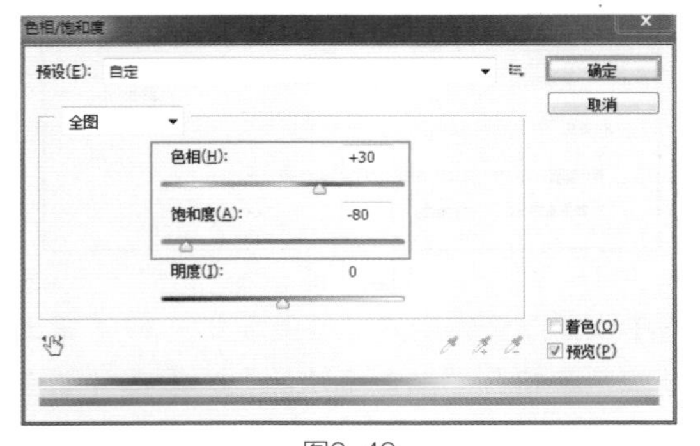

图6-49

图6-50

（图6-51）。使用“移动”工具将其拖入到文档中（图6-52）。

图6-51

图6-52

6.2.4 透明渐变 [视频]

1.按快捷键<Ctrl+O>打开素材光盘中的“素材”→“第6章”→“6.2.4透明渐变”素材（图6-53）。单击“图层”面板中的“创建新图层”按钮得到“图层1”（图6-54）。

2.选择“工具箱”中的“钢笔”工具，沿表盘的内边缘创建路径（图6-55），创建

图6-53

图6-54

图6-55

图6-56

完成后按快捷键<Ctrl+Shift>转换为选区（图6-56）。选择“渐变”工具，在工具属性栏中选择“前景色到透明渐变”（图6-57），设置完成后在画面中填充渐变（图6-58）。

图6-57

图6-58

3.新建图层，使用“椭圆选框”工具 创建圆形选区，然后按住<Alt>键创建椭圆选区，得到月牙形状的选区（图6-59）。

4.使用“渐变”工具 填充渐变（图6-60），设置图层的“不透明度”为65%（图6-61、图6-62）。

图6-59

图6-60

图6-61

图6-62

5.在“背景”图层上方新建图层，设置图层的混合模式为“线性减淡（添加）”（图6-63），设置前景色为亮灰色。选择“画笔”工具 ，在工具属性栏中设置“大小”与画笔的形态（图6-64）。

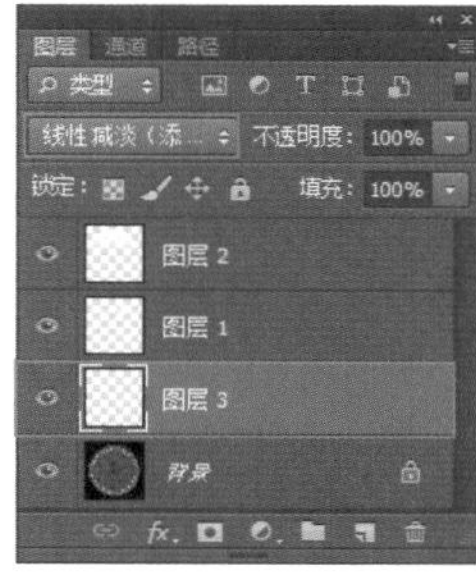

图6-63

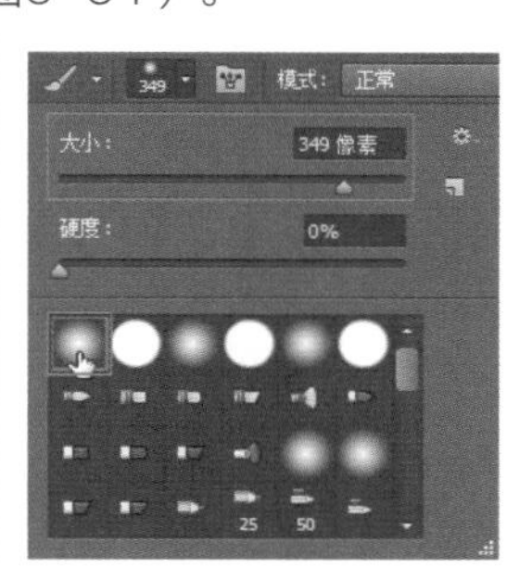

图6-64

6.使用“画笔”工具在表盘上单击，绘制亮点（图6-65），再将前景色设置为黄色，再次单击鼠标左键，效果即可呈现出来（图6-66）。

图6-65

图6-66

6.2.5 渐变的存储与载入 【视频】

在“渐变编辑器”中调整好渐变后，在“名称”输入框中设置渐变的名称（图6-67）。设置完成后，单击“新建”按钮即可将其保存到渐变列表中（图6-68）。

图6-67

图6-68

单击“渐变编辑器”中的设置按钮，可以在弹出的下拉菜单中选择渐变库（图6-69）。选择渐变库后会弹出提示信息（图6-70），单击“确定”按钮，可以载入并替换原有的渐变（图6-71）；单击“追加”按钮，会在原有渐变的基础上载入新的渐变。

图6-69

图6-70

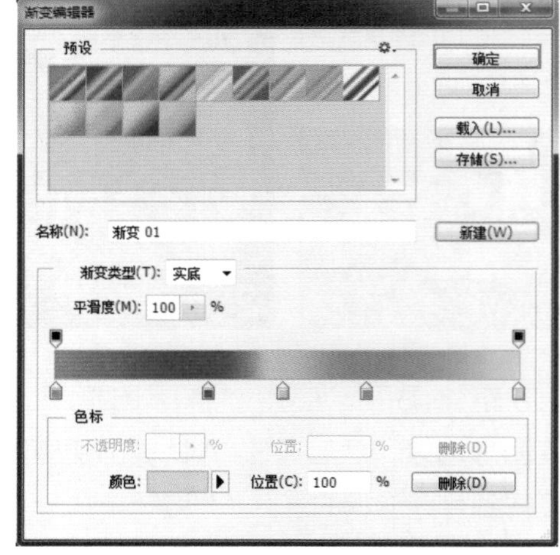

图6-71

6.3 填充与描边

6.3.1 油漆桶 视频

1.按快捷键<Ctrl+O>打开素材光盘中的“素材”→“第6章”→“6.3.1油漆桶”素材（图6-72），选取“工具箱”中的“油漆桶”工具，在工具属性栏中设置填充为“前景”、“模式”为“正常”、“不透明

图6-72

度”为100%、“容差”为30（图6-73）。

前景　模式：正常　不透明度：100%　容差：30

图6-73

2.设置前景色为蓝色（R：125、G：204、B：243）（图6-74），设置完成后，在背景上单击鼠标左键即可为背景上色（图6-75）。

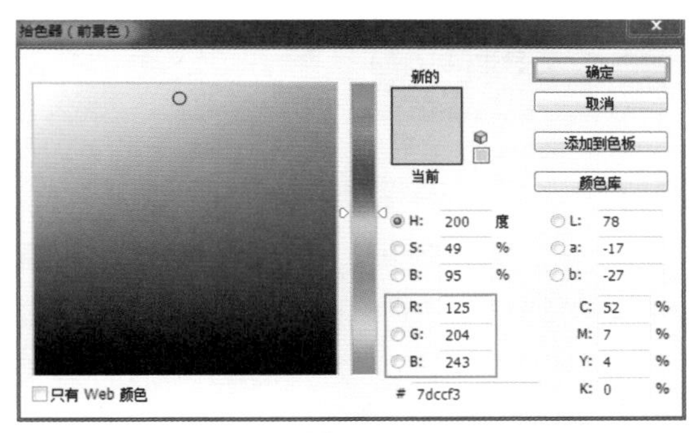

图6-74

图6-75

3.设置前景色为橙色（R：240、G：163、B：109）（图6-76），设置完成后，在嘴巴和耳朵上单击鼠标左键，为其上色（图6-77）。使用同样的方法为其他区域上色（图6-78）。

4.在工具属性栏中设置填充为“图案”，选择一个图案（图6-79），在背景上单击鼠标左键将图案填充（图6-80）。

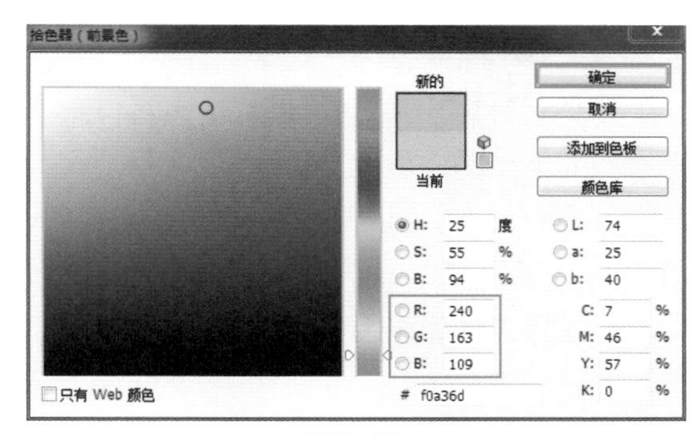

图6-76

图6-77

图6-78

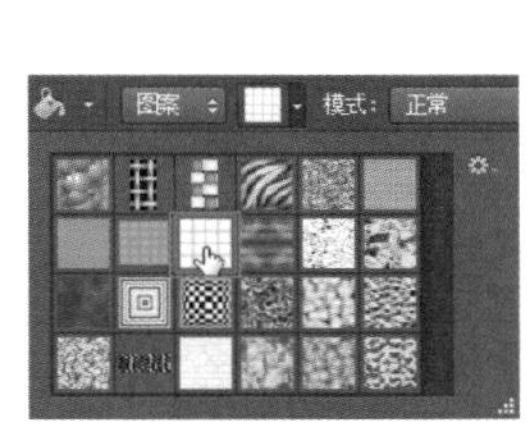

图6-79

图6-80

5.单击“编辑”→“渐隐油漆桶”命令，在打开的“渐隐”对话框中设置“模式”为“柔光”（图6-81），让背景色透过图案显示（图6-82）。

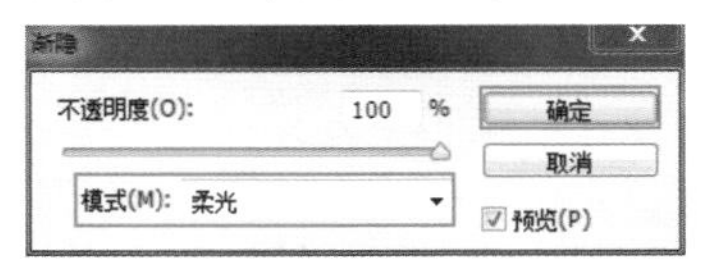

图6-81

图6-82

6.3.2 填充命令【视频】

1.按快捷键<Ctrl+O>打开素材光盘中的“素材”→“第6章”→“6.3.2填充命令”素材（图6-83），选取“工具箱”中的“快速选择”工具，在画面中放大镜以外的区域拖动鼠标，创建选区（图6-84）。

图6-83

图6-84

2.单击“图层”控制面板中的“创建新图层”按钮得到“图层1”（图6-85）。单击“编辑”→“填充”命令，在打开的“填充”对话框中设置“使用”为“图案”，在“图案”下拉列表中选择“自然图案”并将该图案库载入。选择草地图案（图6-86），单击“确定”按钮即可载入该图案（图6-87）。按快捷键<Ctrl+D>可以取消选择。

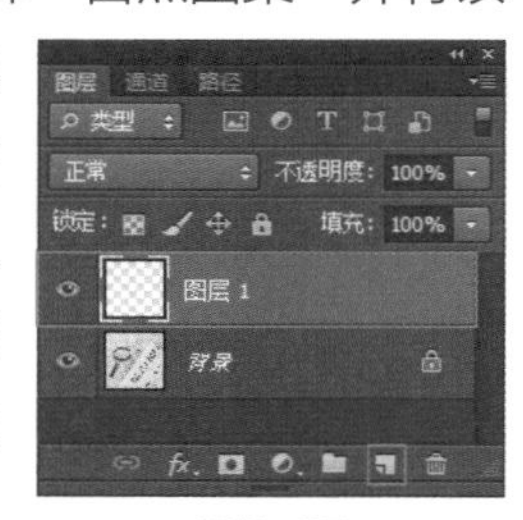

图6-85

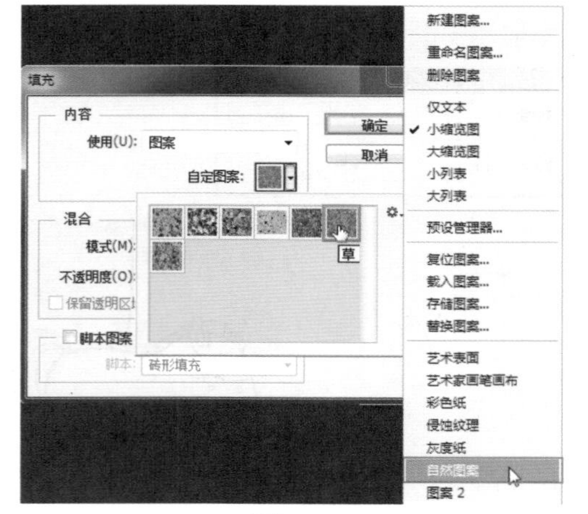

图6-86

图6-87

3.将图层的混合模式设置为“点光”（图6-88），效果即可呈现出来（图6-89）。

图6-88

图6-89

6.3.3 定义图案【视频】

1.按快捷键<Ctrl+O>打开素材光盘中的“素材”→“第6章”→“6.3.3定义图案1”素材（图6-90），单击“背景”图层前的眼睛图标将其隐藏（图6-91）。选取“工具箱”中的“矩形选框”工具将图案选中（图6-92）。

图6-90

图6-91

图6-92

2.单击“编辑”→“定义图案”命令，在打开的“图案名称”对话框中设置图案的名称（图6-93），单击“确定”按钮即可创建完成。

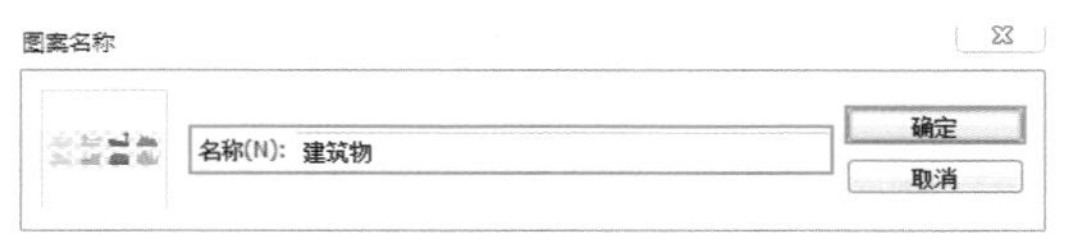

图6-93

3.按<Delete>键将“图层1”中的图像删除，在“背景”图层前面的方框中单击鼠标左键，将背景图层显示（图6-94）。

4.单击“编辑”→“填充”命令，在打开的“填充”对话框中找到新建的图案（图6-95），单击“确定”按钮即可完成填充（图6-96）。

图6-94　图6-95

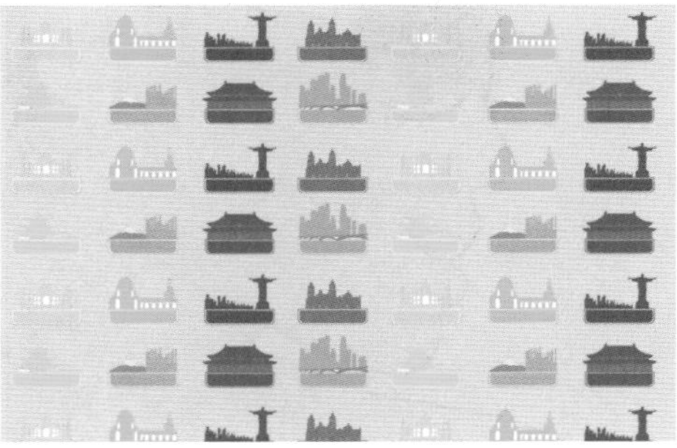

图6-96

5.按快捷键<Ctrl+O>打开素材光盘中的“素材”→“第6章”→“6.3.3定义图案2”素材（图6-97），使用“移动”工具将其拖入到当前文档中（图6-98）。

图6-97

图6-98

6.3.4　描边命令【视频】

1.按快捷键<Ctrl+O>打开素材光盘中的“素材”→“第6章”→“6.3.4描边命令1”素材（图6-99），选取“工具箱”中的“魔

图6-99

棒”工具将背景选中（图6-100）。

图6-100

2.按快捷键<Ctrl+Shift+I>将选区反选（图6-101），此时人物已被选中。单击“图层”控制面板中的“创建新图层”按钮，得到“图层1”（图6-102）。

3.单击“编辑”→“描边”命令，在打开的“描边”对话框中设置“宽度”为10像素、“颜色”为黑色、“位置”为“居中”、“模式”为“正常”、“不透明度”为100%（图6-103），设置完成后单击

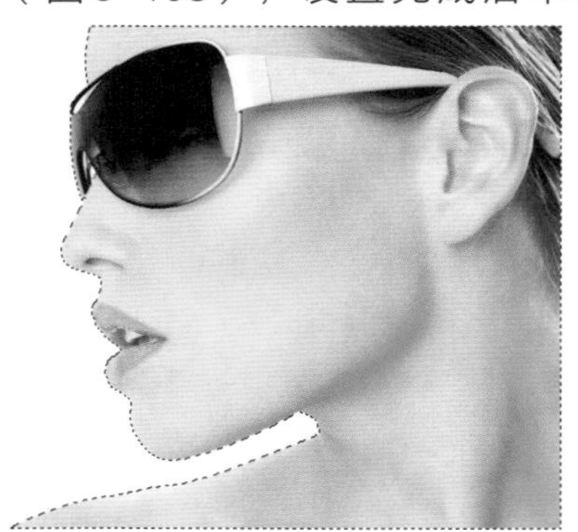

图6-101

图6-102

图6-103

“确定”按钮。按快捷键<Ctrl+D>可以取消选择，效果如图6-104所示。

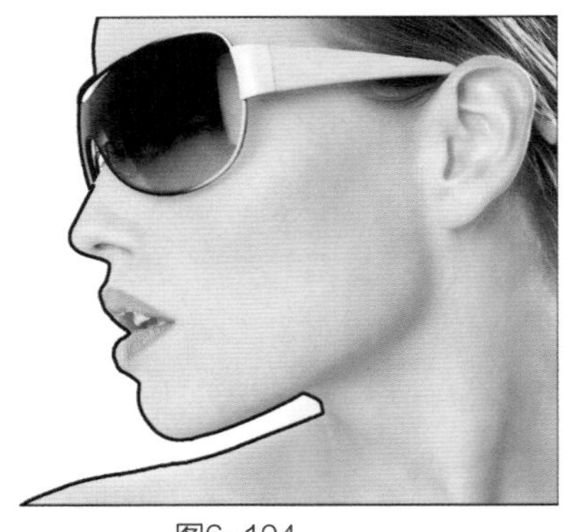

图6-104

4.新建图层，选取“工具箱”中的“快速选择”工具，在人物的眼镜片上单击鼠标左键，创建选区（图6-105），单击“编辑”→“描边”命令，在“描边”对话框中设置“宽度”为8像素，其他参数与上次调节相同（图6-106），单击“确定”按钮。使用同样的方法

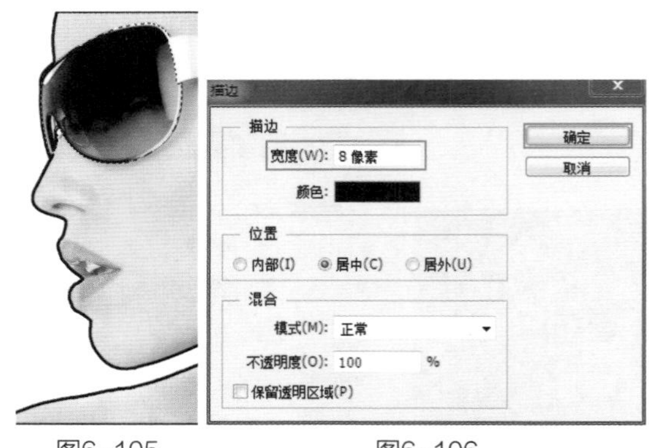

图6-105 图6-106

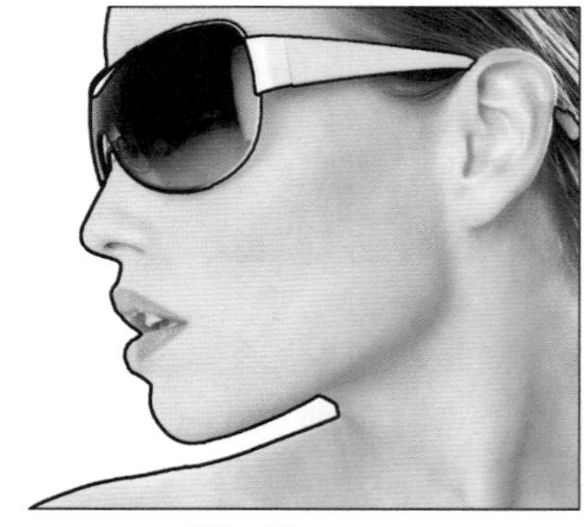

图6-107

对眼镜架进行描边（图6-107）。

5.选区“工具箱”中的“快速选择”工具，在人物的鼻孔、嘴唇处单击鼠标左键，创建选区（图6-108）。

图6-108

6.新建图层，设置前景色为橙色（R：235、G：105、B：83）（图6-109），按快捷键<Alt+Delete>将前景色填充到选区。单击“编辑”→“描边”命令，在“描边”对话框中设置“宽度”为5像素，“颜色”为红色（R：194、G：46、B：27），其他参数与之前相同（图6-110）。单击“确定”

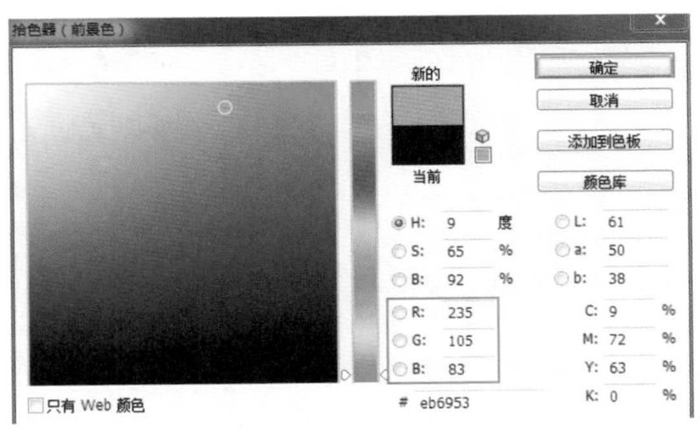

图6-109

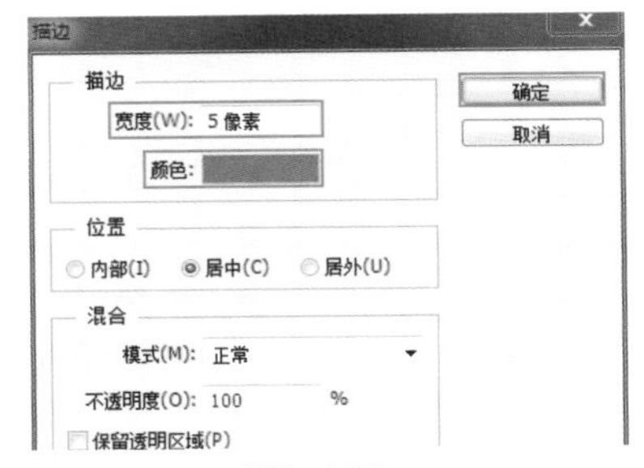

图6-110

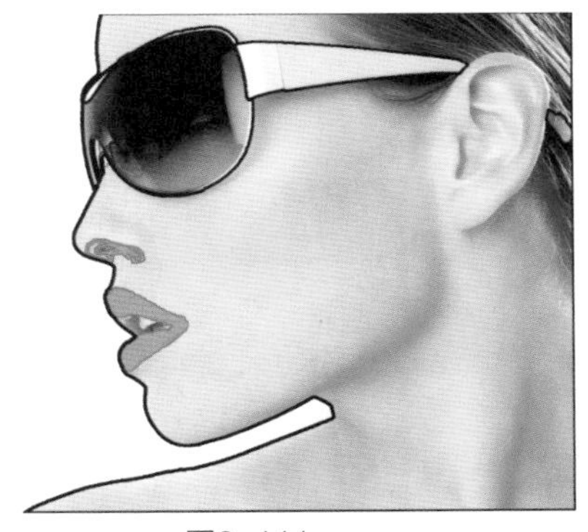

图6-111

按钮，效果即有所变化（图6-111）。

7.在“背景”图层上面新建图层（图6-112），将前景色设置为白色，按快捷键<Alt+Delete>将前景色填充到选区，用于遮挡原图像（图6-113）。

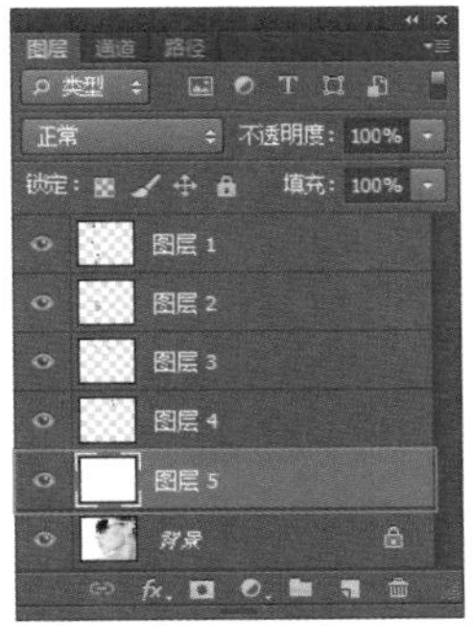

图6-112 图6-113

8.按快捷键<Ctrl+O>打开素材光盘中的“素材”→“第6章”→“6.3.4描边命令2”素材（图6-114），使用“移动”工具将其拖入到当前文档中。调整其图层位置，使其位于所有描边图层的下面（图6-115、图6-116）。

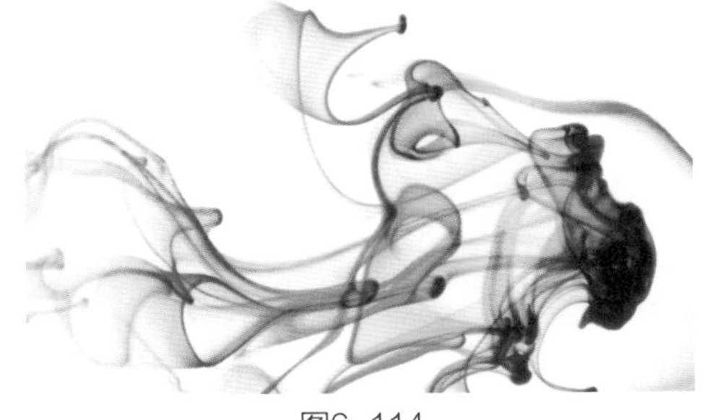

图6-114

图6-115

图6-116

6.4 画笔工具

6.4.1 画笔工具

“画笔”工具 类似于传统的毛笔，它不仅能够绘制图画还可以修改蒙版和通道。图6-117为“画笔”工具的工具属性栏。

图6-117

1.画笔下拉面板：单击“画笔”工具选项右侧的展开按钮 ，可以在打开的下拉面板中设置画笔的笔尖、大小和硬度。

2.模式：设置画笔笔迹与下面像素的混合模式。图6-118和图6-119为正常模式下与排除模式下的效果。

图6-118

图6-119

3.不透明度：设置画笔的不透明度，图6-120和图6-121是不透明度为100%与50%的效果。

图6-120

图6-121

4.流量：设置当光标移动到某个区域的上方时，应用颜色的速率。图6-122和图6-123是流量为100%与50%的效果。

使用“画笔”工具应该一边调试一遍绘画，主要调试图像的大小与不透明度。高精度的照片应将画笔设置的大一些，低精度的照片可以设置小一些。不透明度能调整画笔的浓淡。“画笔”工具的其他功能则很少被使用。

图6-122

图6-123

5.喷枪 ：按下该按钮后，可根据鼠标的单击程度确定画笔线条的填充数量。图6-124为未启用时单击鼠标左键的效果，图6-125为启用后，按住鼠标左键拖动的效果。

图6-124

图6-125

6.绘图板压力按钮 ：当使用数位板进行绘画时，按下这两个按钮后，可用光笔压力决定不透明度和大小。

6.4.2　铅笔工具

"铅笔"工具 可以绘制硬边线条，图6-126为"铅笔"工具的工具属性栏。"铅笔"工具与"画笔"工具除"自动涂抹"不同外，其余选项基本相同。勾选"自动涂抹"复选框后，如果光标中心在包含前景色的区域上，则可将该区域涂抹成背景色（图6-127）；如果不在，则可将该区域涂抹成

图6-126

图6-127

图6-128

前景色（图6-128）。

6.4.3　更改头发颜色【视频】

1.按快捷键<Ctrl+O>打开素材光盘中的"素材"→"第6章"→"6.4.3更改头发颜色"素材（图6-129）。单击"前景色"图标，打开"拾色器"对话框，将前景色设置为暗红色（R：125、G：0、B：0）（图6-130）。

图6-129

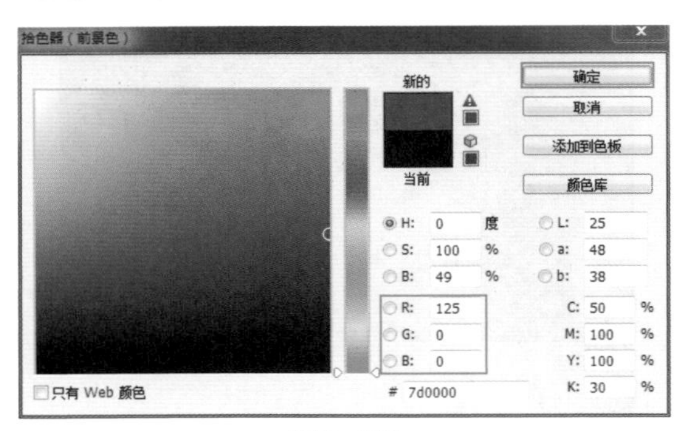

图6-130

2.选取“工具箱”中的“颜色替换”工具，在工具属性栏中设置一个柔角笔尖，按下“取样：连续”按钮，将“限制”设置为“连续”（图6-131）。

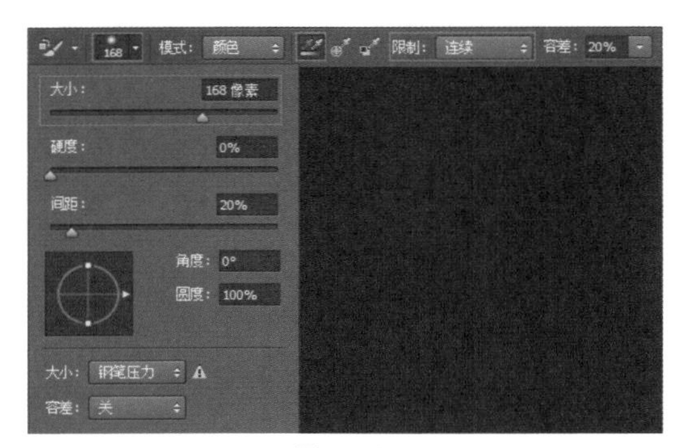

图6-131

3.设置完成后，使用鼠标在头发的位置处涂抹，必要时更改笔尖大小。仔细涂抹后即可完成头发颜色的更改（图6-132）。

图6-132

6.4.4 混合画笔工具

“混合画笔”工具能够混合像素，模拟出真实的绘画效果，图6-133为“混合画笔”工具的工具属性栏。

图6-133

1.当前画笔载入：单击“切换画笔面板”按钮右侧的颜色块，可以弹出“拾色器”面板，使用光标拾取颜色或按住<Alt>键并单击图像拾取颜色（图6-134）。单击展开按钮，可以选择相应的命令。

图6-134

2.预设：预设中提供了“干燥”、“潮湿”等预设的画笔方案（图6-135），图6-136～图6-138为预设了不同选项后的效果。

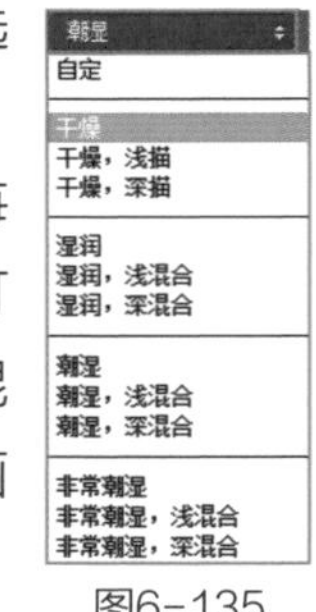

图6-135

3.自动载入/清理：按下“每次描边后载入画笔”按钮，可以使光标下的颜色与前景色混合，按下“每次描边后清理画笔”按钮可以清理油彩。

图6-136

图6-137

图6-138

6.4.5　恢复局部色彩【视频】

1.按快捷键<Ctrl+O>打开素材光盘中的“素材”→“第6章”→“6.4.5恢复局部色彩”素材（图6-139），按快捷键<Ctrl+J>复制图层（图6-140）。

2.按快捷键<Ctrl+Shift+U>将图像去色（图6-141），打开“历史记录”控制面板，在想要恢复效果的操作步骤前单击鼠标

图6-139

图6-140

图6-141

左键，使其显示历史记录中画笔的源图标（图6-142）。

3.使用“历史记录画笔”工具，在天空区域涂抹，可以将其恢复到打开时的状态（图6-143）。

图6-142

图6-143

6.4.6　历史记录艺术画笔【视频】

“历史记录艺术画笔”工具与“历史记录画笔”工具基本相同，只是“历史记录艺术画笔”工具在恢复图像时能同时进行

图6-144

图6-145

艺术处理（图6-144、图6-145）。

图6-146为“历史记录艺术画笔”工具的工具属性栏，除了“样式”、“区域”、“容差”不同外，其他选项与“历史记录画笔”工具相同。

图6-146

1.样式：可控制绘画描边的形状，包括“绷紧短”、“绷紧中”等（图6-147）。

2.区域：设置绘画描边所覆盖的区域。

3.容差：限定可应用绘画描边的区域。

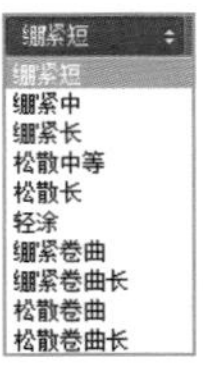

图6-147

6.5 擦除工具

6.5.1 橡皮擦工具

使用“橡皮擦”工具 可以擦除图像，图6-148为“橡皮擦”工具的工具属性栏。

图6-148

如果擦除的是“背景”图层或锁定透明区域的图层，擦除区域会显示为背景色（图6-149、图6-150）。如果为其他图层，那么可以擦除涂抹区域内的像素（图6-151、图6-152）。

图6-150

图6-149

图6-151

图6-152

6.5.2 橡皮擦工具擦除毛发 【视频】

1.按快捷键<Ctrl+O>打开素材光盘中的“素材”→“第6章”→“6.5.2橡皮擦工具擦除毛发”素材（图6-153），选取“工具箱”中的“背景橡皮擦”工具，按下“取样：连续”按钮，将“限制”设置为“连续”，“容差”设置为30%（图6-154）。

图6-153

限制：连续 容差：30%

图6-154

2.在背景上单击鼠标左键并拖动（图6-155），仔细涂抹，将背景擦除（图6-156）。

图6-155

图6-156

3.按住<Ctrl>键并单击“图层”控制面板中的“创建新图层”按钮，新建图层位于当前图层的下方，设置前景色为绿色（R：0、G：140、B：53），按快捷键<Alt+Delete>将前景色填充到图层（图6-157、图6-158）。

图6-157

图6-158

4.填充前景色后，可以看到还有背景残留，选择“图层0”，在工具属性栏中按下“取样：背景色板”按钮，勾选“保护前景色”复选框（图6-159、图6-160）。

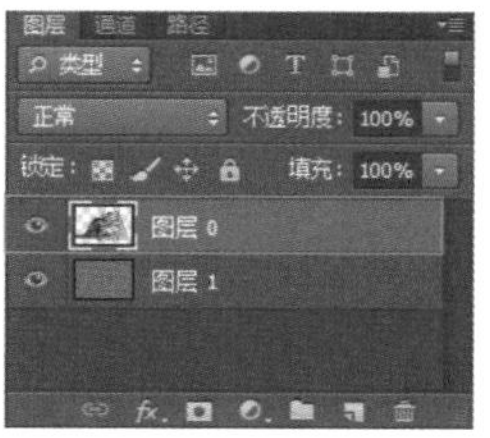

图6-159

限制: 连续 容差: 30% 保护前景色

图6-160

5.选取“吸管”工具，在毛发的浅色区域内单击鼠标左键，拾取颜色作为前景色（图6-161）。按住<Alt>键在残留的背景区域上单击鼠标左键，拾取颜色作为背景色（图6-162），这样即可保护前景色，只擦除与背景色相似的颜色。

图6-161

图6-162

6.设置完成后，使用“背景橡皮擦”工具在老虎身体边缘处涂抹，擦除背景，效果如图6-163所示。

7.单击“滤镜”→“渲染”→“光照效果”命令，在打开的“光照效果”对话框中设置“预设”为“默认”（图6-164），拖动控制点调整光源（图6-165）。

8.设置完成后，单击“确定”按钮，光照效果即添加完成（图6-166）。

图6-163

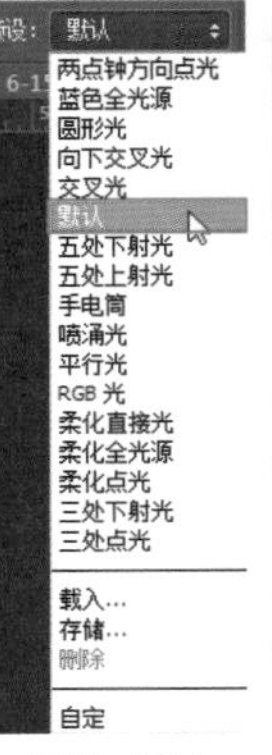

图6-164 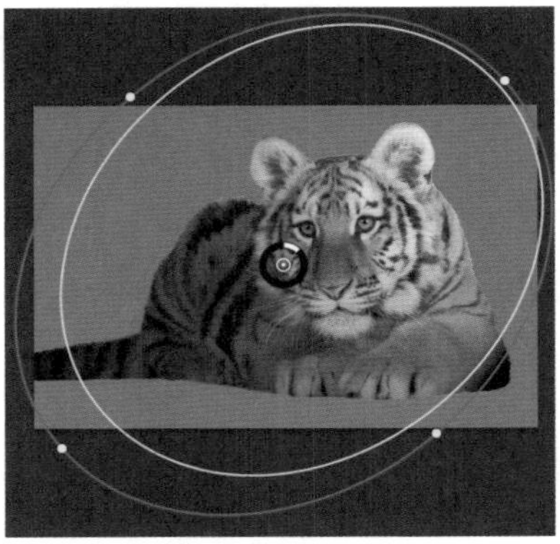 图6-165

图6-166

6.5.3 魔术橡皮擦工具抠人像 【视频】

1.按快捷键<Ctrl+O>打开素材光盘中的“素材”→“第6章”→“6.5.3魔术橡皮擦工具抠人像1”素材（图6-167）。按快捷键<Ctrl+J>复制图层，得到“图层1”，将“背景”图层隐藏（图6-168）。

图6-167

图6-168

2.选取“工具箱”中的“魔术橡皮擦”工具，在工具属性栏中设置“容差”为20，在背景区域内单击鼠标左键，背景会被删除（图6-169）。

图6-169

3.此时人物的肩膀、裙子也同背景一起被删除了，选择“背景”图层并将其显示。选取“工具箱”中的“套索”工具，将缺失的图像选中（图6-170），按快捷键<Ctrl+J>复制选区内的图像，得到“图层2”（图6-171）。

图6-170

图6-171

4.按快捷键<Ctrl+O>打开素材光盘中的“素材”→“第6章”→“6.5.2魔术橡皮擦工具抠人像2”素材（图6-172）。

图6-172

5.将“图层1”与“图层2”一起选中（图6-173），使用“移动”工具将其拖入到该文档中，调整图像的大小和位置，最终完成操作（图6-174）。

图6-173

图6-174

第7章　色彩调整

本章介绍

本章主要介绍数码照片的色彩调整方法，这是Photoshop CS6最强大的功能之一。色彩调整方便快捷，它不仅能修饰照片的色彩，还能创造出各种特异的效果，区别于其他图形图像软件。

难度等级 ★★☆☆☆

7.1　色彩调整基础

7.1.1　调整命令

用于调整图像色调与颜色的各种命令大多数位于菜单栏的“图像”菜单中（图7-1），也有一部分常用的命令放置在了“调整”控制面板中（图7-2）。

1.调整颜色和色调的命令。“色阶”和

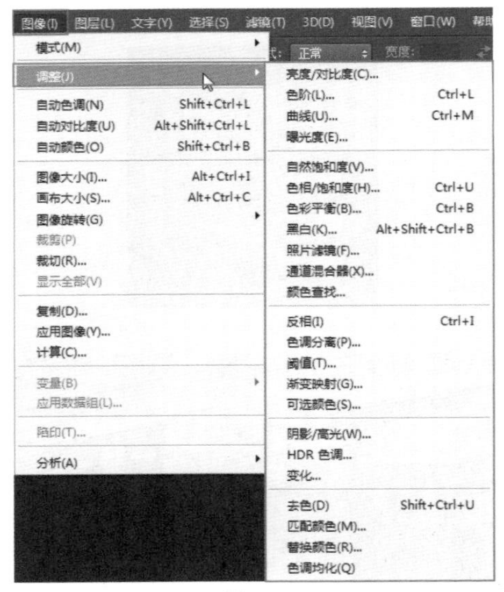

图7-1

图7-2

“曲线”命令用于调整颜色和色调；“色相/饱和度”和“自然饱和度”命令用于调整色彩；“阴影/高光”和“曝光度”命令只用于调整色调。

2.匹配、替换和混合颜色的命令。“匹配颜色”、“替换颜色”、“通道混合器”和“可选颜色”命令可以匹配、替换图像的颜色或调整颜色通道。

3.快速调整命令。“自动色调”、“自动对比度”和“自动颜色”命令可以自动调整图片的颜色和色调；“照片滤镜”、“色彩平衡”和“变化”命令可以快速调整色彩；“亮度/对比度”和“色调均化”命令可以快速调整色调。

4.应用特殊颜色调整的命令。“反相”、“阈值”、“色调分离”和“渐变映射”命令可以将图像转换为负片、黑白等特殊效果。

7.1.2　调整命令与调整图层 [视频]

可以通过单击“图像”菜单中的命令或使用调整图层来应用调整命令，这两种方法都可以达到相同的调整结果。但“图像”菜单中的命令会修改图像的像素，而调整图层不会修改像素。

图7-3为原图像，单击“图像”→“调整”→“色相/饱和度”命令进行调整，“背景”图层中的像素会被修改（图7-4、图7-5）。

图7-3

图7-4

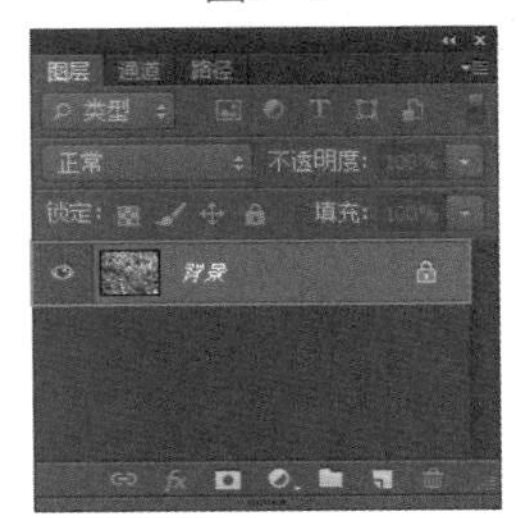

图7-5

如果使用调整图层操作，那么会在当前图层的上面创建一个调整图层，它会对下面的图层产生影响，但不会改变下面图层的像素（图7-6、图7-7）。

图7-6

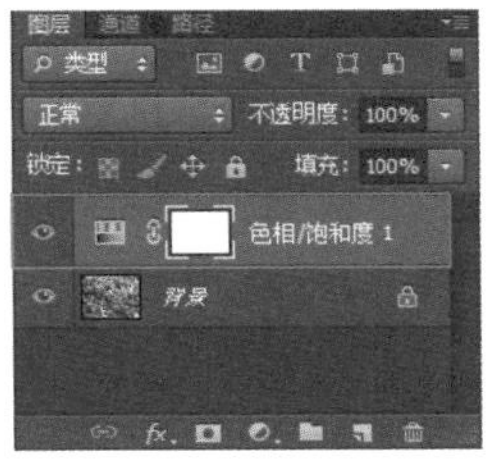

图7-7

使用“图像”菜单中的命令进行调整后，不能修改调整参数，而使用调整图层可以随时修改（图7-8、图7-9），还可以隐藏或删除（图7-10、图7-11）。

图7-8

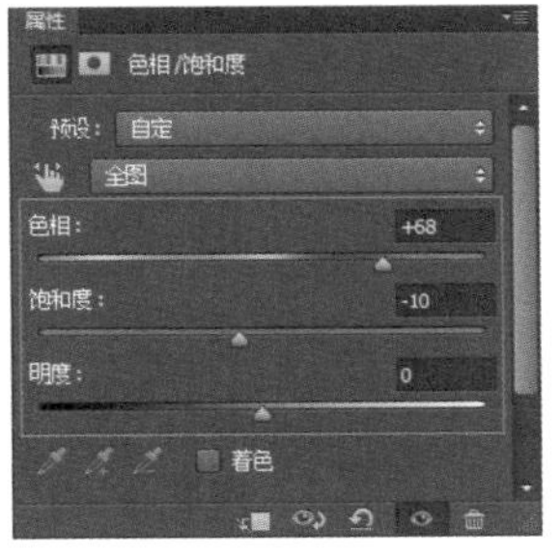

图7-9

图7-10

图7-11

7.2 照片颜色模式

颜色模式决定了所处理图像的颜色方法。单击“图像”→“模式”命令，可以对颜色模式进行更改（图7-12），选择一种颜色模式，就是选用了某种特定的颜色模型。

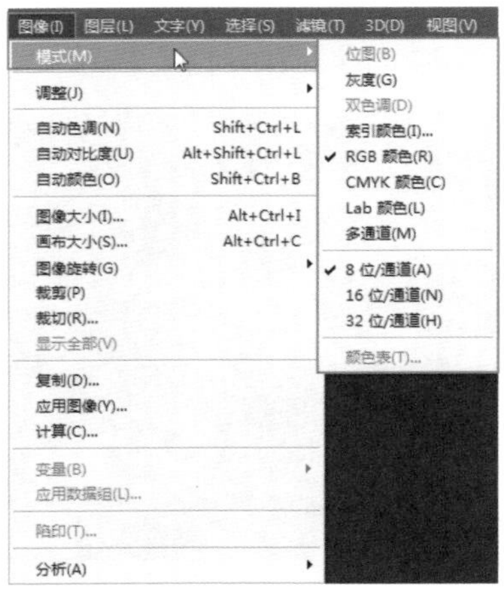

图7-12

7.2.1 位图模式

位图模式用黑和白来表示图像中的像素，彩色图像转换为该模式后，会丢失大量细节，色相和饱和度信息都会被删除，只保留亮度信息。打开一张RGB模式的彩色图像（图7-13），单击“图像”→“模式”→“灰度”命令，将其转换为灰度模式，再次单击“图像”→“模式”→“位图”命令，在弹出的“位图”对话框中设置图像的输出分辨率和转换方法（图7-14）。

图7-13

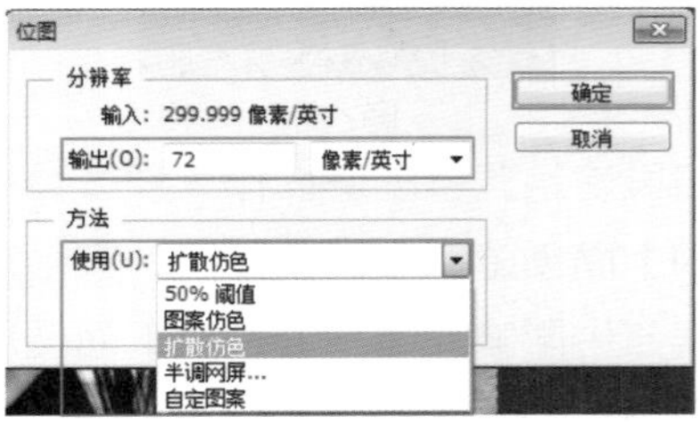

位图
分辨率
输入：299.999 像素/英寸
输出(O)：72 像素/英寸
方法
使用(U)：扩散仿色
50% 阈值
图案仿色
扩散仿色
半调网屏...
自定图案
确定
取消

图7-14

还可以选择“50%阈值”（图7-15）、“图案仿色”（图7-16）、“扩散仿色”（图7-17）、“半调网屏”（图7-18）和“自定图案”（图7-19）等效果。

图7-15　图7-16 　图7-17

图7-18　图7-19

7.2.2　灰度模式

灰度模式不包含颜色信息，转换为该模式后，颜色信息会被扔掉。灰度模式可以使用多达256级的灰度来表现图像，0代表黑色，255代表白色，其他值代表了中间的过度灰，这样使得图像的过渡更加平滑细腻。

7.2.3　双色调模式

双色调模式使用2~4种彩色油墨来创建由双色调、三色调和四色调混合色阶组成的图像。双色调模式可以使用尽量少的颜色表现尽量多的颜色层次。

图7-20和图7-21为双色调的效果，图7-22和图7-23为三色调的效果。

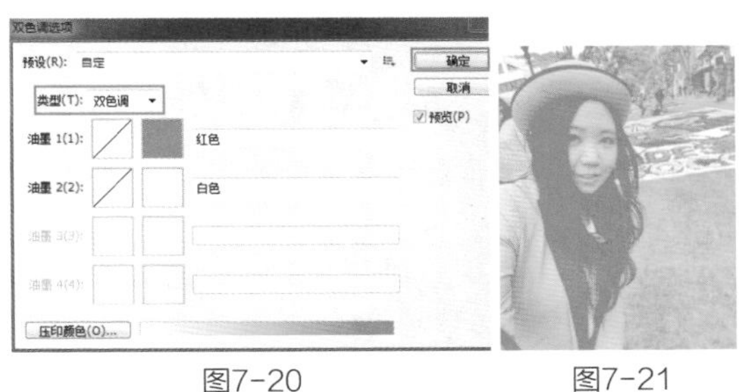

图7-20　图7-21

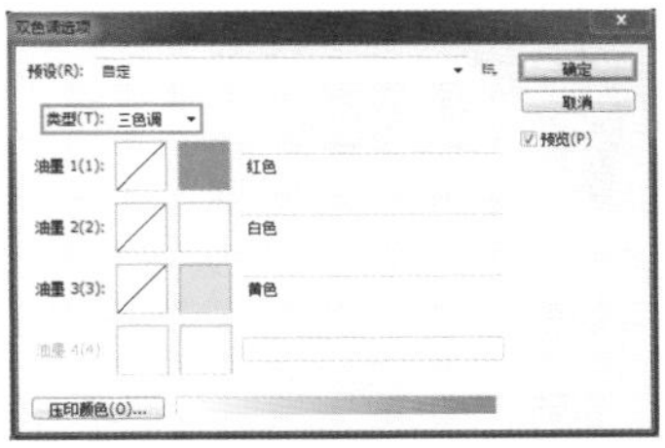

图7-22 　图7-23

7.2.4　索引颜色模式

索引颜色模式可以使用256种或更少的颜色来替代彩色图像中的上百万种颜色。使用该模式会构建一个颜色表来存放图像中的颜色。如果某颜色没有出现在该表中，则程序会选取最接近它的一种颜色或使用仿色来模拟该颜色。

图7-24为“索引颜色”对话框。图7-25和图7-26为“颜色”设置为9，“强制”设

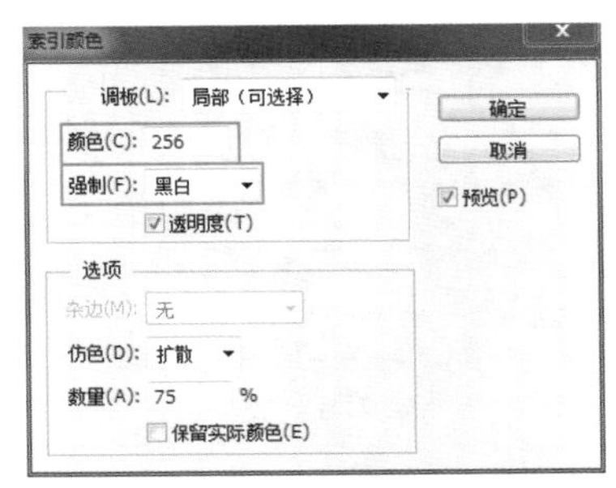

图7-24

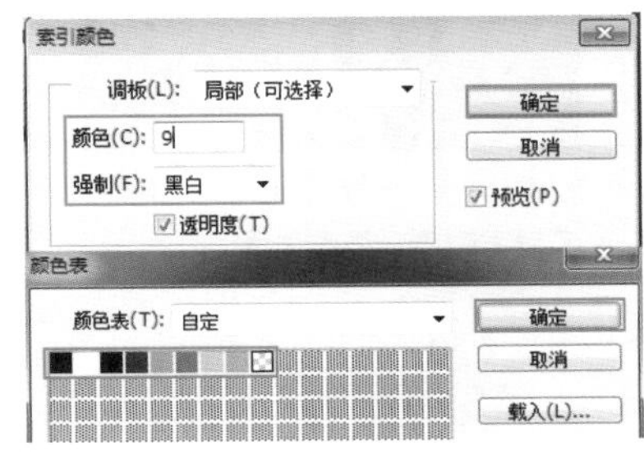

图7-25

图7-26

置为“黑白”时，构建的颜色表及图像效果；图7-27和图7-28为“颜色”设置为9，“强制”设置为“三原色”时，构建的颜色表及图像效果。

图7-27

图7-28

7.2.5 RGB颜色模式

RGB是一种加色混合模式，它是通过使用红、绿、蓝3种色光混合的方式来显示颜色。目前的显示器大多数都采用了RGB颜色标准，RGB颜色模式可以呈现出16777216（256 * 256 * 256）种颜色模式。

7.2.6 CMYK颜色模式

CMYK也称为印刷色彩模式，是一种依靠反光的色彩模式。通过使用青、品红、黄、黑4种色彩的混合来呈现其他成千上万种色彩。期刊、杂志、报纸和宣传画等都是CMYK颜色模式。

7.2.7 Lab颜色模式

Lab颜色模式是在进行颜色模式转换时使用的中间模式。它的色域很宽，涵盖了RGB和CMYK的色域。L代表亮度分量，a代表由绿色到红色的光谱变化，b代表由蓝色到黄色的光谱变化。

7.2.8 多通道模式

多通道模式适用于有特殊打印要求的图像。将RGB图像转换为该模式后，可以得到青色、洋红和黄色通道。如果从 RGB、CMYK 或 Lab 图像中删除一个通道，那么图像将自动转换为多通道模式（图7-29、图7-30）。

图7-29　图7-30

7.2.9　位深度

位深度是显示器、数码相机、扫描仪等设备的术语，也称为像素深度或色深度。设备使用位深度来存储颜色通道的颜色信息，位越多，图像包含的颜色就越多，色调差就越大。

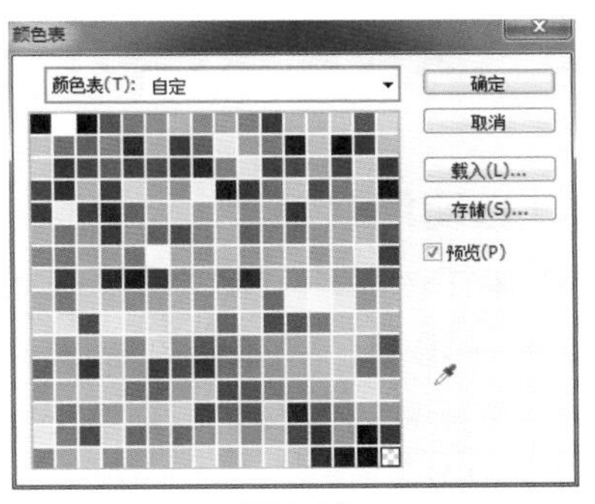
图7-32

7.2.10　颜色表

将图像的颜色模式转换为索引模式后，单击“图像”→“调整”→“颜色表”命令，在打开的“颜色表”对话框中会显示已经提取的256种典型颜色。图7-31和图7-32为索引模式下的图像和颜色表。

在“颜色表”下拉菜单中可以选择预定义的颜色表（图7-33、图7-34）。

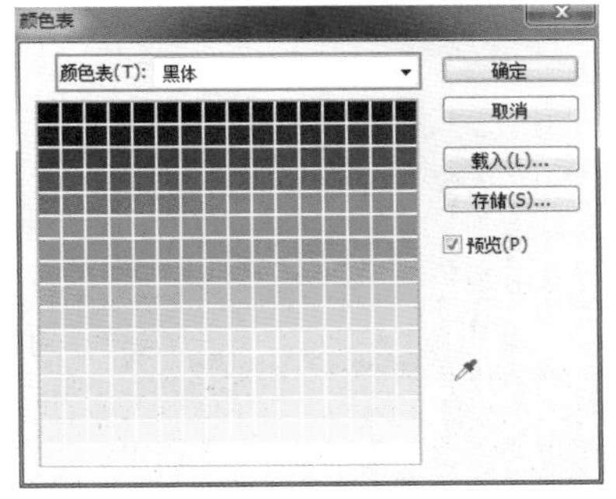
图7-33

图7-31

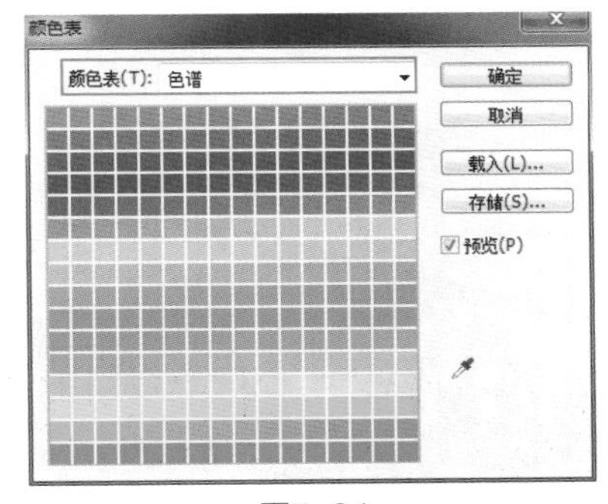
图7-34

要点提示

Photoshop CS6中最常见的两种颜色模式就是RGB模式与CMYK模式，它们的区别主要有以下几点：

1.RGB色彩模式是发光的，存在于屏幕等显示设备中，不存在于印刷品中；CMYK色彩模式是反光的，需要有外界辅助光源才能被感知，它是印刷品唯一的色彩模式。

2.在色彩数量上，RGB色域的颜色数比CMYK要多，但两者各个部分的色彩是相互独立的，即不可转换。

3.在RGB通道灰度图中，偏白表示发光程度高；在CMYK通道灰度图中，偏白表示油墨含量低。反之，表示发光程度低，油墨含量高。

如果图像只在电脑上显示，那么就用RGB模式，因为这样可以得到较广的色域。如果图像需要打印或印刷，则必须使用CMYK模式，才能确保印刷品颜色与设计时一致。

7.3 快速调整色彩

7.3.1 自动色调 [视频]

在菜单栏中单击“图像”→“自动色调”命令，可以自动调整图像中的黑场和白场，使偏灰照片的色调变得更清晰（图7-35、图7-36）。

图7-35

图7-36

7.3.2 自动对比度 [视频]

在菜单栏中单击“图像”→“自动对比度”命令，可以自动调整图像的对比度，使亮的区域更亮，暗的区域更暗（图7-37、图7-38）。

图7-37

图7-38

7.3.3 自动颜色 [视频]

在菜单栏中单击“图像”→“自动颜色”命令，可以通过搜索图像来标识阴影、中间调和高光，自动调整照片的对比度和颜色（图7-39、图7-40）。

图7-39

图7-40

7.4　色彩调整命令运用

7.4.1　使用自然饱和度命令调整照片 [视频]

1.按快捷键<Ctrl+O>打开素材光盘中的“素材”→“第7章”→“7.4.1使用自然饱和度命令调整照片”素材（图7-41），可以观察到照片的颜色比较苍白，人物肤色不够红润。

图7-41

2.单击“图像”→“调整”→“自然饱和度”命令，打开“自然饱和度”对话框，在该对话框中有两个滑块，向左拖动这两个滑块可以降低颜色饱和度，向右拖动它们可以增加颜色饱和度。向右拖动“饱和度”滑块，增加该照片的颜色饱和度。此时照片颜色过于鲜艳，很不自然（图7-42、图7-43）。

图7-42　　图7-43

3.当向右拖动“自然饱和度”滑块，增加饱和度时，即使将数值调到最高，也不会产生过于饱和的颜色效果，照片仍能保持自然、真实的效果（图7-44、图7-45）。

图7-44　　图7-45

7.4.2　使用阈值命令制作手绘效果照片 [视频]

1.按快捷键<Ctrl+O>打开素材光盘中的“素材”→“第7章”→“7.4.2使用阈值命令制作手绘效果照片”素材（图7-46）。

图7-46

2.单击“调整”控制面板中的“阈值”按钮，打开的“阈值”面板，面板中的直方图显示出了图像像素的分布状况。拖动滑块或输入数值设置阈值色阶，比阈值亮的像素会转换为白色，暗的会转换为黑色（图7-47、图7-48）。

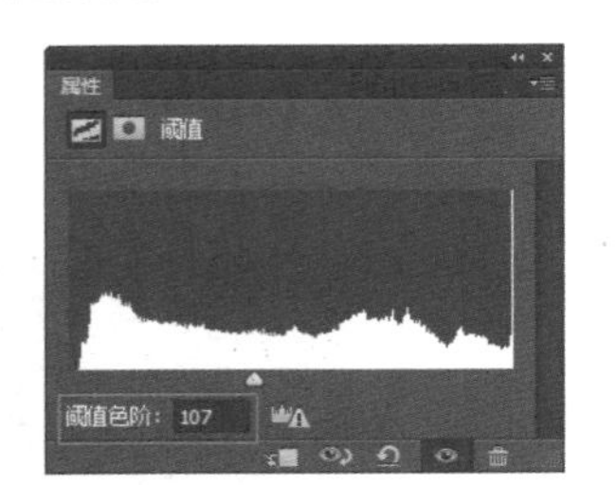

图7-47

图7-48

3.选择“背景”图层，将其拖动到面板底部的“创建新图层”按钮上，复制图层（图7-49），按快捷键<Ctrl+Shift+]>将该图层移动到顶层（图7-50），单击“滤镜”→“风格化”→“查找边缘”命令即可显示出效果（图7-51）。

图7-49　图7-50

图7-51

4.按快捷键<Ctrl+Shift+U>去色，设置该图层的混合模式为“正片叠底”（图7-52），效果即可呈现出来（图7-53）。

图7-52

图7-53

7.4.3 使用照片滤镜命令制作版画风格照片 [视频]

1.按快捷键<Ctrl+O>打开素材光盘中的“素材”→“第7章”→“7.4.3使用照片滤镜命令制作版画风格照片”素材（图7-54）。

2.单击“滤镜”→“滤镜库”命令，在

图7-54

打开的“滤镜库”对话框中选择“艺术效果”下的“木刻”选项，在右侧设置“色阶数”为6、“边缘简化度”为1、“边缘逼真度”为2（图7-55）。设置完成后，单击“确定”按钮，效果即有所变化（图7-56）。

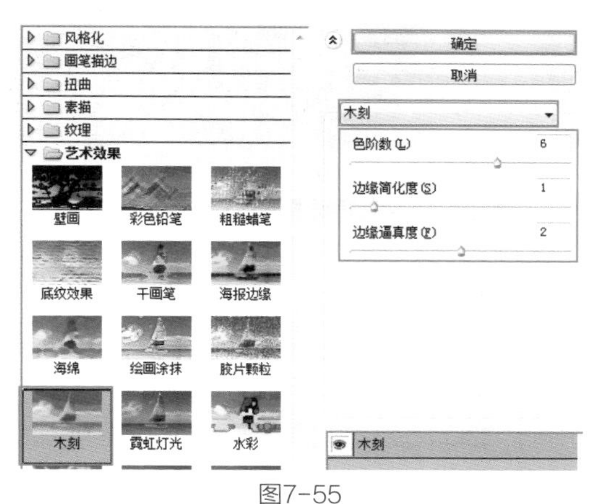

图7-55

图7-56

3.单击“图像”→“调整”→“照片滤镜”命令，在打开的“照片滤镜”对话框中设置“滤镜”为“加温滤镜81”，“浓度”为68，勾选“保留明度”复选框（图7-57）。设置完成后，单击“确定”按钮，效果即可显示出来（图7-58）。

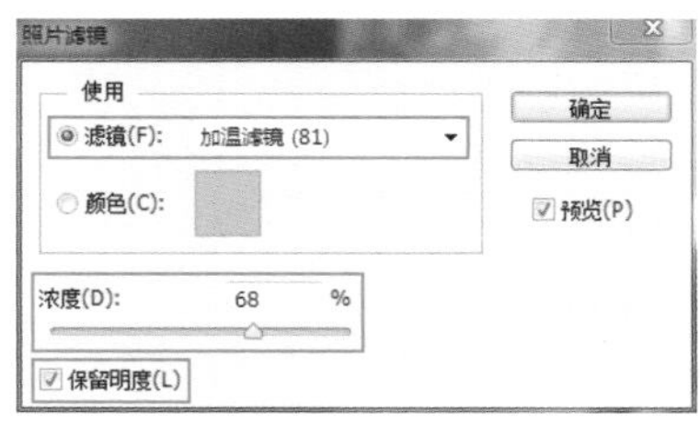

图7-57

图7-58

7.4.4 使用匹配颜色命令匹配照片颜色 [视频]

1.按快捷键<Ctrl+O>打开素材光盘中的“素材”→“第7章”→“7.4.4使用匹配颜色命令匹配照片颜色1、2”两张素材（图7-59、图7-60），单击建筑照片，将其设置为当前操作文档。

2.单击“图像”→“调整”→“匹配颜

图7-59

图7-60

色”命令，打开“匹配颜色”对话框，在“源”下拉列表中选择“7.4.4使用匹配颜色命令匹配照片颜色2”素材（图7-61），单击“确定”按钮完成匹配，效果即可显示出来（图7-62）。

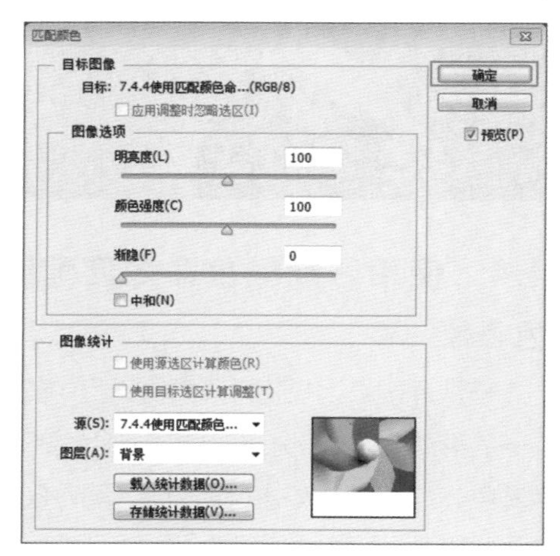

图7-61

图7-62

7.4.5 使用通道混合器命令制作小清新风格照片【视频】

1.按快捷键<Ctrl+O>打开素材光盘中的“素材”→“第7章”→“7.4.5使用通道混合器命令制作小清新风格照片”素材（图7-63）。

2.单击“图像”→“调整”→“通道混合器”命令，在打开的“通道混合器”对话框中分别对“红色”、“绿色”、“蓝色”通道进行调整（图7-64～图7-66）。调整

图7-63

通道混和器
预设(S): 自定
输出通道: 红
源通道
红色: 80 %
绿色: 69 %
蓝色: 35 %
总计: +184 %
常数(N): 0 %
单色(H)
确定
取消
预览(P)

图7-64

通道混和器
预设(S): 自定
输出通道: 绿
源通道
红色: 23 %
绿色: 85 %
蓝色: 0 %
总计: +108 %
常数(N): 0 %
单色(H)
确定
取消
预览(P)

图7-65

通道混和器
预设(S): 自定
输出通道: 蓝
源通道
红色: 14 %
绿色: 25 %
蓝色: 58 %
总计: +97 %
常数(N): 0 %
单色(H)
确定
取消
预览(P)

图7-66

完成后，效果即有所变化（图7-67）。

图7-67

3.单击“编辑”→“渐隐通道混合器”命令，在打开的“渐隐”对话框中设置混合模式为“叠加”、“不透明度”为65%（图7-68）。调整完成后，效果即有所变化（图7-69）。

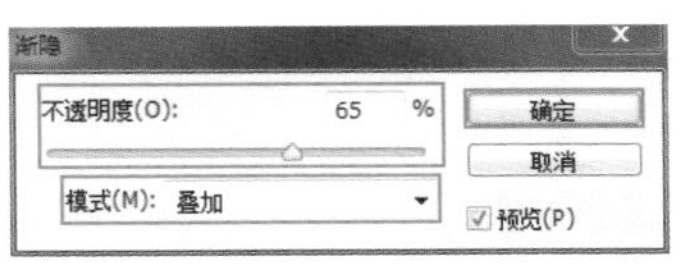

图7-68

图7-69

4.单击“图像”→“调整”→“色相/饱和度”命令，在“色相/饱和度”对话框中对“全图”和“黄色”进行调整（图7-70、图7-71）。调整完成后，效果即有所变化（图7-72）。

5.新建图层（图7-73），设置前景色为米黄色（R：255、G：235、B：185），选取

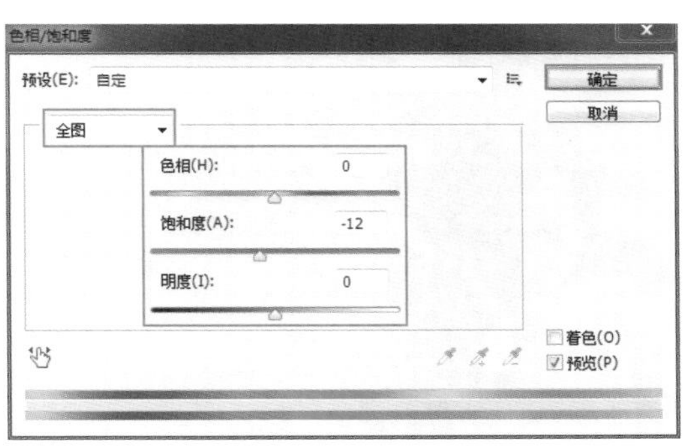

图7-70

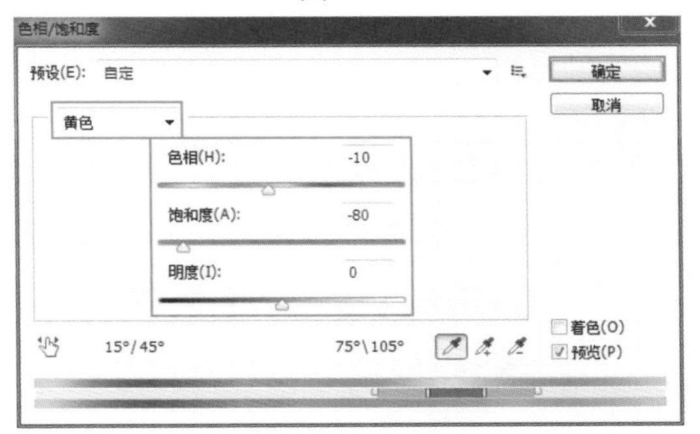

图7-71

图7-72

“工具箱”中的“渐变”工具，在工具属性栏中选择“前景色到透明色渐变”选项（图7-74），在画面右侧填充线性渐变（图7-75），最后可以添加文字作为装饰（图7-76）。

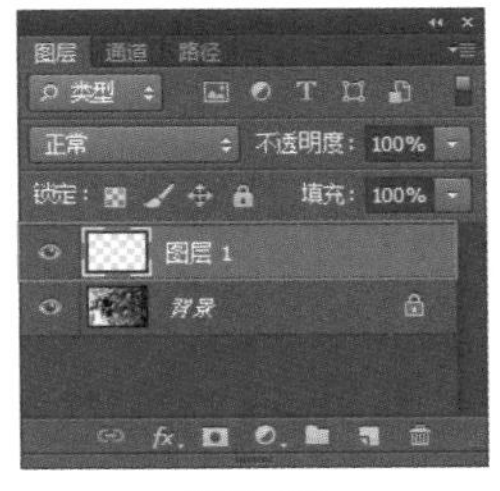

图7-73

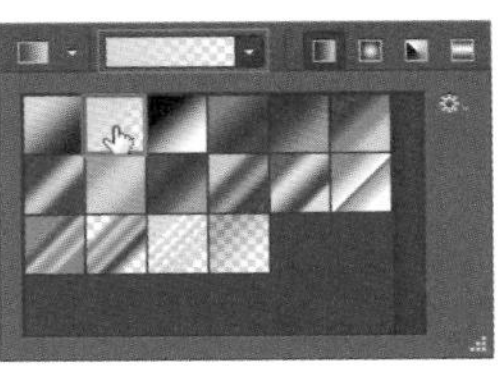
图7-74

图7-75

图7-76

7.5 色彩调整高级运用

7.5.1 使照片色调清晰明快 

1.按快捷键<Ctrl+O>打开素材光盘中的“素材”→“第7章”→“7.5.1使照片色调清晰明快”素材（图7-77），可以看到照片曝光不足，色调灰暗。

图7-77

2.按快捷键<Ctrl+L>打开“色阶”对话框，在直方图中可以观察到阴影区域包含很多信息（图7-78）。将直方图中最右侧的控制滑块向左拖动，拖动到有颜色信息的位置（图7-79），效果即有所变化（图7-80）。

3.按快捷键<Ctrl+U>打开“色相/饱和度”对话框，分别对“全图”、“红色”、

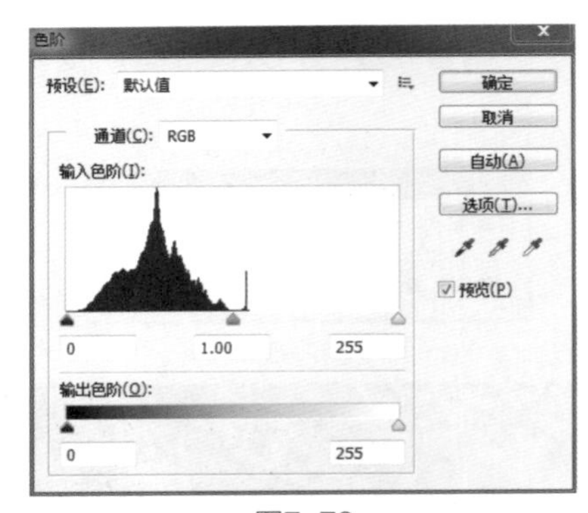

图7-78

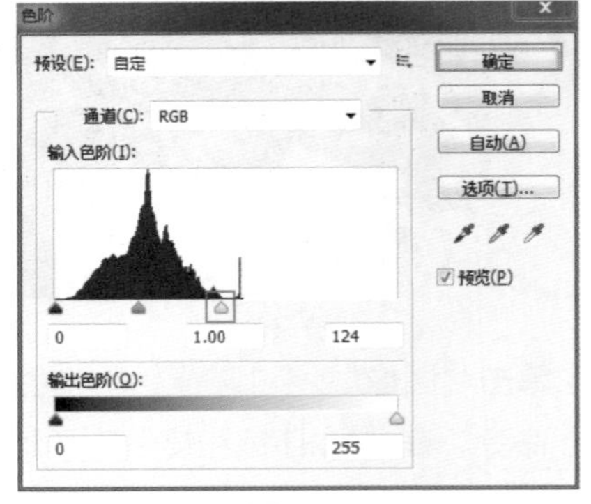

图7-79

要点提示

拖动“色阶”滑块时幅度不宜过大，最好不要超过50%，否则会损失很多像素。

图7-80

“黄色”、“绿色”进行调整（图7-81～图7-84），效果即有所变化（图7-85）。

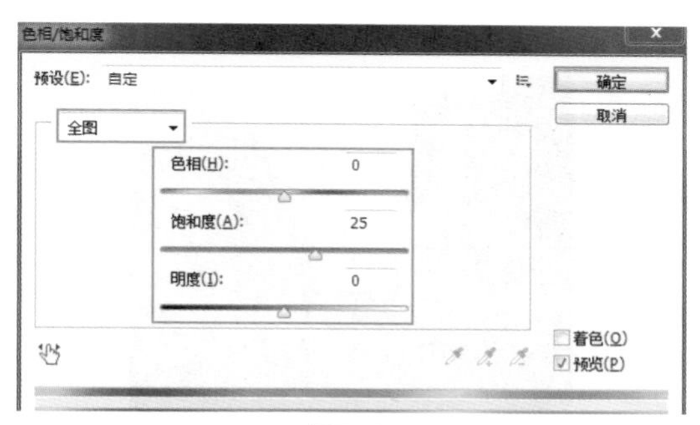

图7-81

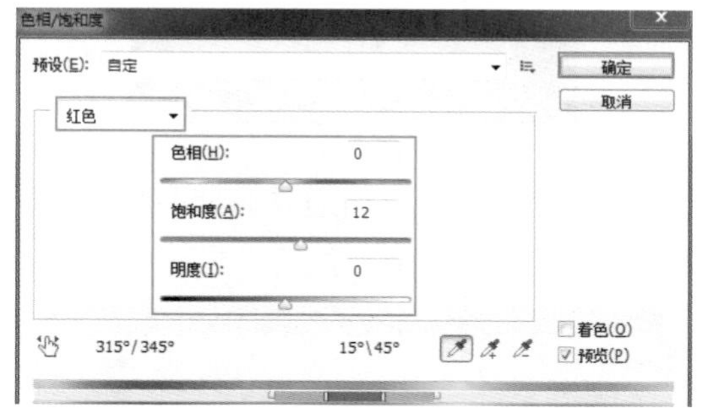

图7-82

图7-83

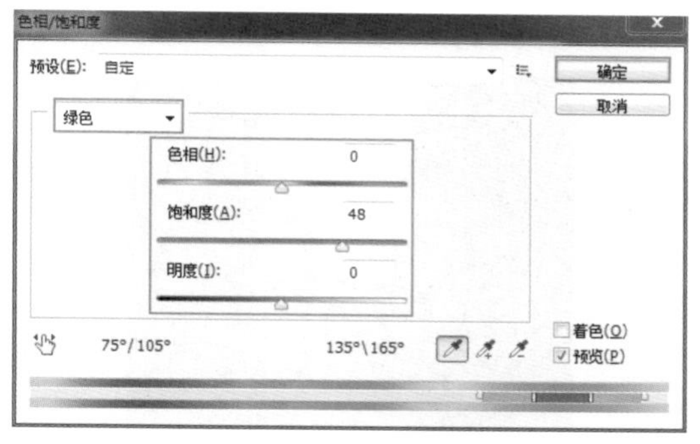

图7-84

图7-85

4.此时照片颜色就鲜艳多了，再单击“图像”→“自动色调”命令校正偏色，效果如图7-86所示。

图7-86

7.5.2　使用通道调出夕阳余辉 视频

1.按快捷键<Ctrl+O>打开素材光盘中的“素材”→“第7章”→“7.5.2使用通道调出夕阳余辉”素材（图7-87），可以看到图像

色调冷清，我们将其改为夕阳西下的效果。

图7-87

2.按快捷键<Ctrl+M>，打开“曲线”对话框，选择“红”通道并调整曲线（图7-88），为图像增加红色（图7-89）。

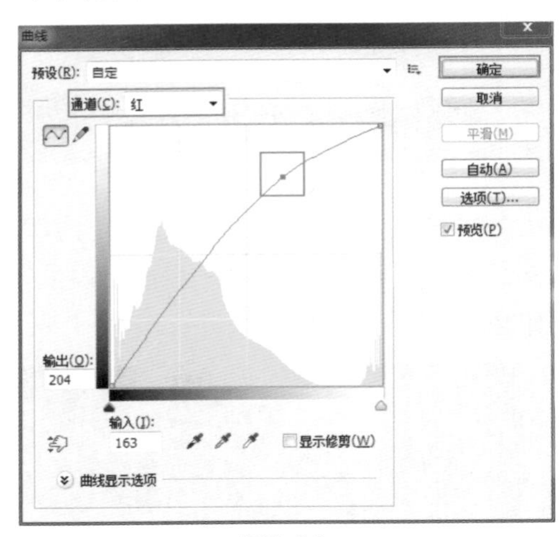

图7-88

图7-89

3.选择“绿”通道并调整曲线，将绿色减少，增加其补色（图7-90、图7-91）。

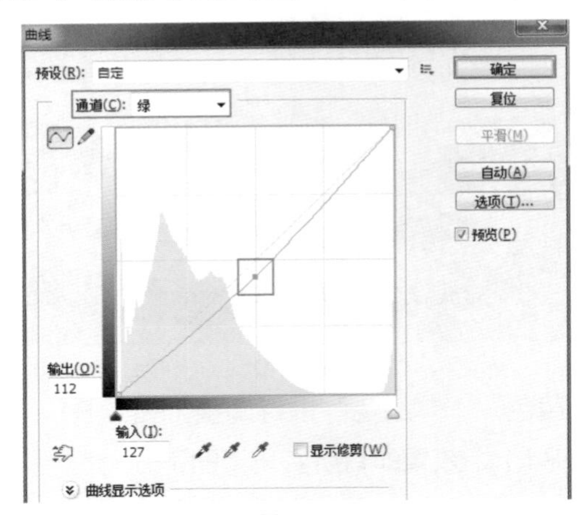

图7-90

图7-91

4.再选择“蓝”通道并调整曲线，将蓝色减少，能自动呈现出黄色（图7-92）。此

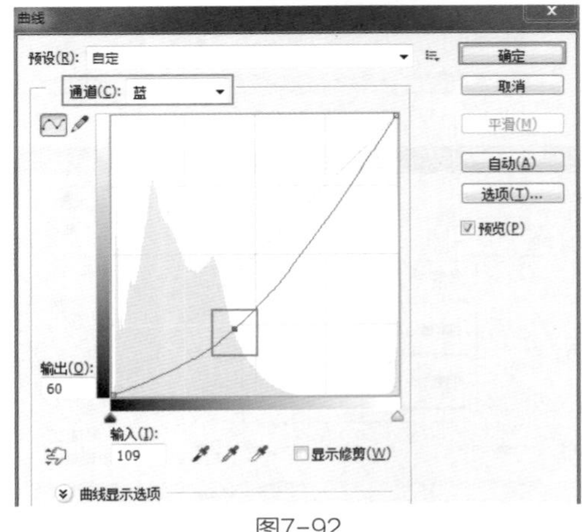

图7-92

时，画面中呈现出了夕阳效果（图7-93）。

图7-93

7.5.3　使用Lab通道调出明快色彩

【视频】

1.按快捷键<Ctrl+O>打开素材光盘中的“素材”→“第7章”→“7.5.3使用Lab通道调出明快色彩”素材（图7-94），将照片稍微调亮，使色调更加明快。

图7-94

2.单击“图像”→“模式”→“Lab颜色”命令，将照片转换为Lab模式，按快捷键<Ctrl+M>打开“曲线”对话框，按住<Alt>键并在网格上单击鼠标左键，以25%的增量显示网格（图7-95）。

使用Lab通道调整色彩最科学、合理，只是操作起来比较复杂，它适用于微弱的色彩调整。

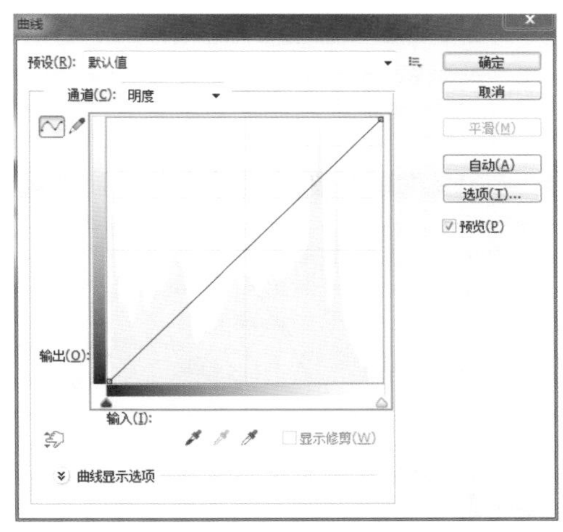

图7-95

3.在“通道”下拉菜单中选择“a”通道，将上面的控制点向左水平移动两个网格，再将下面的控制点向右水平移动两个网格（图7-96、图7-97）。

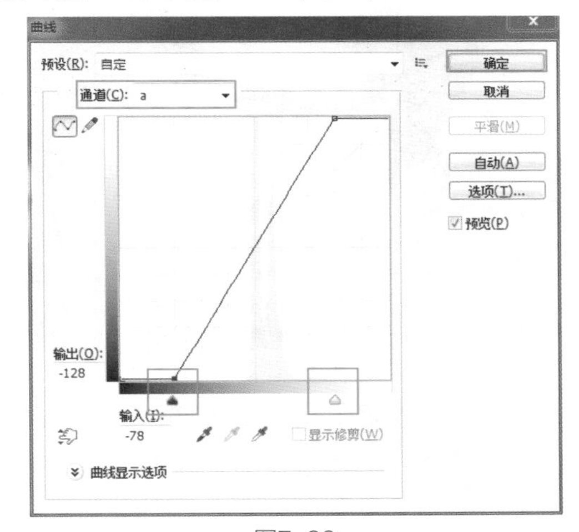

图7-96

图7-97

4.选择“b”通道，同样地将上、下两个控制点水平移动两个网格（图7-98、图7-99）。

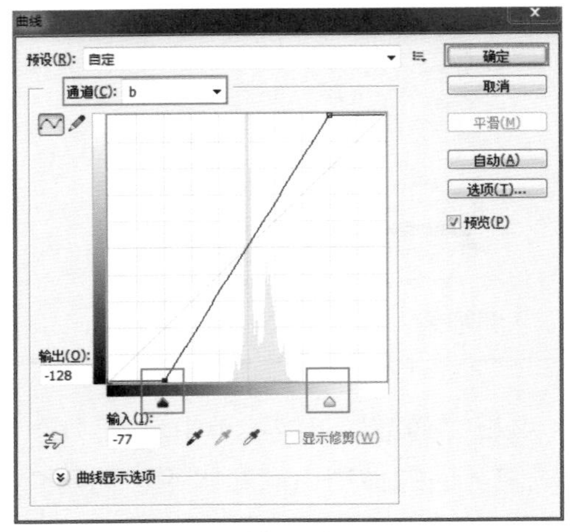

图7-98

图7-99

5.选择“明度”通道，向左拖动上面的控制点，使照片最亮点成为白色，增加对比度（图7-100），再将曲线向上调整，即可将照片调亮（图7-101、图7-102）。

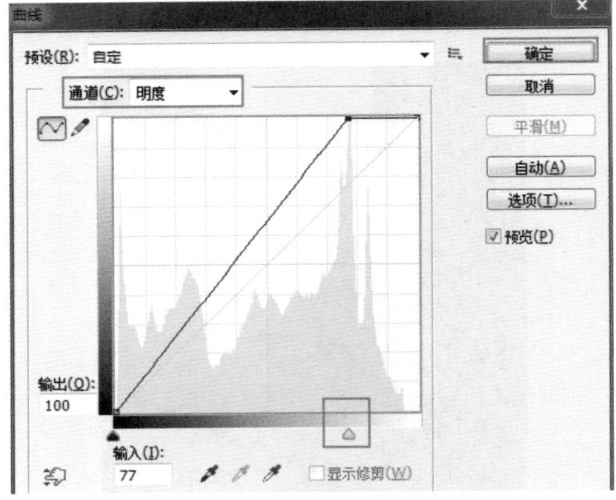

图7-100

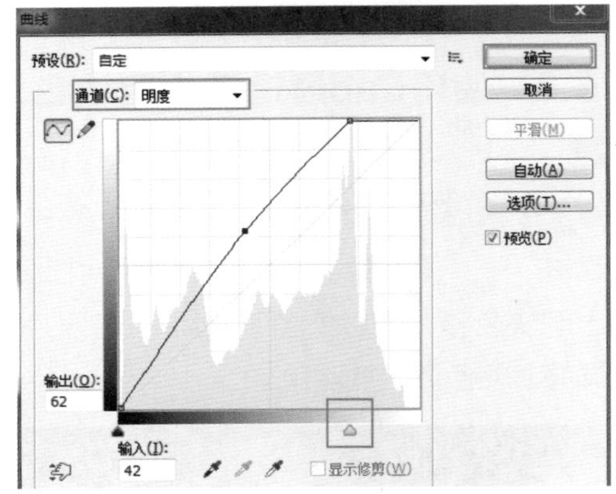

图7-101

图7-102

第8章　照片常规修饰方法

本章介绍

本章主要介绍数码照片的常规修饰方法，从最基础的裁剪、修复到特效滤镜，详细讲述操作细节，满足日常各种照片的修饰需要。本章内容承上启下，统筹全局，汇集了很多重要的知识点。

难度等级 ★★★★☆

8.1　照片裁剪

8.1.1　裁剪工具

“裁剪”工具 是对图像进行裁剪和重新定义画布大小的工具。选取该工具后，画面中会出现定界框，调整定界框，按下<Enter>键即可将定界框外的图像裁掉。图8-1为“裁剪”工具的工具属性栏。

图8-1

1.预设的裁剪选项。单击工具属性栏中的展开按钮 （图8-2），可以在打开的下拉菜单中选择预设的裁剪选项。

（1）不受约束：能够自由地调整裁剪框的大小。

（2）原始比例：裁剪框始终会保持图像的原始比例。

（3）预设长宽比例：在这里Photoshop CS6提供了7种长宽比例，如1×1、4×5等，也可以在右侧的文本框中输入数值，自定义长宽比例。

（4）大小和分辨率：选择该项后，在打开的对话框中设置图像的宽度、高度和分辨率，即可按照设定的尺寸裁剪图像。

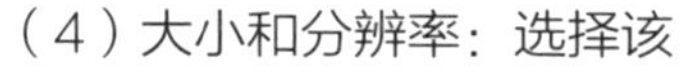

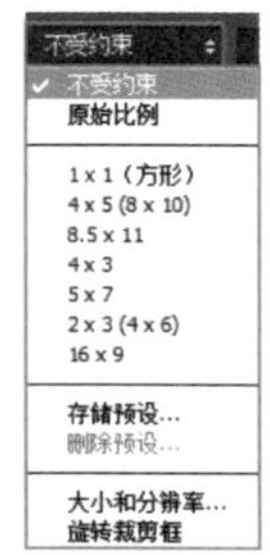

图8-2

调整好裁剪框后，单击“存储预设”命令，即可将当前创建的长宽比保存为预设文件。单击“删除预设”命令，可以删除预设文件。

2.校正倾斜的照片。由于相机没有端平等情况导致的画面内容倾斜，可以按下“拉直”按钮 ，在画面中沿地平线、建筑墙面等较平直的图像元素绘制一条直线（图8-3），Photoshop CS6将会自动校正倾斜的照片（图8-4）。

图8-3

图8-4

3.视图选项。单击“视图”右侧的展开按钮 ▣（图8-5），在打开的下拉菜单中可以选择参考线的类型。图8-6～图8-11分别为设置了不同的参考线后的具体效果。

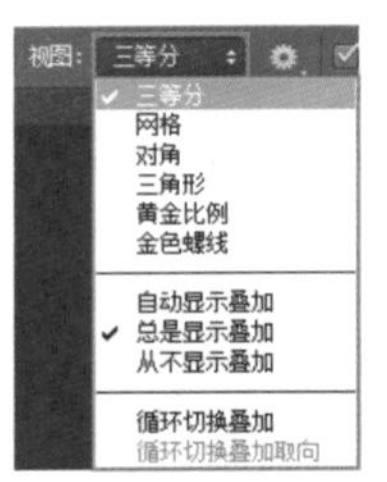

图8-5

图8-6

图8-7

图8-8

图8-9

图8-10

图8-11

4.裁剪选项。单击工具属性栏中的设置按钮 ▣，可以打开下拉面板（图8-12）。

（1）使用经典模式：勾选该复选框后，裁剪工具会恢复到Photoshop CS6之前版本的功能。

（2）启用裁剪屏蔽：勾选该复选框后，裁剪框外的区域会被颜色遮蔽，用户可以在下面的“颜色”选项中自定义颜色（图8-13），还可以在“不透明度”选项中设置颜色的不透明度（图8-14、图8-15）。

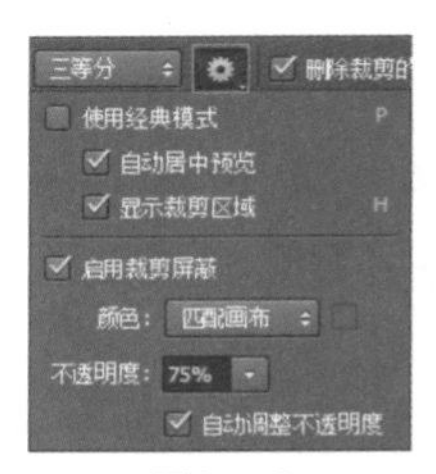

图8-12

图8-13

图8-14

图8-15

5.其他选项。

（1）纵向与横向旋转裁剪框 ▣：单击该按钮，裁剪框可纵向或横向旋转90°进行裁剪。

（2）删除裁剪的像素：默认情况下，Photoshop CS6会将裁掉的图像保留在文件中，如需彻底删除，可勾选该复选框。

（3）复位 ：单击该按钮，裁剪框、旋转等会恢复为初始状态。

（4）提交 ：按下该按钮或<Enter>键，可确认裁剪操作。

（5）取消 ：按下该按钮或<Esc>键，可取消裁剪操作。

8.1.2　透视裁剪工具 [视频]

1.按快捷键<Ctrl+O>打开素材光盘中的"素材"→"第8章"→"8.1.2透视裁剪工具"素材（图8-16），可以看到照片中的两侧建筑向中间倾斜，这是由于视角较低，竖直的线条向消失点集中而产生的透视畸变。选取"工具箱"中的"透视裁剪"工具 ，在画面中单击并拖动鼠标左键，创建裁剪框（图8-17）。

图8-16

图8-17

2.按住<Shift>键并将左上角的控制点向右拖动，右上角的控制点向左拖动，让顶部的两个边角与建筑的边缘保持平行（图8-18）。

图8-18

3.按下<Enter>键确定操作，即可校正透视畸变（图8-19）。

图8-19

要点提示

常见的家用数码相机镜头一般为广角，甚至是鱼眼，这是为了能将更多的景物拍摄下来，供后期修饰时裁剪。如果使用这种相机来拍摄建筑或以建筑为背景的人像照片，那么整体透视效果就会显得很夸张。

除了本章介绍的修饰方法外，大家还应当注意，在拍摄时应当站得更远些，将镜头适当地拉近些再拍摄，效果就会有明显改善。

8.1.3 裁剪命令 【视频】

1.按快捷键<Ctrl+O>打开素材光盘中的“素材”→“第8章”→“8.1.3裁剪命令”素材（图8-20）。

2.选取“工具箱”中的“矩形选框”工具 ，在画面中创建一个矩形选区，将要保留的区域选中（图8-21）。

3.单击“图像”→“裁剪”命令，即可将选区外的图像裁剪掉，按快捷键<Ctrl+D>可以取消选择。效果如图8-22所示。

图8-20

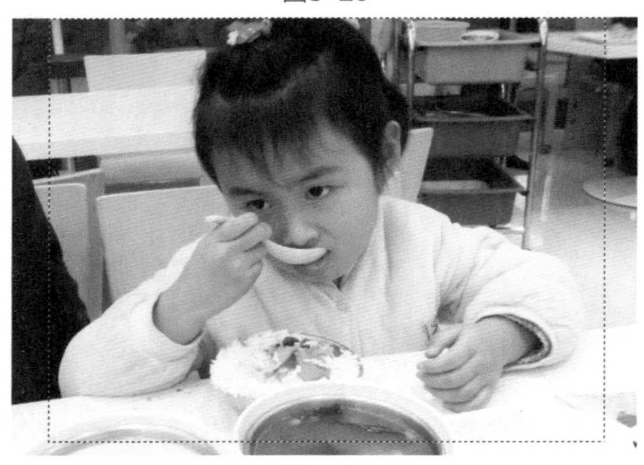
图8-21

图8-22

8.1.4 裁切命令 【视频】

1.按快捷键<Ctrl+O>打开素材光盘中的“素材”→“第8章”→“8.1.4裁切命令”素材（图8-23）。

2.单击“图像”→“裁切”命令，在打开的“裁切”对话框中选择“左上角像素颜色”单选按钮，并勾选“裁切”选项组中的全部复选框（图8-24）。设置完成后，单击“确定”按钮，图像两侧的颜色条就被裁切掉了（图8-25）。

图8-23

要点提示

对照片的裁剪主要有两个目的，一是追求更唯美的构图，均衡拍摄场景或人像在照片中的位置；二是去除不需要或不美观的背景。经过裁切后，除了会损失部分像素，照片的长宽比也会发生变化，不便于冲印成实体照片存入相册。因此，要注意裁切后的照片应保持长宽比为3：2，这样才能符合传统照片的冲印规格。

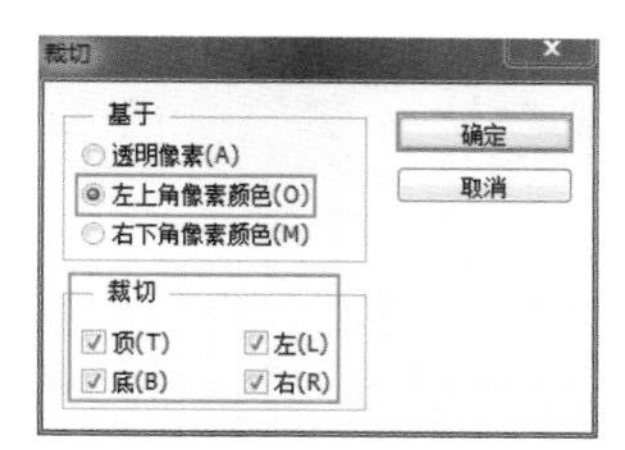

图8-24

图8-25

8.1.5 裁剪并修齐扫描图片 视频

1.按快捷键<Ctrl+O>打开素材光盘中的“素材”→“第8章”→“8.1.5裁剪并修齐扫描图片”素材（图8-26），可以看到由于扫描的原因，两张照片在1个文件中。

2.单击“文件”→“自动”→“裁剪并修齐照片”命令，会自动将照片分离为单独的文件（图8-27、图8-28），单击“文件”→“存储为”命令，将它们分别保存。

图8-26

图8-27

图8-28

8.2 照片润饰

8.2.1 模糊工具与锐化工具

“模糊”工具 用来柔化图像，“锐化”工具 用来提高图像的清晰度。选取“模糊”或“锐化”工具后，在图像中涂抹即可。

图8-29为原图像，使用“模糊”工具在后边的球瓶上涂抹，产生景深效果（图8-30）；使用“锐化”工具在最前面的球瓶上涂抹，使图像更加清晰（图8-31）。使用

“模糊”工具 反复涂抹会使图像模糊，使用“锐化”工具 反复涂抹会使图像失真。

图8-29

图8-30

图8-31

8.2.2 减淡工具与加深工具

“减淡”工具 与“加深”工具 用于处理照片的曝光。使用“减淡”工具涂抹图像，可使涂抹区域变亮；使用“加深”工具涂抹图像，可以使涂抹区域变暗。

在工具属性栏中可以对“范围”进行选择（图8-32），还可以对图像中的“阴

图8-32

影”、“中间调”或“高光”进行处理。

图8-33为原图像，图8-34～图8-36为使用了“减淡”工具处理后的效果，图8-37～图8-39为使用了“加深”工具处理后的效果。

图8-33

图8-34

图8-35

图8-36

图8-37

图8-38

图8-39

8.2.3　海绵工具

“海绵”工具用于修改色彩的饱和度，选取该工具后在画面中涂抹即可。“海绵”工具的工具属性栏提供了“模式”的选择（图8-40）。选择“饱和”选项，在画面中涂抹可增加色彩的饱和度；选择“降低饱和度”选项，在画面中涂抹可降低色彩的饱和度（图8-41～图8-43）。

图8-40

图8-41

图8-42

图8-43

8.2.4 涂抹工具

使用“涂抹”工具在画面中涂抹，可拾取鼠标单击点的颜色，并沿拖动方向展开，可以模拟出手指拖过湿油漆的效果（图8-44、图8-45）。

图8-44

图8-45

8.3 照片修复

8.3.1 仿制源控制面板

在使用“仿制图章”工具或“修复画笔”工具时，可以在“仿制源”控制面板中对样本源、缩放、旋转、显示叠加等选项与参数进行设置。按快捷键<Ctrl+O>打开“素材”→“第8章”→“8.3.1仿制源控制面板”素材，单击“窗口”→“仿制源”命令，即可打开“仿制源”控制面板（图8-46、图8-47）。

1.仿制源：按下“仿制源”按钮（图8-48），选取“仿制图章”工具或“修复画笔”工具，按住<Alt>键在画面中单击鼠标左键，即可设置取样（图8-49）。按下“下一个源”按钮可以继续取样，最多可

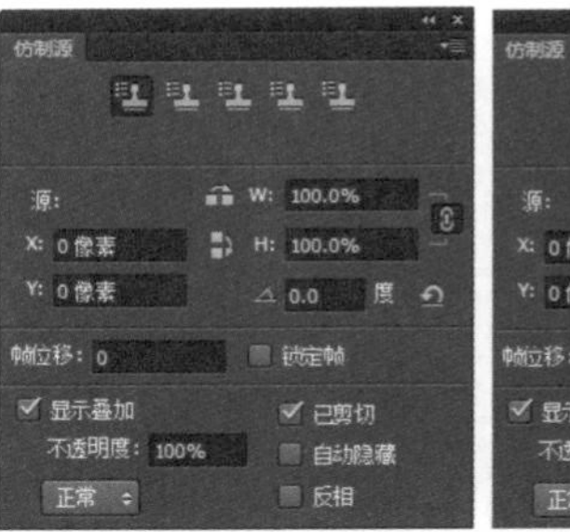

图8-47

图8-48

图8-46

图8-49

设置5个取样源。“仿制源”控制面板会存储样本源直至文件关闭。

2.位移：输入“X”与“Y”值，可在相对于取样点的精确位置进行绘制。

3.缩放：输入“W”（宽度）与“H”（高度）值，可对仿制的原图像进行缩放（图8-50、图8-51）。抬起“保持长宽比”按钮 可解除约束比例。

图8-50

图8-51

4.旋转：在“旋转角度” 输入框中输入数值，可对仿制的原图像进行旋转（图8-52、图8-53）。

5.翻转：按下“水平翻转”按钮 ，可进行水平翻转（图8-54）；按下“垂直翻转”按钮 ，可进行垂直翻转（图8-55）。

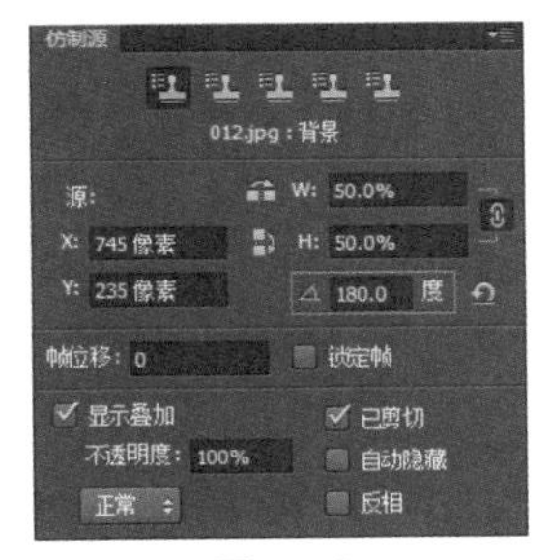

图8-52

6.重置转换 ：单击该按钮，可将样本源恢复到初始状态。

7.帧位移/锁定帧：在“帧位移”输入框中输入帧数，可以使用与初始取样相关的帧进行绘制。勾选“锁定帧”复选框，则会使用与初始取样相同的帧进行绘制。

8.显示叠加：勾选“显示叠加”并选择叠加选项，可在绘制过程中更好地查看叠加以及下面的图像（图8-56、图8-57）。

图8-53

图8-54

图8-55

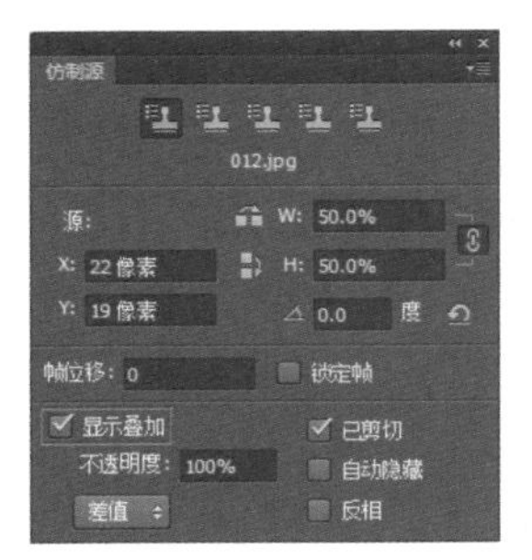

图8-56

图8-57

8.3.2　去除照片杂物 视频

1.按快捷键<Ctrl+O>打开素材光盘中的“素材”→“第8章”→“8.3.2去除照片杂物”素材（图8-58），可以看到照片最上面的黑色物体破坏了画面的美观，需将其去除。按快捷键<Ctrl+J>复制“背景”图层（8-59）。

图8-58

图8-59

2.选取“工具箱”中的“仿制图章”工具，在工具属性栏中设置柔角笔尖，将光标放置在旁边的石板路上，按住<Alt>键单击鼠标左键进行取样（图8-60）。

图8-60

3.取样完成后，在杂物上涂抹，将杂物遮盖住，多次取样并仔细涂抹，效果即可呈现出来（图8-61）。

图8-61

8.3.3　制作特效纹理 视频

1.按快捷键<Ctrl+O>打开素材光盘中的“素材”→“第8章”→“8.3.3制作特效纹理”素材（图8-62），按快捷键<Ctrl+J>复制“背景”图层（8-63）。

图8-62

图8-63

2.打开“路径”控制面板，按住<Ctrl>键并单击“工作路径”（图8-64），将篮球选区载入（图8-65）。

图8-64　　图8-65

3.选取“工具箱”中的“图案图章”工具，在工具属性栏中设置“模式”为“线性加深”，在“图案”下拉面板中单击“设置”按钮，在弹出的菜单中单击“图案”命令（图8-66），然后在图案库中选择“木质”图案。

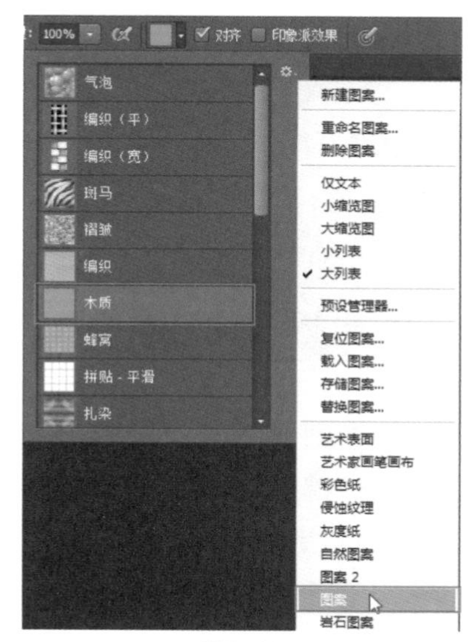

图8-66

4.设置完成后，在选区内拖动鼠标涂抹图案（图8-67），再选择“生锈金属”图案，设置“不透明度”为50%（图8-68）。设置完成后，在篮球底部涂抹，然后按快捷键<Ctrl+D>取消选区，效果即可呈现出来（图8-69）。

图8-67

图8-68

图8-69

要点提示

Photoshop CS6提供的特效种类非常丰富，能满足各种需求。初学者应对每种特效都进行练习，熟记各种特效的功能，以便日后能灵活选用。需要特别注意的是，在照片的同一部位一般只采用1～2种特效，过多的特效重合在一起很难表现出理想的效果。当然也不要期望某一种特效能带来巨大的变化。

8.3.4 去除鱼尾纹 【视频】

1.按快捷键<Ctrl+O>打开素材光盘中的“素材”→“第8章”→“8.3.4去除鱼尾纹”素材（图8-70）。

图8-70

2.选取“工具箱”中的“修复画笔”工具，在工具属性栏中选择一个柔角笔尖，设置“模式”为“替换”，“源”为“取样”。将光标放置在眼角附近没有皱纹的位置，按住<Alt>键单击鼠标左键进行取样（图8-71）。

图8-71

3.抬起<Alt>键，在眼角的皱纹处进行涂抹，将皱纹去除（图8-72、图8-73）。同样的方法，对另外一只眼睛进行修复，效果即可呈现出来（图8-74）。

图8-72

图8-73

图8-74

8.3.5 去除面部色斑 【视频】

1. 按快捷键<Ctrl+O>打开素材光盘中的“素材”→“第8章”→“8.3.5去除面部色斑”素材（图8-75），选取“工具箱”中的“污点修复画笔”工具，在工具属性栏中选择一个柔角笔尖，设置“类型”为“内容识别”（图8-76）。

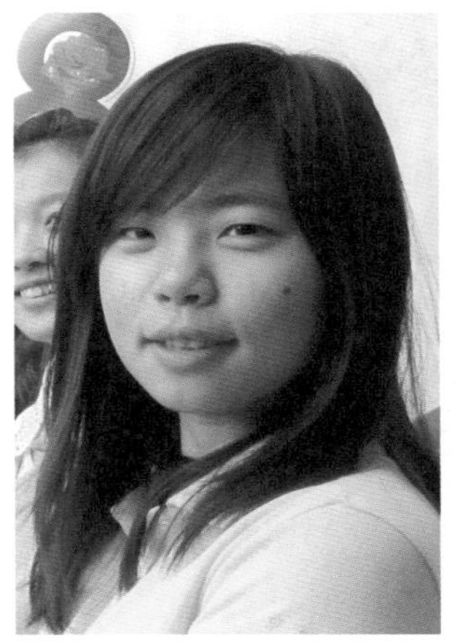

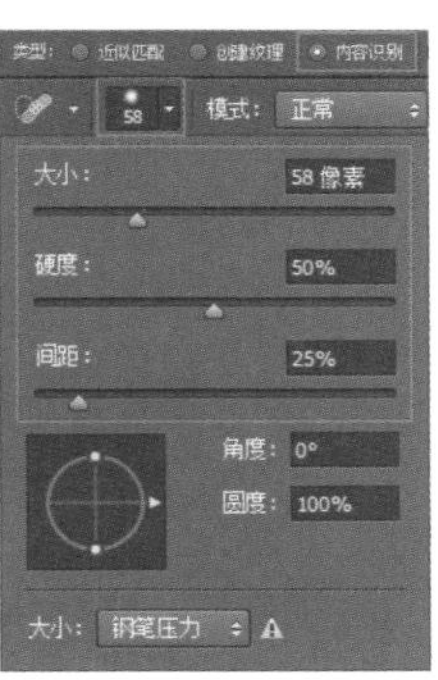

图8-75　　图8-76

2. 将光标放在脸颊的斑点处，多次单击鼠标左键（图8-77），即可将斑点去除（图8-78）。对于人像照片中的痘痘、污点等同样适用。

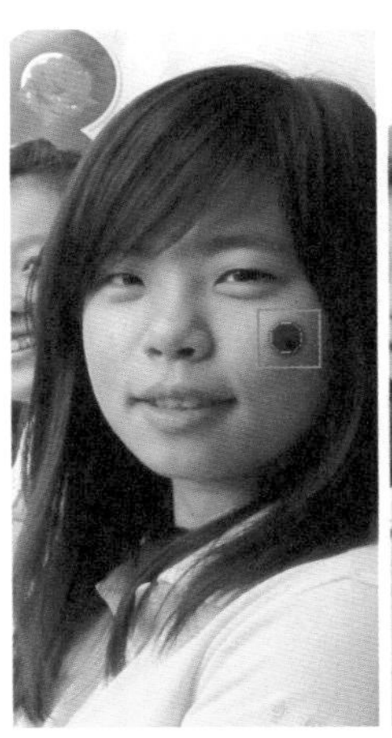

图8-77　　图8-78

8.3.6 使用修补工具复制图像【视频】

1.按快捷键<Ctrl+O>打开素材光盘中的“素材”→“第8章”→“8.3.6使用修补工具复制图像”素材（图8-79）。

2.选取“工具箱”中的“修补画笔”工具，在工具属性栏中选择“目标”。设置完成后，拖动鼠标创建选区（图8-80）。

图8-79

图8-80

3.将光标放置在选区内，按住鼠标左键并向左拖到合适的位置（图8-81），然后按快捷键<Ctrl+D>取消选区，效果即可呈现出来（图8-82）。

图8-81

图8-82

8.3.7 使用内容感知移动工具复制图像 视频

1.按快捷键<Ctrl+O>打开素材光盘中的“素材”→“第8章”→“8.3.7使用内容感知移动工具复制图像”素材（图8-83），按快捷键<Ctrl+J>复制“背景”图层（图8-84）。

图8-83　　图8-84

2.选取“工具箱”中的“内容感知移动”工具，在工具属性栏中设置“模式”为“移动”（图8-85），在画面中拖动鼠标创建选区，将鸭子与投影选中（图8-86）。

图8-85

图8-86

3.将光标放置在选区内，按住鼠标左键并向左拖动到合适的位置（图8-87），松开鼠标，鸭子即移动到了新的位置，空缺部分也得到了填充（图8-88）。

图8-87

图8-88

4.将“图层1”隐藏，选择“背景图层”（图8-89），使用“内容感知移动”工具再次选中鸭子（图8-90），在工具属性栏中设置“模式”为“扩展”（图8-91）。

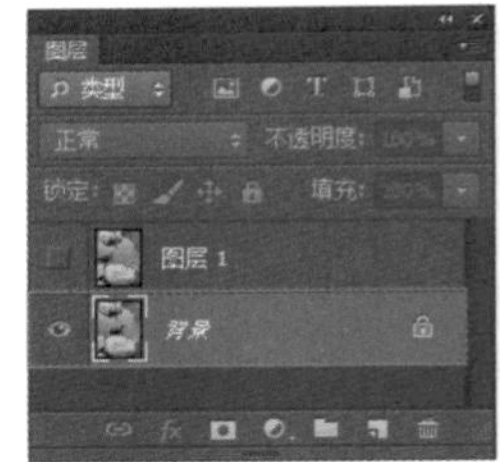

图8-89　　图8-90

图8-91

5.将光标放置在选区内，按住鼠标左键并向左、右两侧分别拖动鼠标，复制出两个鸭子（图8-92、图9-93）。

图8-92

图8-93

8.3.8　去除红眼 [视频]

1.按快捷键<Ctrl+O>打开素材光盘中的“素材”→“第8章”→“8.3.8去除红眼”素材（图8-94）。

图8-94

2.选取“工具箱”中的“红眼”工具，在眼睛瞳孔处单击鼠标左键，即可校正红眼（图8-95、图8-96）。对另外一只眼睛也使用同样的方法进行校正，效果即可呈现出来（图8-97）。

图8-95

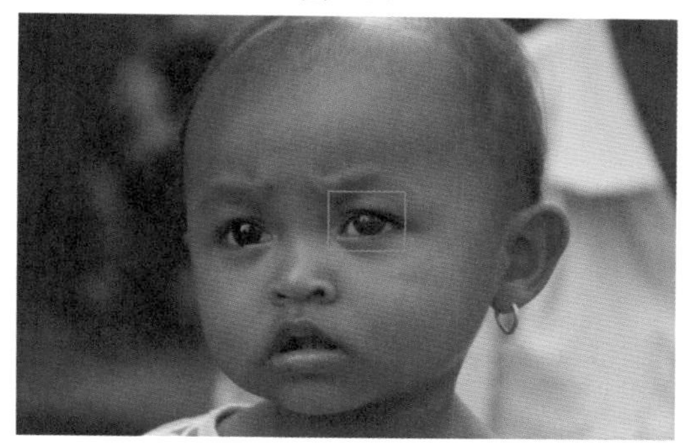

图8-96

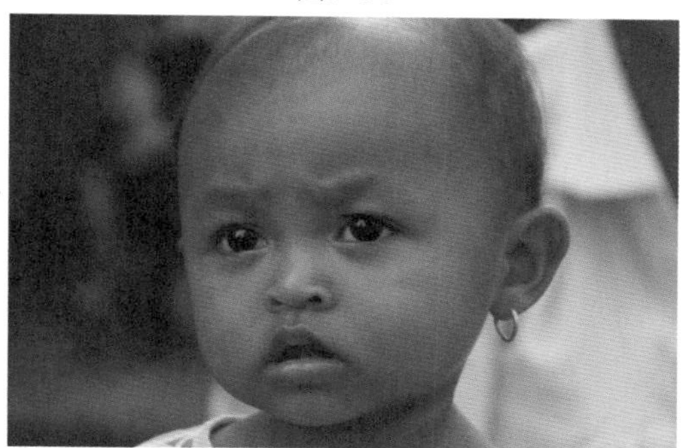

图8-97

要点提示

Photoshop CS6中的红眼是指在对人物进行摄影时，当闪光灯照射到人眼的时候，因瞳孔放大而产生的视网膜泛红现象。红眼现象的严重程度是由拍摄对象色素的深浅来决定的，如果拍摄对象的眼睛颜色较深，那么红眼现象不会特别明显。很多数码相机的闪光灯都带有红眼消除模式，但是能够做到的只是减轻该现象的影响，红眼现象依然存在。

现在常用的消除红眼的方式有两种，一种是在和镜头方向一致的方向上发射明亮的光线，二是先启动闪光灯然后再曝光，或缩短闪光灯的持续时间。

弱化红眼的方法是让被拍摄者站在有光源的位置上，这样拍摄对象的瞳孔因为有环境光线的照射，就不会再受到强烈光线的刺激而放大。此外，最好不要在特别昏暗的地方使用闪光灯进行拍摄，开启红眼消除系统后，要尽量保证拍摄对象正对着镜头。尽量在光线充足的地方进行拍摄，这样瞳孔就会保持自然状态。

8.4 液化滤镜扭曲照片

8.4.1 液化对话框

单击“滤镜”→“液化”命令，即可打开“液化”对话框（图8-98），该对话框由工具、参数控制选项和图像预览与操作窗口组成。

图8-98

8.4.2 变形工具

1.向前变形工具：将像素向前推动（图8-99）。

2.重建工具：在变形区域内单击或拖动鼠标，可将其恢复（图8-100）。

图8-99

图8-100

3.顺时针旋转扭曲工具：单击或拖动鼠标可顺时针旋转像素（图8-101），按住<Alt>键并单击或拖动鼠标可逆时针旋转像素（图8-102）。

图8-101

图8-102

4.褶皱工具：使像素向画笔中心移动，产生收缩效果（8-103）。

图8-103

5.膨胀工具：使像素向画笔中心以外的方向移动，产生膨胀效果（8-104）。

图8-104

6.左推工具 ：当垂直向上拖动鼠标时，像素向左移动（图8-105）；当垂直向下拖动鼠标时，像素向右移动（图8-106）。

图8-105

图8-106

7.冻结蒙版工具 ：当使用该工具在希望受到保护的区域上涂抹（图8-107），再使用变形工具处理图像时，冻结区域不会受到影响（图8-108）。

图8-107

图8-108

8.解冻蒙版工具 ：使用该工具在冻结区域涂抹可以解除冻结。

8.4.3　工具选项

1.画笔大小：设置画笔的宽度。

2.画笔密度：设置画笔边缘的羽化范围。

3.画笔压力：设置画笔在图像上产生的扭曲速度。

4.画笔速率：设置旋转、扭曲等工具在预览图中静止时的扭曲速度。

5.光笔压力：设置光笔绘图板的压力,只有使用光笔绘图板时,此选项才可用。

8.4.4　重建选项

1.重建：单击该按钮，可在弹出的“恢复重建”对话框中调整重建效果（图8-109）。

图8-109

2.恢复全部：单击该按钮可取消所有效果。

8.4.5　蒙版选项

图像中如果包含选区或蒙版，可在“液化”对话框右侧的“蒙版选项”选项组中设置蒙版的保留方式，有“替换选区”“添加到选区”“从选区中减去”等方式（图8-110）。

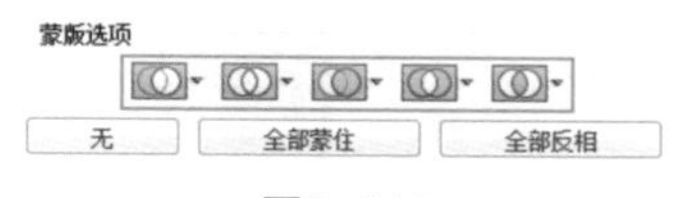

图8-110

8.4.6 视图选项

1.显示图像：勾选该复选框，图像会在预览区中显示。

2.显示网格：勾选该复选框，会在预览区中显示网格，网格的大小与颜色也可自行设置，网格可随图像一同发生扭曲（图8-111、图8-112）。

图8-111

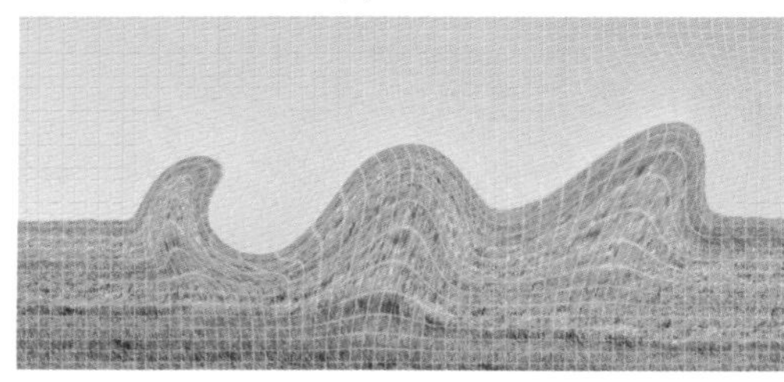

图8-112

3.显示蒙版：勾选该复选框，可使用蒙版颜色将冻结区域覆盖，蒙版颜色可自行设置。

4.显示背景：如果图像中包含多个图层，那么勾选该复选框，可使其他图层作为背景来显示。

8.4.7 修饰脸型

【视频】

1．按快捷键<Ctrl+O>打开素材光盘中的“素材”→“第8章”→“8.4.7修饰脸型”素材（图8-113），单击“滤镜”→“液化”命令，在打开的“液化”对话框中选择“向前变形”工具，设置“画笔大小”与“画笔压力”（图8-114）。

图8-113

图8-114

2.设置完成后，在脸边缘单击鼠标左键并向内拖动，修改脸部弧线（图8-115、图8-116）。

图8-115　图8-116

3.对另一侧脸颊进行同样的处理（图8-117、图8-118），最后再将右侧嘴角向上微提（图8-119），最终效果即可呈现出来（图8-120）。

图8-117

图8-118

图8-119

图8-120

要点提示

将脸型修饰得更有型是当下的流行趋势，但是要注意，脸部轮廓与头发、衣领之间的边界部位应保持自然过渡。可以先将脸部轮廓框选起来，然后再作修饰，空余部位可以使用“仿制图章”工具将皮肤、头发、衣领上的像素进行覆盖。

8.5 消失点滤镜编辑照片

8.5.1 消失点对话框

单击“滤镜”→“消失点”命令即可打开“消失点”对话框（图8-121），该对话框由用于定义透视平面的工具、用于编辑图像的工具和可预览图像的工作区组成。

图8-121

1.创建平面工具：用于定义透视平面的4个角点（图8-122）。创建完成后，按住<Ctrl>键并拖动平面的边节点可以拉出一个垂直平面（图8-123）。

2.编辑平面工具：创建透视平面后，可以使用该工具进行选择、编辑、移动节点和调整大小等操作。图8-124为创建的透视平面，图8-125为修改过的透视平面。

图8-122

图8-123

图8-124

图8-125

3.选框工具 ：在透视平面上拖动鼠标创建选区，将光标放置在选区内，按住<Alt>键并拖动可复制图像（图8-126、图8-127），按住<Ctrl>键并拖动，可用鼠标指向的区域填充该区域。

图8-126

图8-127

4.图章工具 ：选择该工具，按住<Alt>键在图像中取样（图8-128），在其他区域涂抹可复制图像（图8-129）。

图8-128

图8-129

5.画笔工具 ：可以在图像上绘制设定的颜色。

6.变换工具 ：该工具类似于“自由变换”命令，可通过对定界框的控制来缩放、旋转或移动选区。

7.吸管工具 ：使用该工具拾取画面中的颜色。

8.测量工具 ：能够在透视平面中测量距离和角度（图8-130）。

图8-130

9.缩放工具 /抓手工具 ：可以缩放窗口的显示比例和移动画面中的工具。

8.5.2 透视状态下复制图像 视频

1.按快捷键<Ctrl+O>打开素材光盘中的“素材”→“第8章”→“8.5.2透视状态下复制图像”素材，单击“滤镜”→“消失点”命令，打开“消失点”对话框（图8-131）。

图8-131

2.使用“创建平面”工具 在画面中单击鼠标左键，定义透视平面（图8-132）。

3.使用“选框”工具 选择画面中的一

个窗户（图8-133），将光标放置在选区内，按住<Alt>键，并拖动鼠标至合适的位置（图8-134），单击“确定”按钮完成操作。

图8-132

图8-133

图8-134

8.6 Photomerge创建全景照片

8.6.1 拼接全景图 视频

1.按快捷键<Ctrl+O>打开素材光盘中的“素材”→“第8章”→“8.6.1拼接全景图1、2、3”3张素材（图8-135～图8-137）。

2.单击“文件”→“自动”→“Photomerge”命令，在打开的“Photomerge”对话框中设置“版面”为“自动”，单击“添加打开的文件”按钮，将3张照片添加到列表中，勾选“混合图像”复选框（图8-138）。

3.设置完成后，单击“确定”按钮，照片就会自动拼合，效果即可呈现出来（图8-139），最后将多余的空白区域裁掉。

图8-135

图8-136

图8-137

要点提示

Photoshop CS6全景拍摄是将所有拍摄的图片拼成一张全景图片，它的基本拍摄原理是搜索两张图片的边缘部分，并将成像效果最为接近的区域加以重合，以完成图片的自动拼接，使人有身临其境的感觉。但是，具有全景拍摄功能的相机价格较高。Photoshop CS6提供的这种拼接功能非常实用，拍摄时尽量保持同一高度，拍摄者每旋转90° 拍摄1张，4张就能拼接成一张完整的全景照片。

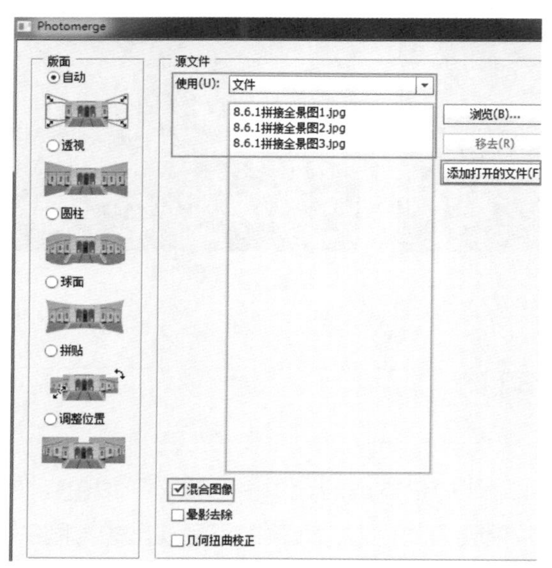

图8-138

图8-139

8.6.2 自动对齐图层

将用于合并的照片拖入到一个文档中，然后将其全部选中（图8-140），单击“编辑”→“自动对齐图层”命令，也可创建全景照片。图8-141为“自动对齐图层”对话框。

图8-140

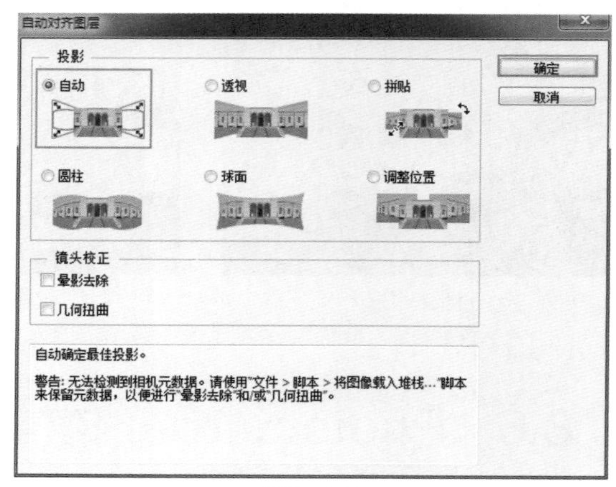

图8-141

1.自动：会分析源图像并自动应用合适的版面。

2.透视：将源图像中的一个图像作为参考图像，然后将其他图像进行必要的位置调整、伸展等来创建全景图。

3.拼贴：将图层对齐并匹配重叠的区域，对图像中对象的形状不做修改。

4.圆柱：在展开的圆柱上显示图像，会减少“透视”版面中出现的“领结”扭曲，该方法适合创建全景图。

5.球面：将一个源图像作为参考图像，其他图像执行球面变换，以创建全景图，适用于360° 全景拍摄的照片。

6.调整位置：将图层对齐并匹配重叠的内容，不会对源图层进行伸展、斜切等变换操作。

7.镜头校正：自动对镜头的晕影、桶形失真、枕形失真等缺陷进行校正。

8.7　编辑HDR照片

8.7.1　照片合并为HDR图像 视频

1.素材光盘中提供了“8.7.1照片合并为HDR图像1、2、3”3张素材（图8-142~图8-144）。单击“文件”→“自动”→“合并到HDR Pro”命令，在打开的对话框中单击“浏览”按钮，选择这3张照片，添加到列表中（图8-145）。

图8-142

图8-143

图8-144

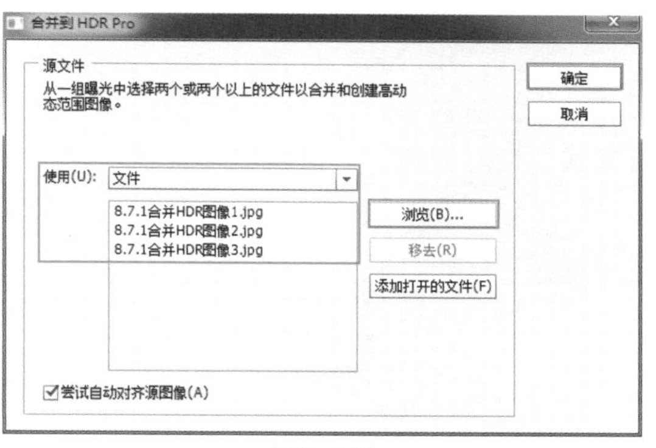

图8-145

2.选择完成后，单击“确定”按钮，自动对图像进行处理，并弹出“合并到HDR Pro”对话框，对话框中显示了源图像、合并的预览图像和用于调整的菜单（图8-146）。

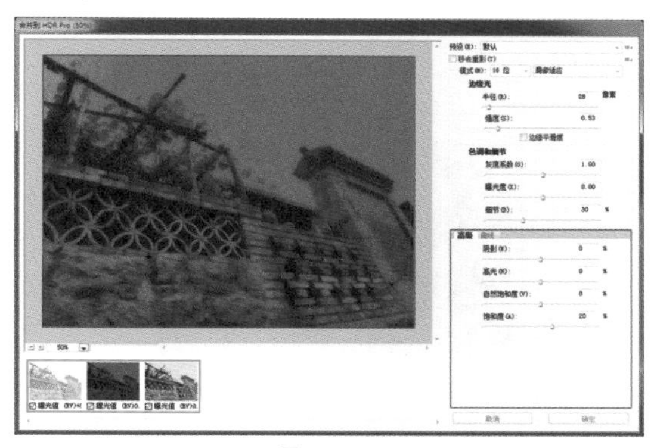

图8-146

3.调整各个选项参数并观察效果，让图像细节显示出来（图8-147）。

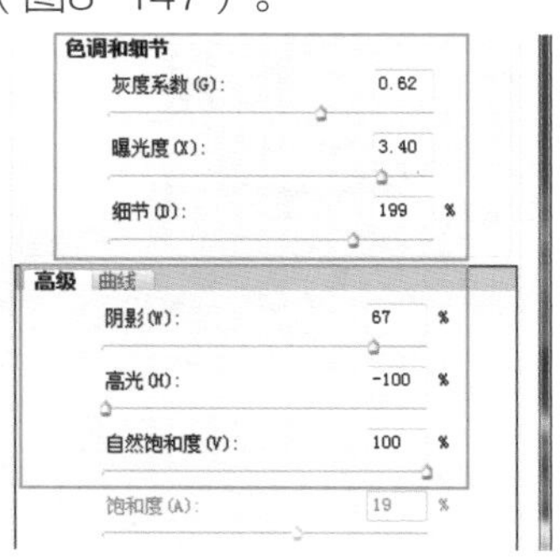

图8-147

4.单击“曲线”选项卡，将曲线调整为“S”形（图8-148），增强图像对比。设置完成后，单击“确定”按钮。

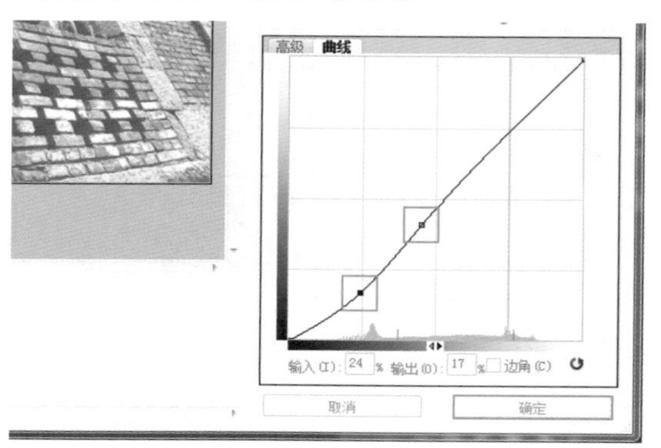

图8-148

5.按快捷键<Ctrl+J>复制图层，单击“滤镜”→“模糊”→“高斯模糊”命令，在打开的“高斯模糊”对话框中设置“半径”为3.3（图8-149）。设置完成后，单击“确定”按钮，效果即有所变化（图8-150）。

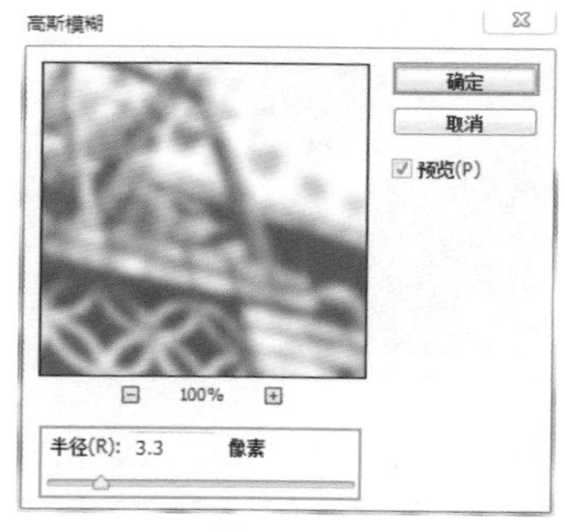

图8-149

图8-150

6.在“图层”控制面板中单击“添加蒙版”按钮，使用柔角的“画笔”工具在墙体上涂抹深色，让墙体恢复清晰，设置图层的“不透明度”为50%（图8-151），效果即有所变化（图8-152）。

图8-151

图8-152

7.选择“背景”图层并将其复制，按快捷键<Ctrl+]>将其移至最上层（图8-153），单击“滤镜”→“风格化”→“查找边缘”命令，转换为线描效果，再按快捷键<Ctrl+Shift+U>去色（图8-154）。

图8-153

图8-154

8.设置图层的混合模式为“变暗”，“不透明度”为30%（图8-155），效果即有所变化（图8-156）。

图8-155

图8-156

9.单击“调整”控制面板中的“照片滤镜”按钮，在打开的“属性”控制面板中调整“颜色”，设置“浓度”为50%（图8-157、图8-158），效果即可呈现出来（图8-159）。

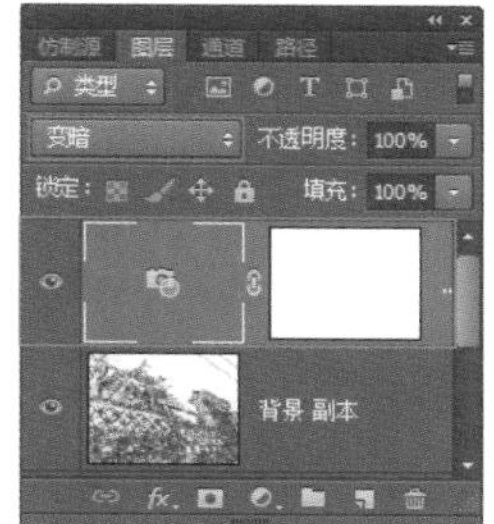

图8-157　　图8-158

图8-159

8.7.2 调整HDR图像色调

打开HDR照片（图8-160），单击“图像”→“调整”→“HDR色调”命令，可以在打开的“HDR色调”对话框中将全范围的HDR对比度和曝光度应用于图像（图8-161）。

1.边缘光：控制调整的范围和应用强度。

2.色调和细节：调整照片的曝光度和阴

图8-160

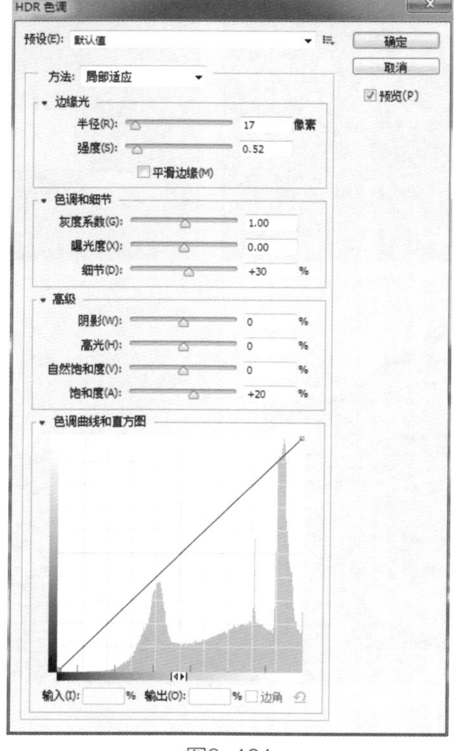

图8-161

影、高光中的细节显示程度。

3.高级：用来调整色彩的饱和度，使用“自然饱和度”增加饱和度不会产生溢色。

4.色调曲线和直方图：提供了照片的直方图，可以调整曲线更改照片对比度。

8.7.3 调整HDR图像曝光

单击“图像”→“调整”→“曝光度”命令，可以打开“曝光度”对话框（图8-162），该命令专门用于调整32位的HDR图像的曝光度，也可以应用于8位和16位的普通照片。

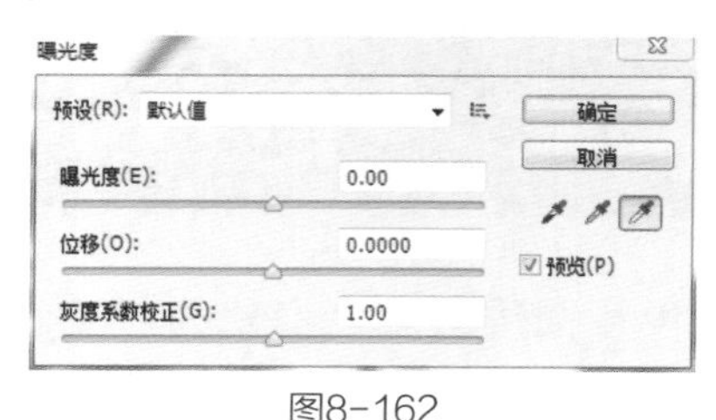

图8-162

1.曝光度：调整色调范围的高光，对阴影的影响很小。

2.位移：使阴影与中间调变暗，对高光的影响很小。

3.灰度系数校正：使用乘方函数调整灰度系数。

4.吸管工具。使用设置黑场的吸管 在图像中单击，区域像素会变为黑色；使用设置白场的吸管 在图像中单击，区域像素会变为白色；使用设置灰场的吸管 在图像中单击，区域像素会变为灰色。

8.8 镜头缺陷校正滤镜

8.8.1 校正镜头缺陷 【视频】

1.按快捷键<Ctrl+O>打开素材光盘中的“素材”→“第8章”→“8.8.1校正镜头缺陷”素材（图8-163），可以很明显地看到图像顶部的线条发生了弯曲。

2.单击“滤镜”→“镜头校正”命令，在打开的“镜头校正”对话框中可以看到根据照片元数据信息提供的配置文件（图8-

图8-163

164、图8-165）。勾选“校正”中的复选框（图8-166）可以自动校正照片（图8-167）。

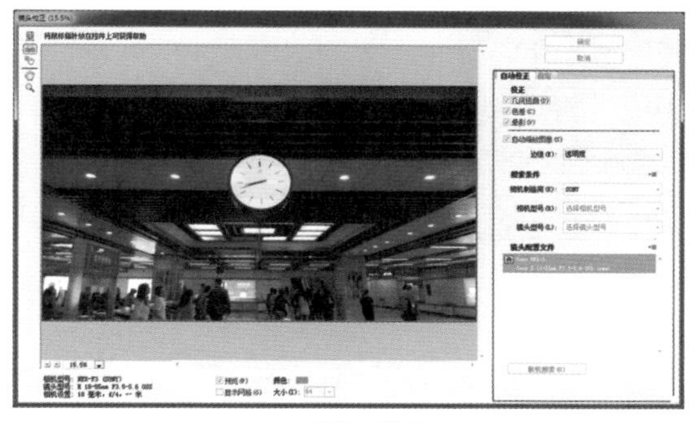

图8-164

图8-165　图8-166

图8-167

8.8.2　校正桶形与枕形失真 视频

1.按快捷键<Ctrl+O>打开素材光盘中的“素材”→“第8章”→“8.8.2校正桶形与枕形失真”素材（图8-168），单击“滤镜”→“镜头校正”命令，打开“镜头校正”对话框，将“自动缩放图像”复选框勾选。

2.选择“自定”选项卡，调整“移去扭曲”数值可以将图像中心向外或向内弯曲（图8-169、图8-170），通过调整该数值

图8-168

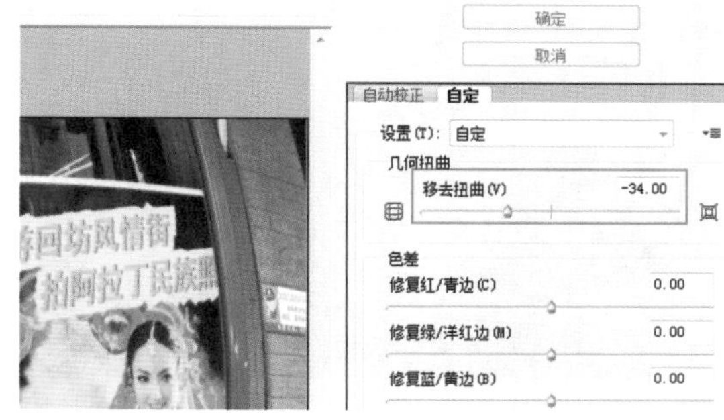

图8-169

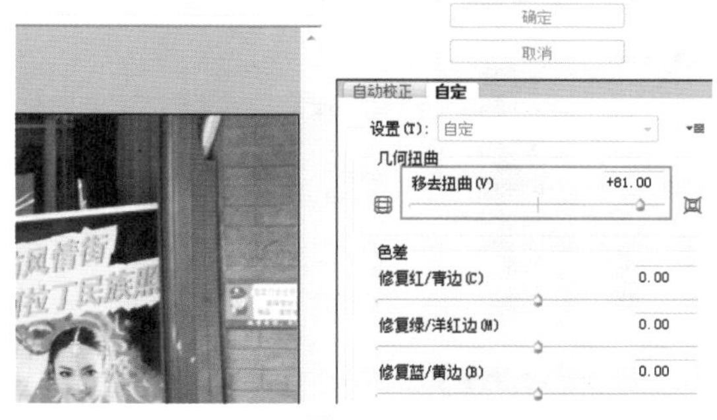

图8-170

可以抵消由桶形和枕形失真造成的扭曲（图8-171）。

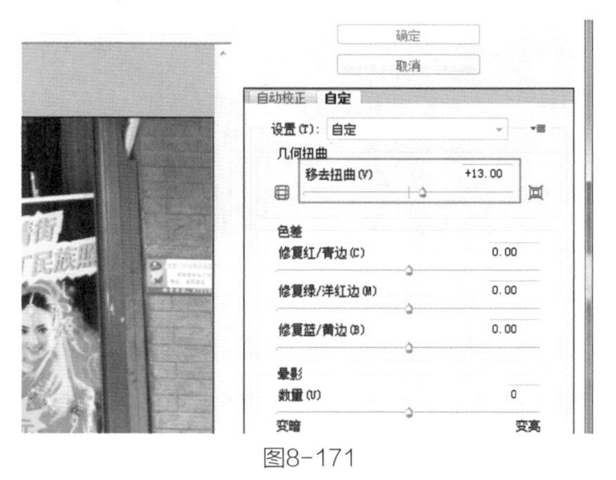

图8-171

8.8.3 校正色差照片 视频

1.按快捷键<Ctrl+O>打开素材光盘中的“素材”→“第8章”→“8.8.3校正色差照片”素材（图8-172），单击“滤镜”→“镜头校正”命令，打开“镜头校正”对话框，单击“自定”选项卡（图8-173）。将视图放大，可以看到边缘色差很明显（图8-174）。

图8-172

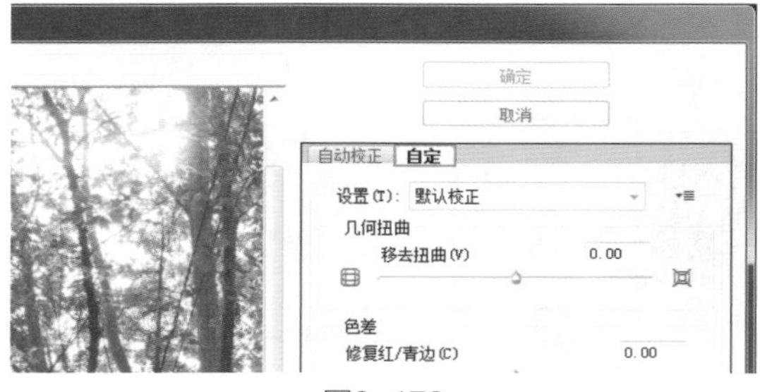

图8-173

图8-174

2.在“色差”中对“修复红/青边”、“修复绿/洋红边”、“修复蓝/黄边”的数值进行调整，将色差消除（图8-175），单击“确定”按钮关闭对话框。

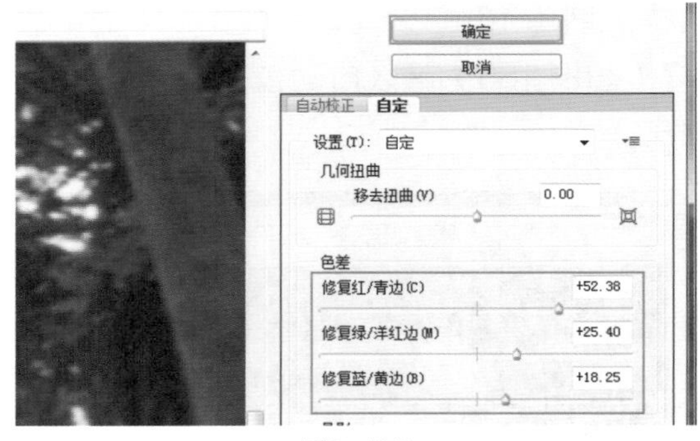

图8-175

8.8.4 校正晕影照片 视频

1. 按快捷键<Ctrl+O>打开素材光盘中的“素材”→“第8章”→“8.8.4校正晕影照片”素材（图8-176），打开“镜头校正”对话框，单击“自定”选项卡（图8-177）。

图8-176

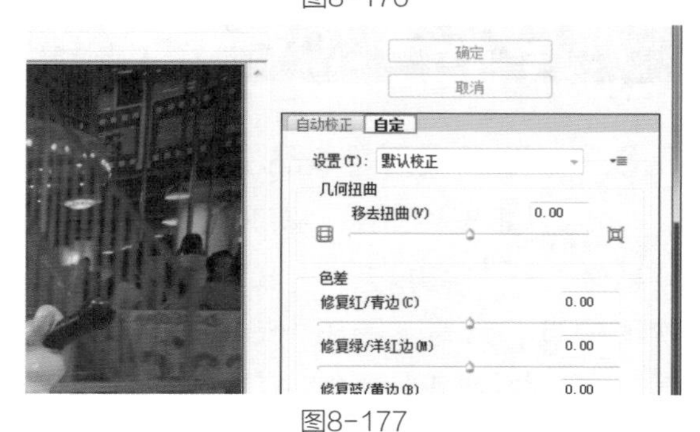

图8-177

2. 将“晕影”选项组中的“数量”滑块向右滑动，将边角调亮，再将“中点”滑块向右滑动（图8-178），效果即可呈现出来（图8-179）。

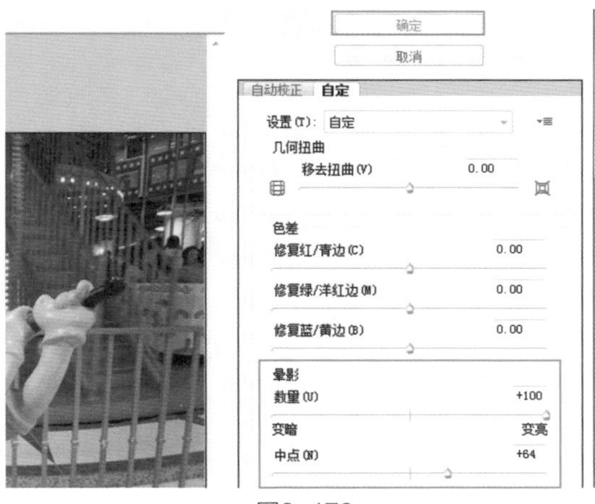

图8-178

图8-179

8.8.5　校正倾斜照片【视频】

1.按快捷键<Ctrl+O>打开素材光盘中的“素材”→“第8章”→“8.8.5校正倾斜照片”素材（图8-180），打开“镜头校正”对话框（图8-181），可以看到这张照片倾斜得很严重。

图8-180

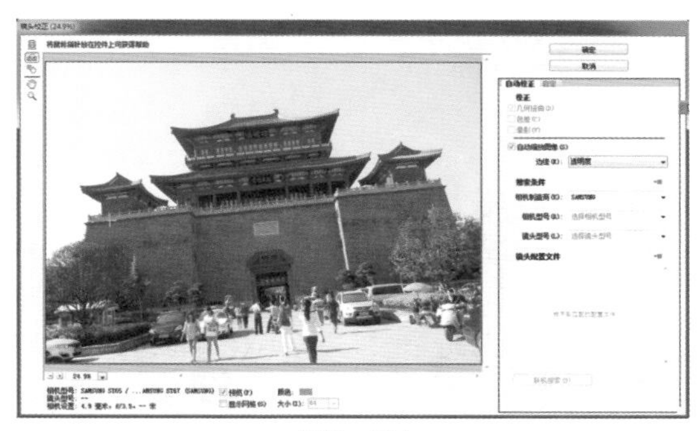

图8-181

2.选取“拉直”工具，在画面中沿墙体边缘拖出一条直线（图8-182），松开鼠标后，图像会依据该直线进行角度校正（图8-183），也可在“自定”选项卡的“角度”中输入数值进行精确调整。

图8-182

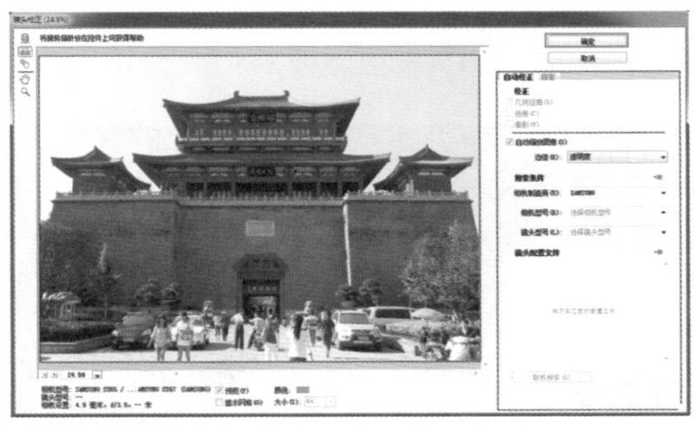

图8-183

8.8.6　制作大头照【视频】

1.按快捷键<Ctrl+O>打开素材光盘中的“素材”→“第8章”→“8.8.6制作大头

照”素材（图8-184）。

图8-184

2.单击“滤镜”→“自适应角度”命令，打开“自适应广角”对话框，设置“校正”为“透视”，调整“焦距”与“缩放”滑块，产生膨胀和缩小的效果（图8-185）。

3.设置完成后，单击“确定”按钮关闭对话框，效果即可呈现出来（图8-186）。

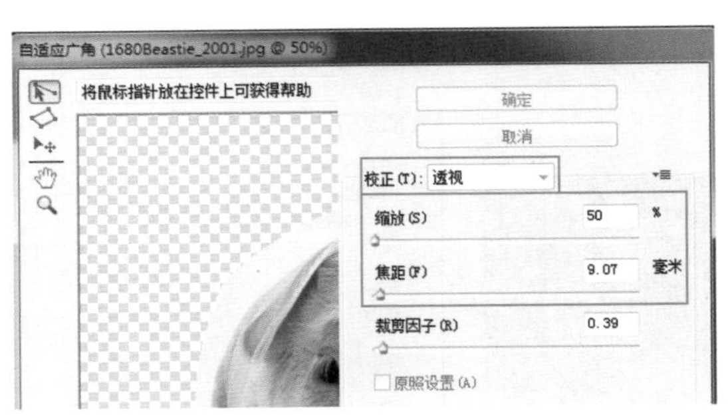

图8-185

图8-186

8.9 镜头特效滤镜

8.9.1 镜头模糊 [视频]

1.按快捷键<Ctrl+O>打开素材光盘中的“素材”→“第8章”→“8.9.1镜头模糊”素材（图8-187），使用“快速选择”工具将模特图像以外的区域选中（图8-188）。

图8-187

图8-188

2.在工具属性栏中单击“调整边缘”按钮，在打开的“调整边缘”对话框中设置羽化值，对选区进行羽化，设置完成后单击“确定”按钮（图8-189）。在“通道”控制面板中单击“将选区存储为通道”按钮

■，得到“Alpha1”通道（图8-190）。

图8-189　　图8-190

3.单击“滤镜”→“模糊”→“镜头模糊”命令，在打开的“镜头模糊”对话框中设置“源”为“Alpha1”，“形状”为“八边形”，调整“亮度”和“阈值”（图8-191），使其产生光斑效果。

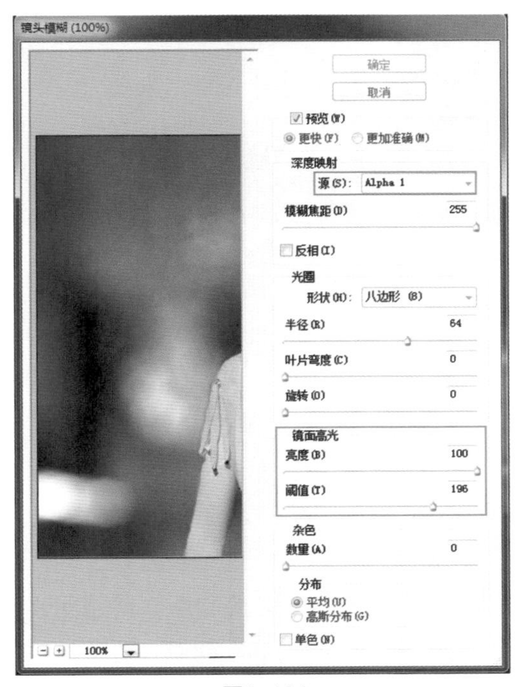

图8-191

4.使用“仿制图章”工具■将过于明亮的光斑进行处理，效果即可呈现出来（图8-192）。

图8-192

8.9.2　场景模糊 [视频]

1.按快捷键<Ctrl+O>打开素材光盘中的“素材”→“第8章”→“8.9.2场景模糊”素材（图8-193），单击“滤镜”→“模糊”→“场景模糊”命令，可以看到画面中出现了一个图钉（图8-194）。

图8-193

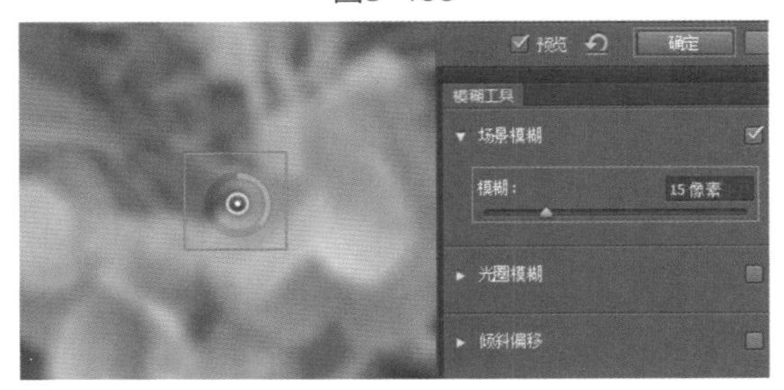

图8-194

2.将图钉移动到花瓣上并将“模糊”设置为0像素（图8-195）。

图8-195

3.在花瓣上单击鼠标左键，添加1个图钉，设置“模糊”为0像素（图8-196）。

图8-196

4.再在画面中添加几个图钉，以花瓣为中心，距离越远模糊值越大（图8-197）。

图8-197

5.在“模糊效果”面板中调整参数，使其产生漂亮的光斑效果（图8-198、图8-199）。设置完成后，单击“确定”按钮应用滤镜，效果即可呈现出来（图8-200）。

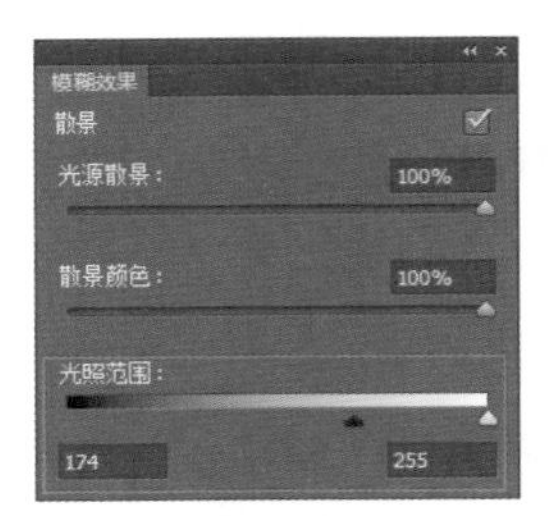

图8-198

图8-199

图8-200

8.9.3 光圈模糊 视频

1.按快捷键<Ctrl+O>打开素材光盘中的“素材”→“第8章”→“8.9.3光圈模糊”素材（图8-201），单击“滤镜”→“模糊”→“光圈模糊”命令，可以看到画面中出现了一个光圈（图8-202）。

2.先将图钉移动到脸的位置上（图8-203），再拖动光圈的控制点，调整羽化范围，最后拖动圆圈内的控制点，调整清晰范围（图8-204）。

图8-201

图8-202

图8-203

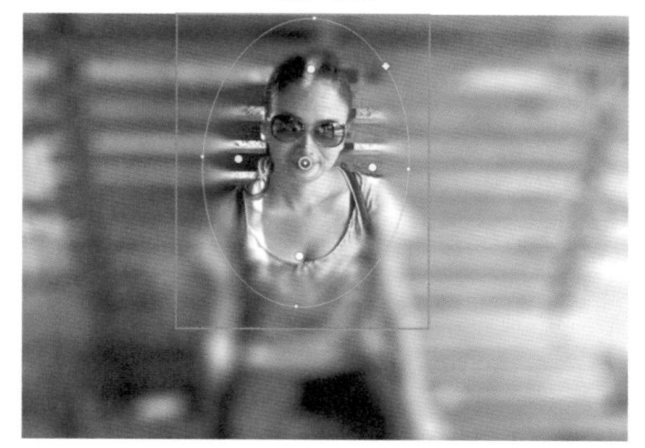
图8-204

3.调整完成后，在“模糊工具”面板中设置模糊参数（图8-205），在“模糊效果”面板中设置“光源散景”、“散景颜色”等参数（图8-206），效果即可呈现出来（图8-207）。

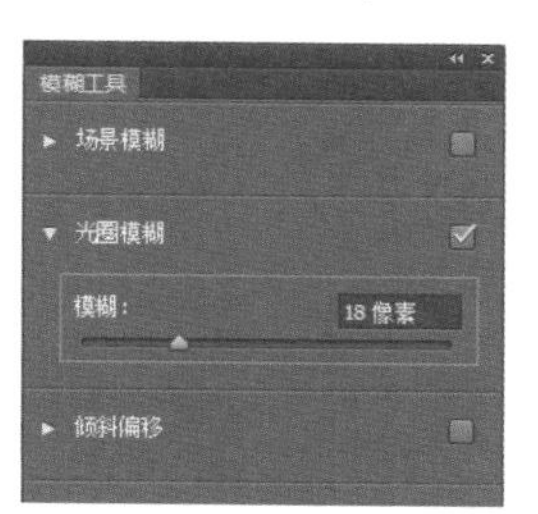

图8-205

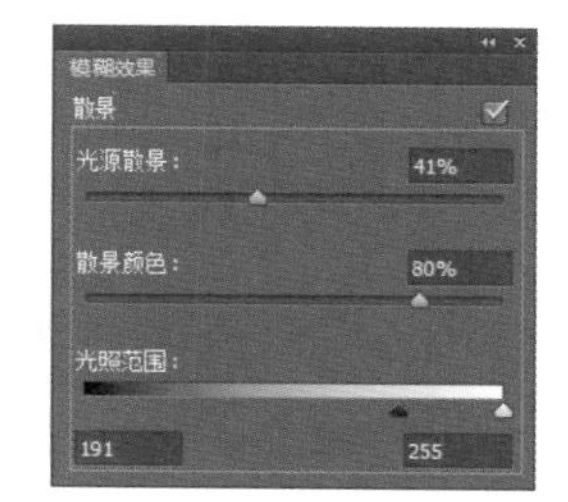

图8-206

图8-207

8.9.4　倾斜模糊 [视频]

1.按快捷键<Ctrl+O>打开素材光盘中的“素材”→“第8章”→“8.9.4倾斜模糊”素材（图8-208），单击“滤镜”→“模

图8-208

糊”→“倾斜模糊”命令，可以看到画面中出现了4条线（图8-209）。

2.使用鼠标将图钉拖动到马路中央的红色小轿车的位置上（图8-210）。

图8-209　　图8-210

3.在“模糊工具”面板中设置“模糊”为10像素（图8-211），效果即有所变化（图8-212）。

图8-211　　图8-212

4.将“光圈模糊”复选框勾选并展开，设置“模糊”为5像素（图8-213），再将光圈拖动到马路中央的红色小轿车的位置上并调整光圈范围（图8-214）。

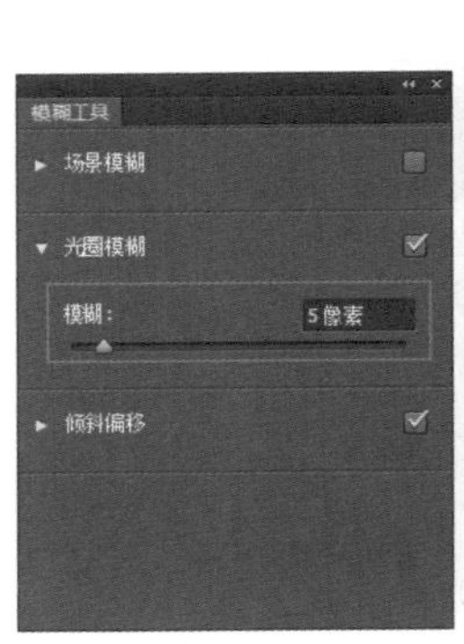

图8-213　　图8-214

5.设置完成后，单击“确定”按钮结束操作，效果即可呈现出来（图8-215）。■

图8-215

第9章 Camera Raw修饰

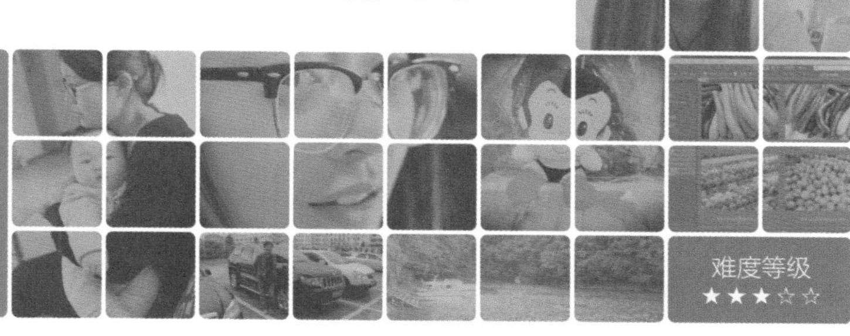

本章介绍

本章主要介绍Camera Raw的使用方法。Camera Raw能更简便地修饰常规照片，适用于只需作简单处理的照片。此外，它能管理照片，能批量操作，可以大幅度提高照片的修饰效率。

难度等级 ★★★☆☆

9.1 Camera Raw基础

Raw是一种未经处理，也未经压缩的格式，一般通过数码相机拍摄获得。单反数码相机和一些高端消费型相机都可以提供该格式。Camera Raw是专用于处理Raw文件的程序，也可以处理JPEG和TIFF图像。

Camera Raw作为Photoshop CS6的增效工具，会跟随Photoshop CS6自动安装。Camera Raw可以调整照片的颜色，也可以对图像进行锐化、纠正镜头等操作。图9-1为Camera Raw的对话框。

1.相机名称或文件格式：当打开的文件为RAW格式时，窗口左上角会显示相机名称，如果为其他格式，则显示图像的格式。

2.预览：实时显示照片的效果。

3.切换全屏模式：点击该按钮，可以将对话框切换为全屏模式。

4.RGB：当鼠标在图像上时，会显示光标下像素的颜色值（图9-2）。

5.直方图。显示图像的直方图。

6.Camera Raw设置菜单：单击设置按钮，可以在打开的菜单中选择命令。

7.缩放级别：点击倒三角按钮，可以从菜单中选择视图比例，或单击缩放按钮更改视图比例。

8.工作流程选项：单击“工作流程”选项，在打开的对话框中可以对色彩空间、色彩深度、大小等进行更多设置。

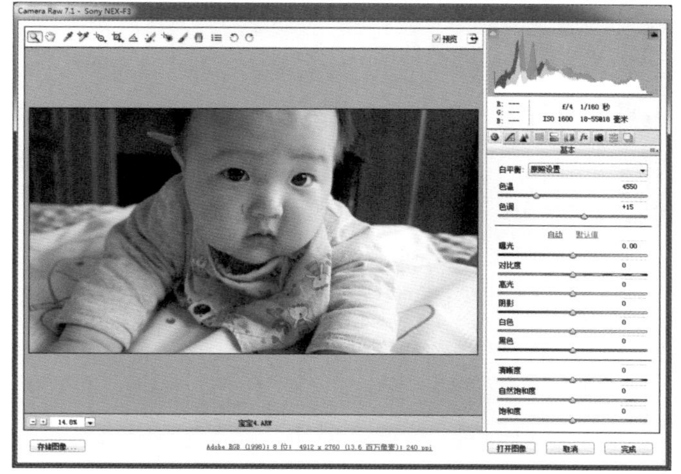

图9-1

图9-2

9.2 调整照片

9.2.1 调整白平衡 视频

1.按快捷键<Ctrl+O>打开素材光盘中的“素材”→“第9章”→“9.2.1调整白平衡”素材（图9-3）。

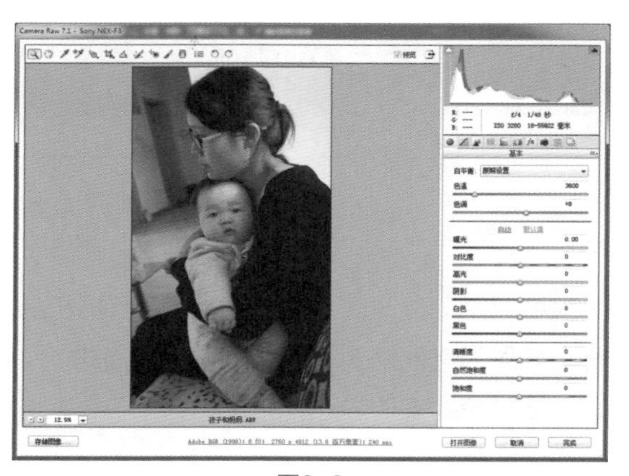

图9-3

2.选取“白平衡工具”，在图像中墙壁的区域单击鼠标左键（图9-4），Camera Raw即可自动调整场景光照（9-5）。

图9-4

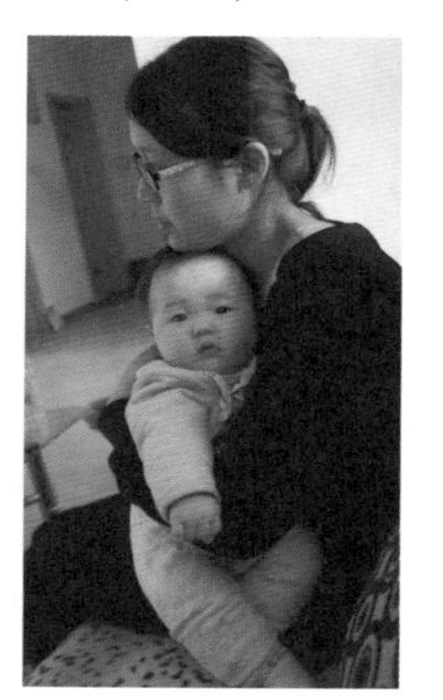

图9-5

3.此时，照片颜色已有所改善，再拖动“曝光”滑块将画面调亮（图9-6），效果即有所变化（图9-7）

4.操作完成后，单击“存储图像”按钮，将照片保存为“数字负片”（DNG）格式（图9-8）。

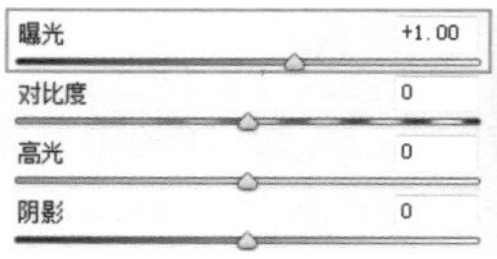

曝光 +1.00
对比度 0
高光 0
阴影 0

图9-6

图9-7

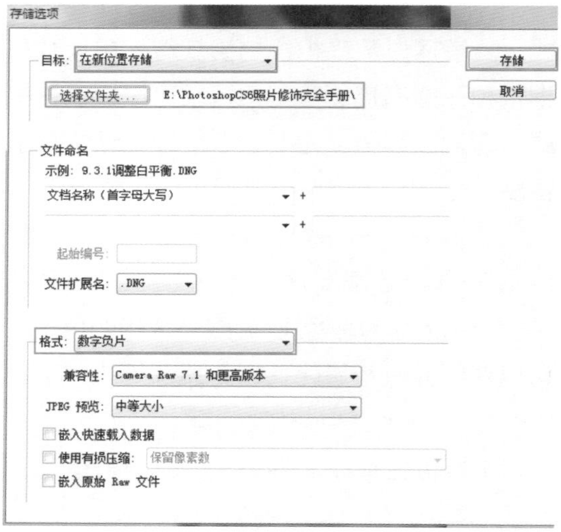

存储选项
目标：在新位置存储　存储
选择文件夹...　E:\PhotoshopCS6照片修饰完全手册\　取消
文件命名
示例：9.3.1调整白平衡.DNG
文档名称（首字母大写） +
+
起始编号：
文件扩展名：.DNG
格式：数字负片
兼容性：Camera Raw 7.1 和更高版本
JPEG 预览：中等大小
嵌入快速载入数据
使用有损压缩：保留像素数
嵌入原始 Raw 文件

图9-8

9.2.2 调整清晰度和饱和度 视频

1.在菜单栏中单击“文件”→“打开为”命令，选择素材光盘中的“素材”→“第9章”→“9.2.2调整清晰度和饱和度”素材，在“打开为”下拉列表中选择“Camera Raw”选项（图9-9），按<Enter>键，在Camera Raw中将其打开（图9-10）。

2.将“色温”与“色调”降低，使照片更倾向于绿色，提高“高光”、“清晰度”和“自然饱和度”参数，使色调更明快（图

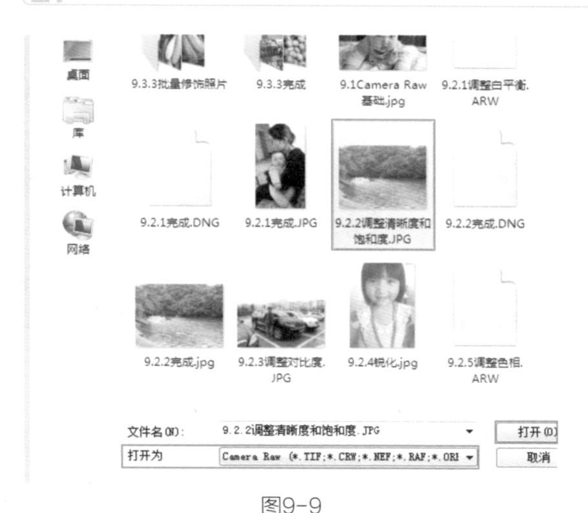

图9-9

图9-10

9-11）。

3.设置完成后，效果即可呈现出来（图9-12）。

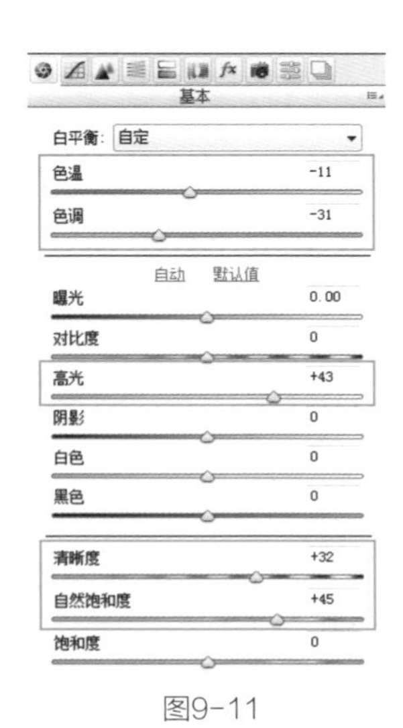

图9-11

图9-12

9.2.3 调整对比度 视频

在Camera Raw中单击“色调曲线”按钮 ，可以打开“色调曲线”选项卡（图9-13）。调整色调曲线可以改变图像的对比度，拖动“高光”、“亮调”、“暗调”和“阴影”控制滑块可以对色调进行微调。

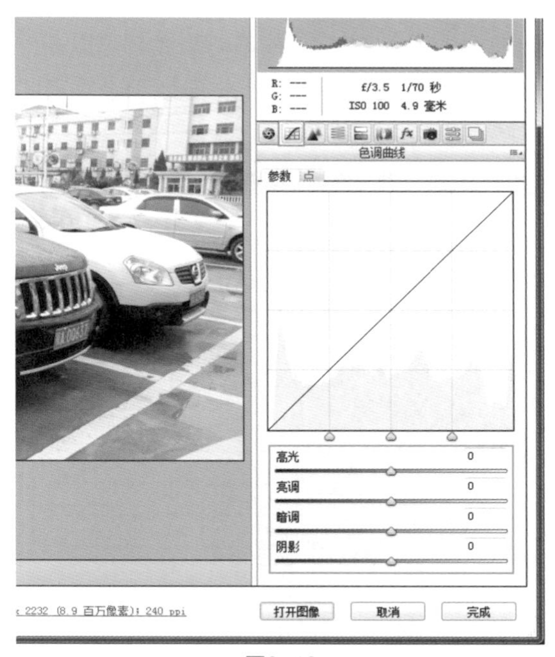

图9-13

将控制滑块向右拖动，曲线上升，色调变亮（图9-14）；将控制滑块向左拖动，曲线下降，色调变暗（图9-15）。

图9-14

图9-15

9.2.4 锐化 【视频】

在Camera Raw中单击“细节”按钮▲，打开“细节”选项卡。拖动“数量”、“细节”和“蒙版”滑块可以对图像进行锐化处理（图9-16），按下<P>键，可以在原图与处理结果之间切换，方便使用者观察锐化的程度。

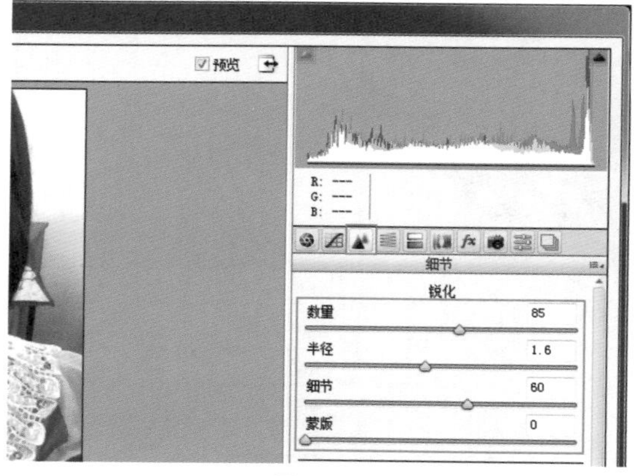

图9-16

9.2.5 调整色相 【视频】

1.按快捷键<Ctrl+O>打开素材光盘中的“素材”→“第9章”→“9.2.5调整色相”素材（图9-17），可以看到这张照片色彩昏暗、色调单一、缺少细节。

图9-17

2.调整“色温”与“曝光”值，让高光区域更亮；将“阴影”与“黑色”值调高，使阴影区域更亮；将“对比度”与“清晰值”值调高，使图像更清晰；将“自然饱和度”值调高，使颜色更鲜艳（图9-18）。

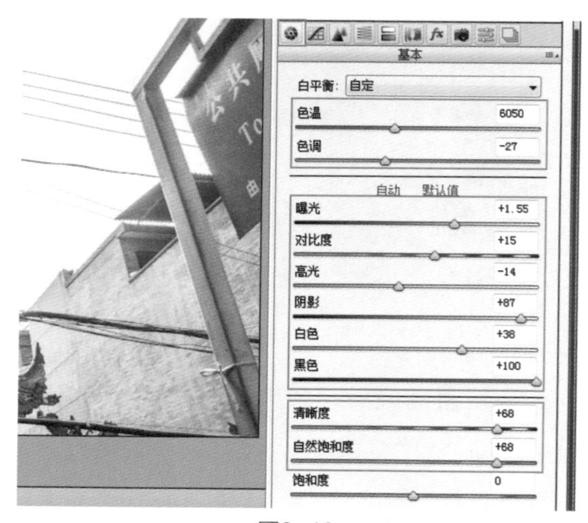

图9-18

3.打开“色调曲线”选项卡，对色调曲线进行调整（图9-19）。

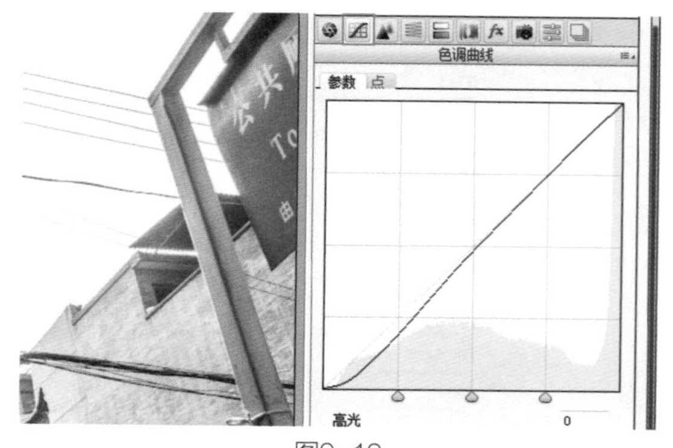

图9-19

4.打开“细节”选项卡，将“数量”、“半径”与“细节”值调高，使图像更加清晰（图9-20）。

图9-20

5.打开“HSL/灰度”选项卡，调整“黄色”、“绿色”、“浅绿色”的色相值（图9-21）。设置完成后单击“存储图像”按钮，将照片保存为“数字负片”（DNG）格式，效果如（图9-22）。

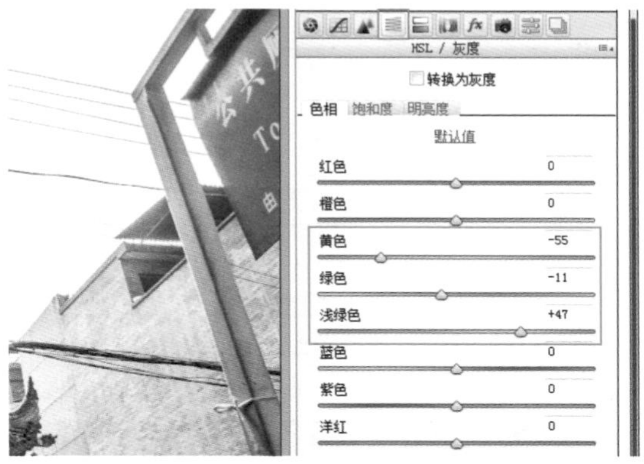

图9-21

图9-22

9.2.6 为照片上色 [视频]

1.在Camera Raw中打开素材光盘中的“素材”→“第9章”→“9.2.6为照片上色”素材（图9-23）。

图9-23

2.打开“分离色调”选项卡。当“饱和度”为0时，调整“色相”是没有效果的。按住<Alt>键并拖动“色相”滑块，此时预览中显示的是饱和度为100%时的色彩图像。设置好“色相”参数后，再对“饱和度”进行调整（图9-24）。

图9-24

9.2.7 去除色差 [视频]

1.在Camera Raw中打开素材光盘中的“素材”→“第9章”→“9.2.7去除色差”素材（图9-25）。将窗口比例放大，可以看到图像中的色差很明显（图9-26）。

2.打开“镜头校正”选项卡，勾选“删除色差”复选框，调整“紫色数量”值，即可将色差去除（图9-27）。

图9-25

图9-26

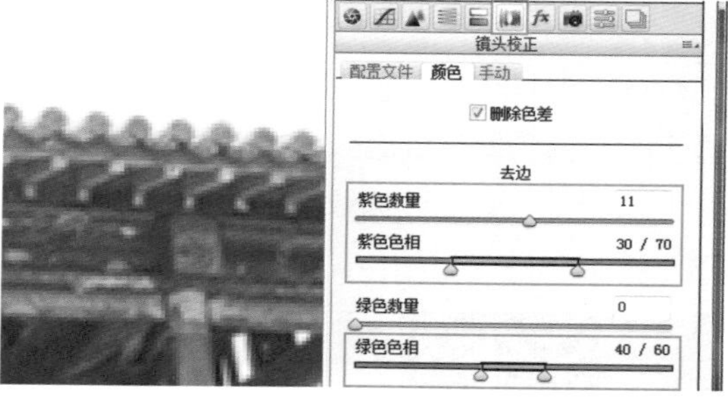

图9-27

9.2.8 制作Lomo效果照片 【视频】

1.在Camera Raw中打开素材光盘中的“素材”→“第9章”→“9.2.8制作Lomo效果照片”素材（图9-28）。

图9-28

2.打开“效果”选项卡，设置“颗粒”选项组中的“数量”为23、“大小”为15，为照片添加颗粒效果，然后设置“裁剪后晕影”的“数量”为-86，在照片中产生四周昏暗的效果（图9-29）。

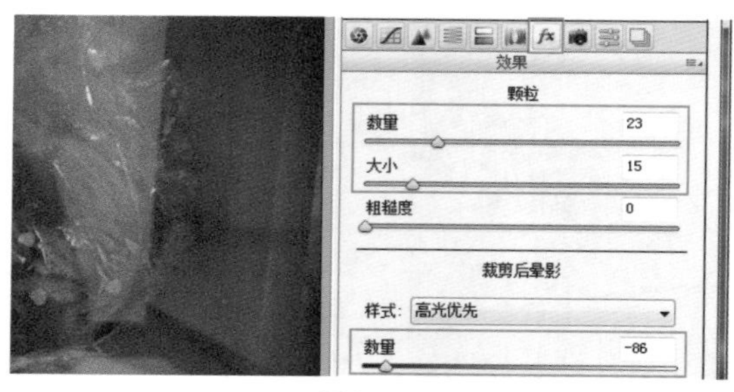

图9-29

3.打开“基本”选项卡，拖动“色温”、“色调”、“曝光”、“对比度”、“清晰度”和“自然饱和度”控制滑块，调整照片的颜色、色调与清晰度（图9-30），效果即可呈现出来（图9-31）。

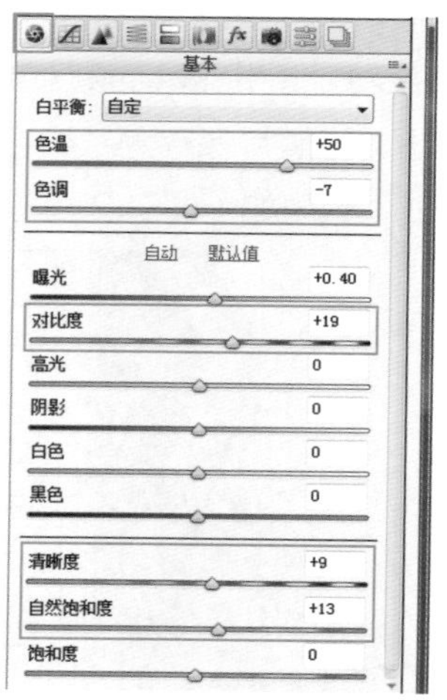

图9-30

图9-31

9.3 修饰照片

9.3.1 去除人像斑点 视频

1.在Camera Raw中打开素材光盘中的“素材”→“第9章”→“9.3.1去除人像斑点”素材（图9-32）。

图9-32

2.将视图比例放大，选择“污点去除”工具，在斑点上单击并拖动鼠标将斑点选中，松开鼠标后，Camera Raw会自动在斑点附近选择1处图像来修复选中的斑点（图9-33～9-35）。修复后效果即可呈现出来（图9-36）。

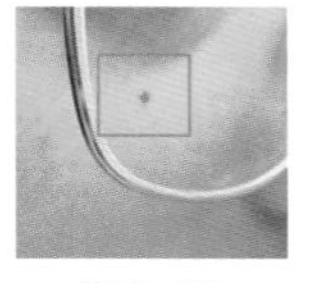

图9-33

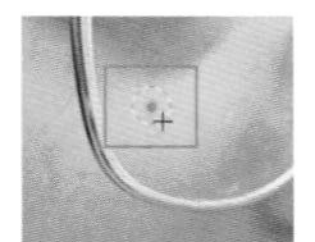

图9-34

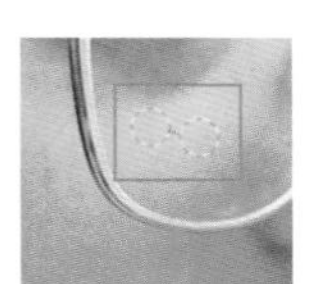

图9-35

图9-36

9.3.2 修改局部曝光 视频

1.在Camera Raw中打开素材光盘中的“素材”→“第9章”→“9.3.2修改局部曝光”素材（图9-37）。由于逆光拍摄，人物脸部没有光亮，五官也看不清楚。选取“调整画笔”工具，在右侧的“调整画笔”选项卡中调节“大小”“羽化”和“流动”，勾选“显示蒙版”复选框，（图9-38）。

图9-37 图9-38

2.设置完成后，使用鼠标在人物面部单击并涂抹，如果涂抹到了其他区域可按<Alt>键并涂抹即可消除。松开鼠标后，在单击处出现了图钉图标（图9-39），将“显示蒙版”复选框取消勾选或按<Y>键隐藏蒙版（图9-40）。

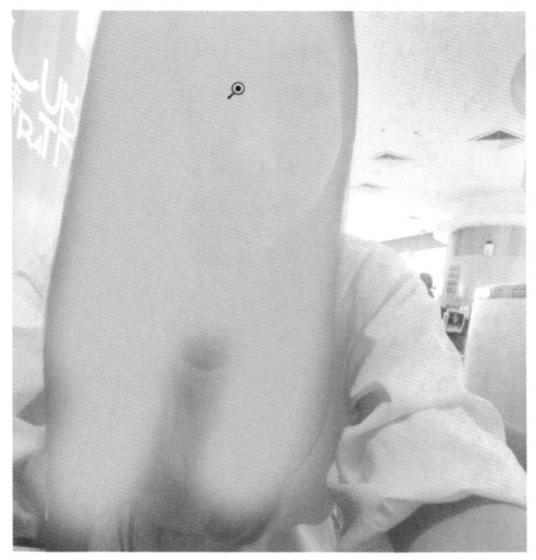

图9-39

图9-40

3.将“曝光”、“对比度”与“高光”控制滑块向右拖动，将涂抹区域调亮（图9-41），效果即可呈现出来（图9-42）。

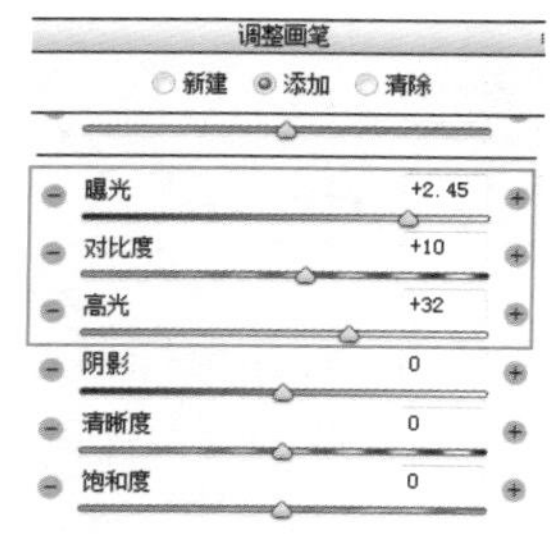

图9-41

图9-42

9.3.3 批量修饰照片【视频】

1.运行Bridge，导航到素材光盘中的“素材”→“第9章”→“9.3.3批量修饰照片”素材文件夹（图9-43）。

图9-43

2.在照片上单击鼠标右键，在弹出的快捷菜单中单击“在Camera Raw中打开”命令（图9-44），在Camera Raw中打开照片后，打开“HSL/灰度”选项卡，勾选“转换为灰度”复选框，将照片转换为黑白效果（图9-45）。

图9-44

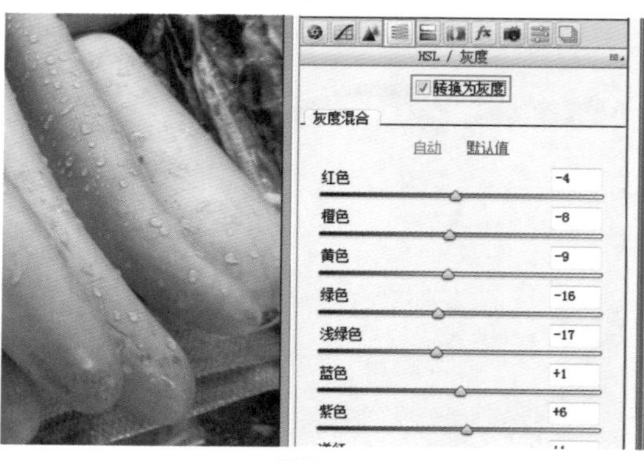

图9-45

3.设置完成后，单击“完成”按钮，将照片与Camera Raw关闭，回到Bridge中（图9-46）。在Bridge中，经过Camera Raw处理后的照片右上角有一个圆形图标 。

图9-46

4.按住<Ctrl>键选择其他照片，单击鼠标右键，在弹出的快捷菜单中单击“开发设置”→“上一次转换”命令（图9-47），即可将所选择的所有照片都处理为黑白效果（图9-48）。

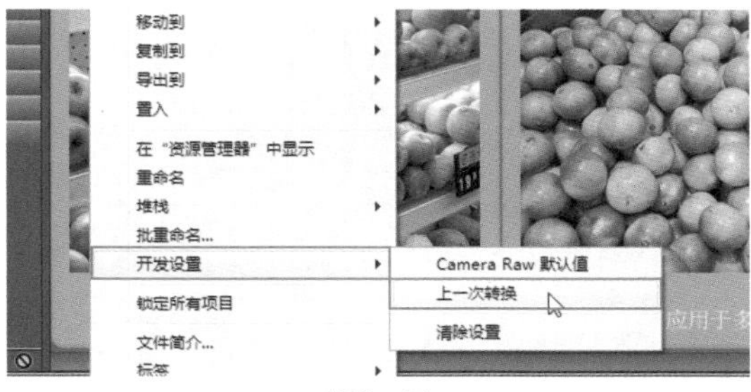

图9-47

图9-48

9.3.4 批处理

在Photoshop CS6中，用户可以把图像的处理过程记录下来，播放此动作即可对其他图像作相同的处理，用户也可以创建动作让Camera Raw自动完成照片处理。

1.录制动作时，先单击“Camera Raw”对话框中的“设置”按钮 ，在弹出的下拉菜单中单击“图像设置”命令（图9-49），这样就可以使用每个图像专用的设置来播放动作。

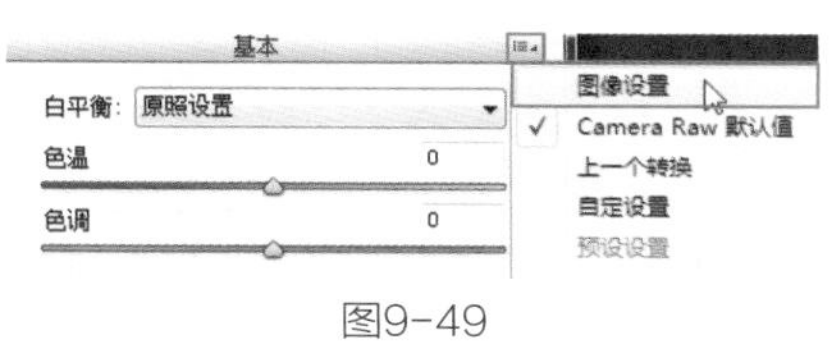

图9-49

2.Photoshop CS6的“批处理”命令可以将动作应用于文件夹中的所有图像，图9-50为“批处理”对话框。

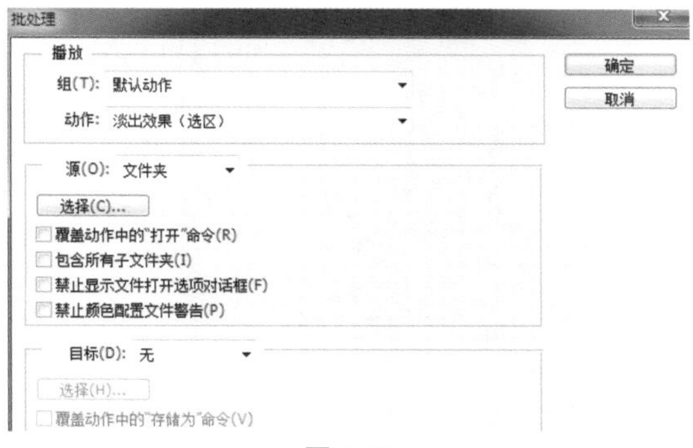

图9-50

3.勾选“覆盖动作‘打开’命令”复选框，可确保动作中的“打开”命令会对批处理文件进行操作。

4.勾选“禁止显示文件打开选项对话框”复选框，可防止在处理过程中显示“Camera Raw”对话框。

5.勾选“覆盖动作中的‘存储为’命令”复选框，可使用“批处理”命令中的“存储为”指令，而不是动作中的“存储为”指令。■

第10章　蒙版与通道

本章介绍

本章主要介绍蒙版与通道的使用方法。这两种功能的共同特点是都能选取照片区域，而且能通过选取区域来变化丰富的效果，使用蒙版与通道一直是Photoshop CS6的操作难点。

10.1　蒙版基础

蒙版是一种非破坏性的遮盖图像的编辑工具，主要用于合成图像。在“属性”控制面板中可以调整图层蒙版和矢量蒙版的不透明度和羽化范围（图10-1）。

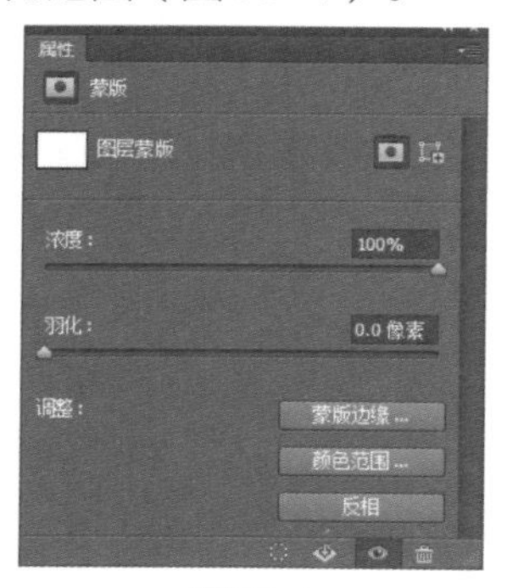

图10-1

1.当前选择的蒙版：在此显示选中的蒙版及其类型，此时，在“属性”控制面板中可对其进行编辑（图10-2）。

2.添加图层蒙版/添加矢量蒙版：单击“添加图层蒙版”按钮，可为当前图层添加图层蒙版；单击“添加矢量蒙版”按钮，可为当前图层添加矢量蒙版。

3.浓度：拖动“浓度”控制滑块可调整蒙版的不透明度（图10-3）。

4.羽化：拖动“羽化”控制滑块可柔化蒙版的边缘（图10-4）。

图10-2

图10-3

图10-4

5.蒙版边缘：单击该按钮，在打开的“调整蒙版”对话框中可修改蒙版边缘，与选区的“调整边缘”命令基本相同。

6.颜色范围：单击该按钮，在打开的“颜色范围”对话框中可通过取样、调整颜色容差来修改蒙版范围。

7.反相：反转蒙版的遮盖区域（图10-5）。

图10-5

8.从蒙版中载入选区 ：单击该按钮可将蒙版中包含的选区载入。

9.应用蒙版 ：单击该按钮可将蒙版应用到图像中，并删除被蒙版遮盖的图像。

10.停用/启用蒙版 ：单击该按钮可停用或启用蒙版，在被停用的蒙版缩览图上会出现红色的“×”图标（图10-6）。

图10-6

11.删除蒙版 ：单击该按钮可删除当前蒙版。

要点提示

蒙版是一种灰度图像，其作用就像一张布，可以遮盖住处理区域中的一部分。在对处理区域内的整个图像进行模糊、上色等操作时，被蒙版遮盖起来的部分不会受到影响。

当蒙版的灰度色深增加时，被覆盖的区域就会变得愈加透明，利用这一特性可以改变图片中不同位置的透明度，甚至可以在蒙版上擦除图像，而不影响到图像本身。

10.2 矢量蒙版

10.2.1 创建矢量蒙版 【视频】

1.按快捷键<Ctrl+O>打开素材光盘中的“素材”→“第10章”→“10.2.1创建矢量蒙版”素材（图10-7），选择“图层1”（图10-8）。

图10-7

图10-8

2.选取“工具箱”中的“自定形状工具”工具 ，在工具属性栏中选择“路径”选项，在“形状”下拉菜单中选择“模糊点1”（图10-9），设置完成后在画面中拖动鼠标绘制路径（图10-10）。

图10-9

图10-10

3.单击“图层”→“矢量蒙版”→“当前路径”命令或按住<Ctr>l键并单击“图层”控制面板中的“添加蒙版”按钮 ，即可创建基于当前路径的矢量蒙版，路径外的区域会被蒙版遮盖（图10-11、图10-12）。

图10-11

图10-12

10.2.2 添加效果 【视频】

1.双击“图层1”（图10-13），打开“图层样式”对话框。

2.在“图层样式”对话框中选择“描边”效果，设置“大小”为5像素，颜色为黄色（图10-14）。

3.再选择“内阴影”效果，设置“角度”为25°、“距离”为15像素、“阻塞”为0%、“大小”为12像素（图10-15）。设置完成后单击“确定”按钮，即可完成为矢量蒙版添加效果（图10-16、图10-17）。

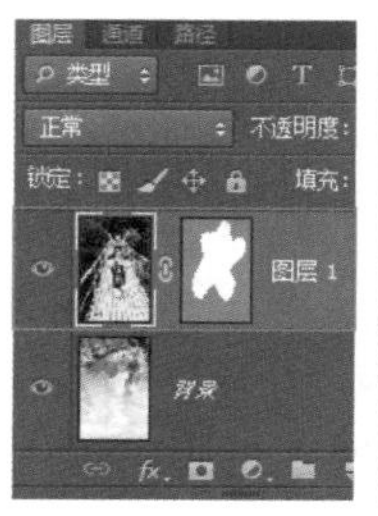

图10-13

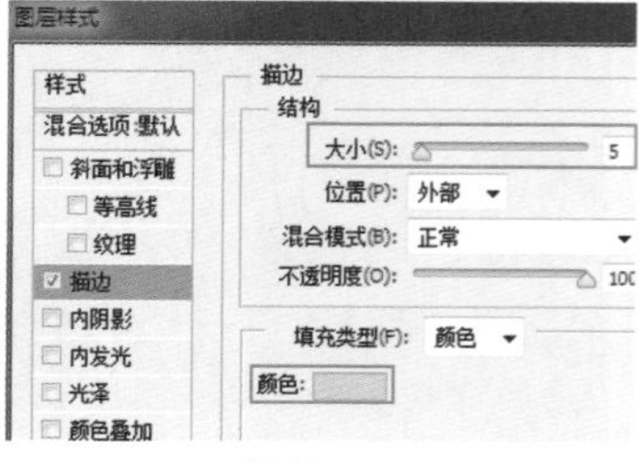

图10-14

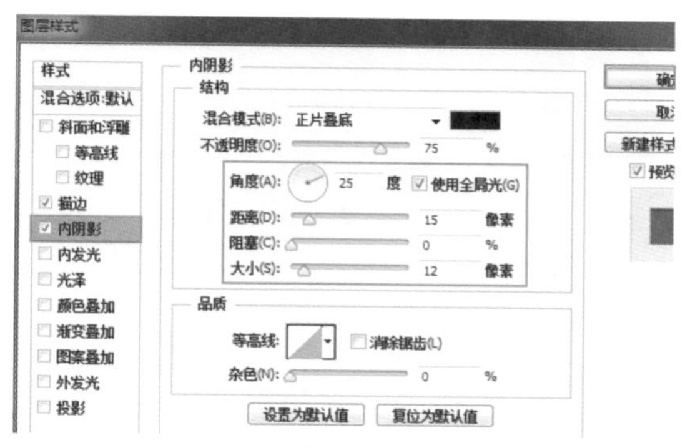

图10-15

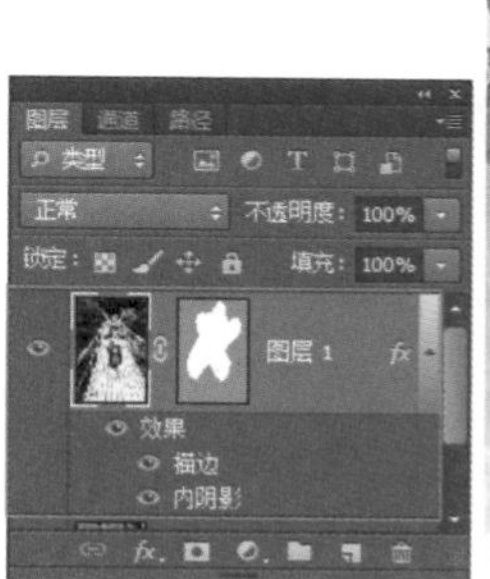

图10-16　图10-17

10.2.3　添加形状 视频

1.单击矢量蒙版缩览图，缩览图会出现一个白色外框，此时进入蒙版编辑状态，矢量图形也会出现在画面中（图10-18、图10-19）。

2.选取“工具箱”中的“自定形状工具”工具 ，在工具属性栏中选择“合并形状”选项，在“形状”下拉菜单中选择草形图案（图10-20）。设置完成后，在画面中拖动鼠标绘制图形，然后将其添加到矢量蒙版中（图10-21、图10-22）。

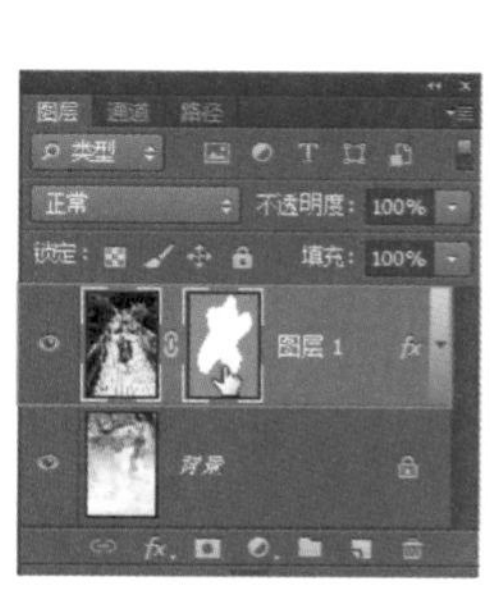

图10-18　图10-19

图10-20

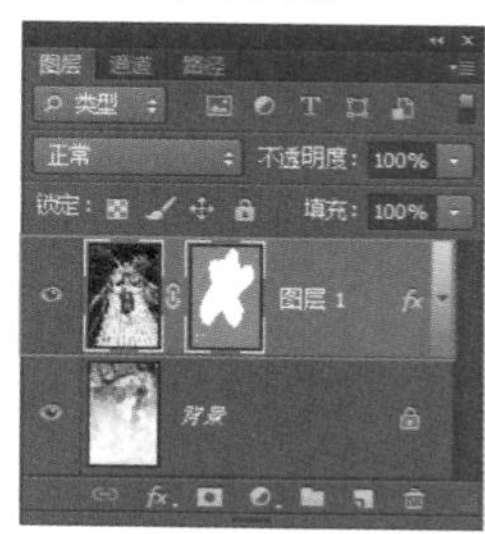

图10-21　图10-22

3.再在“形状”下拉菜单中选择爪印图形，在画面中拖动鼠标绘制图形，然后将爪印添加到矢量蒙版中（图10-23、图10-24）。

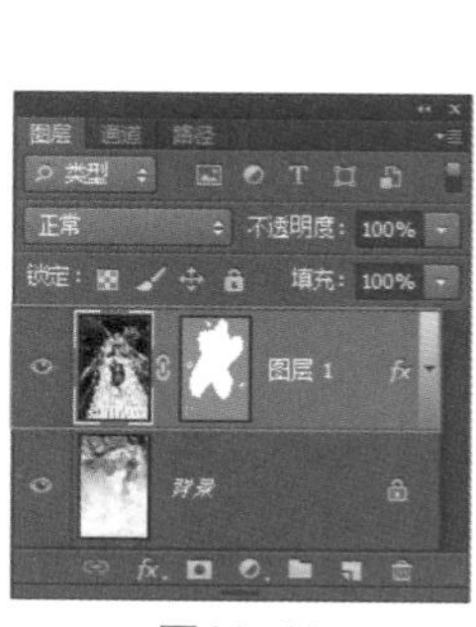

图10-23　图10-24

10.2.4　编辑图形 视频

1.单击矢量蒙版缩览图，进入蒙版编辑状态（图10-25、图10-26）。

2.选取“工具箱”中的“路径选择”工具 ，在画面左下角的草形图案上单击鼠标左

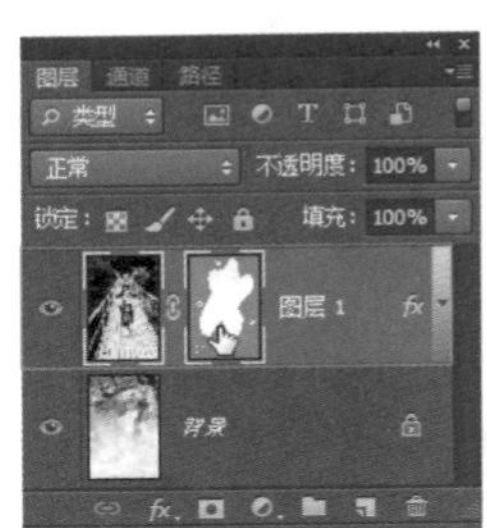

图10-25

图10-26

键，将其选中（图10-27），按住<Alt>键并拖动鼠标，即可将其复制（图10-28）。

图10-27　　图10-28

要点提示　在矢量蒙版中创建的图案是矢量图。矢量蒙版可以使用“钢笔”工具和“形状”工具进行编辑和修改，从而改变蒙版的遮盖区域。用户不必担心因为它的任意缩放而产生锯齿。矢量蒙版不仅可以用来抠图，还可以在照片上进行字体设计或图形设计。

3.按快捷键<Ctrl+T>进行自由变换，拖动控制点将图形放大并旋转（图10-29），按<Enter>键确定。使用“路径选择”工具单击矢量图形并拖动可将其移动，蒙版的遮盖区域也会发生变化（图10-30）。

图10-29　　图10-30

10.3 剪贴蒙版

10.3.1 创建剪贴蒙版【视频】

1.按快捷键<Ctrl+O>打开素材光盘中的“素材”→“第10章”→“10.3.1创建剪贴蒙版”素材（图10-31），将新建图层置于“背景”图层上方，并将“图层1”隐藏（图10-32）。

2.选取“工具箱”中的“自定形状工

图10-31

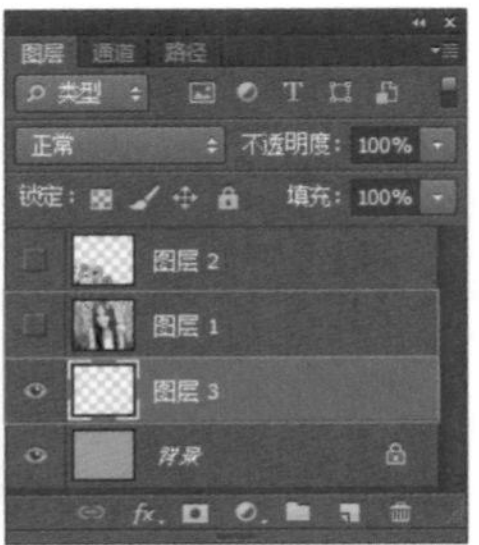

图10-32

具”，在工具属性栏中选择“像素”选项，在“形状”下拉菜单中选择心形图案。设置完成后，在画面中拖动鼠标绘制心形（图10-33）。

图10-33

3.将“图层1”显示，单击“图层”→“创建剪贴蒙版”命令或快捷键<Alt+Ctrl+G>，将“图层1”与下面的图层创建成一个剪贴蒙版组（图10-34、图10-35）

图10-34

图10-35

4.双击“图层3”，在打开的“图层样式”对话框中选择“描边”效果，设置“大小”为10像素，颜色为白色（图10-36），效果即有所变化（图10-37）。

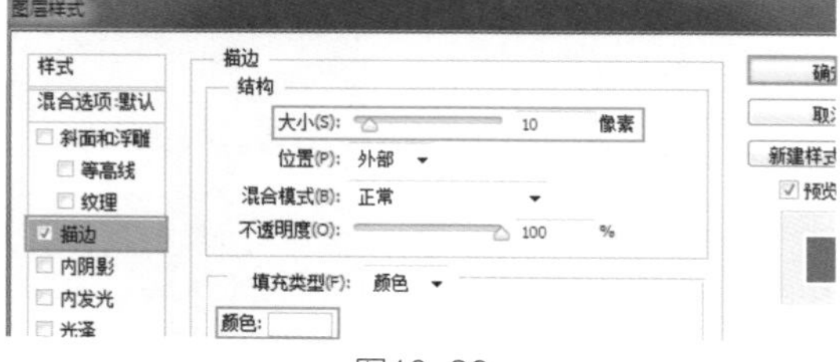

图10-36

图10-37

5.将“图层2”显示（图10-38），效果即可呈现出来（图10-39）。

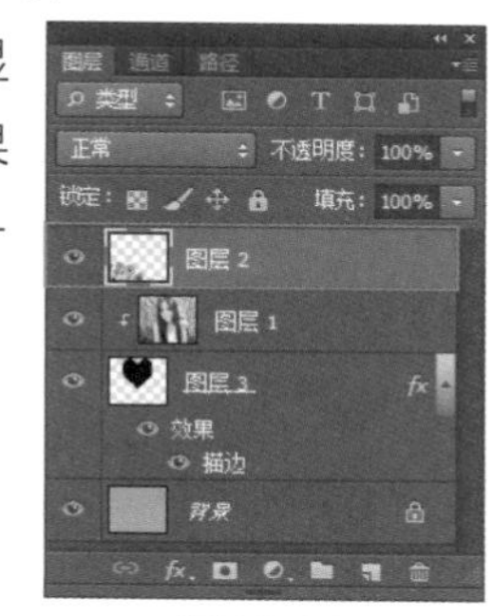

图10-38

图10-39

10.3.2　神奇眼镜 视频

1.按快捷键<Ctrl+O>打开素材光盘中的“素材”→“第10章”→“10.3.2神奇眼镜1”素材，选取“工具箱”中的“魔棒”工具，在镜片处单击鼠标左键创建选区（图10-40）。

2.将背景色设置为白色，新建图层，按快捷键<Ctrl+Delete>将背景色填充到选区，按快捷键<Ctrl+D>取消选择（图10-41、图10-42）。

图10-40

图10-41

图10-42

3.按住<Ctrl>键将“图层0”与“图层1”选中，单击“链接图层”按钮，将两个图层链接起来（图10-43）。

图10-43

4.按快捷键<Ctrl+O>打开素材光盘中的“素材”→“第10章”→“10.3.2神奇眼镜2”素材（图10-44），使用“移动”工具将眼镜素材拖入到该文档中（图10-45）。

5.将白色圆形所在的“图层3”拖到橘子图层的下方（图10-46），效果即呈现出来（图10-47）。

6.按住<Alt>键在“图层0”和“图层3”中间的分割线上单击鼠标左键，创建剪贴蒙版（图10-48），效果呈现出来（图10-49）。

7.最后选择“图层2”，使用“移动”工具在画面中拖动，眼镜移动到哪个位置，镜片中就会显示出该位置的彩色图像（图10-50）。

图10-44

图10-45

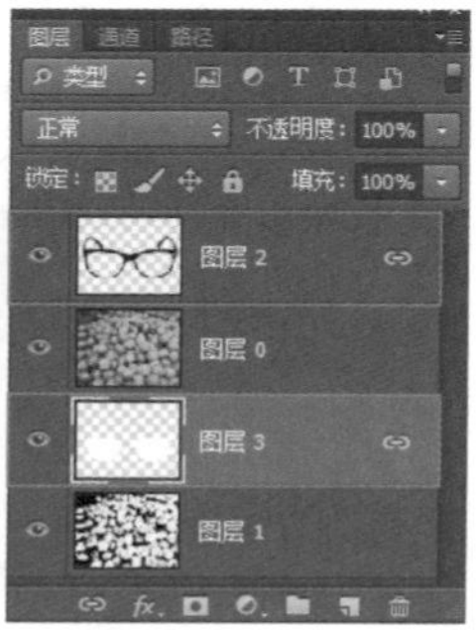

图10-46

图10-47

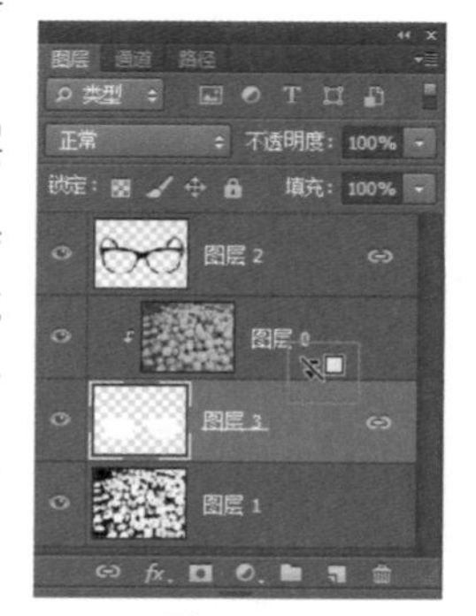

图10-48

图10-49

图10-50

10.4　图层蒙版

10.4.1　原理

在图层蒙版中，白色对应的区域是可见区域，黑色对应的区域是被遮盖的区域，灰色区域的图像会呈现出透明效果（图10-51、图10-52）。

在图层蒙版中，用户可以使用所有的绘画工具来编辑它。图10-53为使用“画笔”工具 编辑蒙版产生的效果；图10-54为使用“渐变”工具 编辑蒙版产生的效果。

图10-51

图10-52

图10-53

图10-54

10.4.2　创建图层蒙版 视频

1.按快捷键<Ctrl+O>打开素材光盘中的“素材”→“第10章”→“10.4.2创建图层蒙版1、2”两张素材（图10-55、图10-56）。

2.使用“移动”工具 将汽车拖入到鼠标文档中，生成“图层1”，设置图层的“不透明度”为30%。按快捷键<Ctrl+T>，拖动

图10-55

图10-56

控制点将汽车调整到合适的大小（图10-57）。按住<Ctrl>键并拖动控制点对图像进行变形，使汽车与鼠标的透视角度相符（图10-58），按<Enter>键确定操作。

图10-57

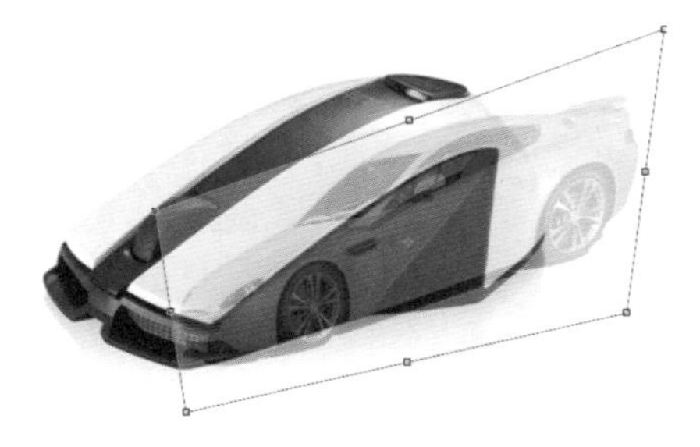

图10-58

3.单击“图层”控制面板中的“添加蒙版”按钮 ，为图层添加蒙版，使用“画笔”工具 在汽车车身上涂抹黑色（图10-59、图10-60）。

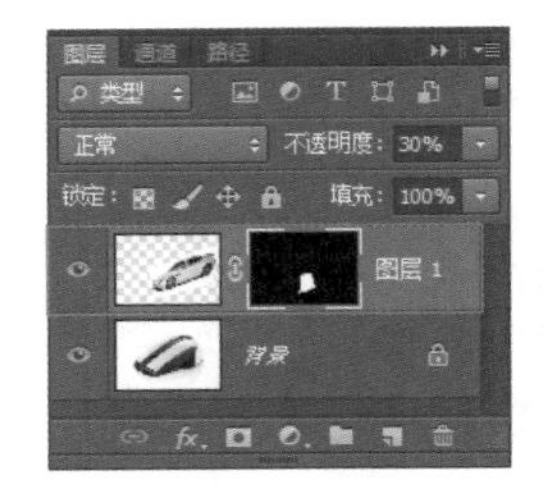

图10-59

图10-60

4.将“图层1”的“不透明度”设置为100%，再使用“画笔”工具 在车轮的四周仔细涂抹，效果即可呈现（图10-61）。

图10-61

5.图像合成后，需要再调整轮胎的颜色，使效果更逼真。按住<Ctrl>键并单击蒙版缩览图，载入选区（图10-62、图10-63）。

图10-62

图10-63

6.在“调整”控制面板中单击“色彩平衡”按钮，在“属性”控制面板中设置“青色-红色”为43、“洋红-绿色”为18、“黄色-蓝色”为13（图10-64），创建调整图层，效果即可呈现出来（图10-65）。

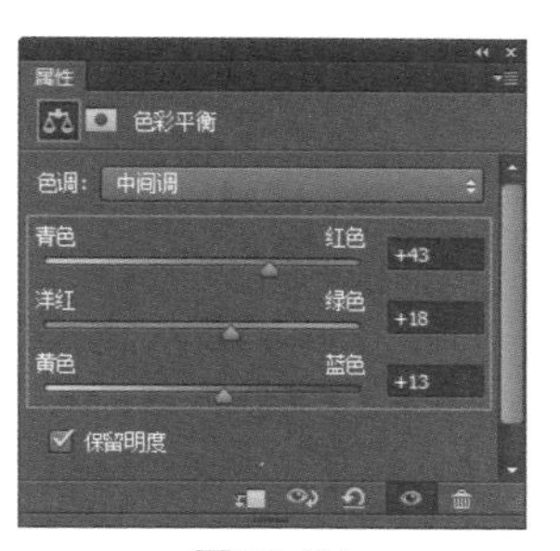

图10-64

图10-65

10.5 通道基础

10.5.1 “通道”控制面板

在“通道”控制面板中可以创建、保存和管理通道，当打开图像时，Photoshop CS6会自动创建通道（图10-66）。

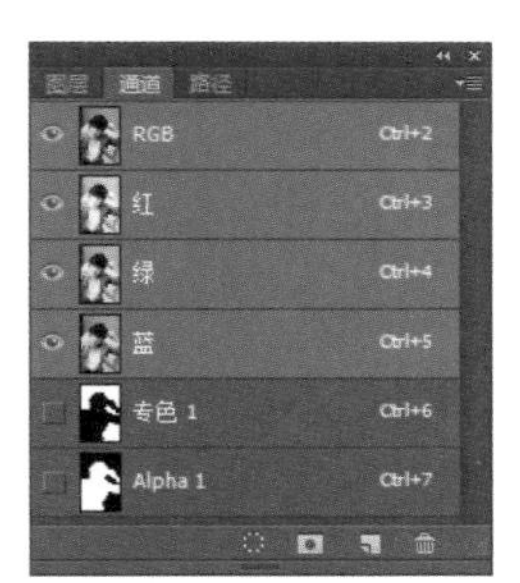

图10-66

1.复合通道：在“通道”控制面板中最先列出的通道是复合通道。

2.颜色通道：记录图像颜色信息的通道。

3.专色通道：保存专色油墨的通道。

4.Alpha通道：保存选区的通道。

5.将通道作为选区载入：单击该按钮可以将通道内的选区载入。

6.将选区存储为通道：单击该按钮可将选区保存在通道内。

7.创建新通道：单击该按钮即可创建Alpha通道。

8.删除当前通道：单击该按钮可删除选择的通道，复合通道除外。

10.5.2 通道种类

1.颜色通道。颜色通道记录了图像内容和颜色信息，颜色模式不同，通道的数量也不同。图10-67～图10-69分别为RGB、CMYK和Lab模式下的通道。位图、灰度、双色调和索引模式都只有1个通道。

图10-67

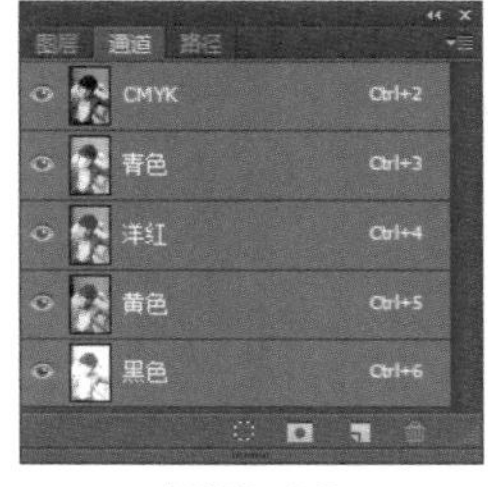

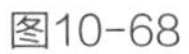

图10-68

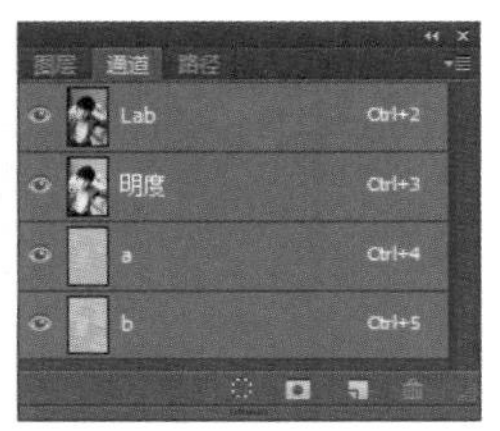

图10-69

2.Alpha通道。Alpha通道有保存选区、将选区存储为灰度图像和从Alpha通道中载入选区的功能。在Alpha通道中，白色表示可以被选择的区域，黑色表示不能被选择的区域，灰色表示羽化区域。图10-70为原图像，图10-71和图10-72为在Alpha通道中制作灰度阶梯可以选取出的图像。

3.专色通道。使用专色通道来存储印刷

图10-70

图10-71

图10-72

时要用的专色，如金色油墨、银色油墨、荧光油墨等。专色通道一般是以专色的名称命名的。

10.6 编辑通道

10.6.1 基础操作 视频

在“通道”控制面板中单击一个通道即可将其选中，在文档窗口中会显示所选通道的灰度图（图10-73），按住<Shift>键可选择多个通道，在文档窗口中会显示所选通道

图10-73

的复合信息（图10-74）。单击RGB复合通道可重新显示其他颜色通道（图10-75）。

图10-74

图10-75

10.6.2　Alpha通道与选区的转换【视频】

在画面中创建了选区后，单击“通道”控制面板中的“将选区存储为通道”按钮，即可将选区保存至Alpha通道中（图10-76、图10-77）。

图10-76

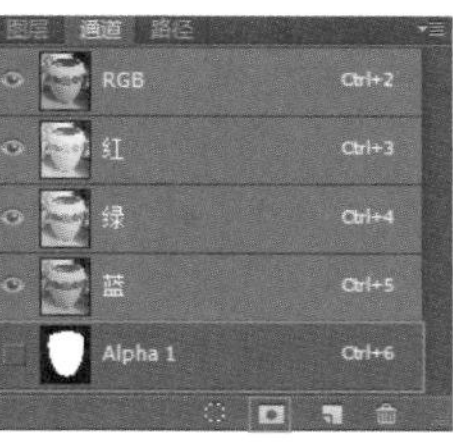

图10-77

选择要载入选区的Alpha通道，单击“将通道作为选区载入”按钮，或按住<Ctrl>键并单击Alpha通道，都可载入通道中的选区（图10-78、图10-79）。

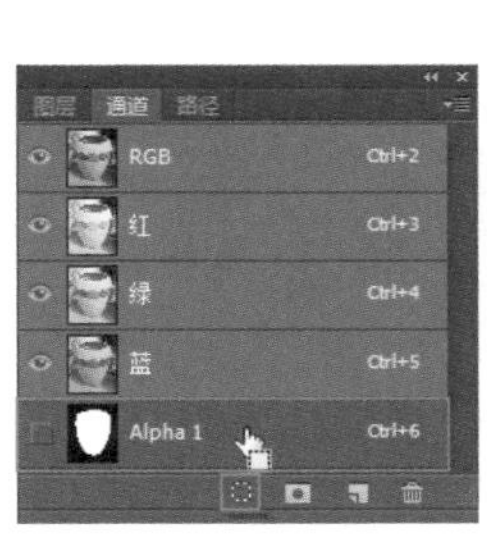

图10-78

图10-79

10.6.3　定义专色【视频】

1.按快捷键<Ctrl+O>打开素材光盘中的“素材”→“第10章”→“10.6.3定义专色”素材（图10-80），选取“工具箱”中的“魔棒”工具，设置“容差”为120，取消勾选“连续”复选框。设置完成后，在黑色区域上单击鼠标左键，将黑色区域选中（图10-81）。

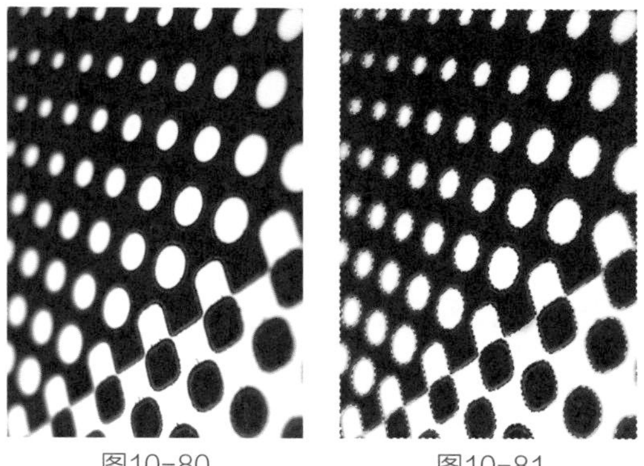

图10-80　　图10-81

2.在“通道”控制面板的菜单中单击“新建专色通道”命令（图10-82），在“新建专色通道”对话框中设置“密度”为100%。单击颜色块，在打开的“拾色器”对话框中单击“颜色库”按钮，在“颜色库”中选择一种专色（图10-83、图10-84）。

3.单击“确定”按钮，在“新建专色通

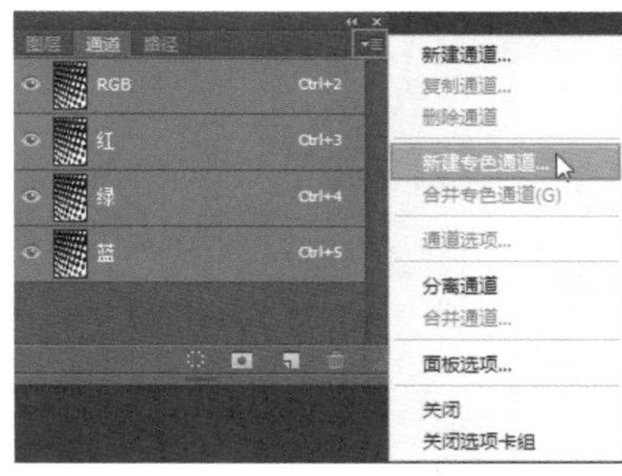

图10-82

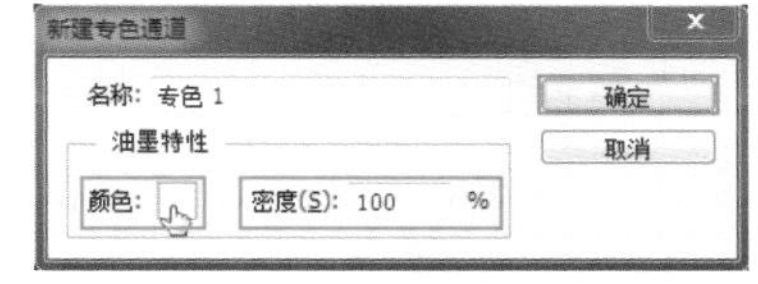

图10-83

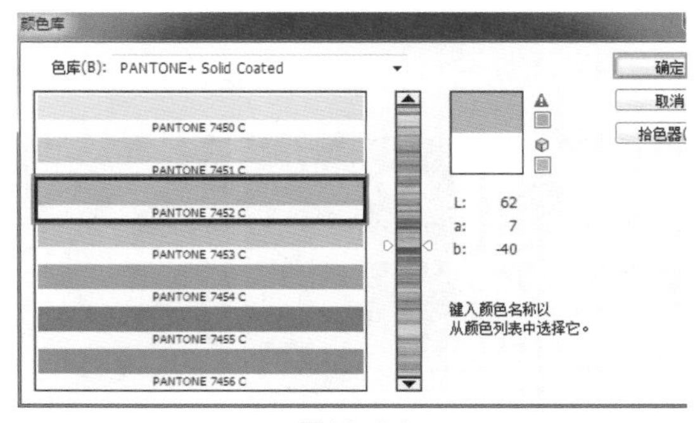

图10-84

道”对话框中不要修改“名称”，再次单击“确定”按钮，专色通道创建完成（图10-85、图10-86）。

图10-85

图10-86

10.6.4　分离通道【视频】

1.按快捷键<Ctrl+O>打开素材光盘中的“素材”→“第10章”→“10.6.4分离通道”素材（图10-87），图10-88为通道信息。

图10-87

图10-88

2.在“通道”控制面板的菜单中单击“分离通道”命令，即可将通道分离成单独的灰度图像文件（图10-89～图10-91），文件名称为原图像名称加通道名称。PSD分层图像不能执行“分离通道”操作。

图10-89

图10-90

图10-91

10.6.5　创建彩色图像【视频】

1.按快捷键<Ctrl+O>打开素材光盘中的“素材”→“第10章”→“10.6.5创建彩色图像红、蓝、绿”3张素材（图10-92～图10-94）。

图10-92

图10-93

图10-94

2.在“通道”控制面板的菜单中单击“合并通道”命令，在打开的“合并通道”对话框中设置“模式”为“RGB颜色”（图10-95），单击“确定”按钮。然后，在弹出的“合并RGB通道”对话框中将图像文件对应到颜色通道中（图10-96）。

图10-95

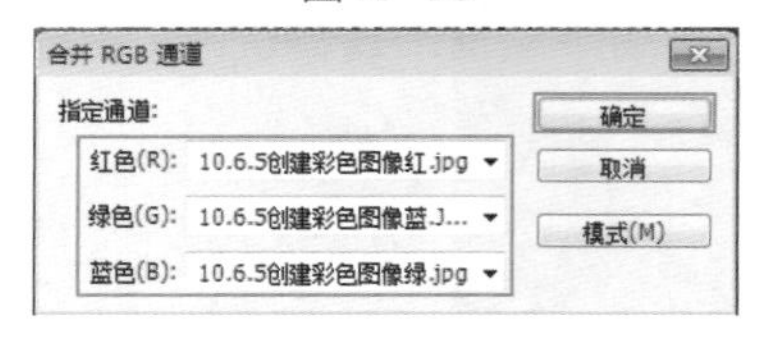

图10-96

3.单击“确定”按钮后，它们将自动合并为1个彩色的RGB图像（图10-97、图10-98）。

图10-97

图10-98

第11章　路径矢量工具

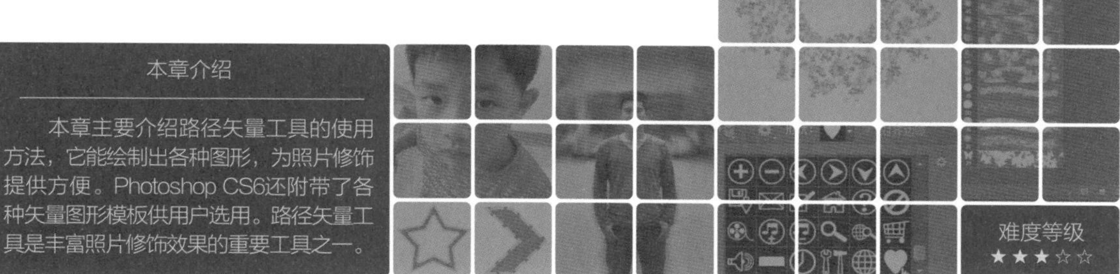

本章介绍

本章主要介绍路径矢量工具的使用方法，它能绘制出各种图形，为照片修饰提供方便。Photoshop CS6还附带了各种矢量图形模板供用户选用。路径矢量工具是丰富照片修饰效果的重要工具之一。

难度等级 ★★★☆☆

11.1　路径矢量基础

11.1.1　绘图模式

在Photoshop CS6中，使用"钢笔"工具等矢量工具可以创建形状图层、工作路径和像素图形，但是需要先在工具属性栏中设置相应的绘制模式，然后再进行绘制。

1.设置绘图模式为"形状"后，可在单独的形状图层中绘制形状，形状是一个矢量图形，也出现在"路径"面板中（图11-1）。

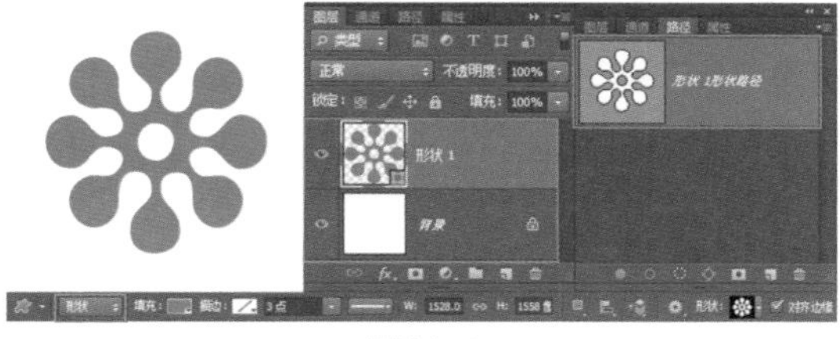

图11-1

2.设置绘图模式为"路径"后，可创建路径，出现在"路径"面板中（图11-2），路径可以转换成选区或矢量蒙版，也可进行填充或描边操作。

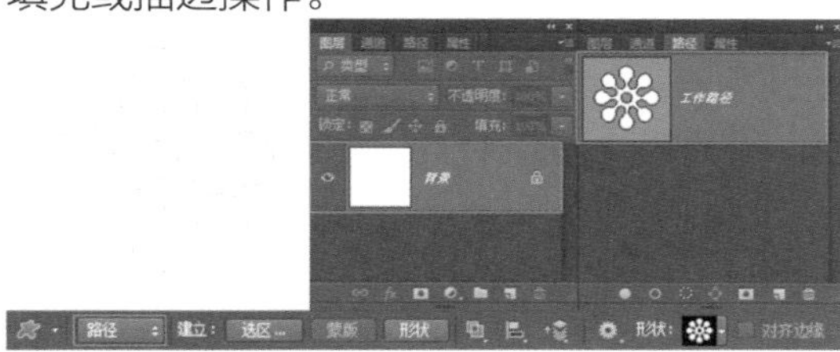

图11-2

3.设置绘图模式为"像素"后，可在当前图层上绘制栅格化图形，填充颜色为前景色，"路径"面板中没有路径（图11-3）。

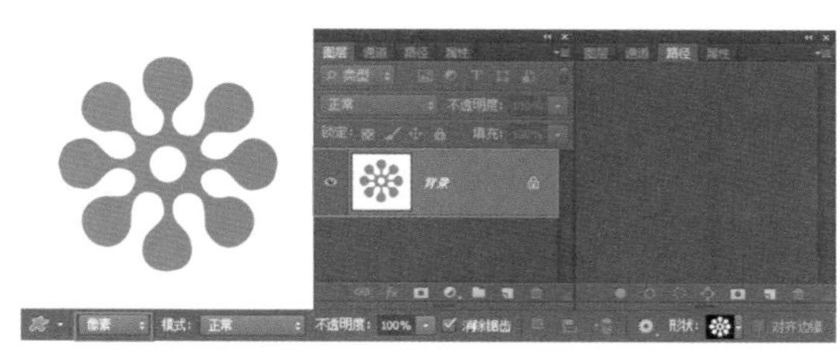

图11-3

11.1.2　形状

设置绘图模式为"形状"后，可在"填充"或"描边"下拉列表中选择"无"、"纯色"、"渐变"或"图案"选项进行填充和描边（图11-4）。

图11-4

图11-5～图11-10为使用纯色、渐变

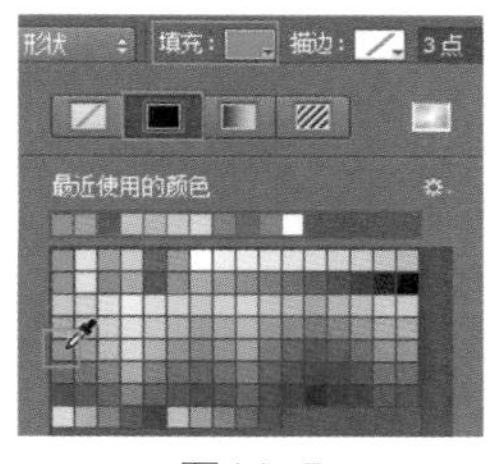

图11-5

图11-6

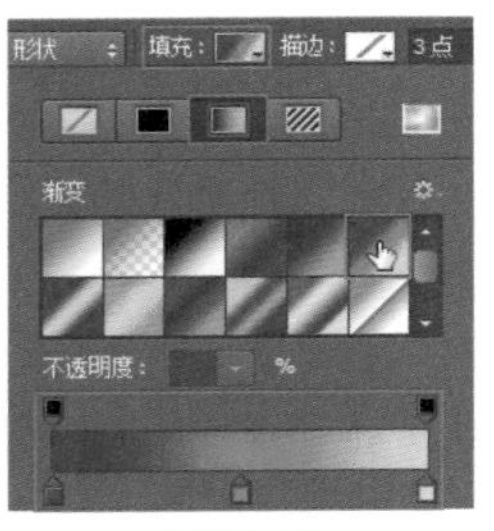

图11-7　　图11-8

图11-9　　图11-10

和图案对图形进行填充操作后的效果。图11-11～图11-16为使用纯色、渐变和图案对图

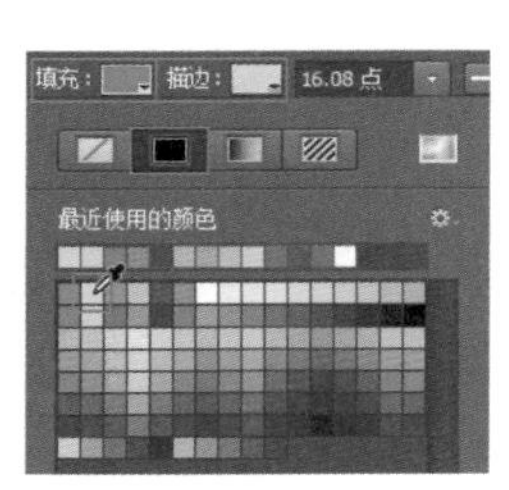

图11-11　　图11-12

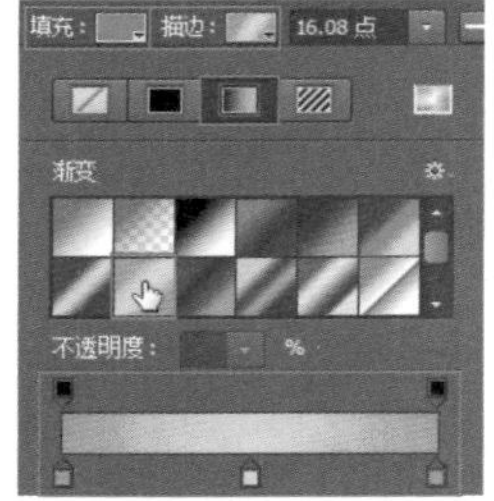

图11-13　　图11-14

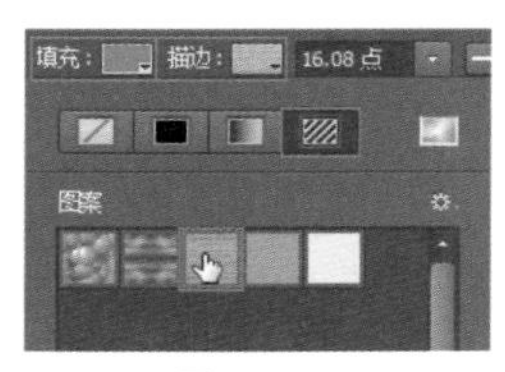

图11-15　　图11-16

形进行描边操作后的效果。

在“描边”右侧的文本框中输入数值或单击展开按钮■，在弹出的下拉菜单中拖动滑块，都可调整描边宽度（图11-17、图11-18）。

图11-17　　图11-18

单击工具栏中的“设置形状描边类型”选项中的展开按钮■，可以在弹出的下拉菜单中设置描边类型（图11-19）。图11-20～图11-22为设置了实线、虚线、圆点描边后的效果。

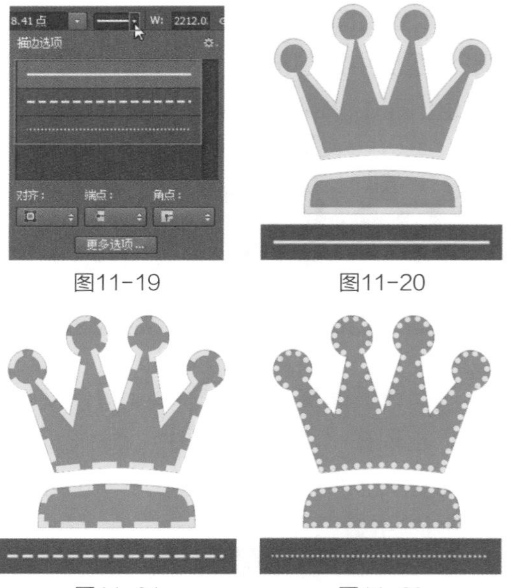

图11-19　　图11-20

图11-21　　图11-22

1.对齐：单击展开按钮■，在下拉菜单中可以选择描边与路径的对齐方式（图11-23），有内部、居中、外部3种方式。

2.端点：单击展开按钮■，在下拉菜单

中可以选择路径端点的样式（图11-24）。图11-25～图11-27分别为设置了端面、圆形和方形样式后的效果。

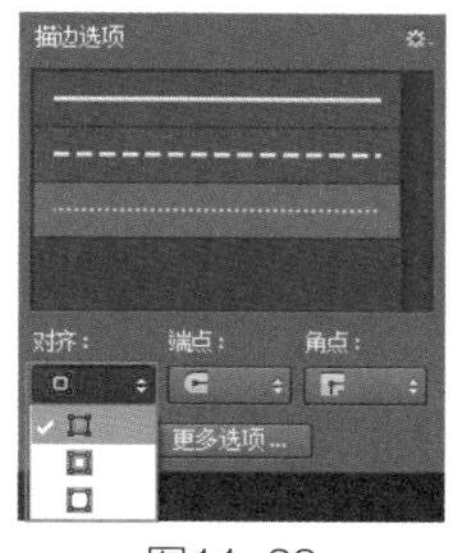

图11-23

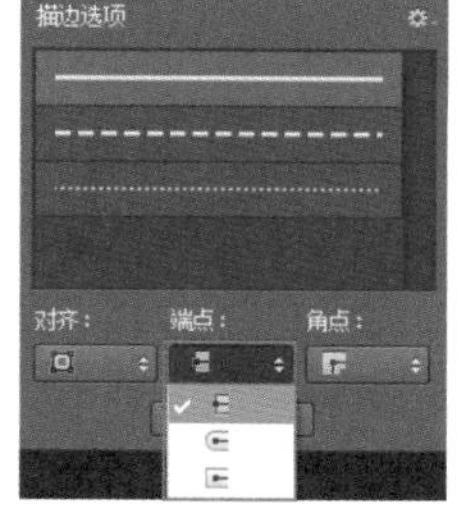

图11-24

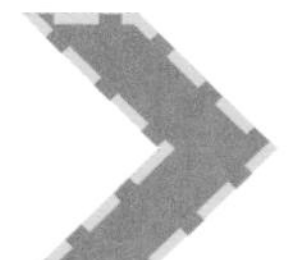
图11-25

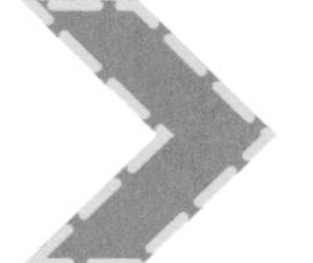
图11-26

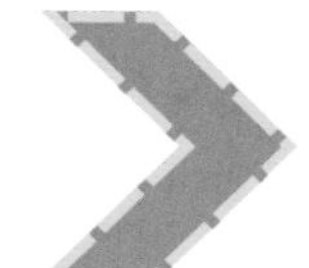
图11-27

3.角点：单击展开按钮 ，在下拉菜单中可以选择路径转角处的转折样式（图11-28）。图11-29～图11-31分别为设置了斜接、圆形和斜面样式后的效果。

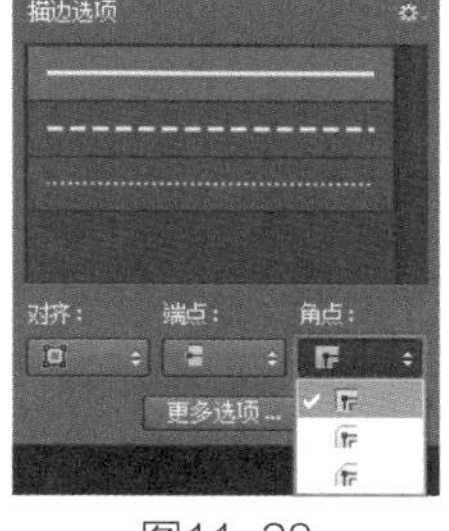

图11-28

图11-29

图11-30

图11-31

4.更多选项：单击该按钮，打开“描边”对话框。此处除了可以设置预设、对齐、端点和角点，还可以设置虚线间距（图11-32）。

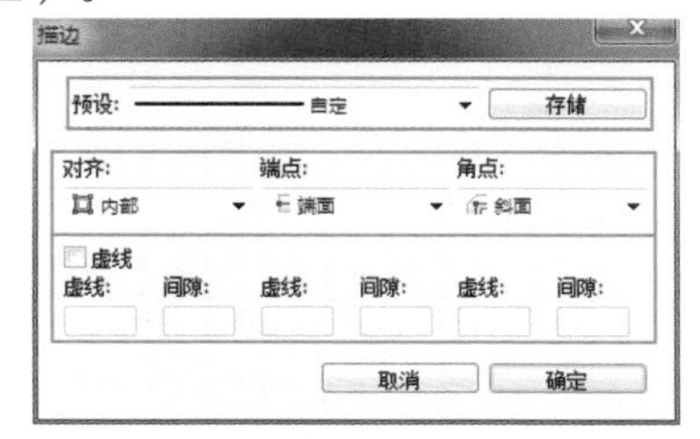

图11-32

11.1.3　路径

设置绘图模式为“路径”后，绘制路径。单击工具属性栏中的“选区”、“蒙版”和“形状”按钮可以将路径转换为选区、蒙版和形状（图11-33～图11-36）。

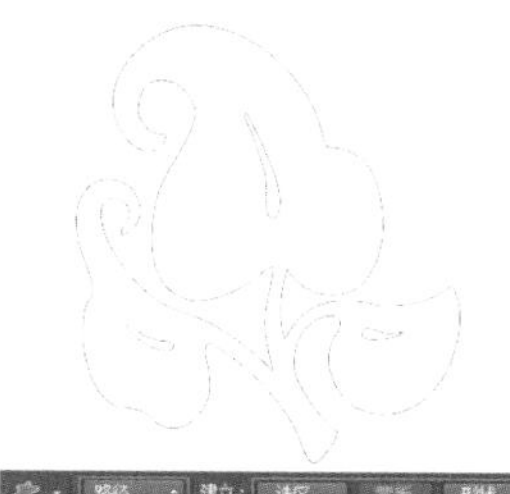

图11-33

图11-34

图11-35

图11-36

11.1.4　像素

设置绘图模式为“像素”后，绘制图像。可以在工具属性栏中设置混合模式和不透明度（图11-37），勾选“消除锯齿”复选框可以平滑图像的边缘。

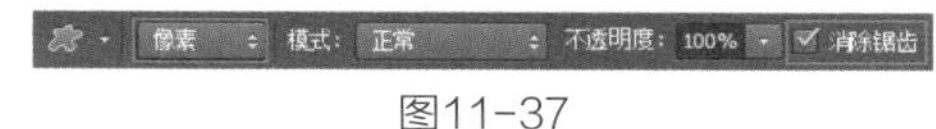

图11-37

11.1.5　路径与锚点特征

1.路径：可以转换为选区、使用颜色填充或描边的轮廓，包括开放式路径（图11-38）、闭合式路径（图11-39）和由多个独立路径组成的路径组（图11-40）。

图11-38　图11-39　图11-40

2.锚点：用来连接路径段，分为平滑点和角点两种，平滑点可以连接成平滑的曲线（图11-41），角点可以连接成直线（图11-42）或转角曲线（图11-43）。

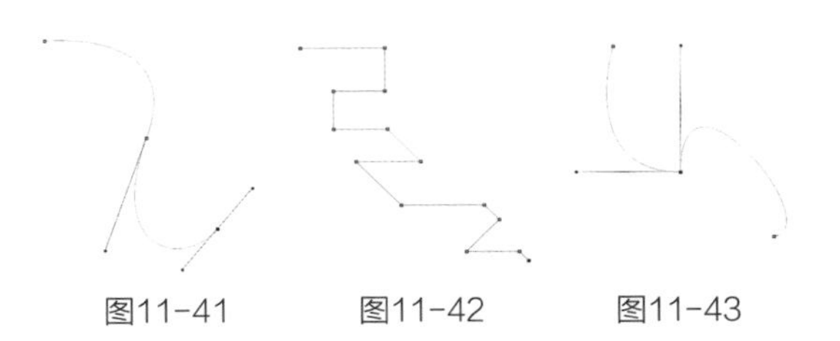

图11-41　　图11-42　　图11-43

11.2 钢笔工具

11.2.1 绘制转角曲线 [视频]

1.按快捷键<Ctrl+N>打开“新建”对话框，设置文件大小为600×600像素，分辨率为100像素/英寸（图11-44）。单击“视

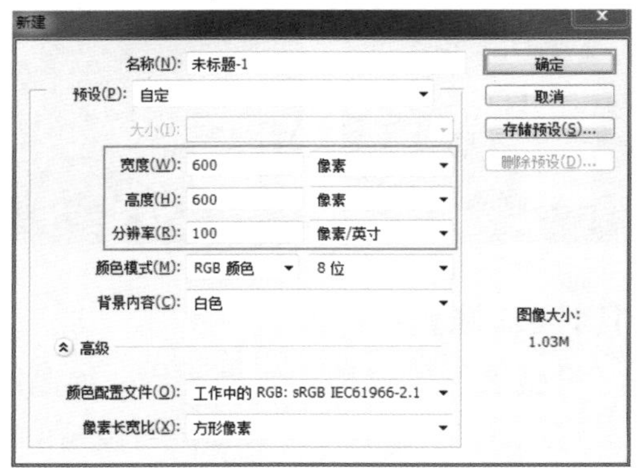

图11-44

图”→“显示”→“网格”命令使网格显示（图11-45），单击“编辑”→“首选项”→“参考性、网格和切片”命令，在打开的“首

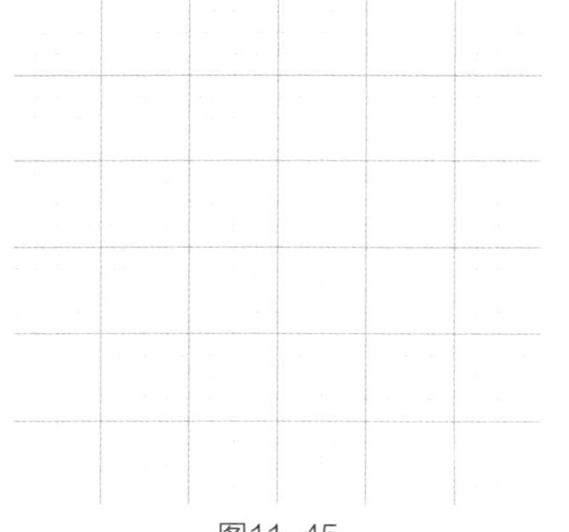

图11-45

选项”对话框中可调整网格的颜色、样式、间隔和子网格数量（图11-46）。

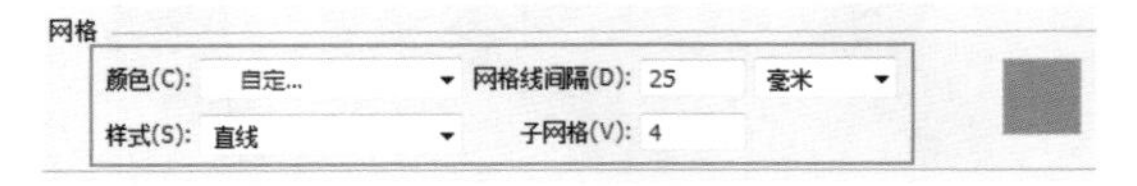

图11-46

2.选取“工具箱”中的“钢笔”工具，在工具属性栏中设置绘图模式为“路径”，在画面中单击鼠标左键并向右上方拖动创建一个平滑点（图11-47）。将光标移至下一个锚点的位置，单击鼠标左键并向下拖动（图11-48）。再将光标移至下一个锚点的位置，单击鼠标左键但不要拖动，创建一个角点（图11-49）。

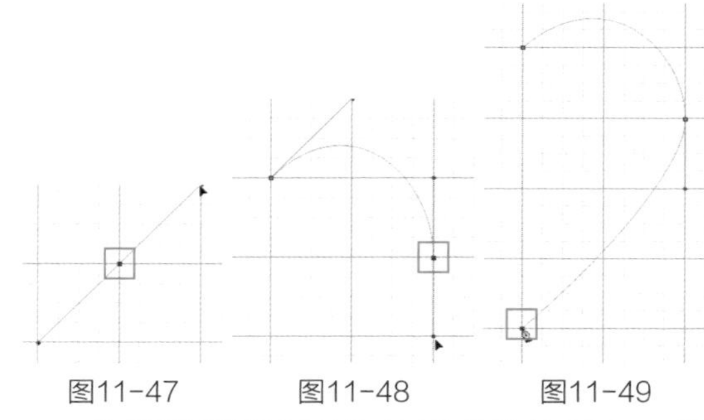

图11-47　　图11-48　　图11-49

3.将光标移至对称的锚点的位置上，单击鼠标左键并向上拖动（图11-50）。将光标放置在路径的起点处，单击鼠标左键闭合路径（图11-51）。

4.按住<Ctrl>键，将工具切换为“直接选择”工具，在路径的起始点处单击鼠标左键，会显示锚点（图11-52）；按住<Alt>

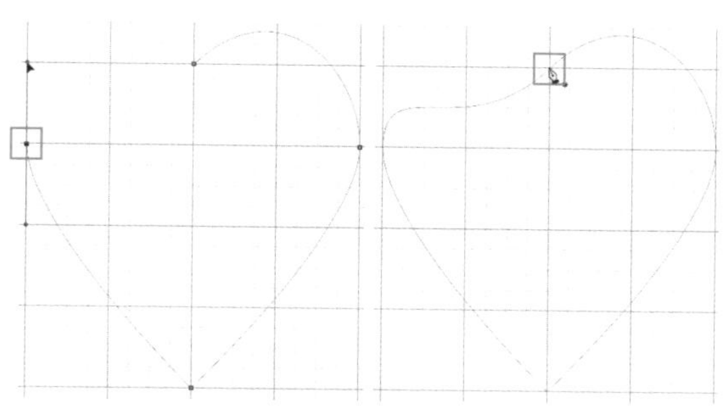

图11-50 图11-51

键，将工具切换为“转换点”工具，在左下角的方向线上单击鼠标左键并向上拖动，使之与右侧的方向线对称（图11-53、图11-54）。按快捷键<Ctrl+’>隐藏网格（图11-55）。

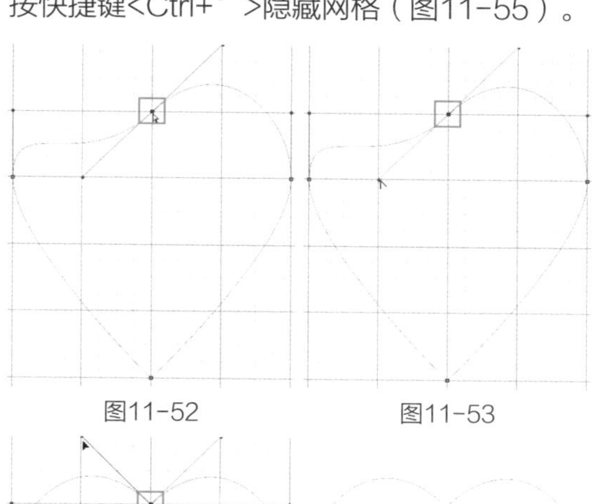

图11-52 图11-53

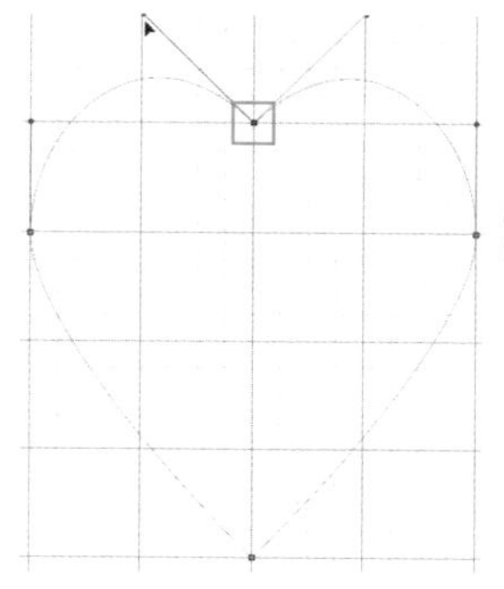

图11-54 图11-55

11.2.2 自定义形状 视频

1.“心形”图案绘制完成后，打开“路径”控制面板，选择该路径，画面中也会显示该图案（图11-56、图11-57）。

2.单击“编辑”→“定义自定形状”命令，在打开的“形状名称”对话框中可以输入名称（图11-58），按“确定”按钮后完

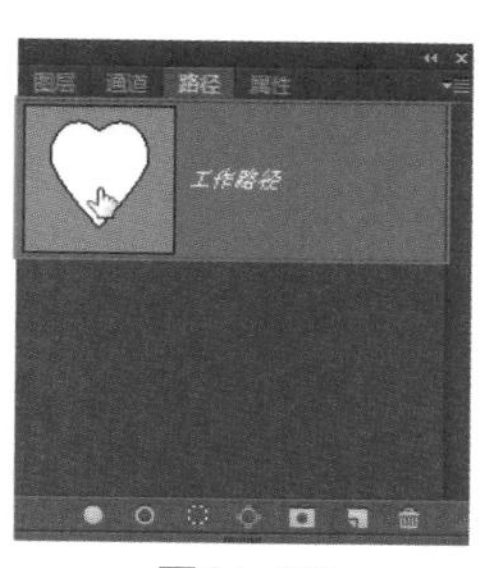

图11-56 图11-57

图11-58

成保存。

3.选取“工具箱”中的“自定形状”工具，在工具属性栏的“形状”下拉面板中可以将其找到（图11-59）。

图11-59

要点提示

除了常规钢笔外，用户还可以选用“自由钢笔”工具与“磁性钢笔”工具。“自由钢笔”工具可以用来绘制随意图形，选取该工具后，在画面中单击并拖动鼠标可绘制路径，在路径上双击鼠标左键可为其添加锚点。选取“自由钢笔”工具后，在工具属性栏中将“磁性的”复选框勾选，即可转换为“磁性钢笔”工具。在对象边缘处单击鼠标左键，创建锚点后松开鼠标并沿对象边缘拖动，即可紧贴对象轮廓生成路径。使用“钢笔”工具时，可以通过单击和按钮在路径上任意增加或删减锚点，以便控制曲线的平滑效果。

11.3 路径面板

11.3.1 新建路径 视频

在“路径”控制面板中单击“创建新路径”按钮，即可创建一个新的路径层（图11-60）。按住<Alt>键并单击“创建新路径”按钮，可以在打开的“新建路径”对话框中设置路径名称（图11-61、图11-62）。

图11-60

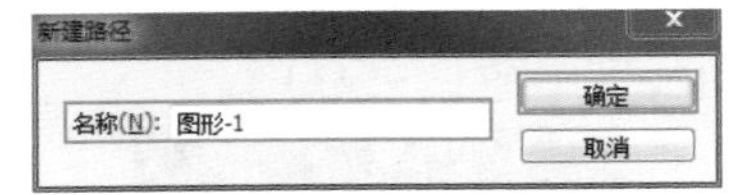

图11-61

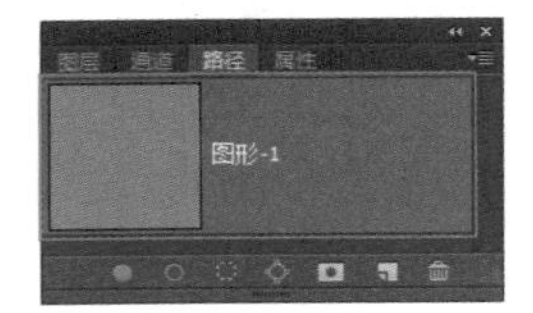

图11-62

11.3.2 路径与选区的转换 视频

1.按快捷键<Ctrl+O>打开素材光盘中的“素材”→“第11章”→“11.3.2路径与选区的转换”素材，选取“工具箱”中的“快速选择”工具在人物上创建选区（图11-63）。

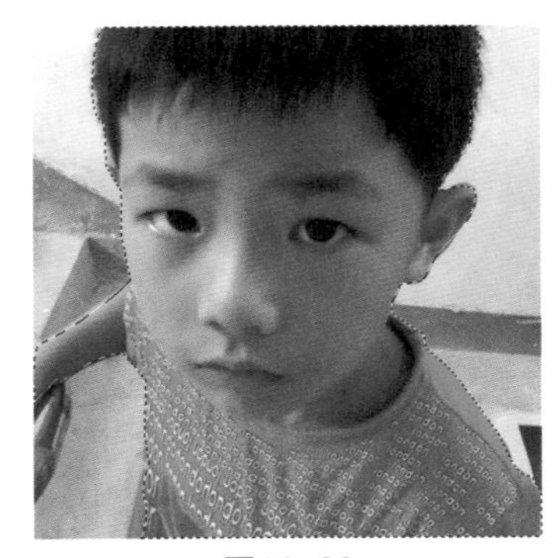

图11-63

2.在“路径”控制面板中单击“从选区生成工作路径”按钮，将选区转换为路径（图11-64、图11-65）。

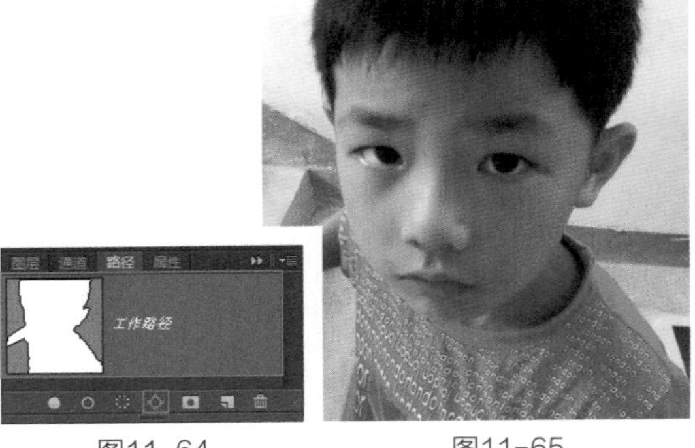

图11-64 图11-65

3.在“路径”控制面板中单击“将路径作为选区载入”按钮，载入路径中的选区（图11-66、图11-67）。

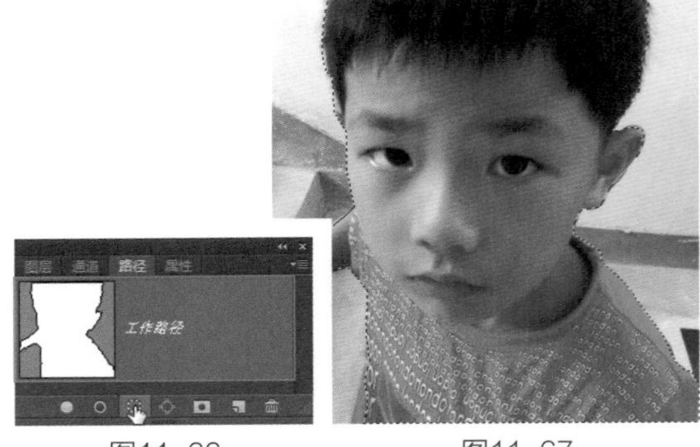

图11-66 图11-67

11.3.3 使用历史记录调板填充路径区域 视频

1.按快捷键<Ctrl+O>打开素材光盘中的“素材”→“第11章”→“11.3.3使用历史记录调板填充路径区域”素材（图11-68）。单击“滤镜”→“模糊”→“径向模糊”命令，在打开的“径向模糊”对话框中设置“数量”为10（图11-69），效果即有所变化（图11-70）。

图11-68

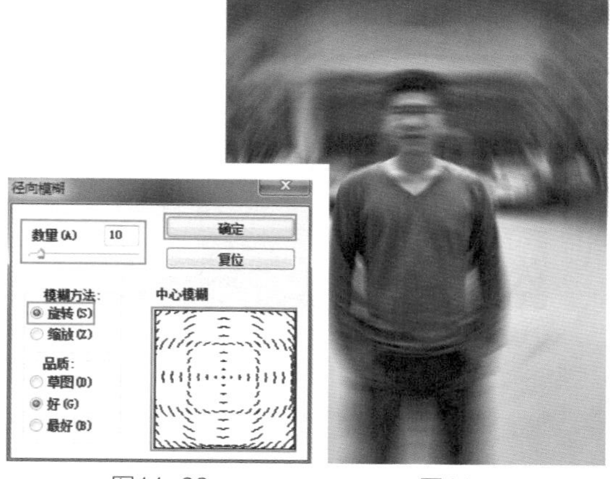

图11-69　　图11-70

2.打开“历史记录”面板，单击“创建新快照”按钮 可以创建一个快照（图11-71），在“快照1”前面单击鼠标左键，设置“快照1”为历史记录的源（图11-72）。

图11-71

图11-72

3.单击“打开”选项（图11-73），将照片恢复到打开时的状态（图11-74）。

4.在“路径”控制面板中选择“路径1”（图11-75），在“路径”面板的菜单中单击

图11-73　　图11-74

“填充路径”命令，在打开的“填充路径”对话框中设置“使用”为“历史记录”，“羽化半径”为8像素（图11-76），单击“确定”按钮填充路径区域。在面板的空白处单击鼠标左键将路径隐藏，效果即可呈现出来（图11-77）。

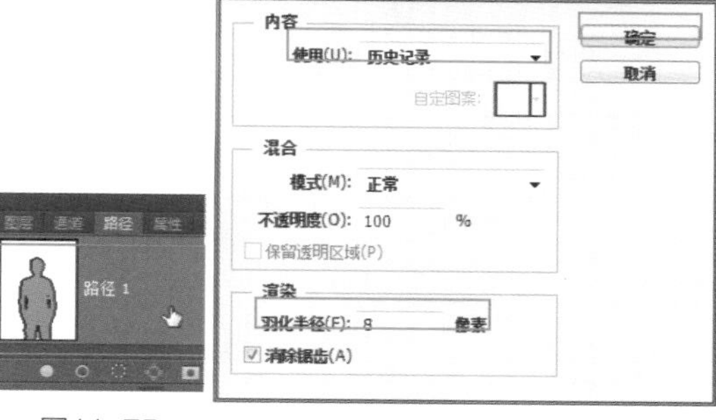

图11-75　　图11-76

图11-77

11.3.4 画笔描边路径 视频

1.按快捷键<Ctrl+N>打开“新建”对话框，设置文件大小为20×20厘米，分辨率为100像素/英寸。

2.选取“工具箱”中的“自定形状”工具，在工具属性栏中设置绘图模式为“路径”，打开“形状”下拉面板，单击“设置”按钮，在打开的下拉菜单中单击“全部”命令加载图形，选择“花边框”图形（图11-78）。

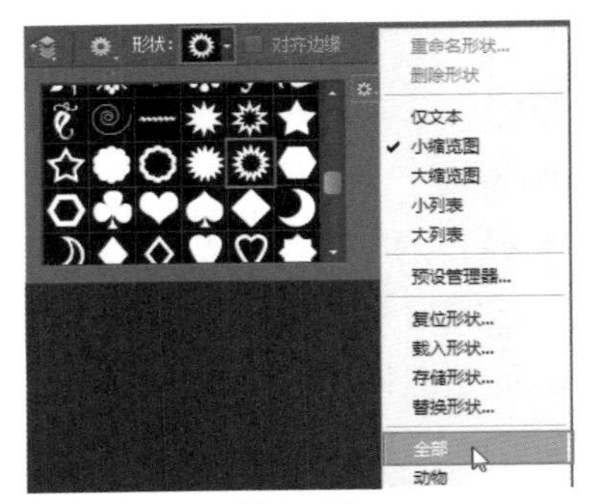

图11-78

3.设置完成后，按住<Shift>键在画面中绘制路径（图11-79）。

图11-79

4.选取“工具箱”中的“画笔”工具，打开“画笔预设”面板，加载“特殊效果画笔”画笔库，选择“缤纷蝴蝶”笔尖，设置“大小”为15像素（图11-80）。

5.调整前景色与背景色（图11-81），单击“路径”控制面板中的“描边路径”命令（图11-82），在打开的“描边路径”对话框中选择“画笔”选项（图11-83），单击“确定”按钮，在面板的空白处单击鼠标左键将路径隐藏，效果即可呈现出来（图11-84）。■

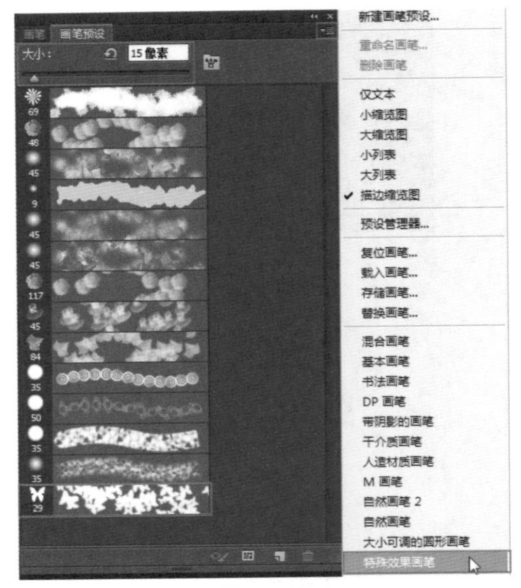

图11-80

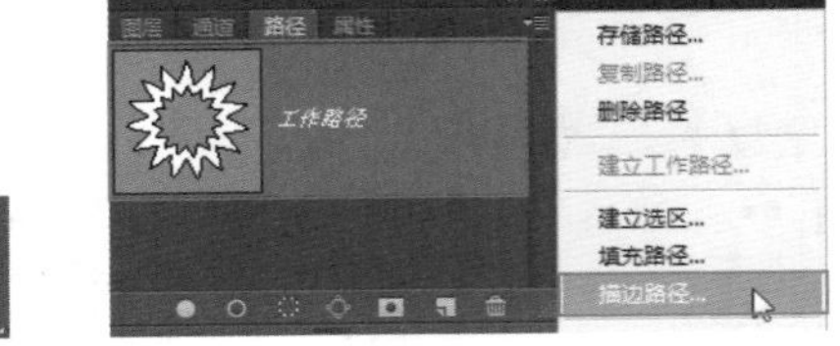

图11-81　图11-82

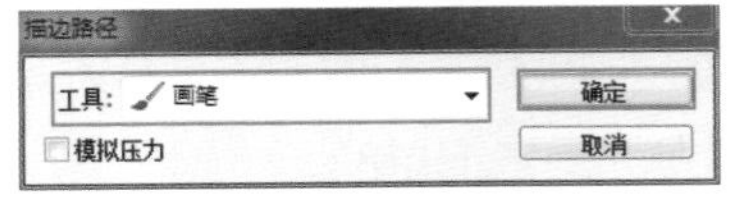

图11-83

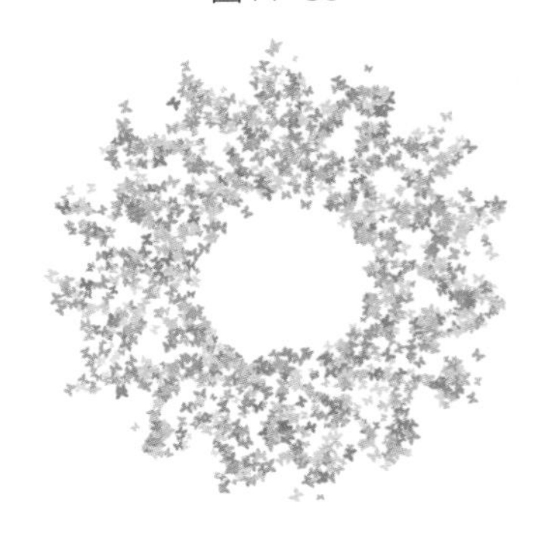
图11-84

第12章　文字

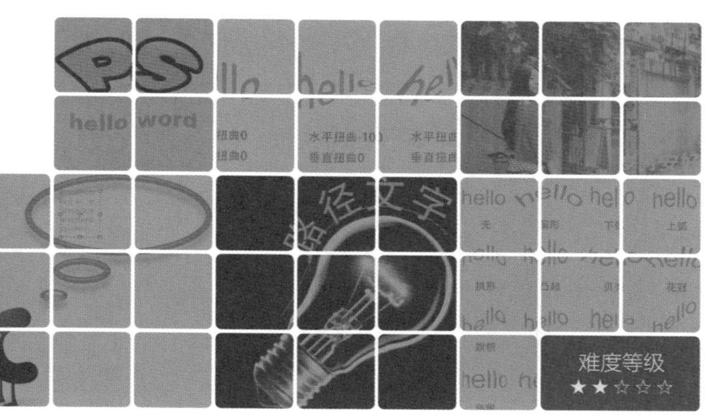

本章介绍

本章主要介绍Photoshop CS6的文字创建和文字编辑等的操作方法，详细介绍文字工具在照片修饰中的运用。给照片注入文字能进一步丰富照片的表意性与完整性，可以更好地诠释照片的美感。

12.1　常规文字

12.1.1　创建点文字【视频】

1.按快捷键<Ctrl+O>打开素材光盘中的“素材”→“第12章”→“12.1.1创建点文字”素材（图12-1）。选取“工具箱”中的“横排文字”工具 ，在工具属性栏中设置字体、大小和颜色（图12-2）。

图12-1

图12-2

2.设置完成后，在画面中单击鼠标左键设置输入点，单击处会出现一个闪烁的“I”形光标（图12-3），此时可输入文字（图12-4）。将光标放在字符外，单击并拖动鼠标即可移动文字位置（图12-5）。

3.单击工具属性栏中的“提交所有当前编辑”按钮 结束文字输入（图12-6），在“图层”控制面板中会生成一个文字图层

图12-3

图12-4

图12-5

图12-6

（图12-7）。按下工具属性栏中的“取消所有当前编辑”按钮 可放弃输入。

图12-7

12.1.2 编辑点文字 [视频]

1.选取“工具箱”中的“横排文字”工具 ，在文字上单击并拖动鼠标选择部分文字（图12-8），在工具属性栏中修改文字的颜色，效果即有所变化（图12-9）。

图12-8

图12-9

2.选中文字后，重新输入即可修改所选的文字（图12-10），按<Delete>键可以删除所选文字（图12-11），单击工具属性栏中的“提交所有当前编辑”按钮 结束修改。

图12-10

图12-11

3.将光标放在文字上，当光标变为“I”形时单击鼠标左键，设置文字插入点（图12-12、图12-13），然后输入文字即可添加文字内容（图12-14）。

图12-12

图12-13

图12-14

12.1.3 创建段落文字 [视频]

1.按快捷键<Ctrl+O>打开素材光盘中的“素材”→“第12章”→“12.1.3创建段落

文字”素材（图12-15）。选取“工具箱”中的“横排文字”工具 T，在工具属性栏中设置字体、大小和颜色（图12-16）。

图12-15

图12-16

2.在画面中单击鼠标左键并拖出一个定界框（图12-17），在定界框中会出现一个闪烁的“I”形光标（图12-18），此时可输入文字。定界框中的文字会自动换行（图12-19）。

图12-17

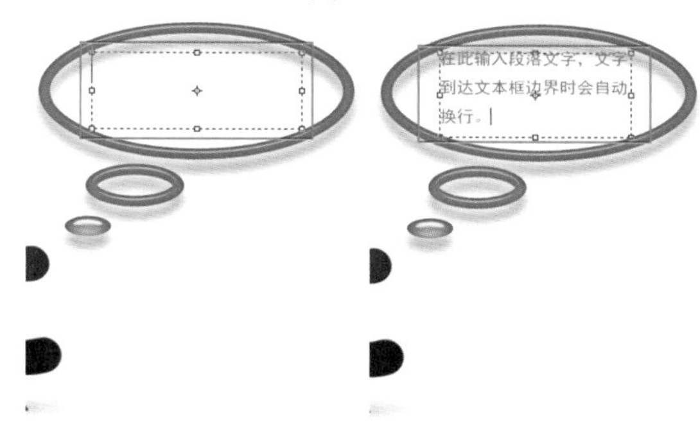

图12-18　　图12-19

3.单击工具属性栏中的“提交所有当前编辑”按钮 ✓，段落文字即创建完成（图12-20、图12-21）。

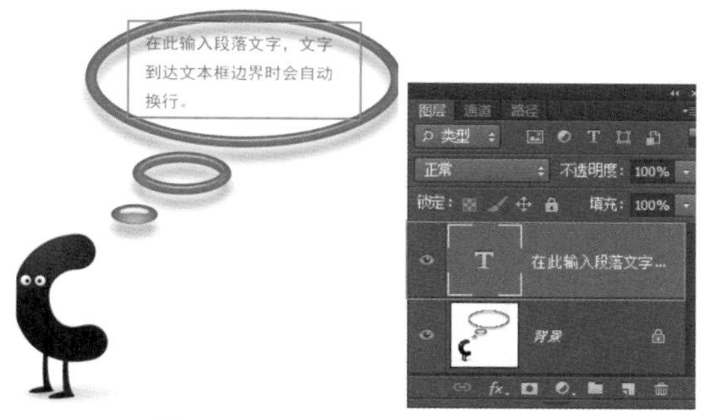

图12-20　　图12-21

12.1.4　编辑段落文字 视频

1.选取“工具箱”中的“横排文字”工具 T，在文字上单击鼠标左键设置插入点，定界框也会同时显示（图12-22）。

图12-22

2.使用鼠标拖动控制点，调整定界框的大小，文字会在定界框内重新排列（图12-23）。

图12-23

3.按住<Ctrl>键并拖动控制点，可以将文字等比例缩放（图12-24）。将光标放在定界框外，当光标变为弯曲的双箭头状态时，拖动鼠标即可旋转文字（图12-25）。

12.1.5 点文字与段落文字的转换 [视频]

单击“文字”→“转换为段落文本”命令可将点文本转换为段落文本；单击“文字”→“转换为点文本”命令可将段落文本转换为点文本。将段落文本转换为点文本时，定界框外的字符会被删掉。

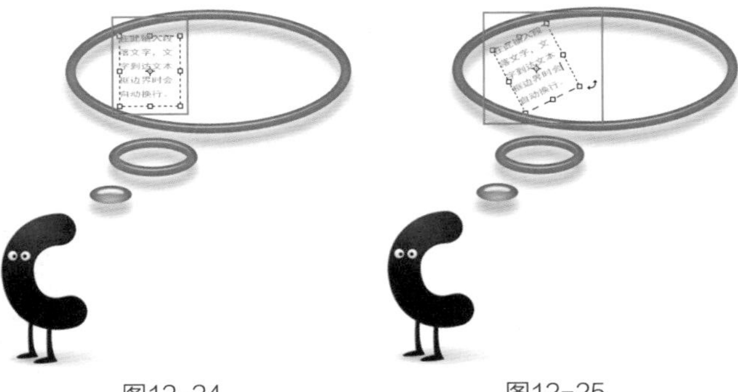

图12-24　　图12-25

12.2 变形文字

12.2.1 创建变形文字 [视频]

1.按快捷键<Ctrl+O>打开素材光盘中的“素材”→“第12章”→“12.2.1创建变形文字”素材（图12-26），选择一个文字图层（图12-27）。

图12-26

图12-27

2.单击“文字”→“文字变形”命令，在打开的“变形文字”对话框中设置“样式”为“花冠”（图12-28）。

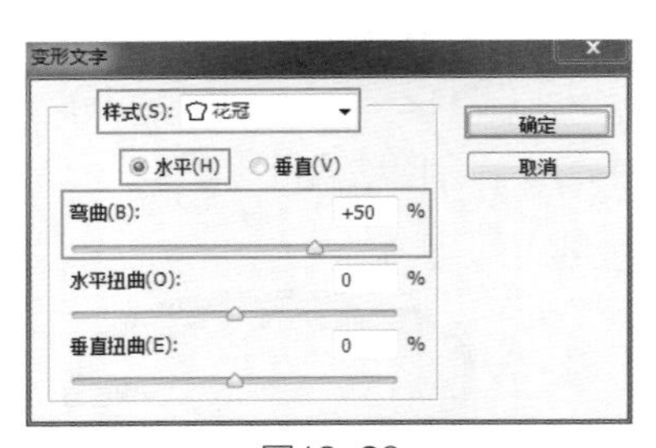

图12-28

3.变形文字创建完成后，在预览图中会出现一条弧线（图12-29），效果即有所变化（图12-30）。双击图层，在打开的“图层样式”对话框中设置描边效果，“颜色”为黑色，“大小”为70像素（图12-31），效果即有所变化（图12-32）。

图12-29

图12-30

4.选择另一个文字图层，单击“文字”→“文字变形”命令，在打开的“变形文字”对话框

图12-31　　图12-32

中设置“样式”为“波浪”，选中“水平”单选按钮（图12-33），效果即有所变化（图12-34）。

图12-33

图12-34

5.设置前景色为黄色，新建图层，设置混合模式为“叠加”（图12-35），使用柔角“画笔”工具 在文字顶部涂抹，绘制高光效果（图12-36）。

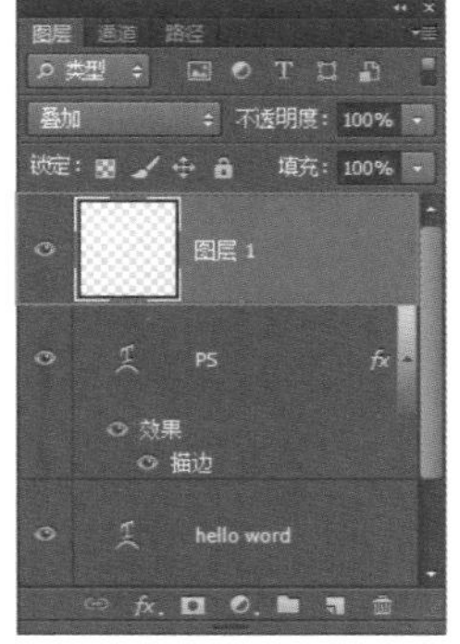

图12-35　　图12-36

12.2.2 设置变形

“变形文字”对话框用来设置变形选项，包括变形样式和变形程度。

1.样式：该选项的下拉菜单中提供了15种变形样式（图12-37）。

无　扇形　下弧　上弧

拱形　凸起　贝壳　花冠

旗帜　波浪　鱼形　增加

鱼眼　膨胀　挤压　扭转

图12-37

2.水平/垂直：设置文本扭曲的方向（图12-38）。

图12-38

3.弯曲：设置文本的弯曲程度（图12-39）。

水平扭曲0　垂直扭曲0

水平扭曲-100　垂直扭曲0

水平扭曲0　垂直扭曲50

图12-39

12.3 路径文字

12.3.1 创建路径文字 视频

1.按快捷键<Ctrl+O>打开素材光盘中的“素材”→“第12章”→“12.3.1创建路径文字”素材。选取“工具”箱中“钢笔”工具，沿着灯泡的轮廓绘制一条路径（图12-40）。

图12-40

2.选取“工具箱”中的“横排文字”工具，在工具属性栏中设置字体、大小和颜色（图12-41）。

图12-41

3.将光标放在路径上时，光标会变成“ ”形（图12-42），单击鼠标左键设置插入点，

图12-42

在画面中会显示出闪烁的“I”形光标，此时输入文字即可沿着路径排列（图12-43）。按快捷键<Ctrl+Enter>可结束操作（图12-44）。

图12-43

图12-44

12.3.2 路径文字的移动与反转 视频

1.选择“路径”控制面板中的“文字路径”选项（图12-45），路径会在画面中显示出来（图12-46）。

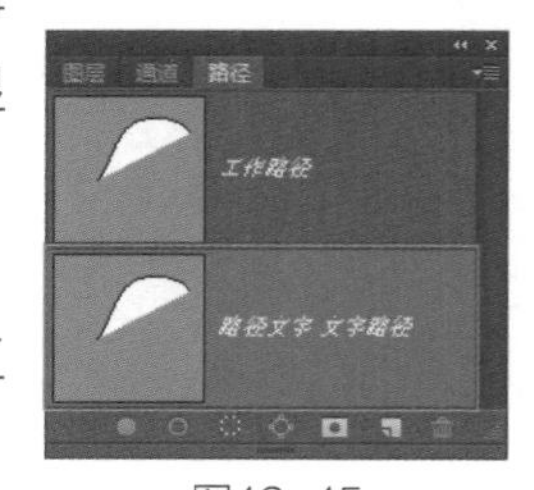

图12-45

2.选取“工具箱”中的“直接选择”工具 或“路径选择”

图12-46

工具 ，将光标放在文字上时，光标会变为“ ”形（图12-47），单击并沿着路径拖动鼠标即可移动文字（图12-48）。

图12-47

图12-48

3.单击鼠标左键朝路径的另一侧拖动文字即可翻转文字（图12-49）。

图12-49

12.3.3　编辑路径【视频】

1.将文字翻转到路径上面（图12-50）。

图12-50

2.选取“工具箱”中的“直接选择”工具 在路径上单击鼠标左键，使锚点显示，移动锚点修改路径的形状，文字会沿着路径重新排列（图12-51）。■

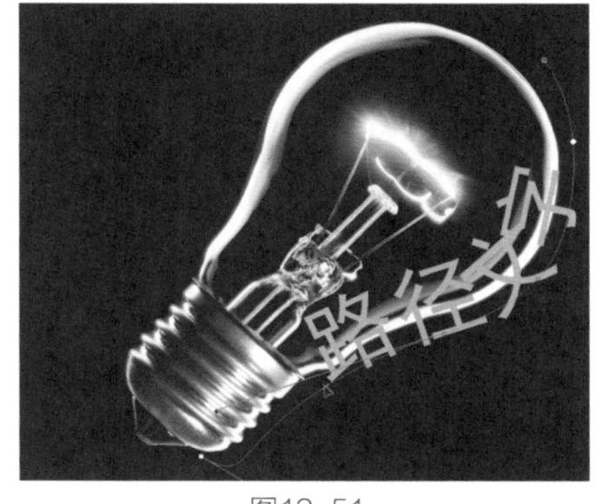
图12-51

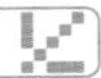

第13章 滤镜

本章介绍

本章主要介绍滤镜的使用方法。滤镜能瞬间改变照片的风格，能以截然不同的方式赋予照片全新的意境，给人以意想不到的效果。滤镜操作虽然简单，但是也要根据创意来选用。

13.1 滤镜基础

13.1.1 滤镜

滤镜本是一种摄影器材，能够产生特殊的拍摄效果。但在Photoshop CS6中，特殊效果使用滤镜也能够表现出来。

Photoshop CS6中的滤镜是一种插件模块，它通过改变像素的位置和颜色生成特效，图13-1为原图像，图13-2为用“染色玻璃”滤镜处理后的图像。

图13-1

图13-2

所有滤镜都在“滤镜”菜单下（图13-3），分为内置滤镜和外挂滤镜两类。内置滤镜是Photoshop CS6自带的滤镜，外挂滤镜是由其他厂商开发，需要安装在Photoshop CS6中才能使用的滤镜。外挂滤镜在“滤镜”菜单的底部。

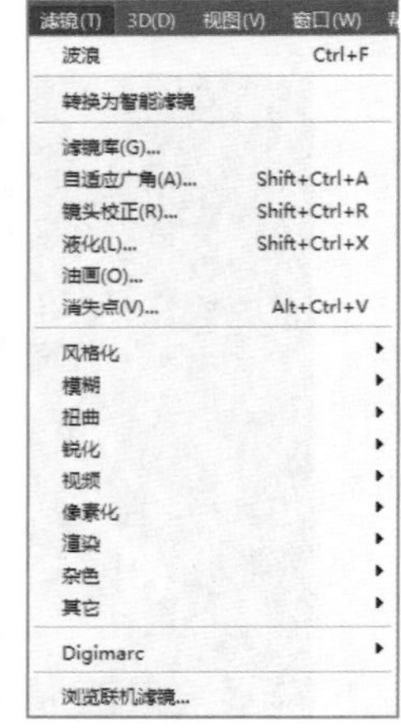

图13-3

滤镜的使用方法比较简单。使用滤镜前，先选择要修饰的图层，并且确定该图层是可见的。如果创建了选区，那么滤镜只能处理选区内的图像（图13-4）；如果未创建选区，则滤镜会处理图层中的全部图像（图13-5）。

图13-4

图13-5

滤镜处理是以像素为单位进行计算的，即使是相同的参数，处理不同分辨率的图像，效果也是不同的。滤镜可以对图层蒙版、快速蒙版和通道进行操作。

13.1.2 使用技巧

在任何滤镜对话框中按住<Alt>键，“取消”按钮都会变成“复位”按钮，单击该按钮可将参数恢复（图13-6）。

图13-6

使用滤镜后，在“滤镜”菜单的第一行会显示上次使用的滤镜的名称（图13-7），单击滤镜名称或按快捷键<Ctrl+F>可快速应用该滤镜。按快捷键<Ctrl+Alt+F>可打开该滤镜对话框，然后重新设定参数。

图13-7

在应用滤镜的过程中，按下<Esc>键可终止处理。使用滤镜时，在打开的滤镜库或相应的对话框中可预览滤镜效果；单击“放大”⊞或“缩小”按钮⊟可调整显示比例；在预览图上单击并拖动鼠标可移动图像（图13-8）；在文档中单击要查看的区域，预览框中就会显示单击处的图像（图13-9）。

图13-8

图13-9

使用滤镜处理图像后，单击“编辑”→“渐隐”命令，可以修改滤镜效果的混合模式和不透明度。图13-10为使用了“马赛克”命令后的效果，图13-11为使用了“渐隐”命令编辑后的效果，“渐隐”命令必须在滤镜操作后立即执行。

图13-10

图13-11

在Photoshop Cs6中，当使用部分滤镜处理高分辨率图像时会占用大量内存，使处理速度变慢。遇到这种情况时，可先在局部区域上试验滤镜，再应用于整个图像，或在使用滤镜之前单击“编辑”→“清理”命令释放内存，也可退出部分其他程序减少内存占用。

单击“滤镜”→“浏览联机滤镜”命令，可以打开Adobe网站，查找需要的滤镜和增效工具（图13-12）。

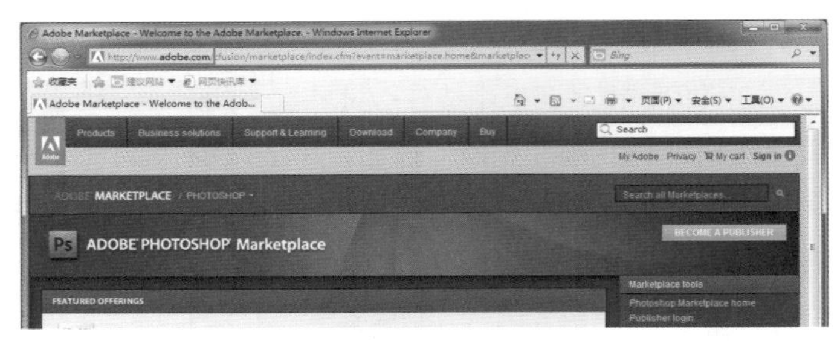

图13-12

13.2 智能滤镜

13.2.1 智能滤镜与普通滤镜的区别

普通滤镜通过修改像素生成效果，经过处理后，“背景”图层会被修改，文件被保存并关闭后，无法恢复到原来的效果（图13-13、图13-14）。

智能滤镜是一种将滤镜效果应用于智能对象的非破坏性滤镜，它的滤镜效果与普通滤镜完全相同（图13-15），在智能滤镜的“滤镜库”前单击图标将其隐藏，图像即可恢复原始效果（图13-16）。

图13-13

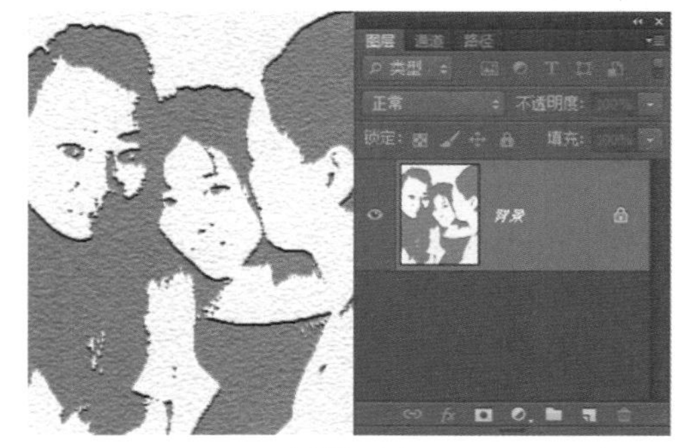

图13-14

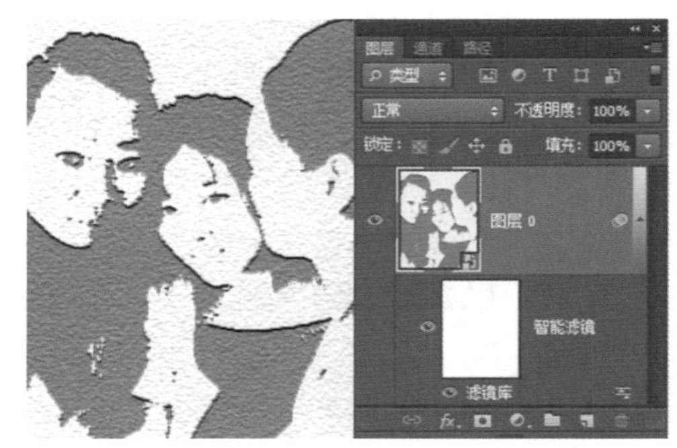

图13-15

图13-16

13.2.2 制作网点照片 [视频]

1.按快捷键<Ctrl+O>打开素材光盘中的“素材”→“第13章”→“13.2.2制作网点照片”素材（图13-17）。

2.单击“滤镜”→“转换为智能滤镜”命令，在弹出的提示信息对话框中单击“确

图13-17

定”按钮（图13-18），“背景”图层即转换为智能对象（图13-19）。按快捷键<Ctrl+J>将“背景”图层复制，设置前景色为黄色（R：255、G：216、B：0）。单击“滤镜”→“素描”→“半调图案”命令，在打开的“滤镜库”对话框中设置“图案类型”为“网点”，并设置参数（图13-20）。设置完成后，单击“确定”按钮，效果即有所变化（图13-21、图13-22）。

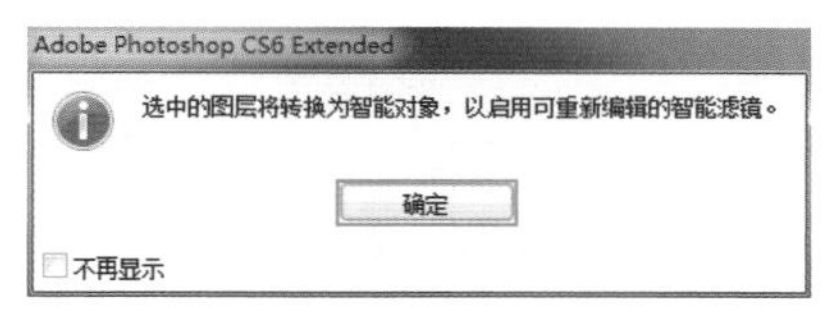

图13-18

图13-19

图13-20

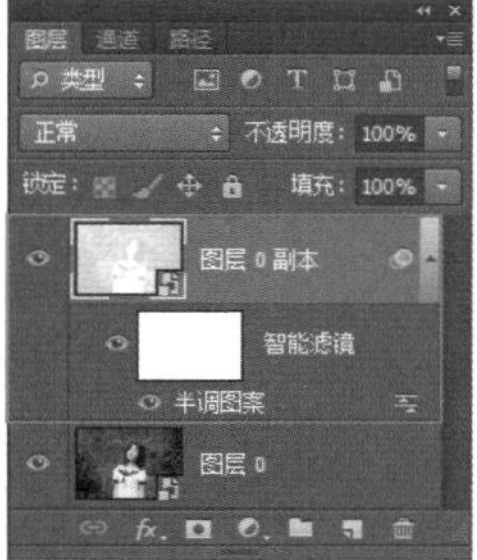

图13-21

图13-22

3.单击“滤镜”→“锐化”→“USM锐化”命令，在打开的“USM锐化”对话框中设置参数（图13-23），使图像网点更加清晰（图13-24）。

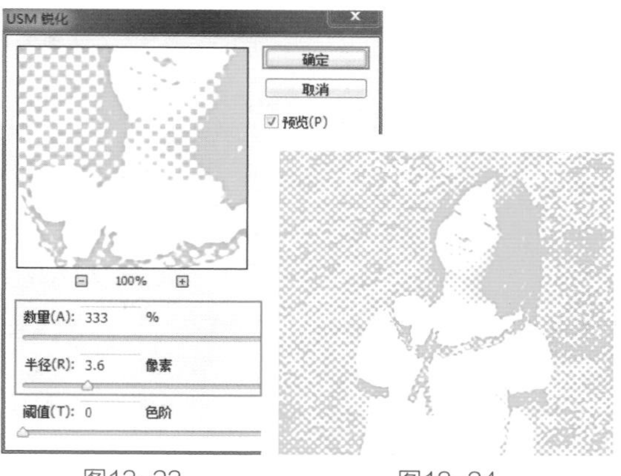

图13-23　图13-24

4.将“图层0副本”的混合模式设置为“正片叠底”（图13-25），选择“图层0”。

5.设置前景色为蓝色（R：0、G：180、B：255），单击“滤镜”→“素描”→“半调图案”命令，使用默认参数，再单击“滤镜”→“锐化”→“USM锐化”命令，不改变参数，效果即有所变化（图13-26）。

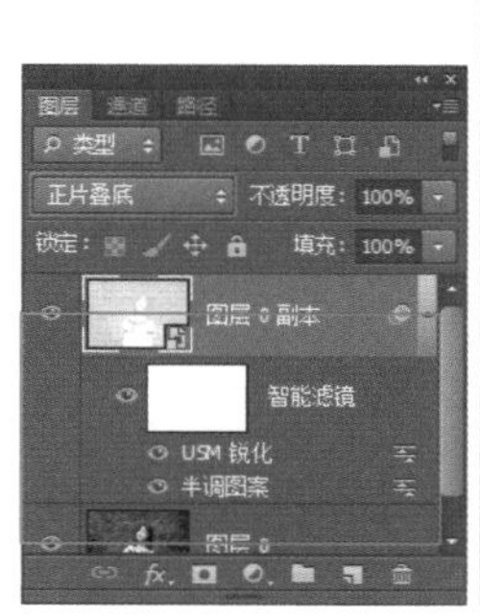

图13-25　图13-26

选用滤镜之前应熟悉其变化效果，盲目尝试只会浪费时间。不宜将多种滤镜同时用在一张照片上，用户应该根据需要表现的效果选择合适的滤镜。进行滤镜操作前应复制新图层，在新图层上赋予滤镜，并及时保存。

6.选取“工具箱”中的“移动”工具，按下键盘上的方向键轻移图层，使两个图层的网点错开，再使用“裁剪”工具将照片边缘裁剪整齐，效果即可呈现出来（图13-27）。

图13-27

13.2.3 修改智能滤镜 [视频]

1.在“图层”控制面板中，双击“图层0副本”图层的“半调图案”智能滤镜（图13-28），在重新打开的“滤镜库”对话框中设置“图案类型”为“圆形”，并修改参数，单击“确定”按钮，效果即有所变化（图13-29）。

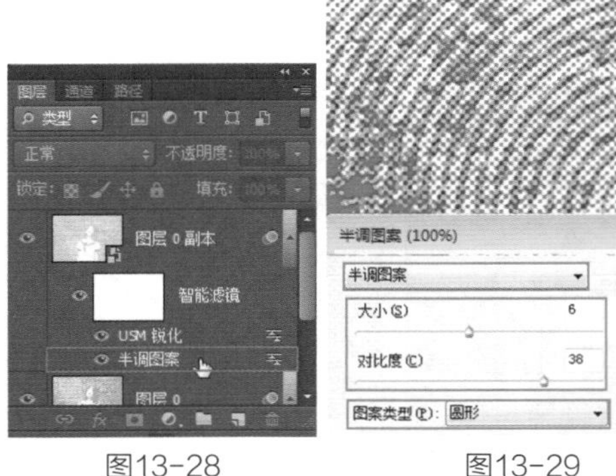

图13-28　　图13-29

2.双击智能滤镜右侧的“编辑滤镜混合选项”按钮（图13-30），在打开的“混合选项”对话框中设置滤镜的不透明度和混合模式（图13-31），效果即可呈现出来（图13-32）。

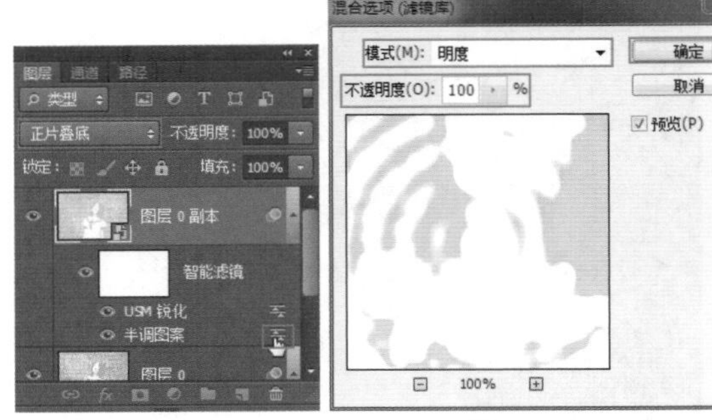

图13-30　　图13-31

图13-32

13.2.4 遮盖智能滤镜 [视频]

1.在“图层”控制面板中单击智能滤镜的蒙版，并将其选中，如需遮盖某处的滤镜效果，可用黑色绘制，如需显示某处的滤镜效果，可用白色绘制（图13-33）。

图13-33

2.使用灰色绘制可减弱滤镜效果的强度（图13-34），使用“渐变”工具填充黑白渐变，可对滤镜效果进行自然的遮盖。

图13-34

13.2.5 排列智能滤镜 视频

当对一个图层应用了多个智能滤镜后，可拖动滤镜，重新排列它们的顺序，图像效果会随之发生改变（图13-35、图13-36）。

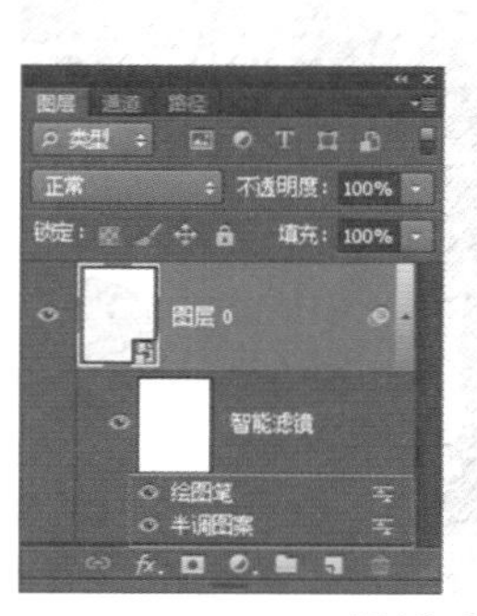

图13-35

图13-36

13.2.6 智能滤镜的显示与隐藏 视频

单击智能滤镜左侧的眼睛图标，可隐藏单个智能滤镜（图13-37）；单击智能滤镜蒙版左侧的眼睛图标，或单击“图层”→“智能滤镜”→“停用智能滤镜”命令，可将应用于智能对象的所有智能滤镜隐藏（图13-38）。再次单击眼睛图标，可重新显示智能滤镜。

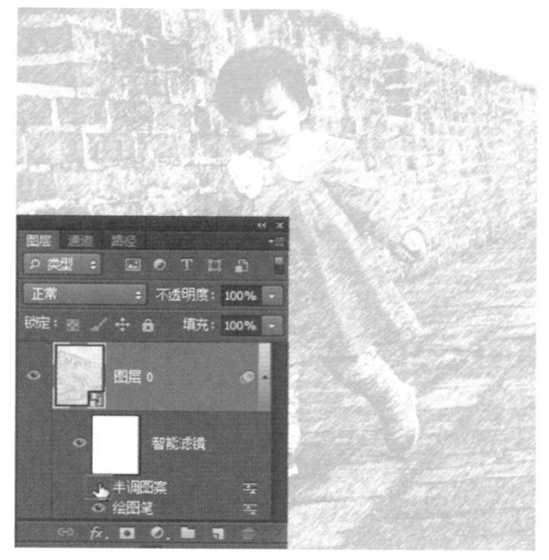

图13-37

图13-38

13.2.7 智能滤镜的复制与删除

在“图层”控制面板中，按住<Alt>键并将智能滤镜拖动到其他智能对象上，松开鼠标即可完成复制（图13-39、图13-40）。

如果要复制所有智能滤镜，可按住<Alt>键并将智能滤镜右侧的智能滤镜图标拖动到其他智能对象上（图13-41）。

将要删除的单个智能滤镜拖动到“图层”控制面版底部的“删除”按钮上即可删除该智能滤镜（图13-42、图13-43）；选择智能对象图层，单击“图层”→“智能滤镜”→“清除智能滤镜”命令，可将所有应用于该图层的智能滤镜删除（图13-44）。

图13-39

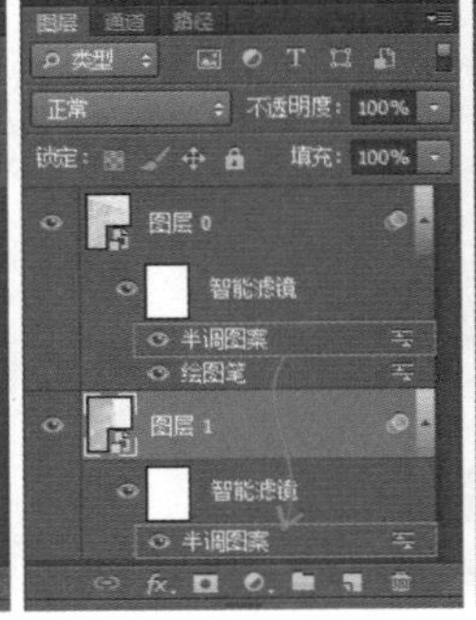

图13-40

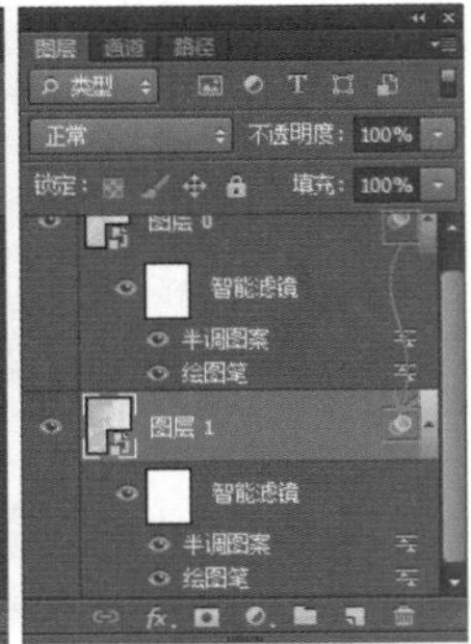

图13-41

图13-42

图13-43

图13-44

13.3 滤镜库

13.3.1 滤镜库

单击“滤镜滤镜库”命令可打开“滤镜库”对话框（图13-45），“滤镜库”对话框由预览区、滤镜组和参数设置区组成。

1.预览区：在此预览滤镜效果。

2.滤镜组/参数设置区：在“滤镜库”中包含6组滤镜，单击滤镜前的“展开”按钮，可将滤镜组展开，单击滤镜即可使用该滤镜，对应的参数选项会显示在右侧的参数设置区。

3.当前选择的滤镜缩览图：在此显示当前使用的滤镜。

4.显示/隐藏滤镜缩览图：单击该按钮可将滤镜组隐藏起来，再次单击可显示。

5.弹出式菜单：单击参数设置区中的“展开”按钮，在下拉菜单中会显示所有的滤镜，方便查找。

6.缩放区：单击预览区中的“放大”或“缩小”按钮，可调整预览图的显示比例。

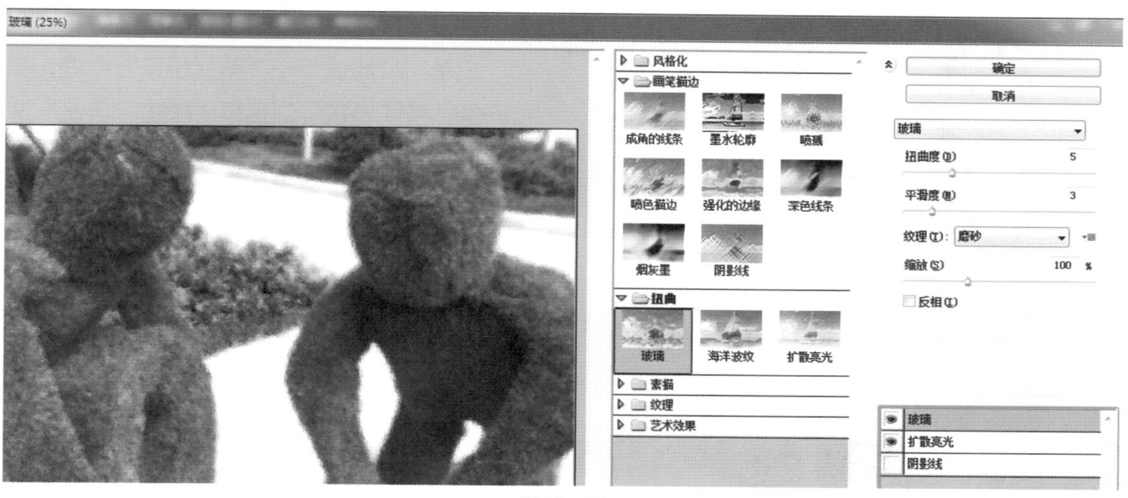

图13-45

13.3.2 效果图层

在“滤镜库”中选择一个滤镜后，滤镜的名称会出现在对话框右下角的滤镜列表中（图13-46）。

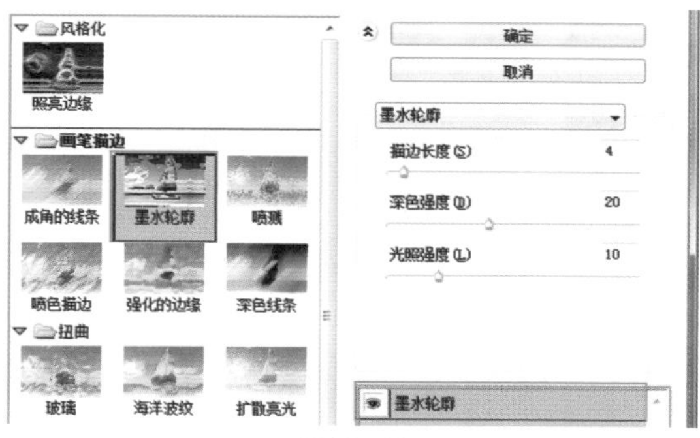

图13-46

单击滤镜列表底部的“新建效果图层”按钮 可新建一个效果图层（图13-47）。添加效果图层后，可以选用其他滤镜应用到该效果图层，添加多个滤镜可使图像效果更加丰富（图13-48）。

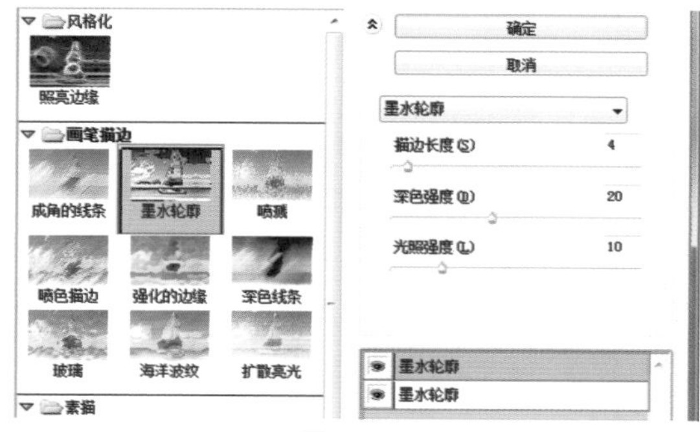

图13-47

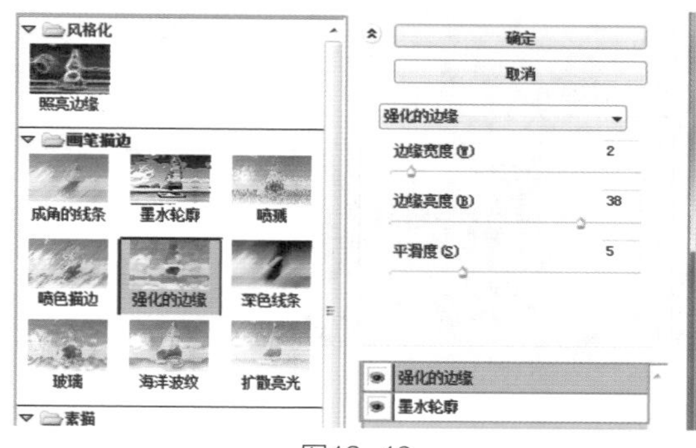

图13-48

拖动效果图层可以调整堆叠顺序，滤镜效果也会随之发生变化（图13-49）。选择一个效果图层，单击“删除”按钮 即可删除该图层，单击眼睛图标 ，即可隐藏或显示滤镜。

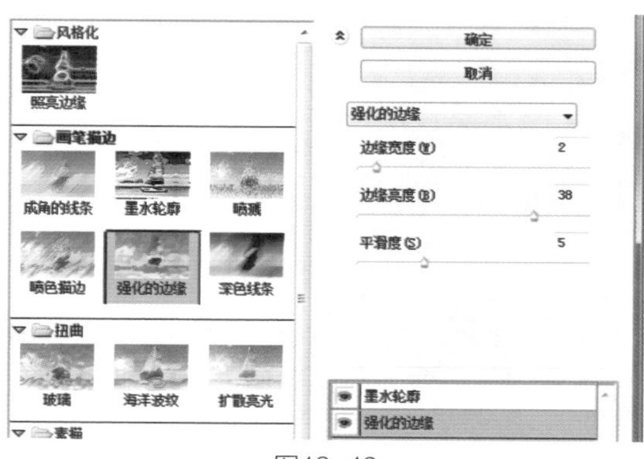

图13-49

13.3.3 制作抽丝效果照片 视频

1.按快捷键<Ctrl+O>打开素材光盘中的“素材”→“第13章”→“13.3.3制作抽丝效果照片”素材（图13-50）。设置前景色为土黄色（R：108、G：61、B：1）。

2.单击“滤镜”→“滤镜库”命令，在“滤镜库”对话框中打开“素描”滤镜组，选择“半调图案”滤镜，设置“图案类型”为“直线”，“大小”为2，“对比度”为6（图13-51）。

3.单击“滤镜”→“镜头校正”命令，在打开的“镜头校正”对话框中单击“自定”选项卡，设置“晕影”的“数量”为-100，为照片添加暗角效果（图13-52、图13-53）。

4.单击“编辑”→“渐隐镜头校正”命令，在“渐隐”对话框中设置混合模式为“叠加”（图13-54），效果即能呈现出来（图13-55）。■

图13-50

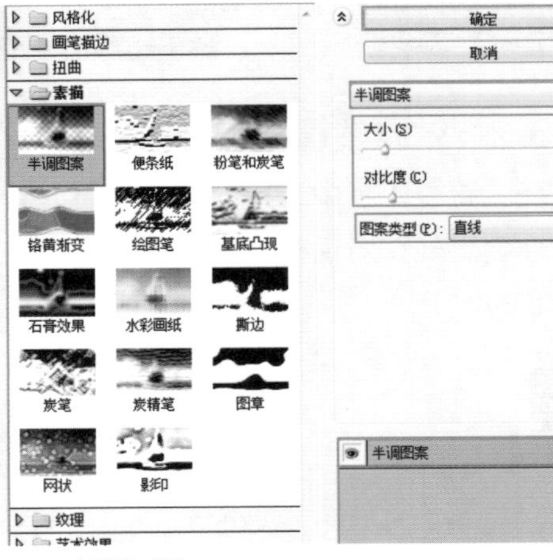

图13-51

图13-52

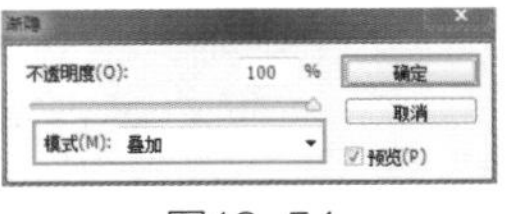

图13-54

图13-53

图13-55

要点提示

在Photoshop CS6中可以安装外挂滤镜，外挂滤镜的安装方法与一般程序的安装方法基本相同，只是需要将其安装在Photoshop CS6安装目录的Plug-ins文件夹中。安装后运行Photoshop CS6，外挂滤镜就会出现在“滤镜”菜单中。一些容量较小且功能单一的外挂滤镜无需安装，直接复制到Plug-ins文件夹中即可。常见的外挂滤镜有KPT7、Xenofex、Eye Candy、NeatImage等。

第14章　Web图形

本章介绍

本章主要介绍Web图形切片的使用方法。经过Web图形切片处理的照片能用于网页制作，这是Photoshop Cs6的高级拓展功能。虽然它的使用频率不高，但却极大地方便了网络的传播。

14.1　Web图形基础

14.1.1　安全色

由于平台、浏览器的不同，我们在电脑屏幕上看到的颜色不一定都能够以相同的效果显示在其他系统的浏览器上。所以，当将照片制作成网页时，需要使用Web安全色，使照片的颜色在所有的显示器上看起来都一样。

在使用“颜色”或“拾色器”时，如果出现警告图标 ，那么单击该图标，即可将当前颜色转换为最接近的Web安全颜色（图14-1、图14-2）。也可以在“颜色”控制面板或“拾色器”对话框中进行设置，始终在Web安全颜色模式下操作（图14-3、图14-4）。

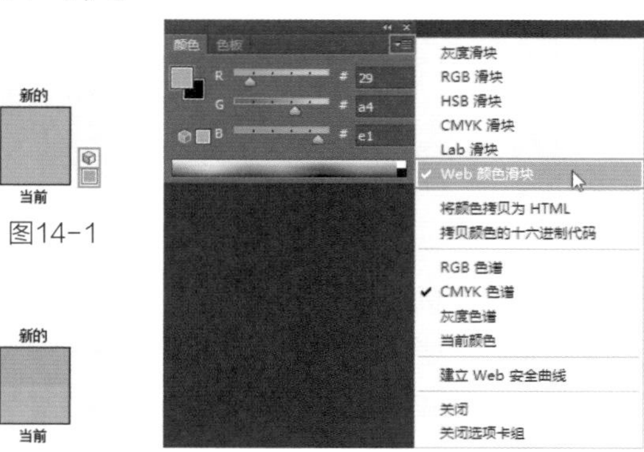

图14-1　图14-2　图14-3

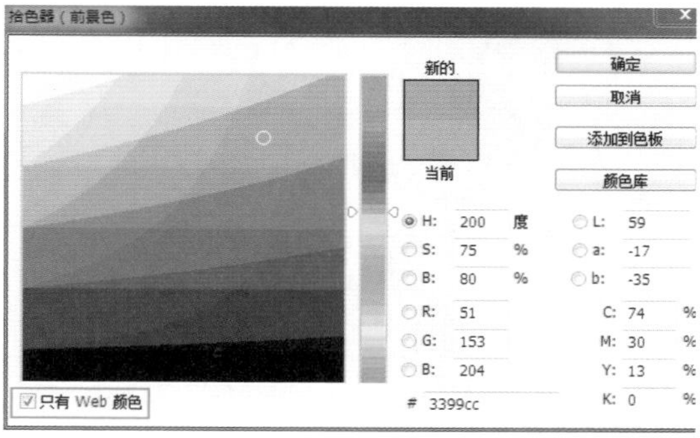

图14-4

14.1.2　按钮翻转 视频

1.按钮翻转是指当鼠标指针移动到网页上的按钮时，按钮会发生变化（图14-5、图14-6）。按快捷键<Ctrl+O>打开素材光盘中

图14-5

图14-6

的“素材”→“第14章”→“14.1.2按钮翻转”素材（图14-7），这是正常状态下的按钮。

2.选取“工具箱”中的“椭圆选框”工具，按住<Shift>键创建正圆选区，按住空格键将其移动，将按钮中间的圆形选中（图14-8）。

3.按快捷键<Ctrl+U>，打开“色相/饱和度”对话框，调整“色相”与“饱和度”的数值（图14-9），将选中的圆形调整为紫色（图14-10），单击“确定”按钮关闭对话框。按快捷键<Ctrl+D>取消选择，再将图像以相同的格式另存。

图14-7

图14-8

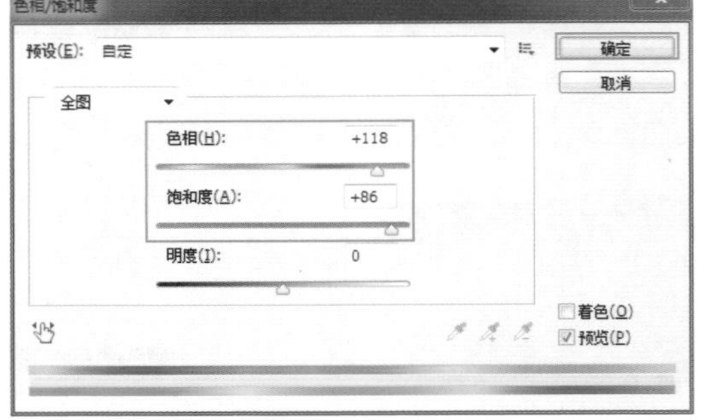

图14-9

图14-10

14.2 创建与修改切片

14.2.1 使用切片工具创建切片 [视频]

1.按快捷键<Ctrl+O>打开素材光盘中的“素材”→“第14章”→“14.2.1使用切片工具创建切片”素材（图14-11）。

2.选取“工具箱”中的“切片”工具，在工具属性栏中设置“样式”为“正常”，在需要创建切片的区域单击鼠标左键并拖动（图14-12），松开鼠标后，切片创建完成（图14-13），该区域以外的区域会自动生成切片。

图14-11　　图14-12

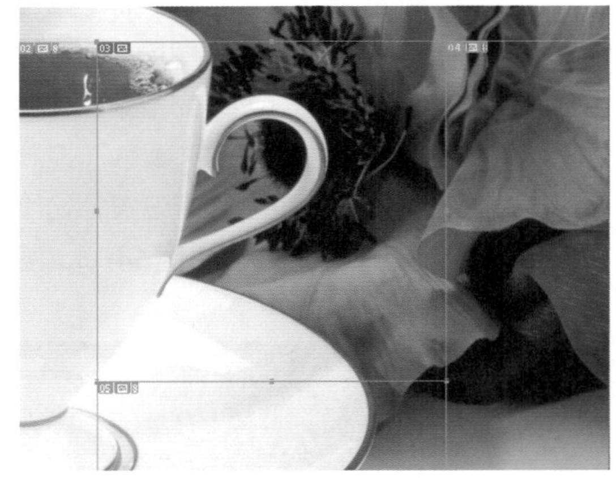

图14-13

14.2.2 基于参考线创建切片 [视频]

1.按快捷键<Ctrl+O>打开素材光盘中的“素材”→“第14章”→“14.2.2基于参考线创建切片”素材，按快捷键<Ctrl+R>显示标尺（图14-14）。

2.拖出两条水平参考线和两条垂直参考线，将切片区域定义（图14-15）。

3.选取“工具箱”中的“切片”工具，单击工具属性栏中的“基于参考线的切片”按钮 ，即可完成基于参考线的切片划分（图14-16）。

图14-14

图14-15

图14-16

14.2.3 基于图层创建切片【视频】

1.按快捷键<Ctrl+O>打开素材光盘中的“素材”→“第14章”→“14.2.3基于图层创建切片”素材（图14-17、图14-18）。

2.选择“图层1”，单击“图层”→“新建基于图层的切片”命令，即可创建基于图层的切片（图14-19）。

3.移动图层时，切片区域也会随之移动（图14-20），缩放图层时，效果也是如此（图14-21）。

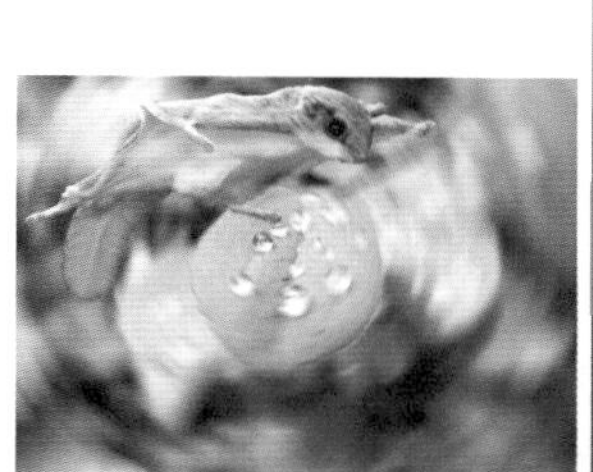

图14-17

图14-18

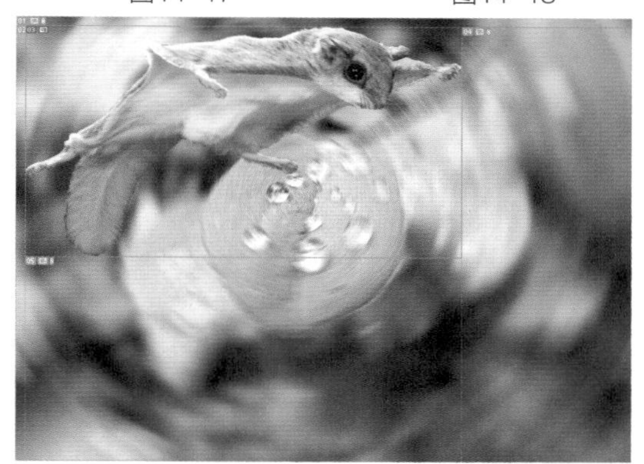

图14-19

图14-20

图14-21

14.2.4 切片的选择、移动与调整

【视频】

1.按快捷键<Ctrl+O>打开素材光盘中的“素材”→“第14章”→“14.2.4切片的选择、移动与调整”素材，选取“工具箱”中的“切片选择”工具，在一个切片上单击鼠标左键，可将其选中（图14-22）。按住<Shift>键并单击其他切片可同时选择多个切片（图14-23）。

图14-22

图14-23

2.将切片选中后，拖动其定界框上的控制点可以调整切片大小（图14-24）。

图14-24

3.将切片选中后，用鼠标拖动切片即可移动切片（图14-25）。

图14-25

14.2.5 划分切片【视频】

使用“切片选择”工具选择切片后（图14-26），在工具属性栏中单击“划分”按钮，会弹出“划分切片”对话框（图14-27）。

图14-26

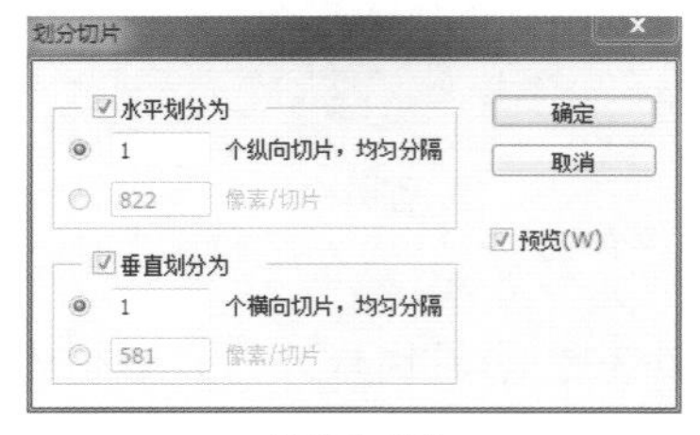

图14-27

1.水平划分为：勾选该复选框后，可在垂直方向上划分切片。选中“个纵向切片，均匀分隔”单选按钮并输入数值，即可按指定的数目划分切片；选中“像素/切片”单选按钮并输入数值，即可按指定的像素划分切片。如果无法平均划分，则剩余部分将划分为一个新的切片（图14-28）。

图14-28

2.垂直划分为：勾选该复选框后，可在水平方向上划分切片。与“水平划分为”一样，也有两种划分方式（图14-29）。

图14-29

3.预览：勾选该复选框后，可在画面中预览划分结果。

14.2.6 切片的组合与删除 [视频]

使用“切片选择”工具，选择两个或更多的切片（图14-30），单击鼠标右键，单击“组合切片”命令，即可将选中的切片组合为一个切片（图14-31）。

选中需要删除的切片，按<Delete>键即可将其删除，单击“视图”→“清除切片”命令可将所有切片删除。

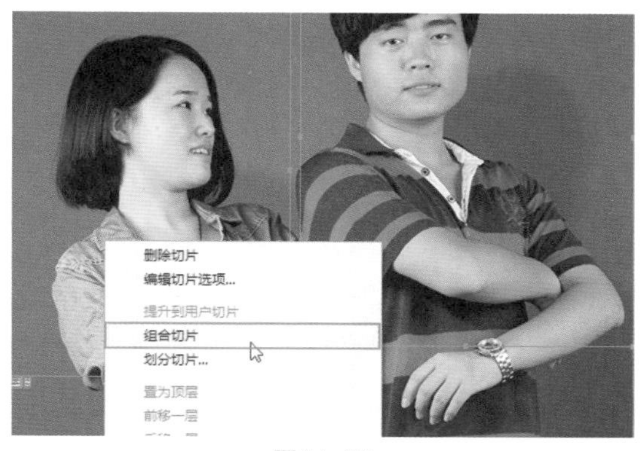

图14-30

图14-31

14.2.7 转换为用户切片 [视频]

在基于图层的切片中，要使用切片工具对切片进行移动、组合、划分等操作，需要先将其转换为用户切片。要对自动切片设置不同的优化设置，也需要先将其转换为用户切片。使用“切片选择”工具，将需要转换的切片选中（图14-32），在工具属性栏中单击“提升”按钮即可将其转换为用户切片（图14-33）。■

图14-32

图14-33

第15章 视频与动画

本章介绍

本章主要介绍视频与动画功能的使用方法和动态照片修饰与简单动画的制作方法，以为照片修饰增添更多的乐趣。这是针对目前数码相机都能拍摄短片而拓展的内容。

难度等级 ★★★★★

15.1 视频基础

Photoshop Extended能够打开3GP、3G2、AVI、DV等格式的视频文件，打开后系统会自动创建一个视频组（图15-1、图15-2），用户可以使用任意工具在视频上进行编辑和绘制，也可以应用滤镜、变换、图层样式等操作（图15-3），在视频组中还可以创建文本、图像或形状图层。

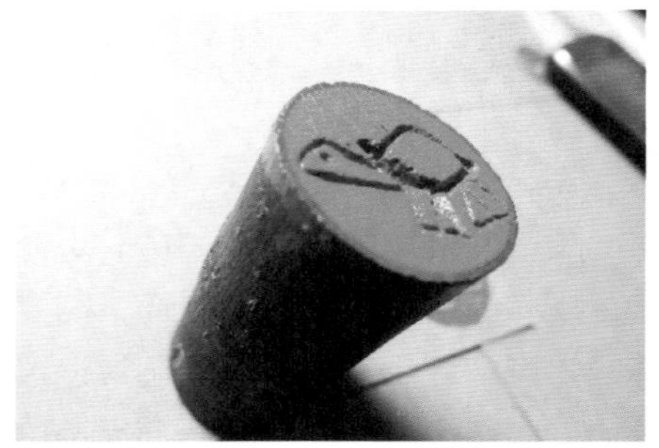

图15-1

图15-2

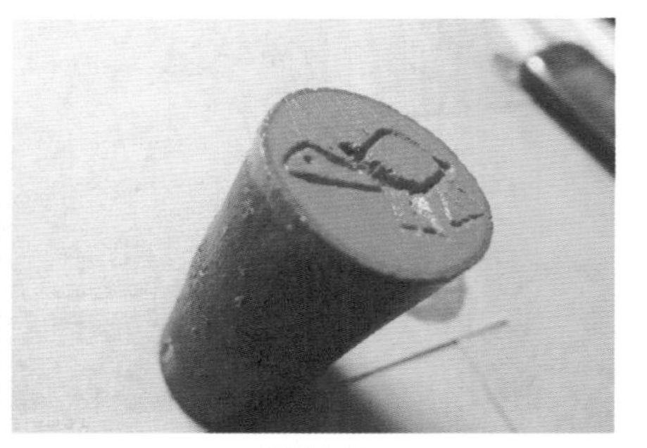

图15-3

15.2 创建视频图像

15.2.1 视频的打开和导入 【视频】

单击"文件"→"打开"命令，选择视频文件（图15-4），单击"打开"命令，即可在Photoshop Extended中将其打开（图15-5）。创建或打开图像文件后，单击"图层"→"视频文件"→"从文件新建视频图层"命令即可将视频导入到当前文档中。

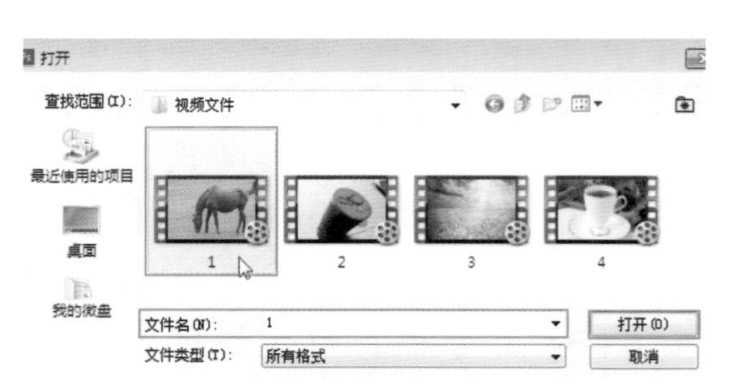

图15-4

图15-5

15.2.2　创建视频中使用的图像 视频

单击“文件”→“新建”命令，在打开的“新建”对话框中设置“预设”为“胶片和视频”，设置文件大小（图15-6），单击“确定”按钮即可新建空白视频文件（图15-7）。

文件中的两组参考线分别标示了动作安全区域（外矩形）和标题安全区域（内矩形）。

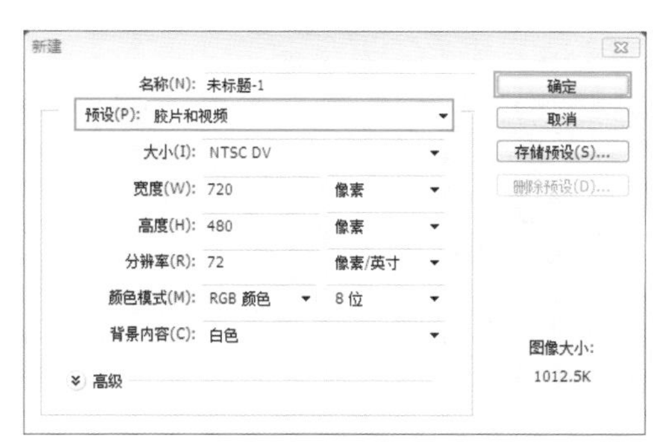

图15-6

图15-7

15.2.3　创建空白视频图层 视频

打开一个文件后，单击“图层”→“视频图层”→“新建空白视频文件”命令，即可创建一个空白的视频图层（图15-8、图15-9）。

图15-8

图15-9

15.2.4　校正像素长宽比 视频

在计算机显示器与视频编码设备之间交换图像时，会因为像素的不一致而造成图像扭曲（图15-10），在“视图”→“像素长宽比”下拉菜单中选择与Photoshop文件的视频格式相兼容的像素长宽比，再单击“视图”→“像素长宽比校正”命令即可校正图像（图15-11）。

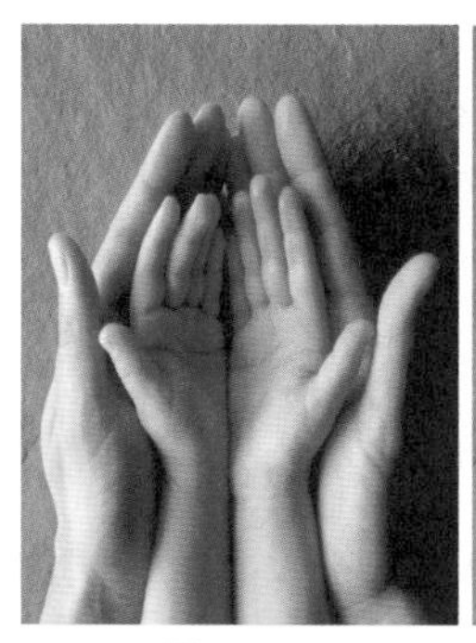

图15-10　　图15-11

15.3 编辑视频

15.3.1 时间轴控制面板

单击“窗口”→“时间轴”命令，即可打开 “时间轴”控制面板（图15-12）。

图15-12

1.播放控件：控制视频播放的按钮，包括“转到第一帧”按钮 、“转到上一帧”按钮 、“播放”按钮 和“转到下一帧”按钮 。

2.音频控制按钮 ：控制音频的关闭或启用。

3.在播放头处拆分 ：用于拆分视频或音频（图15-13）。

4.过渡效果 ：在该按钮的下拉菜单中可以选择视频过渡效果（图15-14）。

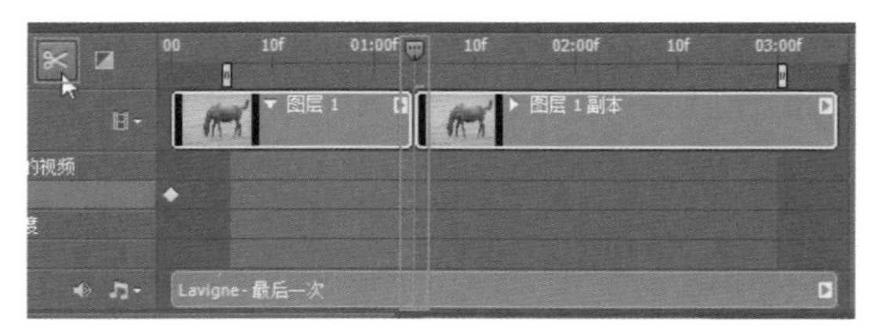

图15-13

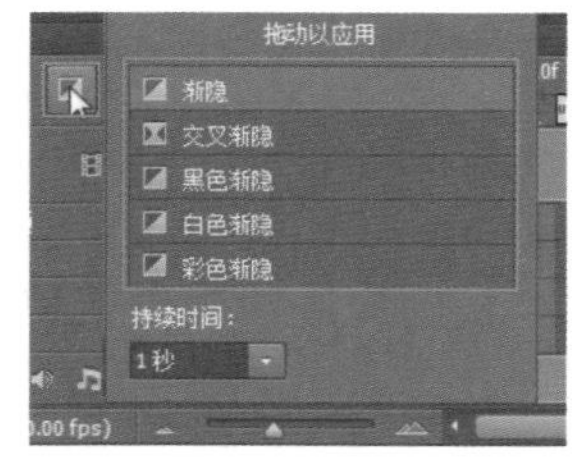

图15-14

5.当前时间指示器 ：指示当前时间，拖动它可导航帧或更改当前时间或更改当前帧。

6.时间标尺：水平测量视频的持续时间。

7.工作区域指示器：拖动位于顶部轨道两端的标签即可对要操作的部分视频进行定位（图15-15）。

8.图层持续时间条：显示图层在整个视频中的时间位置，拖动时间条即可将图层移动到其他时间位置（图15-16）。

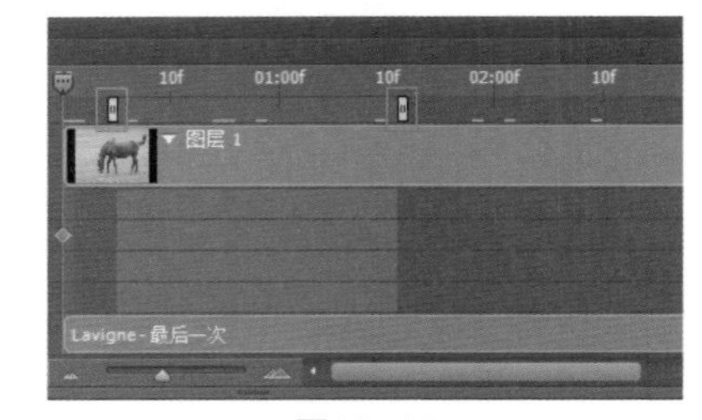

图15-15

图15-16

9.向轨道添加媒体/音频：单击轨道右侧的“添加”按钮 ，可向轨道中添加视频或音频。

10.关键帧导航器 ：用于选择、添加或删除关键帧。

11.时间/变化秒表 ：用于启用或停用图层属性的关键帧设置。

12.转换为帧动画 ：用于将“时间轴”控制面板切换为帧动画模式。

13.渲染视频 ：用于打开“渲染视频”对话框。

14.控制时间轴显示比例：单击“缩小时间轴”按钮或“放大时间轴”按钮可以调整时间轴的显示比例，也可拖动滑块进行调整。

15.视频组：用于编辑和调整视频。

16.音轨：用于编辑和调整音频。

15.3.2 将视频导入图层 视频

1.单击“文件”→“导入”→“视频帧到图层”命令，在打开的“打开”对话框中选择素材光盘中的“素材”→“第15章”→“15.3.2将视频导入图层”素材。

2.单击“打开”按钮，在打开的“将视频导入图层”对话框中选中“仅限所选范围”单选按钮，拖动时间滑块来控制导入帧的范围。也可选择“从开始到结束”单选按钮导入所有帧（图15-17）。

图15-17

3.单击“确定”按钮即可将指定的视频帧导入到图层中（图15-18）。

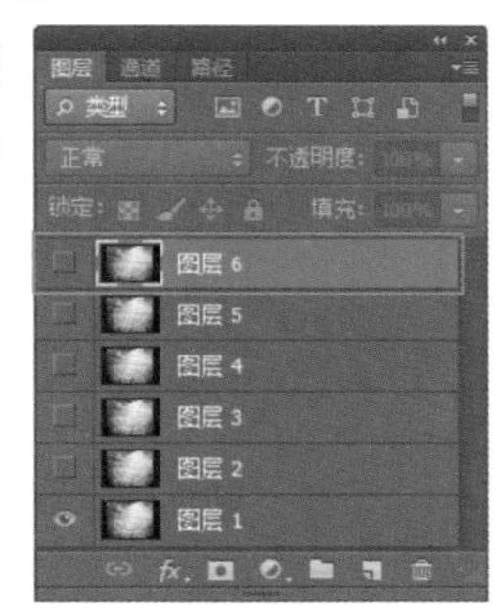

图15-18

15.3.3 给视频图层添加效果 视频

1.按快捷键<Ctrl+O>打开素材光盘中的“素材”→“第15章”→“15.3.3给视频图层添加效果”素材（图15-19、图15-20）。

2.在“时间轴”控制面板中单击“样式”前的“启用关键帧”按钮，添加关键帧（图15-21），将当前时间指示器向右拖动（图15-22）。

图15-19

图15-20

图15-21

图15-22

3.在“图层”控制面板中双击视频图层，在“图层样式”对话框中添加“渐变叠加”效果，设置“不透明度”为60%（图15-23、图15-24）。

4.按下“时间轴”控制面板中的“播

图15-23

图15-24

放”按钮 ▶，当视频播放到关键帧处时，画面即变成了渐变叠加的效果（图15-25、图15-26）。

图15-25

图15-26

15.3.4 制作绘图风格视频短片【视频】

1.按快捷键<Ctrl+O>打开素材光盘中的“素材”→“第15章”→“15.3.4制作绘图风格视频短片”素材（图15-27、图15-28）。

图15-27

2.单击“滤镜”→“转换为智能滤镜”命令，将视频图层转换为智能对象（图15-29）。

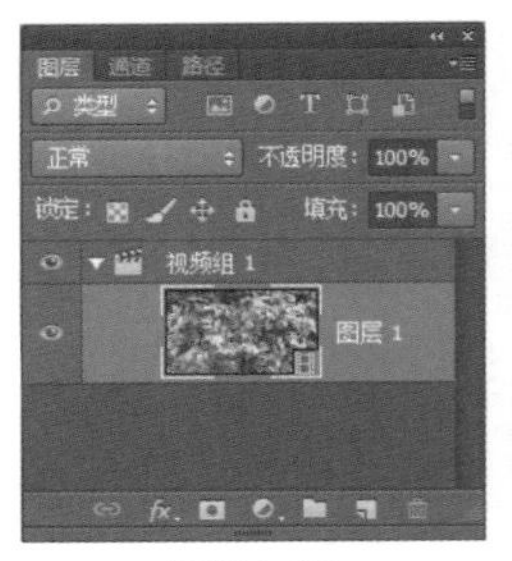

图15-28

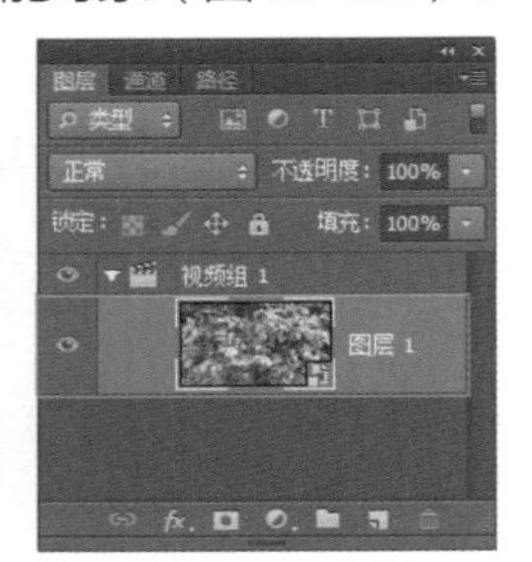

图15-29

3.设置前景色为绿色（R：26、G：136、B：1），单击“滤镜”→“素描”→“绘画笔”命令，在打开的“滤镜库”对话框中设置参数（图15-30）。单击“确定”按钮后视频即被处理成了素描效果（图15-31）。

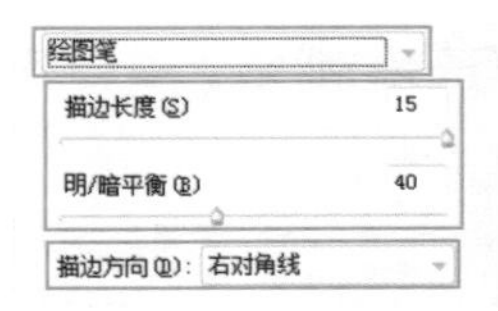

图15-30

图15-31

4.在“图层”控制面板中将视频组关闭（图15-32），单击“创建新图层”按钮 新建图层（图15-33）。

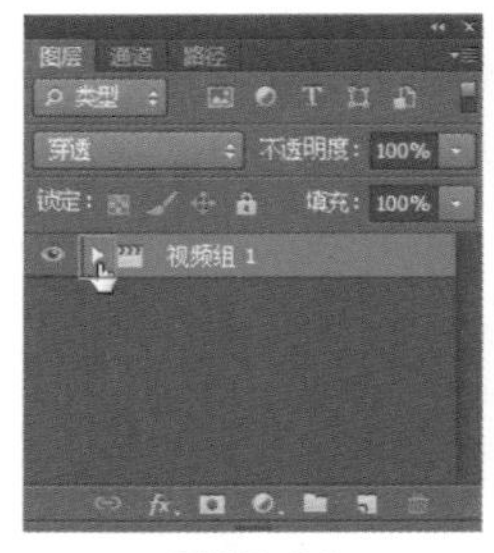

图15-32

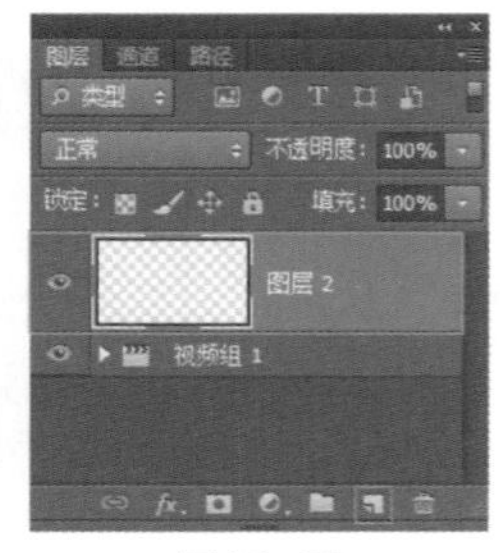

图15-33

5.按快捷键<Alt+Delete>将前景色填充到图层（图15-34），再按快捷键<Ctrl+F>对图层应用“绘图笔”滤镜（图15-35）。

6.单击“图层”控制面板中的“添加蒙版”按钮 ，为“图层2”添加蒙版（图15-36），设置前景色为黑色，使用“柔角画

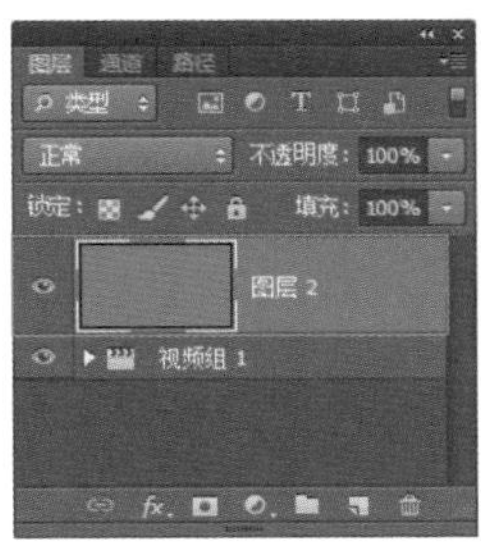

图15-34

图15-35

笔”工具 在画面中心涂抹，使中心的图像显示出来（图15-37）。

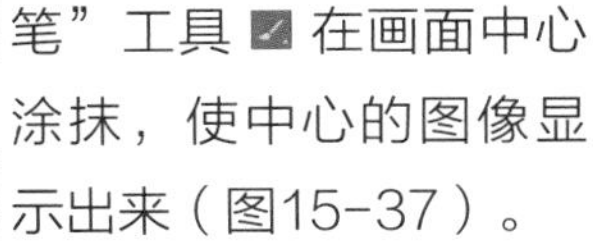

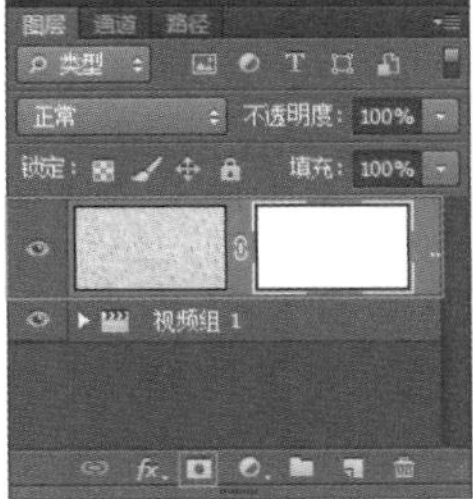

图15-36

图15-37

7.按下空格键播放视频，此时，视频已经变成了绘图风格的艺术作品（图15-38、图15-39）。

图15-38

图15-39

15.3.5　为视频添加文字和特效 [视频]

1.按快捷键<Ctrl+O>打开素材光盘中的“素材”→“第15章”→“15.3.5为视频添加文字和特效”素材（图15-40）。选取“工具箱”中的“横排文字”工具 ，在“字符”控制面板中设置字体、字体大小和颜色（图15-41），在画面中输入文字“我的军训”（图15-42、图15-43）。

图15-40

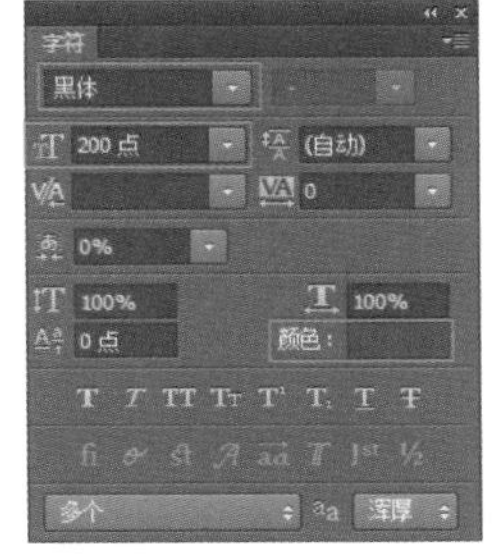

图15-41

图15-42

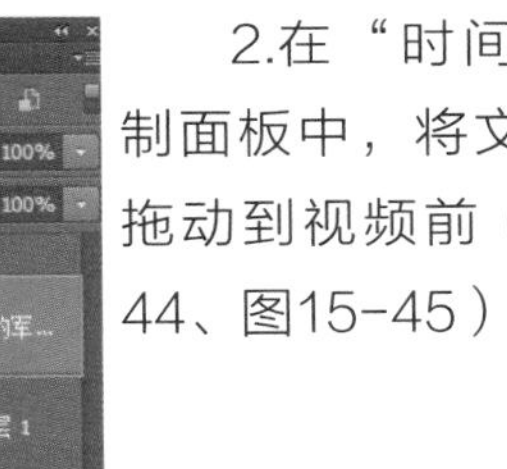

图15-43

2.在“时间轴”控制面板中，将文字剪辑拖动到视频前（图15-44、图15-45）

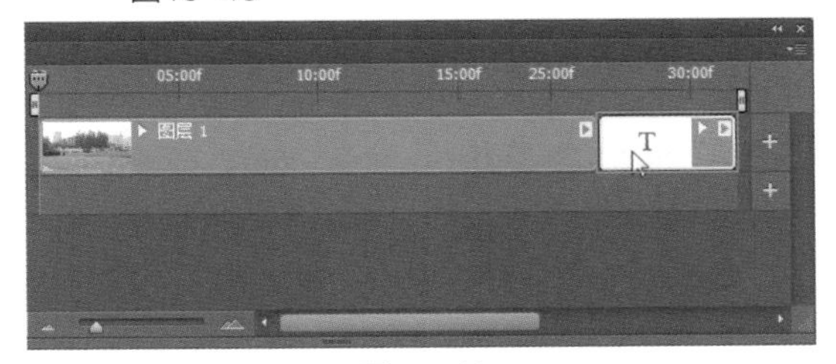

图15-44

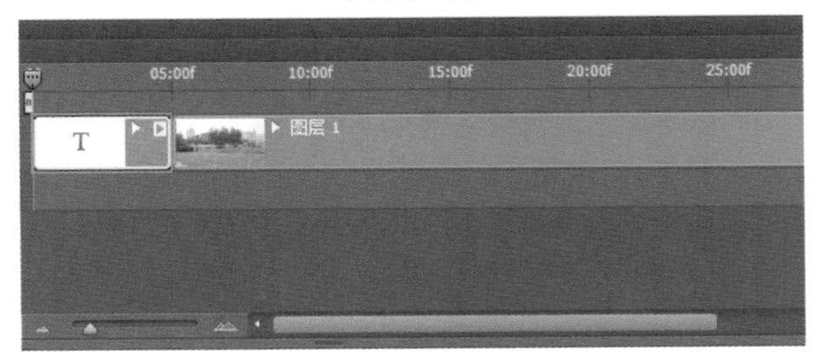

图15-45

3.按快捷键 <Ctrl+J>将文字图层复制（图15-46），再在“时间轴”控制面板中将其拖动到视频后（图15-47）。

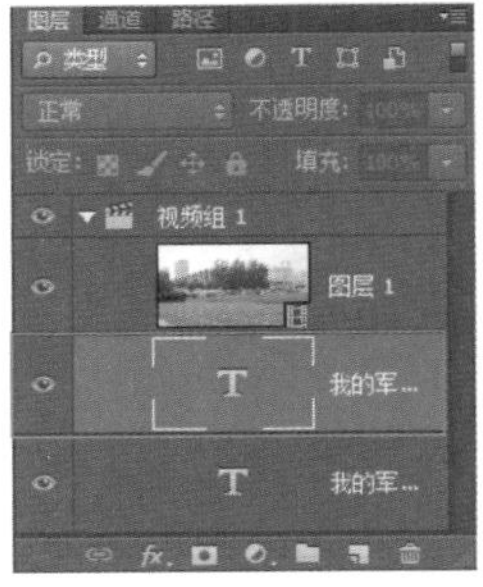

图15-46

图15-47

4.在文字预览图上双击鼠标，修改文本内容为“谢谢观看”（图15-48）。

5.在“图层”控制面板中将视频组关闭（图15-49）。按<Ctrl>键并单击“图层”控制面板中的“创建新图层”按钮，新建图层。新建的图层位于视频组下方（图15-50）。设置前景色为淡蓝色（R：95、G：231、B：255），按快捷键<Alt+Delete>将前景色填充到图层（图15-51）。

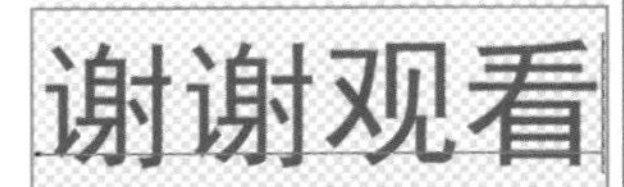

图15-48

图15-49

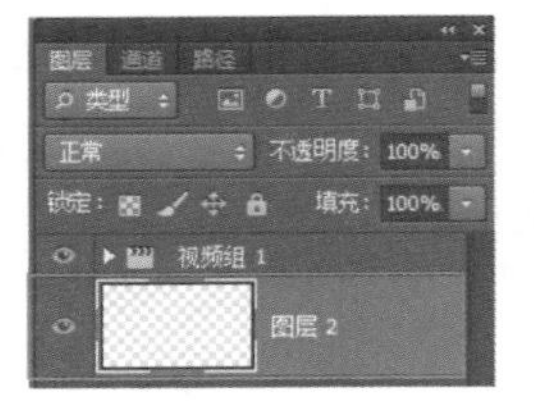

图15-50

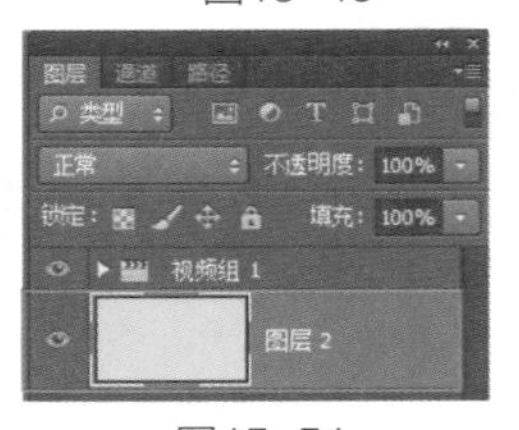

图15-51

6.在“时间轴”控制面板中单击“转到第一帧”按钮，再将图层时间条拖动到视频的起始位置（图15-52）。

7.将“文件列表”展开，单击“选择过渡效果并拖动以应用”按钮，在打开的列表中将“渐隐”效果拖动到文字上（图15-53）。

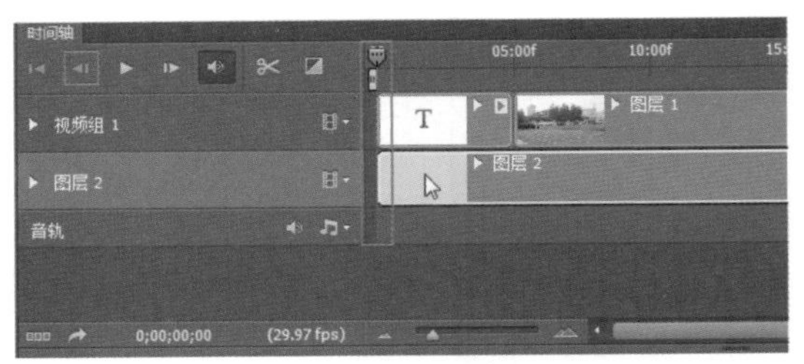

图15-52

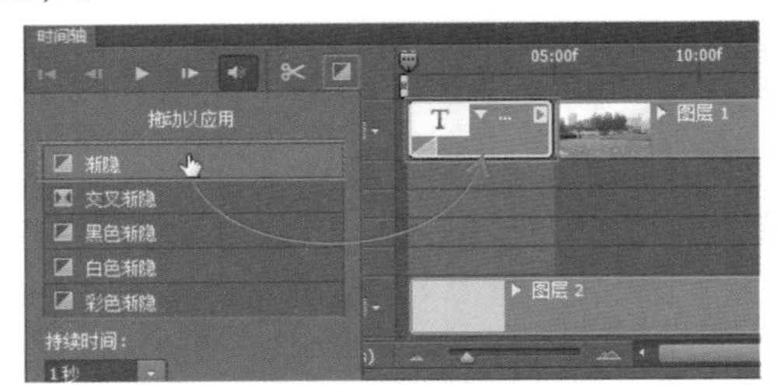

图15-53

8.在文字与视频衔接处也添加“渐隐”效果（图15-54），将光标放在滑块上单击并拖动即可调整“渐隐”效果的时间长度（15-55、图15-56）。

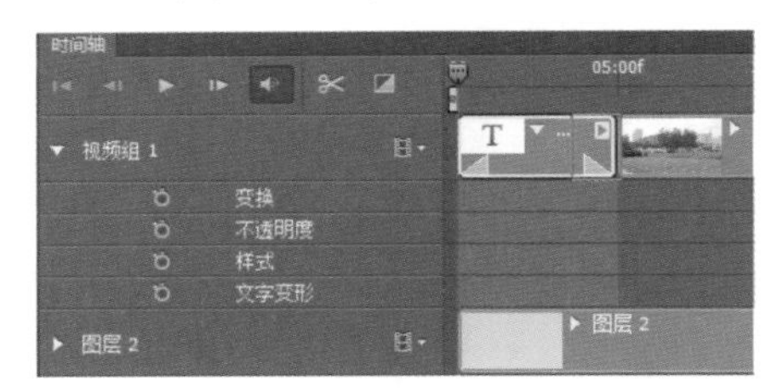

图15-54

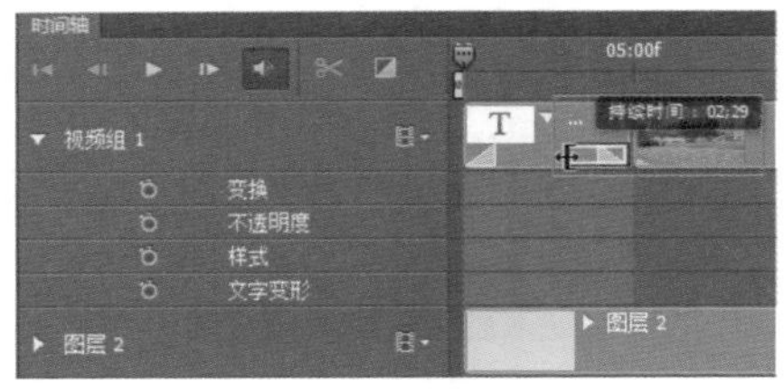

图15-55

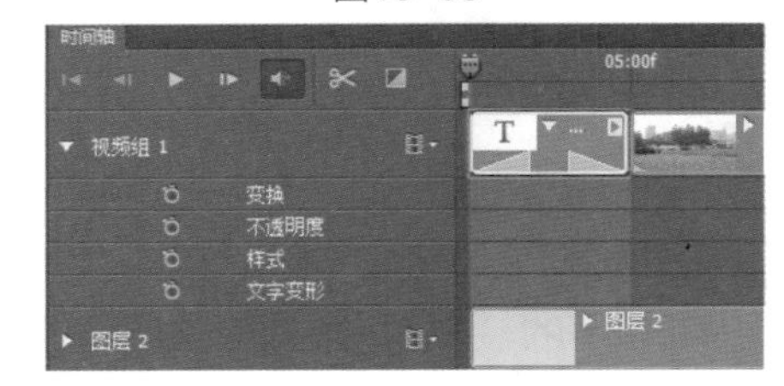

图15-56

9.使用同样的方法，为视频和文字都添加“渐隐”效果（图15-57）。

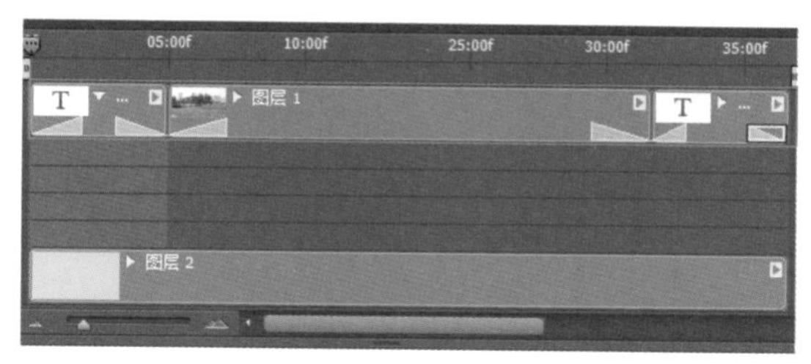

图15-57

10.在视频后的文字上单击鼠标右键，在弹出的下拉菜单中选择“旋转和缩放”选项，并设置“缩放”为“缩小”（图15-58）。按下空格键播放视频，视频中会先出现文字，然后播放视频内容，最后以旋转的文字结束（图15-59～图15-62）。

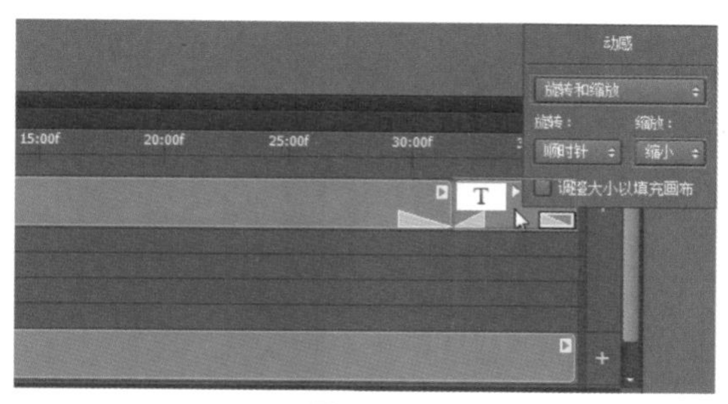

图15-58

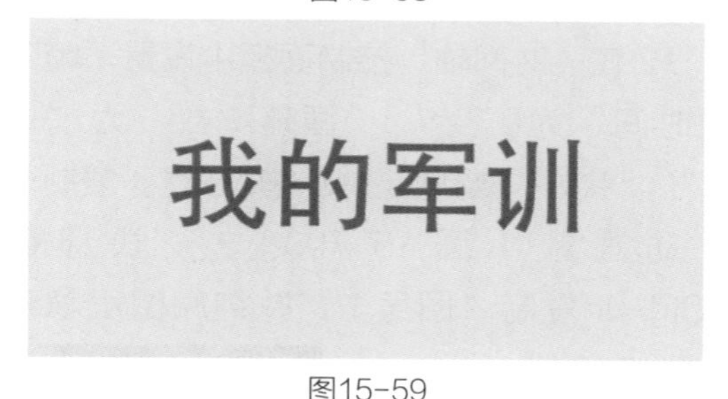

图15-59

图15-60

图15-61

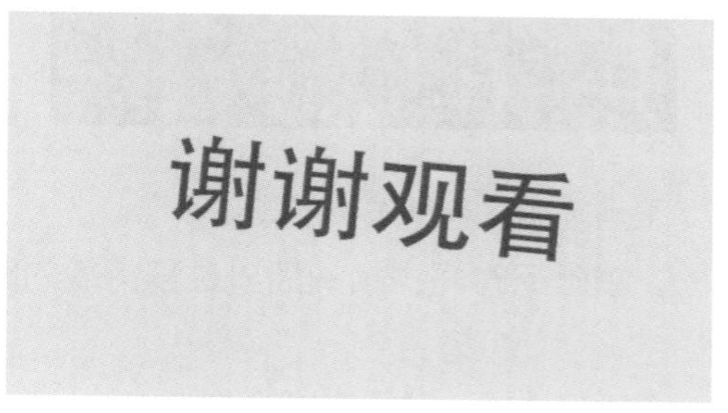

图15-62

15.3.6 存储与导出视频 视频

视频编辑完成后，可以存储为QuickTime影片或PSD文件，未渲染的视频，最好存储为PSD格式，因为此格式能够保留用户所做的修改。在Photoshop Cs6标准版中，单击“文件”→“导出”→“渲染视频”命令，能够将视频导出为QuickTime影片，在Photoshop Extended中可以将视频图层一同导出。图15-63为“渲染视频”对话框。

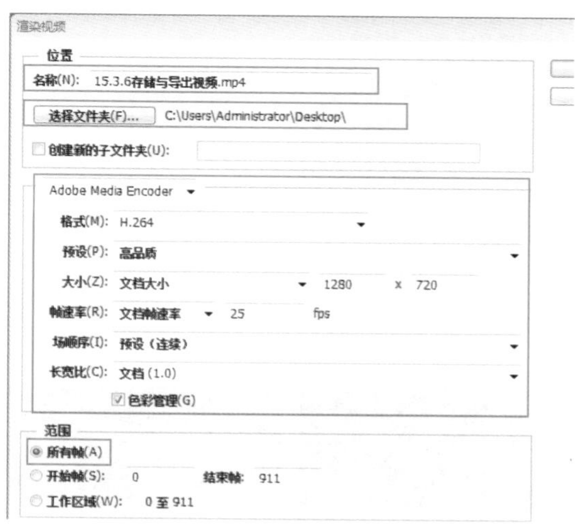

图15-63

15.4 动画

15.4.1 帧模式时间轴面板

在“时间轴”控制面板中单击“转换为帧动画”按钮，即可切换为帧模式（图15-64）。

图15-64

1.当前帧：当前选择的帧。

2.帧延迟时间：帧的播放过程持续的时间。

3.循环选项：动画的播放次数。

4.选择第一帧：单击即可选择第一帧。

5.选择上一帧：单击即可选择当前帧的前一帧。

6.播放动画：单击即可播放动画。

7.选择下一帧：单击即可选择当前帧的下一帧。

8.过渡动画帧：用来在两个现有帧之间添加过渡帧。图15-65为“过渡”对话框，图15-66和图15-67为添加过渡帧前后的面板状态。

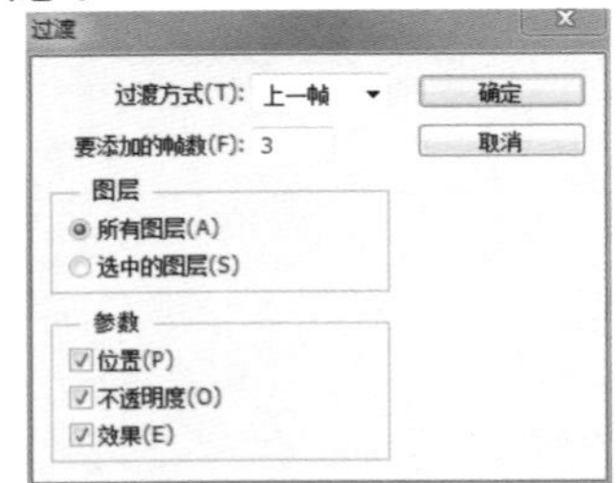

图15-65

图15-66

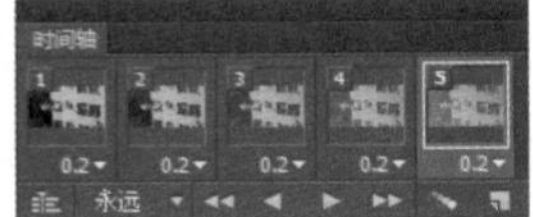

图15-67

9.转换为视频时间轴：单击即可转换到视频编辑模式。

10.复制所选帧：单击即可将当前帧复制。

11.删除所选帧：单击即可删除当前帧。

15.4.2 制作蝴蝶飞舞动画【视频】

1.按快捷键<Ctrl+O>打开素材光盘中的“素材”→“第15章”→“15.4.2制作蝴蝶飞舞动画”素材（图15-68、图15-69）。

图15-68

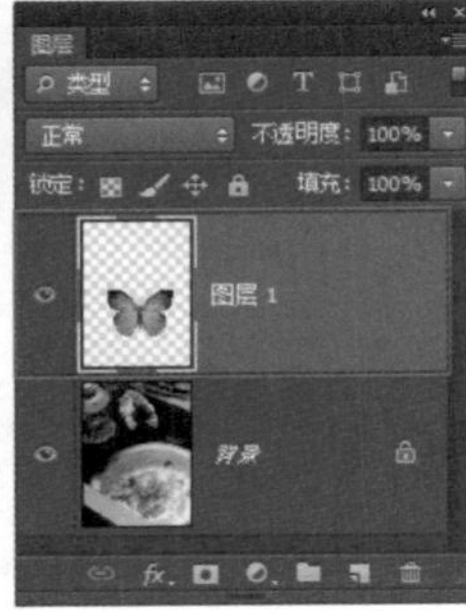

图15-69

2.在“时间轴”控制面板中设置“帧延迟时间”为0.2秒，“循环次数”为“永远”，单击“复制所选帧”按钮，复制一个动画帧（图15-70）。按快捷键<Ctrl+J>复制“图层1"，并将原图层隐藏（图15-71）。

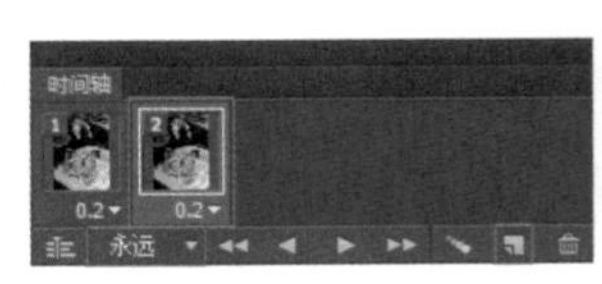

图15-70

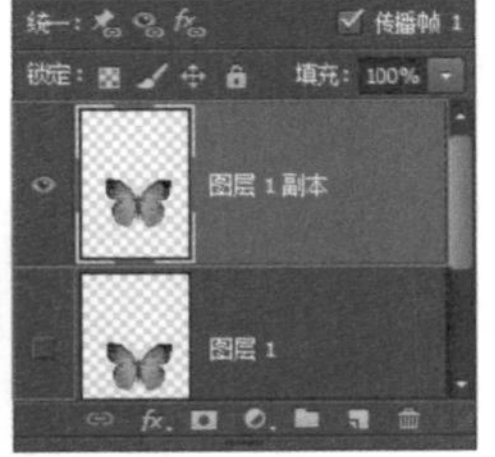

图15-71

3.按快捷键<Ctrl+T>进行自由变换，按住快捷键<Shift+Alt>，并将左侧中点向右移动，可将蝴蝶向中间压扁（图15-72），再按住<Ctrl>键调整蝴蝶上端边角点，可改变蝴蝶的透视效果（图15-73），按<Enter>键确定操作。

图15-72

图15-73

4.选择第1帧，在“图层”控制面板中将“图层1副本”隐藏，使“图层1”显示（图15-74、图15-75）。按下空格键播放动画，画面中会产生蝴蝶不停煽动翅膀的效果（图15-76、图15-77）。■

图15-74

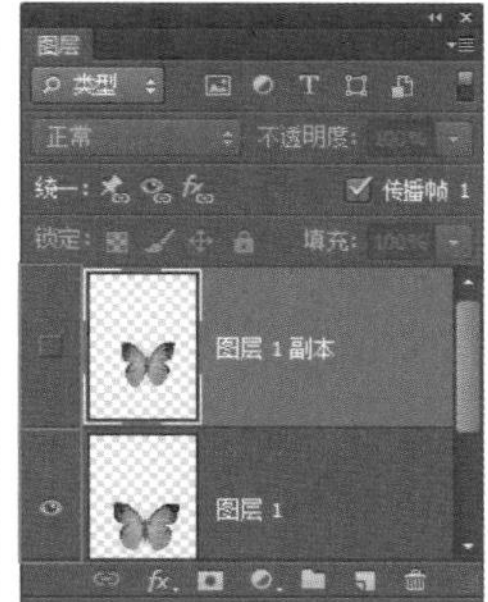

图15-75

图15-76

图15-77

第16章　动作与批量处理

本章介绍

本章主要介绍动作与批量处理的操作方法。动作与批量处理能自动完成大量照片的简单修饰，能提高修饰效率。常用的动作与批量处理命令还能保存下来，方便下一次修饰使用。

难度等级 ★★★☆☆

16.1　动作面板介绍

16.1.1　动作面板

单击“窗口”→“动作”命令即可打开“动作”控制面板（图16-1），“动作”控制面板用于创建、播放、修改和删除动作。图16-2为“动作”控制面板菜单，单击菜单底部的预设动作即可将其载入到面板中（图16-3）。单击菜单中的“按钮模式”命令，所有的动作都会变为按钮状（图16-4）。

1.切换项目开/关 ☑：在动作组、动作或命令前如果显示该图标，则表示该动作组、动作或命令是能够执行的，如果没有显示该图标，则表示不能执行。

2.切换对话开/关 ▣：如果该标志出现在了命令前，则表示执行该命令时会停止，可以在弹出的对话框中修改参数，单击“确定”按钮后会继续播放动作；如果它出现在了动作组或动作前，则表示动作中有命令设置了停止。

3.动作组/动作/命令：动作组由一系列动作组成，动作由一系列命令组成，单击命令前的“展开”按钮 ▶ 可以将列表展开，其中显示了命令的具体参数。

4.停止播放/记录 ■：控制停止播放动作

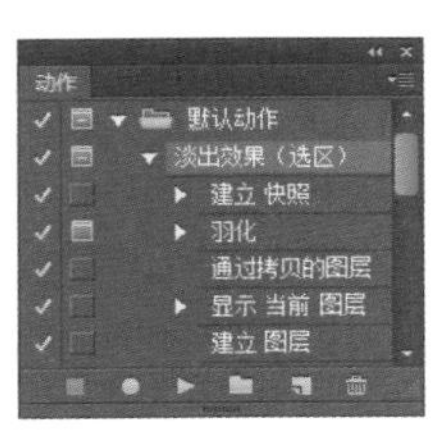

图16-1

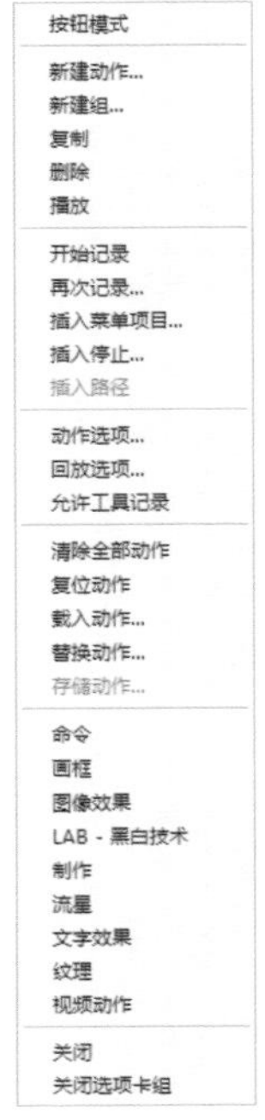

图16-2

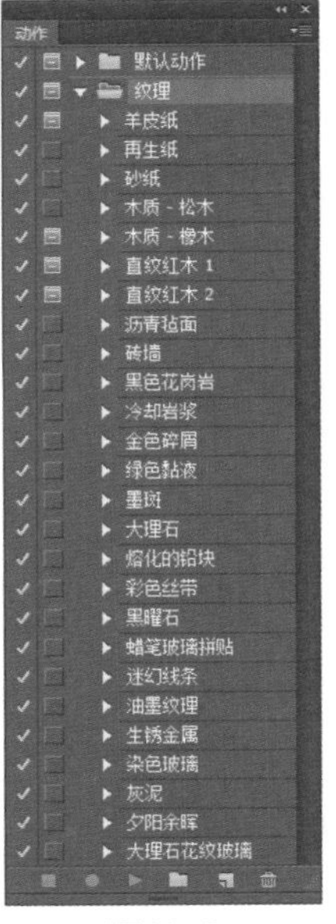

图16-3

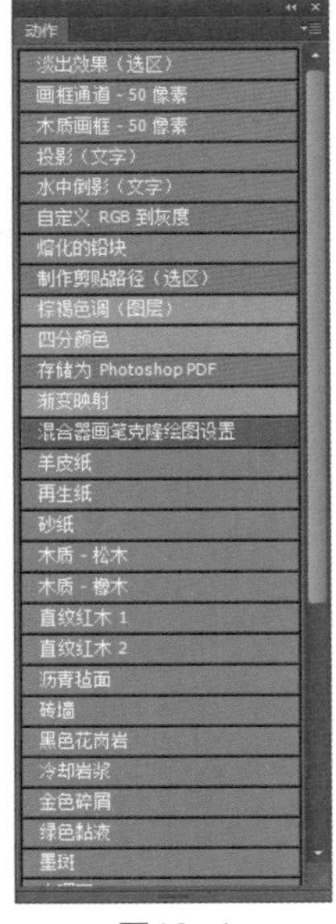

图16-4

和停止记录动作的按钮。

5.开始记录 ：控制开始记录动作的按钮。

6.播放选定的动作 ：选择动作后，单击该按钮即可播放。

7.创建新组 ：单击该按钮，可以创建一个新的动作组。

8.创建新动作 ：单击该按钮，可以创建一个新的动作。

9.删除 ：选择需要删除的动作组、动作或命令，单击该按钮即可删除。

16.1.2　录制动作 视频

1.按快捷键<Ctrl+O>打开素材光盘中的“素材”→“第16章”→“16.1.2录制动作1”素材（图16-5），在“动作”控制面板中单击“创建新组”按钮 ，在打开的“新建组”对话框中设置动作组的名称（图16-6），单击“确定”按钮即可完成动作组的创建（图16-7）。

2.单击“创建新动作”按钮 ，在打开的“新建动作”对话框中设置动作名称，设置“颜色”为“红色”、“组”为“渐变映射”（图16-8），单击“记录”按钮即可开始记录动作（图16-9）。

图16-5

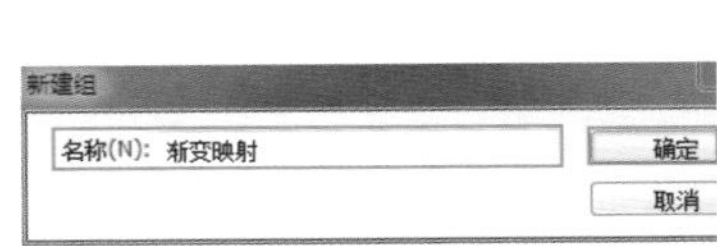

图16-6

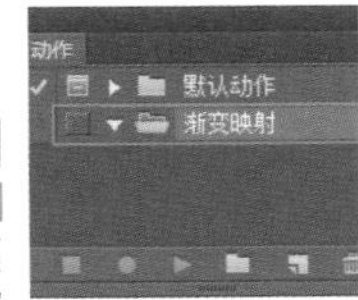

图16-7

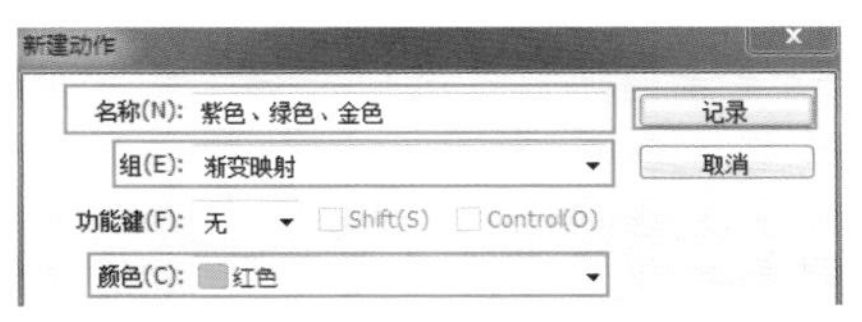

图16-8

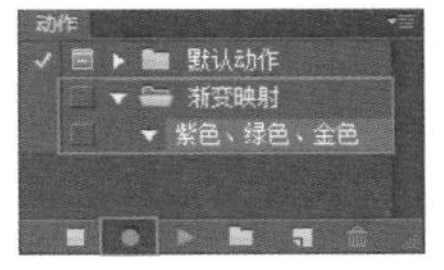

图16-9

3.单击“图像”→“调整”→“渐变映射”命令，打开“渐变映射”对话框（图16-10）。单击渐变条，在打开的“渐变编辑器”对话框中设置一个渐变（图16-11）。设置完成后，单击“确定”按钮将对话框关闭，该命令已记录为动作（图16-12），图像效果即有所变化（图16-13）。

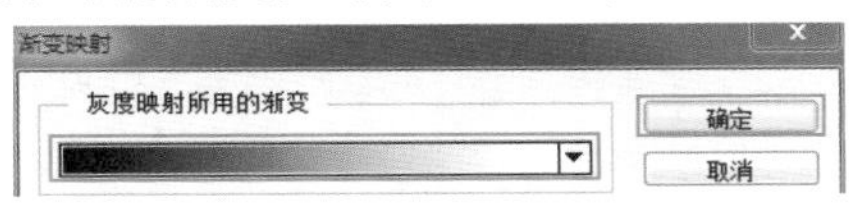

图16-10

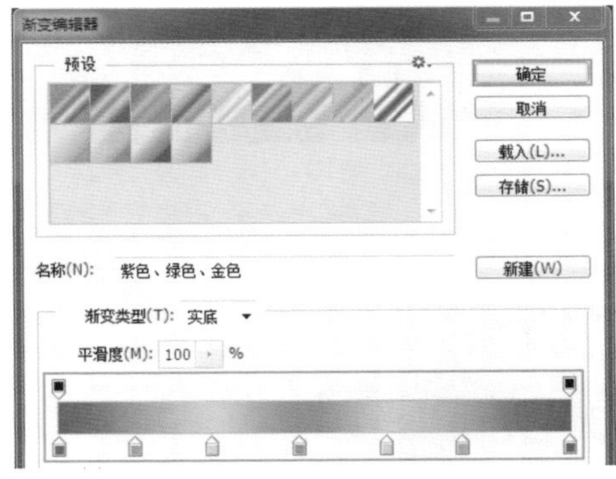

图16-11

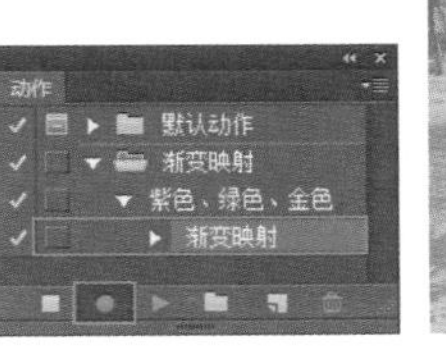

图16-12

图16-13

4.将文件另存并关闭，单击“动作”控制面板中的“停止记录”按钮■，完成动作的录制（图16-14）。由于之前为动作设置的颜色为红色，所以在按钮模式下该动作显示为红色（图16-15）。

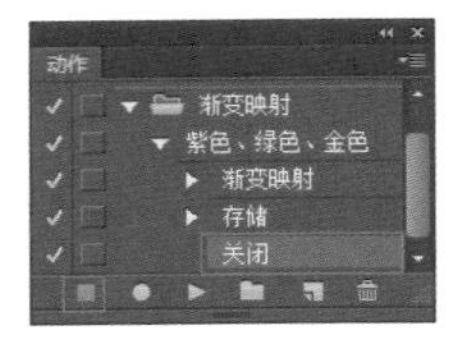

图16-14

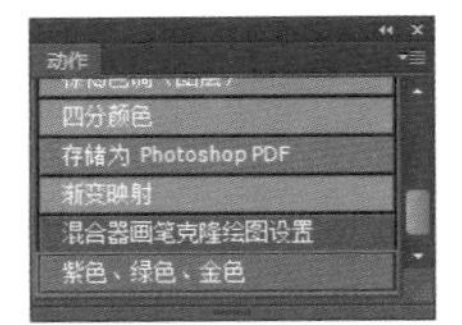

图16-15

5.打开素材光盘中的“素材”→“第16章”→“16.1.2录制动作2”素材（图16-16），选择之前录制的动作（图16-17），单击“播放选定的动作”按钮▶播放动作，图像效果即有所变化（图16-18）。

图16-16

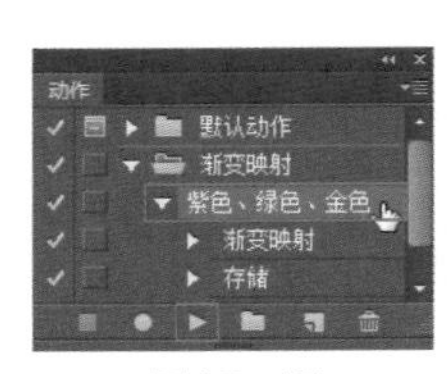

图16-17

图16-18

16.1.3 动作中插入命令 [视频]

1.打开一个图像文件后，单击“动作”控制面板中的“渐变映射”命令（图16-19），在该命令后面插入新的命令。

2.单击“动作”控制面板中的“开始记录”按钮●开始录制动作，单击“滤镜”→“模糊”→“高斯模糊”命令，对图像进行模糊操作（图16-20），单击“确定”按钮关闭对话框。

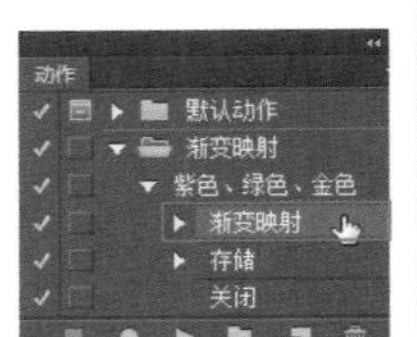

图16-19

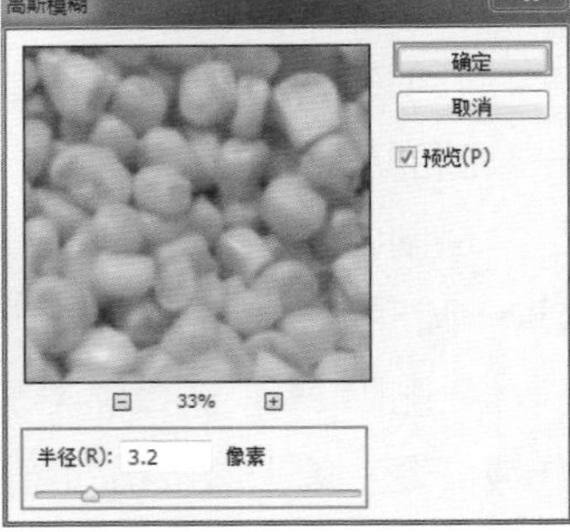

图16-20

图16-21

3.单击“动作”控制面板中的“停止记录”按钮■停止录制，此时“高斯模糊”命令已插入到“渐变映射”命令的后面（图16-21）。

16.1.4 动作中插入菜单项目 [视频]

1.单击“动作”控制面板中的“高斯模糊”命令，单击“动作”选项按钮（图16-22）。

2.在菜单中单击“插入菜单项目”命令（图16-23），打开“插入菜单项目”对话框（图16-24）。再单击“视图”→“显示”→“网格”命令，此时“显示：网格”

图16-22

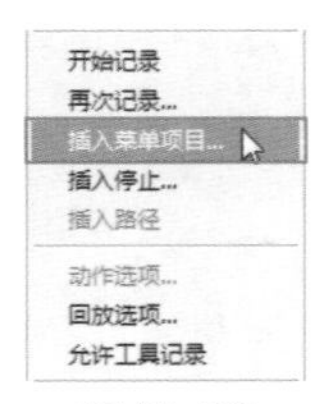

图16-23

图16-24

图16-25

的字样会显示在“插入菜单项目”对话框的“菜单项”后（图15-25），单击“确定”按钮关闭“插入菜单项目”对话框，此时，该命令会插入到动作中（图16-26）。

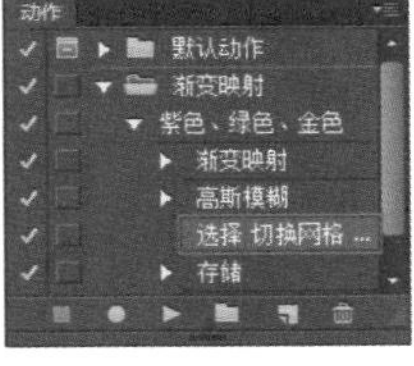

图16-26

16.1.5　动作中插入停止【视频】

1.单击“动作”控制面板中的“渐变映射”命令（图16-27），在其后插入停止。

2.单击面板菜单中的“插入停止”命令，在打开的“记录停止”对话框中输入提示信息，并将“允许继续”复选框勾选（图16-28）。单击“确定”按钮将对话框关闭，此时停止已插入到动作中（图16-29）。

3.在播放动作时，执行完“渐变映射”命令后，会停止动作并弹出提示信息（图16-30），单击“停止”按钮可停止播放，对图像进行编辑后再单击“播放选定的动作”按钮 ▶ 播放动作。单击“继续”按钮可以继续播放动作。

图16-27

图16-28

图16-29

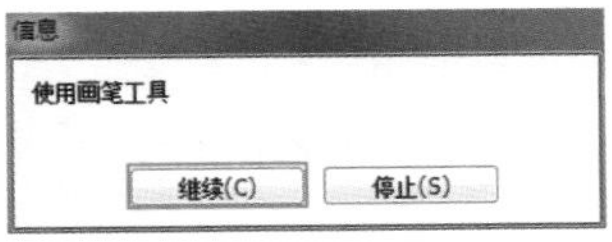

图16-30

16.1.6　动作中插入路径【视频】

1.按快捷键<Ctrl+O>打开素材光盘中的“素材”→“第16章”→“16.1.6动作中插入路径”素材（图16-31），选取“工具箱”中的“自定义形状”工具，在工具属性栏中选择“路径”选项，在“形状”下拉面板中选择图形并在画面中绘制（图16-32）。

图16-31

图16-32

2.单击“动作”控制面板中的“高斯模糊”命令（图16-33），单击面板菜单中的“插入路径”命令，此时，路径已插入到了“高斯模糊”命令之后（图16-34）。

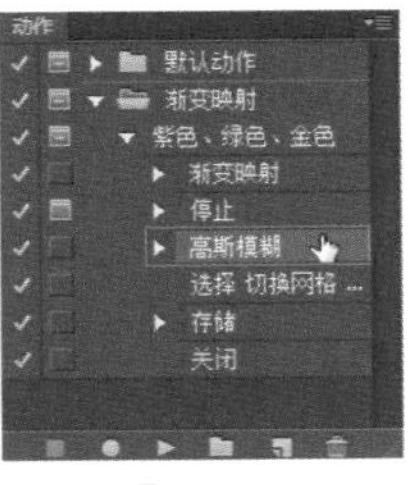

图16-33

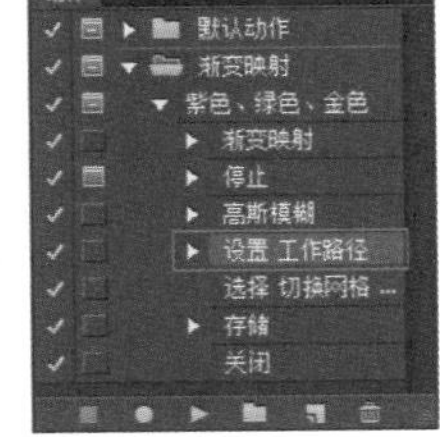

图16-34

16.1.7 重排、复制与删除动作 [视频]

在“动作”控制面板中拖动动作或命令移至新的位置，即可改变其排列顺序（图16-35、图16-36）。按住<Alt>键并拖动动作或命令可将其复制，拖动动作或命令至“创建新动作”按钮 上也可将其复制。

拖动动作或命令至“删除”按钮 上，即可将其删除，单击面板菜单中的“清除全部动作”命令，可将所有动作删除。单击“复位动作”命令可将面板恢复为默认动作。

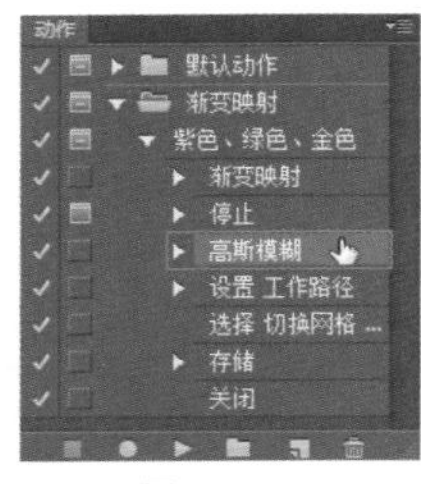

图16-35　图16-36

16.1.8 修改动作名称和参数 [视频]

选择需要修改名称的动作组或动作（图16-37），单击面板菜单中的“组选项”或“动作选项”命令，在打开的“动作选项”对话框中修改名称（图16-38）。双击需要修改参数的命令（图16-39），在打开的该命令对话框中修改参数（图16-40）。

图16-37

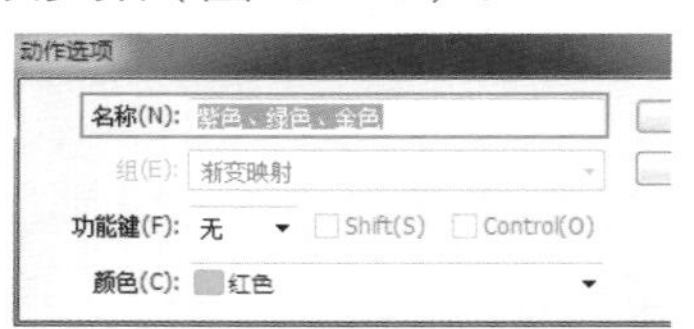

图16-38

图16-39

图16-40

16.1.9 指定回放速度 [视频]

单击“动作”选项按钮 单击“回放选项”命令，在打开的“回放选项”对话框中设置动作的播放速度（图16-41）。

1.加速：此项为默认选项，以正常速度播放动作。

2.逐步：播放速度较慢，显示完每个命令的处理结果后再执行下一命令。

3.暂停：选中该项后，可以设置各个命令的间隔时间。

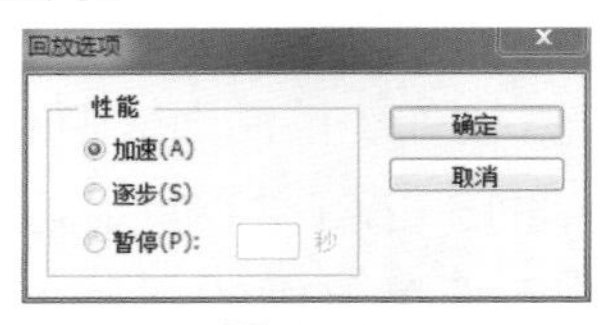

图16-41

16.1.10 载入外部动作制作素描淡彩照片 [视频]

1.按快捷键<Ctrl+O>打开素材光盘中的“素材”→“第16章”→“16.1.10载入外部动作制作素描淡彩照片”素材（图16-42）。

图16-42

2.单击“动作”控制面板菜单中的“载入动作”命令，选择素材中提供的“素描淡彩效果”动作（图16-43），单击“载入”按钮即可将其载入到“动作”控制面板中（图16-44）。

3.选择“素描淡彩”动作（图16-45），单击“动作”控制面板底部的“播放选定的

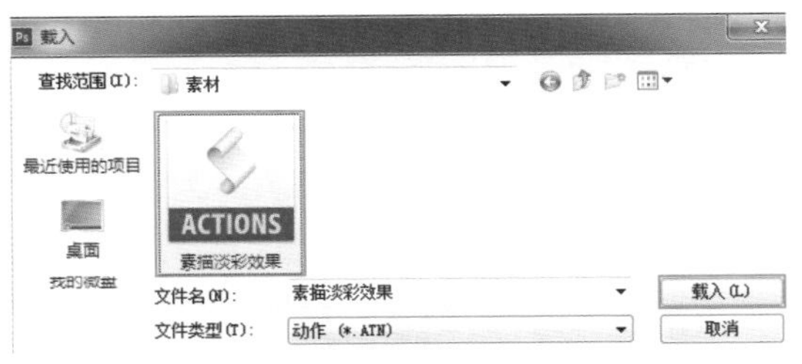

图16-43

图16-44

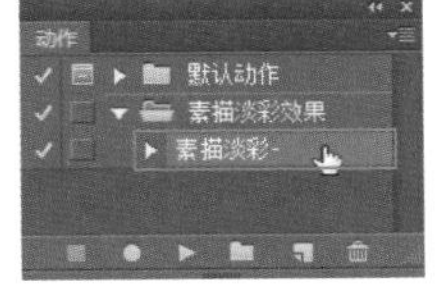

图16-45

动作”按钮 ▶ 播放动作，在弹出的“信息”对话框中单击“继续”按钮（图16-46）。图16-47为处理后的图像效果。

图16-46

图16-47

要点提示 采用动作与批量处理照片比较机械，一般只使用动作与批量修改照片的格式、像素或简单的明暗对比度，针对细节操作不宜使用动作和批量处理。

16.1.11 条件模式更改 [视频]

在使用动作处理图像的过程中，如果有一步骤为将源模式为RGB的图像转换为CMYK模式，但要处理的图像为非RGB模式，这就会出现错误，为避免这种错误，用户可以在记录动作时，使用“条件模式更改”命令为源模式指定一个或多个模式。

单击“文件”→“自动”→“条件模式更改”命令即可打开“条件模式更改”对话框（图16-48）。

1.源模式：选择源文件的颜色模式。

2.目标模式：设置图像转换后的颜色模式。

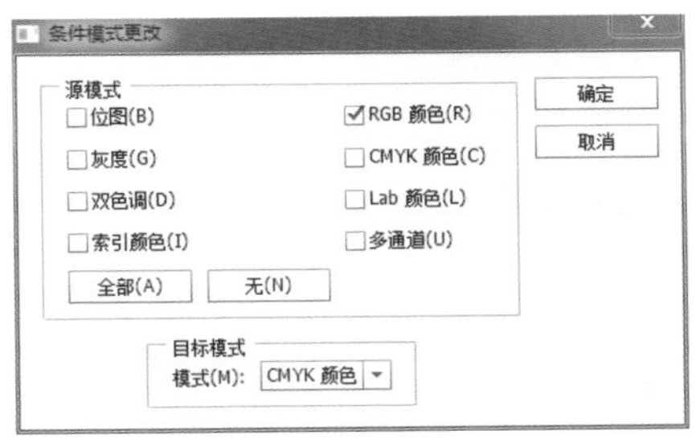

图16-48

16.2 批量处理与自动化编辑

16.2.1 批处理图像 [视频]

1.打开“动作”面板（图16-49），使用之前录制的动作完成图像的批处理，先将动作组中的“停止”、“设置工作路径”、“选择切换网格菜单”等命令删除（图16-50）。

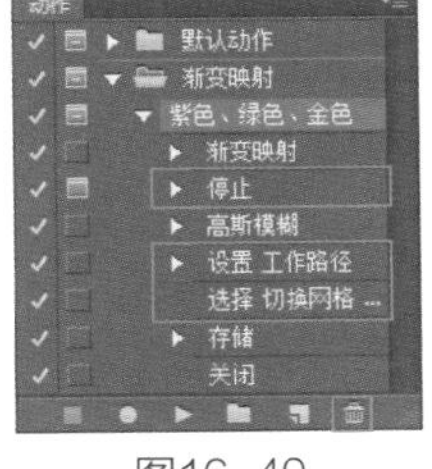

图16-49

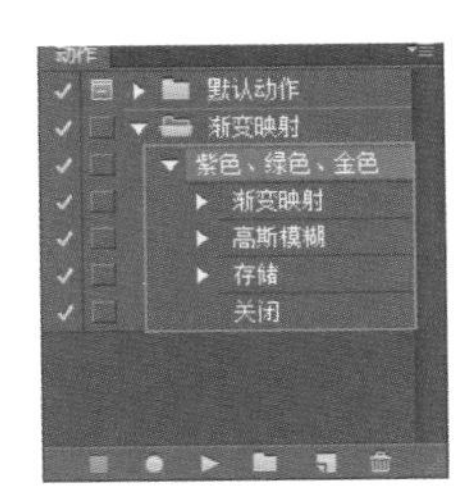

图16-50

2.图16-51为要进行批处理的原图像，单击“文件”→“自动”→“批处理”命令，在打开的“批处理”对话框“播放”选项中选择要播放的动作，单击“选择”按钮（图16-52），选择素材光盘中的“第16章”→“16.2.1批处理图像”文件夹。

图16-51

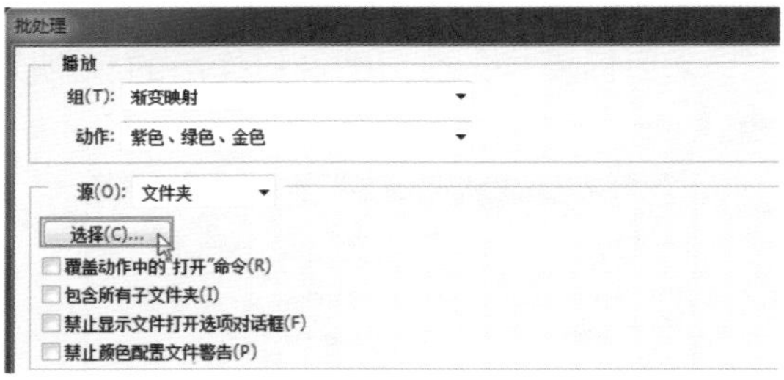

图16-52

3.在“目标”选项中设置“目标”为“文件夹”，单击“选择”按钮（图16-53），设置完成批处理后文件的保存位置。然后勾选“覆盖动作中的存储为命令”复选框（图16-54）。

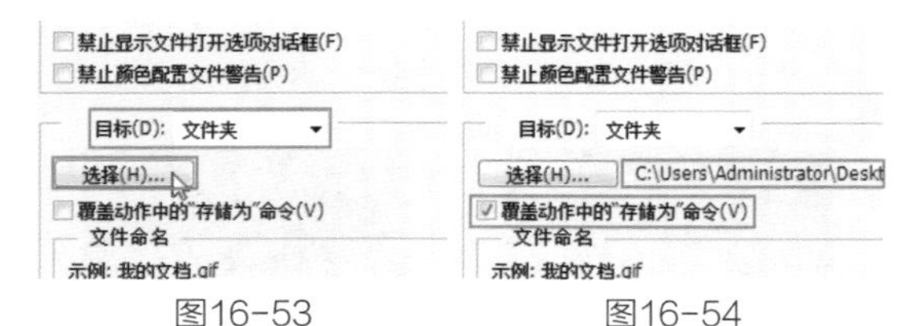

图16-53　　图16-54

4.设置完成后，单击“确定”按钮，系统会自动对文件进行批处理，效果即能呈现出来（图16-55）。

图16-55

16.2.2 创建快捷批处理程序【视频】

1.快捷批处理是能够快速完成批处理的应用程序。单击“文件”→“自动”→“创建快捷批处理”命令，在打开的“创建快捷批处理”对话框“播放”选项中选择一个动作，单击“将快捷批处理存储为”中的“选择”按钮（图16-56），为即将创建的快捷批处理程序设置名称和保存位置。

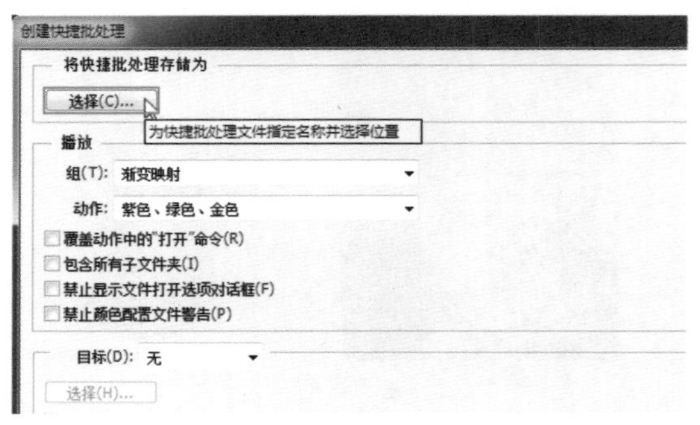

图16-56

2.设置完成后单击“保存”按钮，在“创建快捷批处理”对话框“选择”的右侧会显示程序保存的位置（图16-57）。单击“确定”按钮，快捷批处理程序即创建完成。

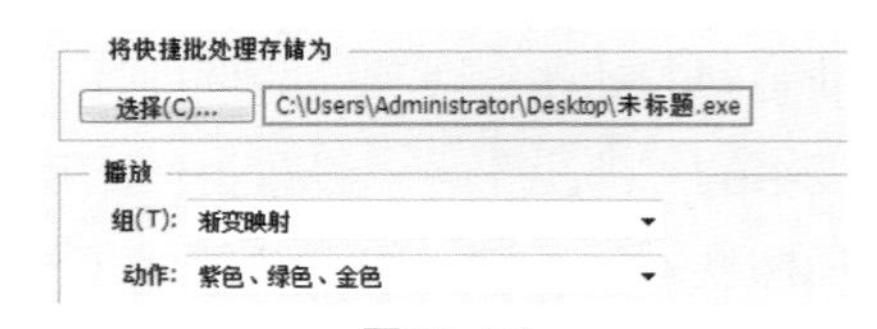

图16-57

3.快捷批处理程序的图标为 ⬇ 形，将图片或文件拖动到该图标上即可进行批处理。

16.2.3　脚本

Photoshop Cs6通过脚本来支持外部自动化。与动作相比，脚本提供了更多的选择，它可以进行逻辑判断和重命名文档等操作。“文件”→“脚本”下拉菜单中包含了脚本的各种命令（图16-58）。

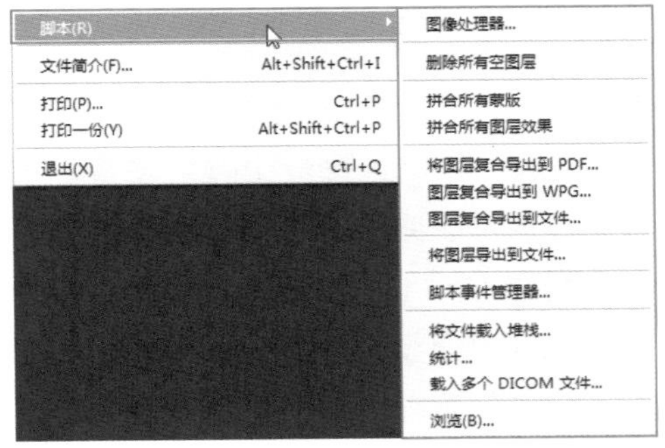

图16-58

1.图像处理器：使用图像处理器可以转换和处理多个文件，与“批处理”不同，它不需要创建动作就可以处理文件。

2.删除所有空图层：执行该命令可以删除空白图层。

3.将图层复合导出到文件：执行该命令可以将图层复合导出到单独的文件中。

4.将图层导出到文件：执行该命令可以使用多种格式将图层作为单个文件导出和存储。

5.脚本事件管理器：执行该命令可以将脚本和动作设置为自动运行。

6.将文件载入堆栈：执行该命令可以使用脚本将多个图像载入到图层中。

7.统一：执行该命令可以使用脚本统一自动创建和渲染图像堆栈。

8.浏览：执行该命令可以运行存储在其他位置的脚本。■

第17章　管理设置

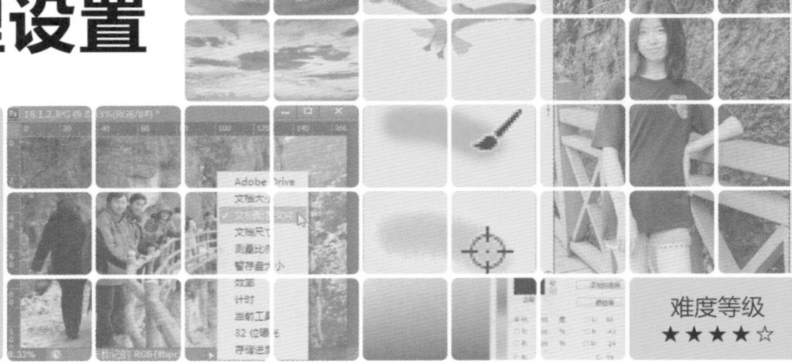

本章介绍

本章主要介绍Photoshop CS6的系统管理设置方法，这是全面熟悉该软件的重要内容。通过各种管理设置能提高照片修饰的效率，能设计更个性化的界面，还能进一步挖掘该软件的潜力。

17.1　色彩管理设置

17.1.1　颜色设置

照相机、显示器、扫描仪等设备都不能重现人眼所看见的全部颜色。同样，每种设备都有特定的色彩空间，所以在设备之间转换照片文件时，颜色的外观就会发生改变，Photoshop CS6提供了解决这个问题的色彩管理系统，它借助ICC颜色配置文件来转换颜色。要生成预定义的颜色管理选项，可以单击“编辑”→“颜色设置”命令，打开“颜色设置”对话框（图17-1），在“工作空间”选项组的“RGB”下拉菜单中选择一个色彩空间。

图17-1

1.设置：在此选择一个颜色设置，不同的颜色设置会改变工作空间和色彩管理方案中的各种选项，以使Photoshop CS6可以适用于不同的颜色工作环境。

2.工作空间：为每个色彩模型指定工作空间配置文件。

3.色彩管理方案：设置如何管理特定的颜色模型中的颜色。

4.说明：用于显示相关选项的说明。

17.1.2　指定配置文件

单击文档底部状态栏中的“展开”按钮▶，在打开的菜单中单击“文档配置文件”命令，此时状态栏中就会出现该图像所使用的配置文件，如果出现“未标记的RGB”字样，则表示该图像没有正确显示（图17-2）。单击“编辑”→“指定配置文件”命令，即可在打开的“指定配置文件”对话框中选择配置文件（图17-3）。

1.不对此文档应用色彩管理：删除文档中的配置文件，由应用程序工作空间的配置文件决定颜色外观。

2.工作中的RGB：给文件指定工作空间

配置文件。

3.配置文件：在此可选择一个配置文件。

图17-2

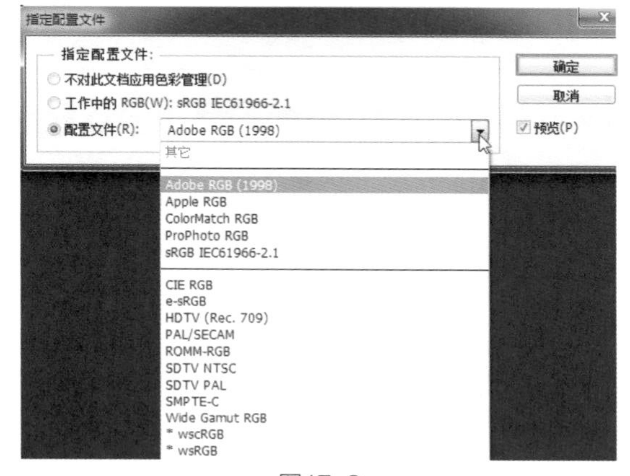

图17-3

17.1.3　转换为配置文件

如需将某种色彩空间保存的图像调整为另一种色彩空间，则可以单击“编辑”→“转换为配置文件”命令，打开“转换为配置文件”对话框（图17-4），在“目标空间”选项组的“配置文件”下拉列表中选择色彩空间，单击“确定”按钮即可。

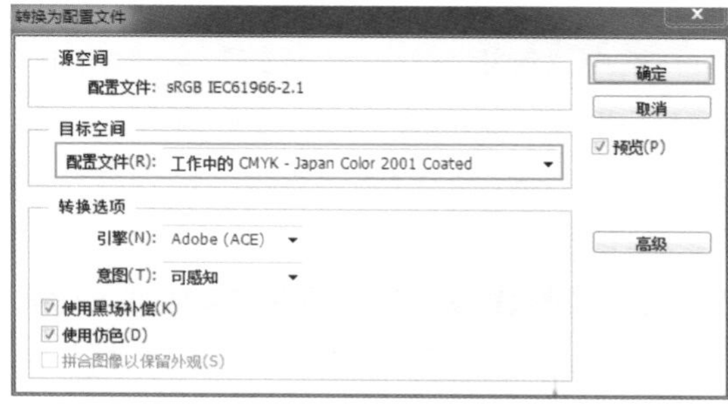

图17-4

17.2　Adobe PDF预设

PDF是Adobe公司开发的电子文件格式。PDF文件能够将文字、颜色、图像、超文本链接、声音和动态影像等电子信息装在一个文件中，PDF格式的文件越来越普及。使用Adobe PDF预设时预定义的设置集合可以创建一致的 PDF文件。单击“编辑”→“Adobe PDF预设”命令即可打开“Adobe PDF预设”对话框（图17-5）。

1.预设/预设说明：在此显示系统中的Adobe PDF预设文件，单击任意一个预设文件，其相关说明会显示在预设说明中。

2.预设设置小结：显示预设文件的详细设置说明。

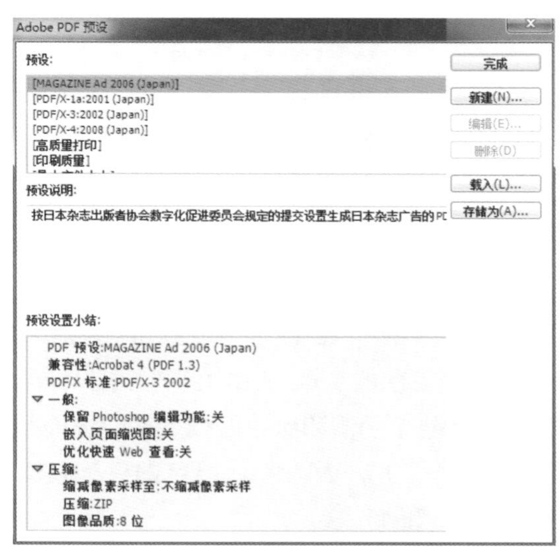

图17-5

3.新建：单击该按钮可新建一个预设文件。

4.编辑：选择新建的预设文件，单击“编辑”按钮，打开“编辑PDF预设”对话框，在此修改预设文件。

5.删除：单击该按钮可将选择的自定义预设文件删除。

6.载入：单击该按钮可载入其他程序中的Adobe PDF预设文件。

7.存储为：单击该按钮可将创建的自定义预设文件另存。

17.3 设置选项

17.3.1 常规

单击“编辑”→“首选项”→“常规”命令，打开“首选项”对话框（图17-6），单击左侧列表中的首选项名称，即可显示相关的设置选项。

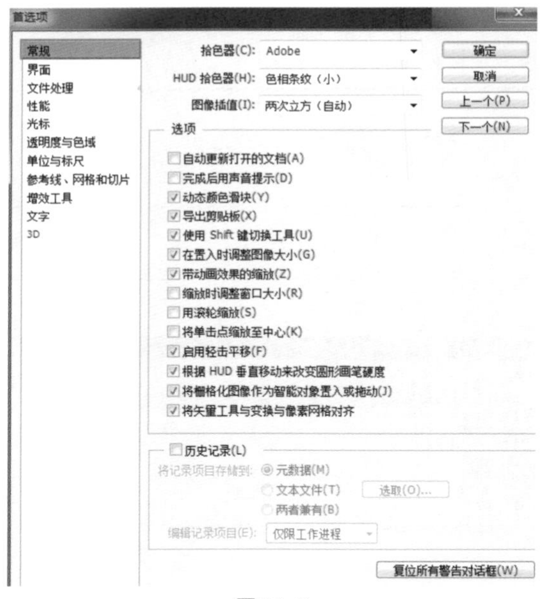

图17-6

1.拾色器：提供了Adobe拾色器和Windows拾色器。Adobe拾色器根据4种颜色模型从整个色谱和颜色匹配系统中选择颜色（图17-7），Windows拾色器只涉及基本的颜色（图17-8）。

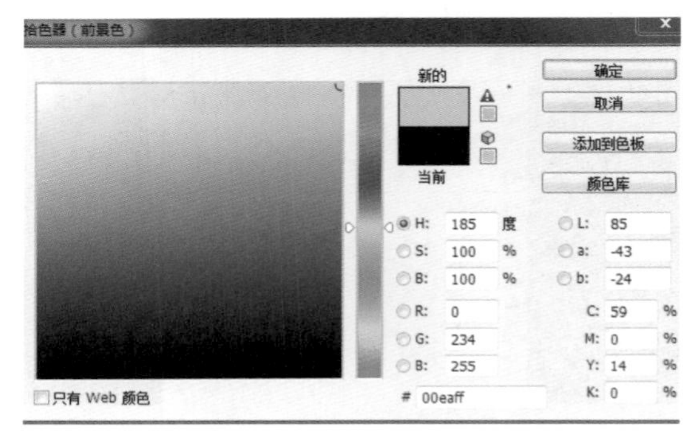

图17-7

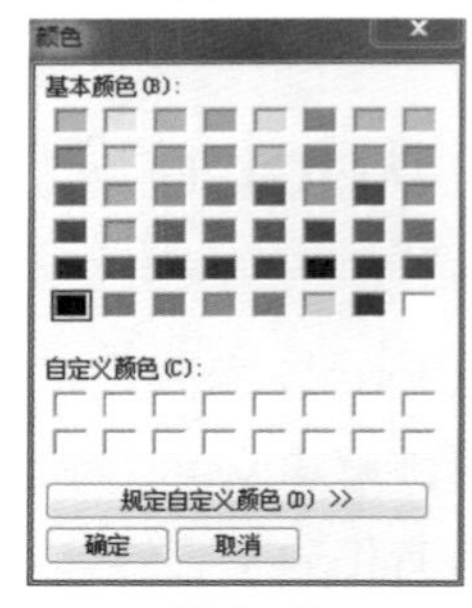

图17-8

2.HDR拾色器：HDR拾色器适合在HDR图像上进行编辑或绘画时使用。

3.图像插值：在改变图像大小时，Photoshop会遵循设定的图像插值方法来增加或减少像素。

4.自动更新打开的文档：勾选该复选框后，如果当前文档被其他程序修改并保存，那么能够将该文档自动更新到Photoshop中。

5.完成后用声音提示：操作完成时，程序会发出声音提示。

6.动态颜色滑块：控制“颜色”面板中的颜色是否随着滑块的移动而改变。

7.导出剪贴板：退出Photoshop时，是否保留剪贴板中的内容以供其他程序使用。

8.使用Shift键切换工具：勾选该复选框后，当切换同一工具组中的工具时需要按下工具快捷键加<Shift>键。

9.在置入时调整图像大小：勾选该复选框后，当文件被置入时会基于当前文件的大小而自动调整其大小。

10.带动画效果的缩放：使用缩放工具缩放图像时能够产生平滑的缩放效果。

11.缩放时调整窗口大小：使用键盘快捷键缩放图像时能够自动调整窗口大小。

12.用滚轮缩放：勾选该复选框后，能够通过鼠标滚轮缩放图像。

13.将单击点缩放至中心：使用缩放工具时，单击点的图像会被缩放到画面中心。

14.启用轻击平移：使用抓手工具移动画面时，松开鼠标后画面会滑动。

15.根据HUD垂直移动来改变圆形画笔硬度等最后3个复选框：一般应保持勾选，以方便专业用户操作。

16.历史记录：勾选该复选框并设置存储位置后，可以将文件中的所有编辑步骤存储，还可以设置记录信息的详细程度。

17.复位所有警告对话框：勾选提示或警告对话框中的“不在显示”复选框后（图17-9），当再次进行相同操作时便不会显示提示信息，单击“复位所有警告对话框”按钮可重新显示这些提示或警告。

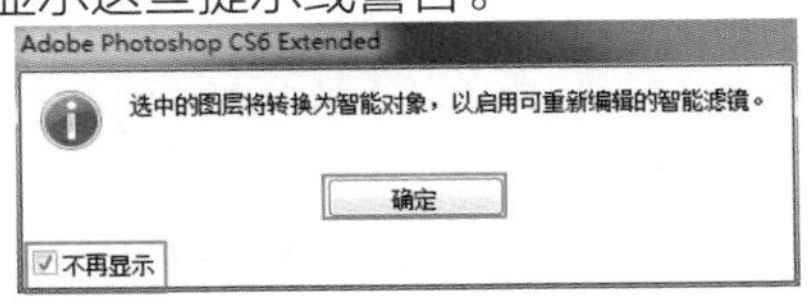

图17-9

17.3.2　界面

单击“编辑”→“首选项”→“界面”命令，打开“首选项”对话框（图17-10）。

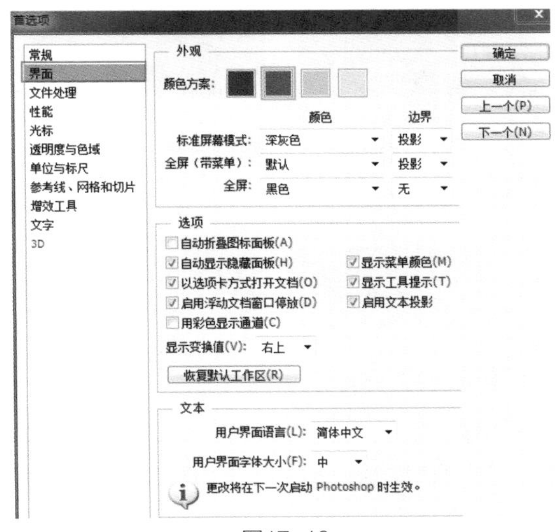

图17-10

1.颜色方案：单击颜色块，可更改操作界面颜色。

2.标准屏幕模式/全屏（带菜单）/全屏：设置在各个屏幕模式下的屏幕颜色和边界效果。

3.自动折叠图标面板：对于不使用的面板会自动折叠为图标状。

4.自动显示隐藏面板：能够暂时显示隐藏的面板。

5.以选项卡方式打开文档：当文档被打开时，全屏显示一个图像，其他图像最小化到选项卡中。

6.启用浮动文档窗口停放：可以拖动标题栏，将文档窗口停放到程序窗口中。

7.用彩色显示通道：勾选该复选框后，以灰度显示的通道将以相应的颜色显示（图17-11、图17-12）。

8.显示菜单颜色：能够使菜单中的某些命令显示为彩色（图17-13）。

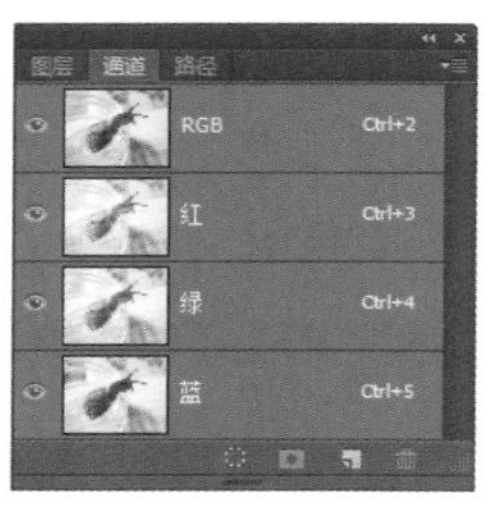

图17-11

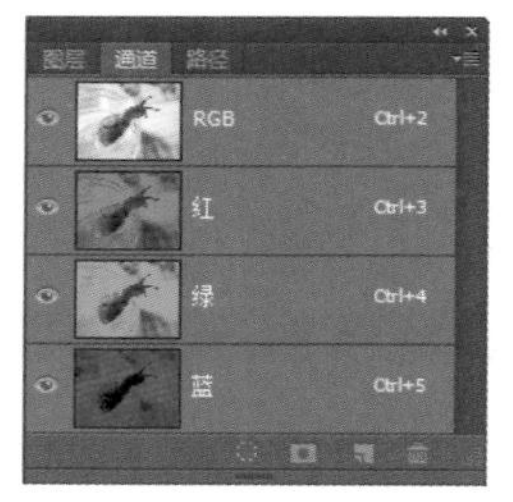

图17-12

图17-13

9.显示工具提示：当光标放在工具上时会显示名称、快捷键等提示信息。

10.恢复默认工作区：单击该按钮，可恢复工作区为默认状态。

11.文本选项组：设置界面的语言和文字大小。

17.3.3 文件处理

单击“编辑”→“首选项”→“文件处理”命令，可以打开“首选项”对话框（图17-14）。

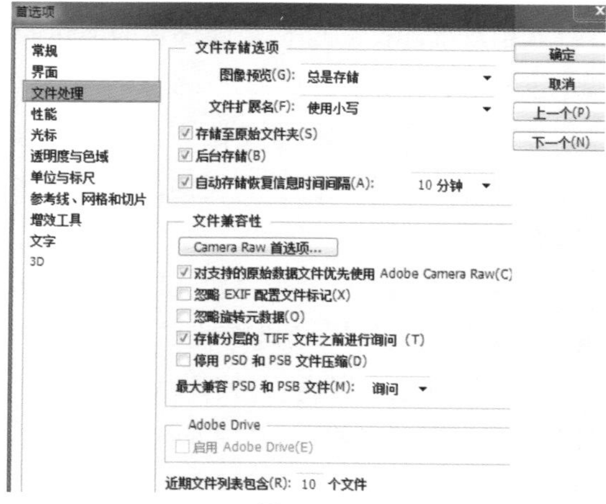

图17-14

1.图像预览：存储图像时是否保存图像的缩览图。

2.文件扩展名：设置文件的扩展名为“大写”或“小写”。

3.存储至原始文件：保存对原文件做的修改。

4.后台存储：存储时不会影响其他工作的继续。

5.自动存储恢复信息时间间隔：设置文档自动存储的时间间隔。

6.Camera Raw首选项：单击该按钮，可在打开的对话框中对Camera Raw进行设置。

7.对支持的原始数据文件优先使用Adobe Camera Raw：当打开的文件支持原始数据时，优先使用Camera Raw处理。

8.忽略EXIF配置文件标记：文件保存时忽略关于图像色彩空间的EXIF配置文件标记。

9.存储分层的TIFF文件之前进行询问：保存分层的文件为TIFF格式时，会弹出询问对话框。

10.停用PSD和PSB文件压缩：勾选该复选框后，当将文件保存为PSD和PSB格式时，文件容量会增大，但更稳定。处理大容量且较复杂的图片文件时建议勾选。

11.最大兼容PSD和PSB文件：当存储PSD和PSB文件时，设置是否提高文件的兼容性。

12.近期文件列表包含：设置在“最近打开文件”下拉菜单中能够保存的文件数量。

17.3.4 性能

单击“编辑”→“首选项”→“性能”命令，打开“首选项”对话框（图17-15）。

1.内存使用情况：显示计算机内存的使用情况。

2.暂存盘：当系统没有足够的内存执行某个操作时，将使用暂存盘，安装了操作系

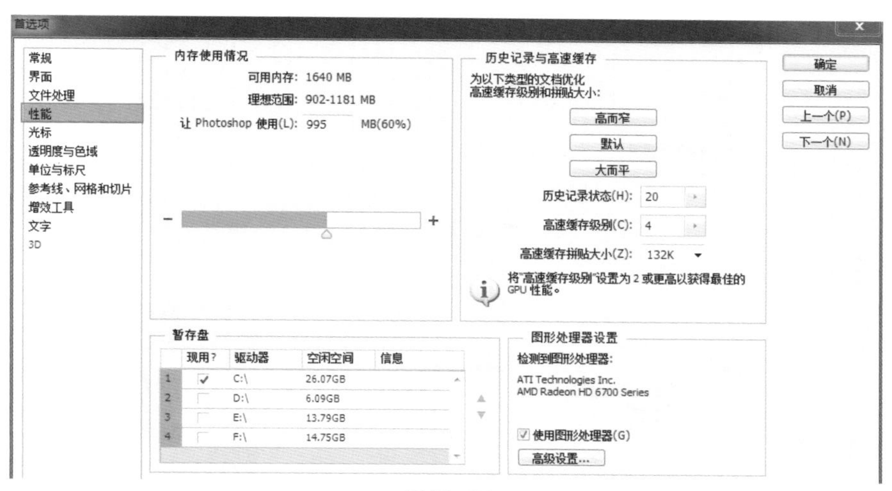

图17-15

统的硬盘驱动器默认作为主暂存盘，在此可将暂存盘修改到其他驱动器上。

3.历史记录与高速缓存：设置在“历史记录”面板中最多可以保留的历史记录数和图像数据的高速缓存级别。

4.图形处理器设置：在此显示计算机的显卡型号。勾选“使用图形处理器”复选框后，可以启用“旋转视图工具”和“像素网格”等功能，可以加快“液化”滤镜、3D等功能的处理速度。

17.3.5 光标

单击“编辑”→“首选项”→“光标”命令，打开“首选项”对话框（图17-16）。

1.绘画光标：设置光标在使用绘图工具时的显示状态（图17-17～图17-21）。

2.其他光标：设置光标在使用其他工具时的显示状态（图17-22、图17-23）。

3.画笔预览：用于设置画笔预览的颜色。

17.3.6 透明度与色域

单击“编辑”→“首选项”→“透明度与色域”命令，打开“首选项”对话框（图17-24）。

1.透明区域设置：当图像背景为透明区域时，显示为棋盘格状（图17-25）。“网

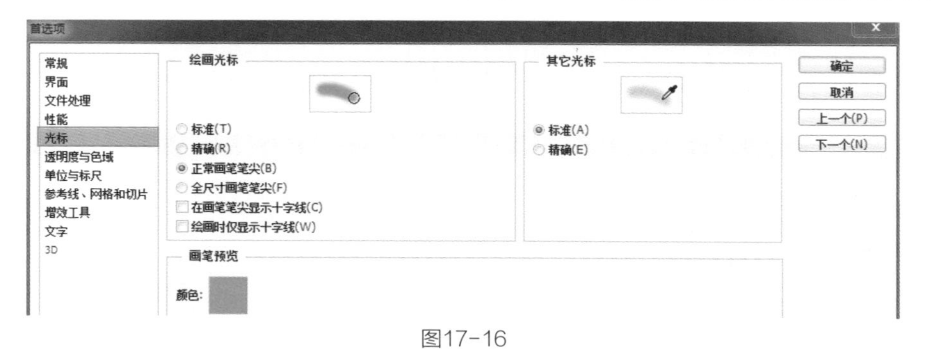

图17-16

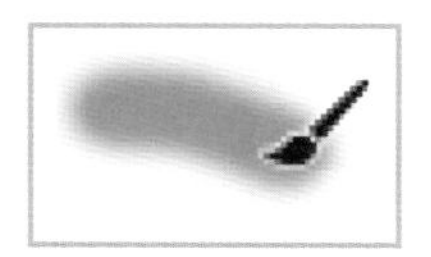

图17-17

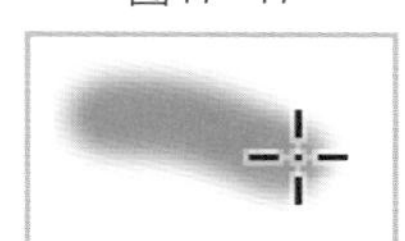

图17-18

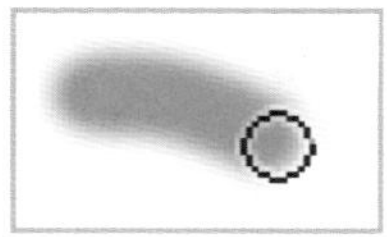

图17-19

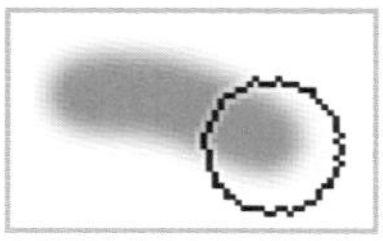

图17-20

图17-21

图17-22

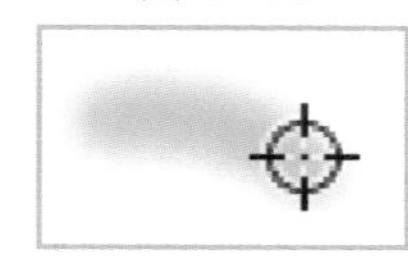

图17-23

格大小”用来设置棋盘格大小，“网格颜色”用来设置棋盘格颜色（图17-26）。

2.色域警告：当图像颜色过于鲜艳，超出CMYK色域范围时，就会形成溢色，单击“视图”→“色域警告”命令，溢色会显示为灰色（图17-27、图17-28）。

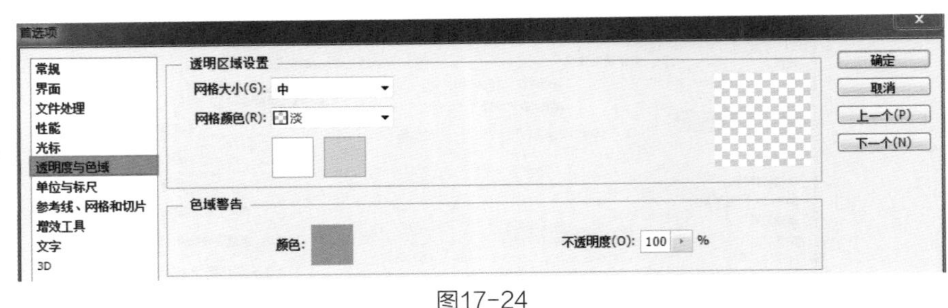

图17-24

图17-25 　图17-26 　图17-27 　图17-28

17.3.7 单位与标尺

单击“编辑”→“首选项”→“单位与标尺”命令，打开“首选项”对话框（图17-29）。

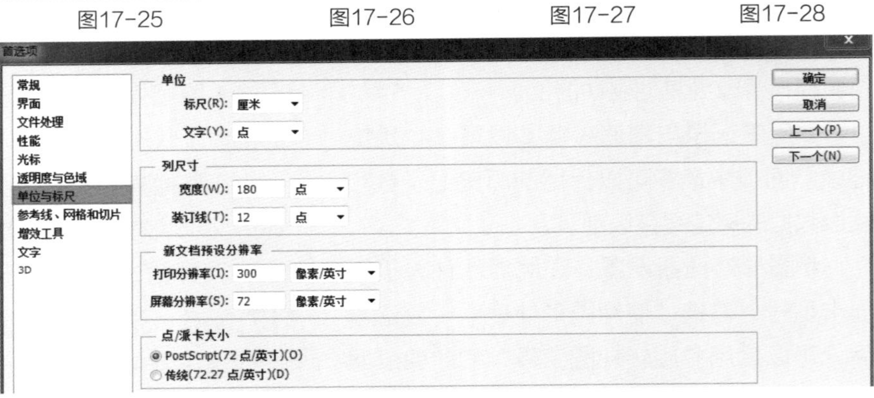

图17-29

1.单位：设置标尺和文字的单位。

2.列尺寸：当图像要导入排版程序，并要用来打印和装订时，在此可设置“宽度”和“装订线”，以指定图像的宽度。

3.新文档预设分辨率：新建文档时，设置预设的打印分辨率和屏幕分辨率。

4.点/派卡大小：设置定义每英寸的点数的方式。

17.3.8 参考性、网格和切片

单击“编辑”→“首选项”→“参考性、网格和切片”命令，打开“首选项”对话框（图17-30）。

1.参考线：设置参考线的颜色和样式。

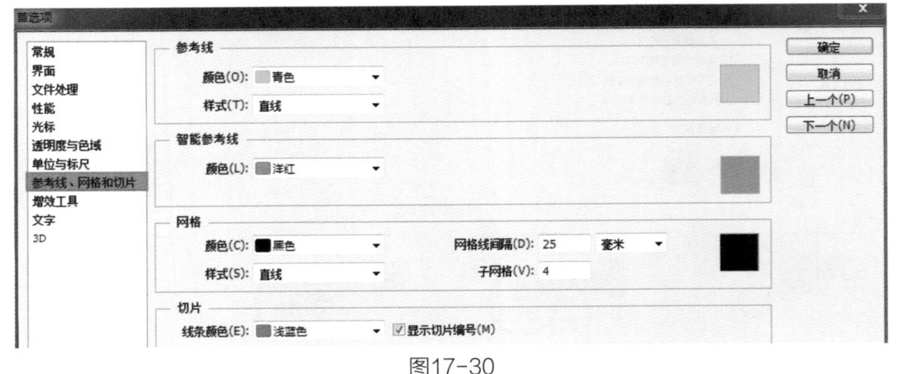

图17-30

2.智能参考线：设置智能参考线的颜色。

3.网格：设置网格的颜色和样式。

4.切片：设置切片的边界框颜色，勾选“显示切片编号”复选框可显示切片的编号。

17.3.9 增效工具

单击“编辑”→“首选项”→“增效工具”命令，可以打开“首选项”对话框（图17-31）。

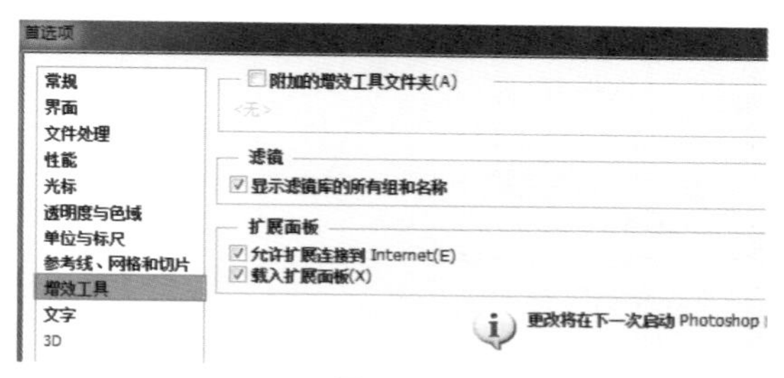

图17-31

1.附加的增效工具文件夹：如果外挂滤镜或插件没有安装在Photoshop CS6的Plug-in文件夹中，那么勾选该复选框，在打开的对话框中选择插件所在的文件夹，重新运行Photoshop CS6，外挂滤镜或插件就可以使用了。

2.显示滤镜库的所有组和名称：勾选该复选框后“滤镜库”中的滤镜就会同时出现在“滤镜”菜单的各个滤镜组中。

3.扩展面板：勾选“允许扩展连接到Internet”复选框，表示扩展面板能够连接到Internet并获取相关内容；勾选“载入扩展面板”复选框，表示启动时可以载入已安装的扩展面板。

17.3.10 文字

单击“编辑”→“首选项”→“文字”命令，打开“首选项”对话框（图17-32）。

1.使用智能引号：勾选该复选框后，输

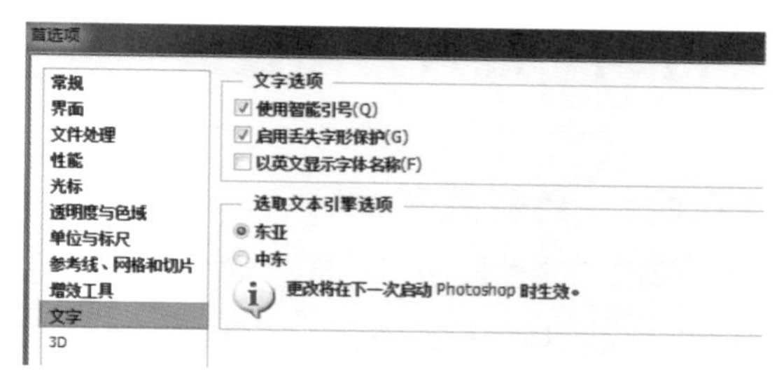

图17-32

入文本时能够使用弯曲的引号代替直引号。

2.启用丢失字形保护：勾选该复选框后，在打开使用了系统上未安装的字体的文档时，会出现警告信息，提示缺少的字体与可用的匹配字体。

3.以英文显示字体名称：勾选该复选框后，字体下拉列表中的亚洲字体名称将以英文显示（图17-33），取消勾选后，将以中文显示（图17-34）。

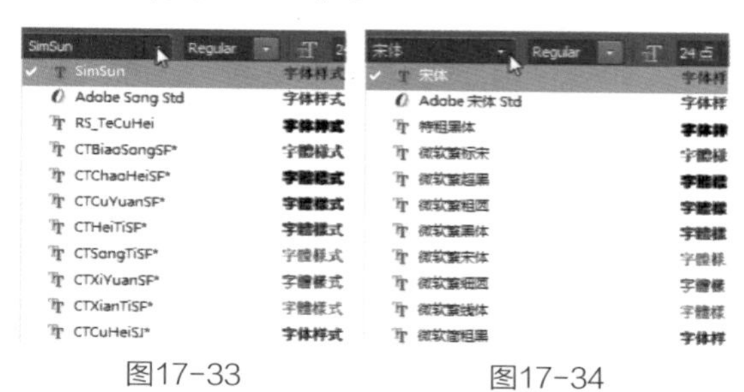

图17-33　　图17-34

4.选取文本引擎选项：设置首选文本引擎选项。

> **要点提示**
>
> Photoshop CS6中的首选项是专门针对操作界面自定义化而设置的面板，适用于长期使用该软件的专业用户。为了避免因长时间面对相同的界面而产生枯燥感，用户可以根据需要自己设置操作界面。
>
> 非专业用户可以适当调整界面，但是不宜修改得面目全非，因为一旦遗忘了某些重要参数的初始设置，就得重新恢复成原始状态，反而会给操作带来不便。

17.4 照片打印设置

17.4.1 色彩管理 [视频]

单击“文件”→“打印”命令，可以打开“Photoshop打印设置”对话框，在对话框右侧的“色彩管理”选项组中可以设置相应的选项，以提升打印效果（图17-35）。

1.颜色处理：设置是否使用色彩管理，如果使用，是将其作用在应用程序中还是打印设备中。

2.打印机配置文件：设置适用于打印机和纸张类型的配置文件。

图17-35

3.正常打印/印刷校样：“正常打印”为进行普通打印，“印刷校样”为模拟文档在印刷机上输出的效果。

4.渲染方法：设置Photoshop CS6将颜色转换为打印机颜色空间的方法。

5.黑场补偿：模拟输出设备的全部动态范围来保留图像中的阴影细节。

17.4.2 指定图像位置和大小 [视频]

“Photoshop打印设置”对话框右下方的“位置和大小”选项组可以用来控制图像在画面中的位置（图17-36）。

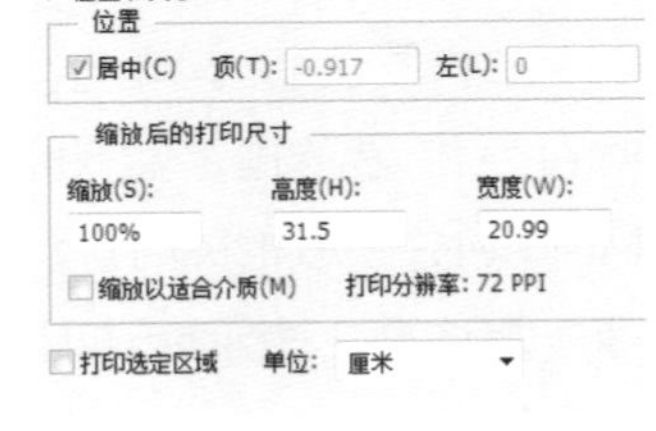

图17-36

1.位置：勾选“居中”复选框，图像将定位在打印区域的中心；取消勾选“居中”复选框，并在“顶”和“左”选项中输入数值，即可定位图像。

2.缩放后的打印尺寸：勾选“缩放以适

合介质”复选框后，能够自动缩放图像以适合纸张大小；取消勾选并在“缩放”或“高度”和“宽度”选项中输入数值，即可自定义缩放比例或图像尺寸。

3.打印选定区域：勾选该复选框后，能够启用对话框中的裁剪控制功能，可以通过调整定界框来移动或缩放图像（图17-37）。

图17-37

17.4.3　设置打印标记 视频

“Photoshop打印设置”对话框右下方的“打印标记”选项组用来设置在页面中显示哪些标记（图17-38、图17-39）。

17.4.4　设置函数 视频

“Photoshop打印设置”对话框中的“函数”选项组包含“背景”、“边界”、“出血”等按钮（图17-40），单击按钮即可打开相应的对话框进行设置。

图17-38

图17-39

图17-40

1.背景：设置图像区域外的背景色。

2.边界：设置在图像边缘打印出的黑色边框。

3.出血：将裁剪标志移动到图像中，保证不会将重要的内容裁剪掉。

4.药膜朝下：水平翻转图像。

5.负片：反转图像颜色。

17.4.5　照片打印 视频

打印选项设置完成后，单击“文件”→“打印1份”命令，即可打印文件一份。

第18章 照片修饰实例制作

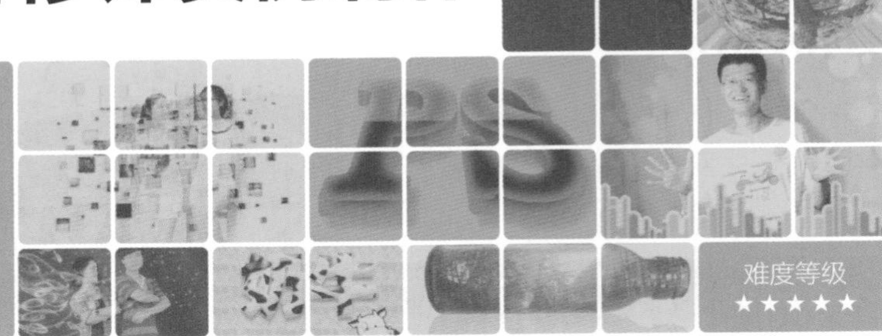

本章介绍

本章主要介绍照片的高级修饰方法，采用真实的案例深入浅出地讲解各种特殊效果的制作技巧。学习完本章后，读者可以变化出更丰富的效果。同时，本章内容也是对全书的总结。

18.1 个性绘画表现

18.1.1 制作表情涂鸦 视频

1.按快捷键<Ctrl+O>打开素材光盘中的“素材”→“第18章”→“18.1.1制作表情涂鸦”素材（图18-1）。下面开始为橙子绘制表情。

2.在“图层”控制面板中单击“创建新图层”按钮 创建图层（图18-2），选取“工具箱”中的“铅笔”工具，在工具属性栏中设置笔尖的类型和大小（图18-3），设置前景色为黑色。设置完成后，在橙子上画出表情（图18-4）。

图18-1

图18-2

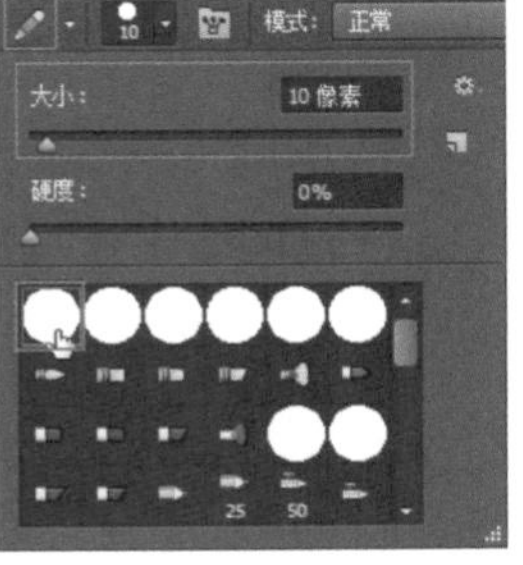

图18-3

图18-4

3.按<Ctrl>键并单击“创建新图层”按钮新建图层，新建的图层位于“图层1”的下方（图18-5），设置前景色为橘红色，继续使用“铅笔”工具在橙子上绘制出更丰富的表情（图18-6）。

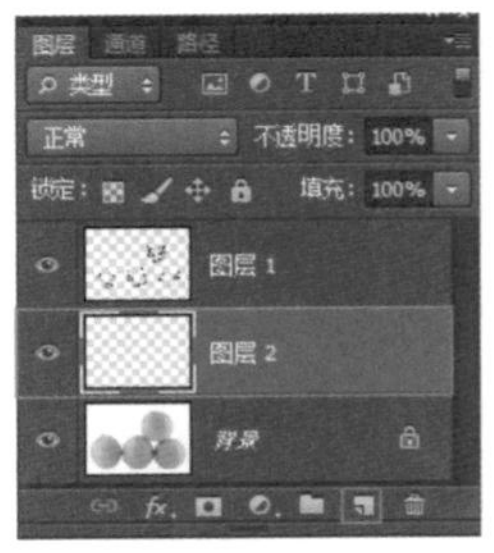

图18-5

图18-6

4.设置“图层2”的混合模式为“正片叠底”，这样可以使颜色与橘子融合的更好（图18-7、图18-8）。

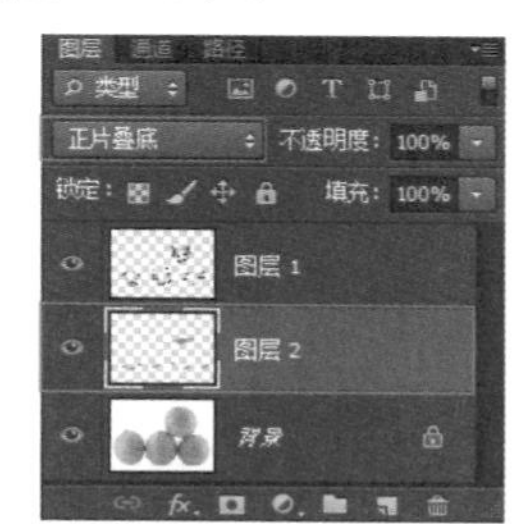

图18-7

图18-8

5.按快捷键<Ctrl+J>将“图层2”复制，选择“图层1”，将“不透明度”设置为75%（图18-9）。

6.为了使表情显得更自然，继续选择

图18-9

“图层1”，在菜单栏中单击“滤镜”→“模糊”→“高斯模糊”命令，打开“高斯模糊”对话框，将“半径”设置为0.5像素（图18-10），最终效果即呈现出来（图18-11）。

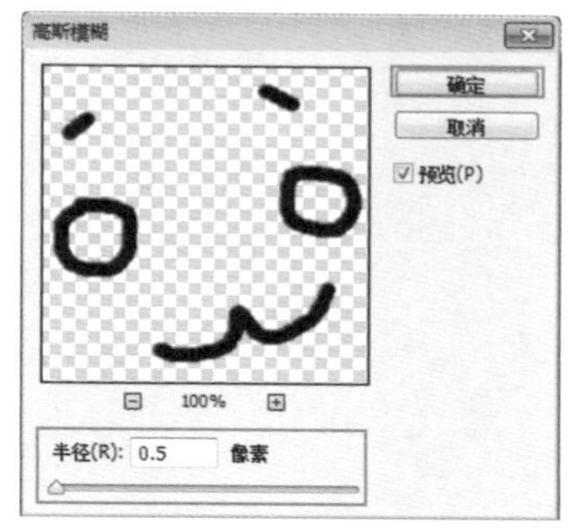

图18-10

图18-11

18.1.2 气泡效果 视频

1.按快捷键<Ctrl+O>打开素材光盘中的“素材”→“第18章”→“18.1.2气泡效果”素材（图18-12）。

图18-12

2.在“路径”控制面板中单击选择“路径1”，画面中会显示出牛的外形轮廓（图18-13、图18-14）。

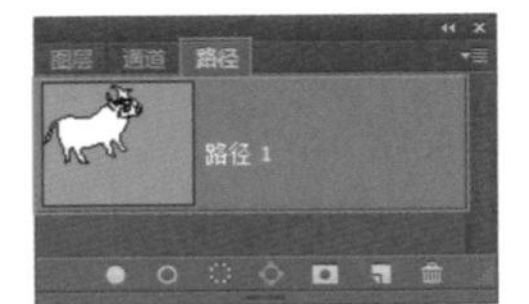
图18-13

图18-14

3.选取“工具箱”中的“画笔”工具，在工具属性栏中选择一个尖角笔尖，设置“大小”为10像素（图18-15），设置前景色为白色，新建图层，单击“路径”控制面板底部的“用画笔描边路径”按钮，此时，牛的外形就呈现出来了（图18-16）。

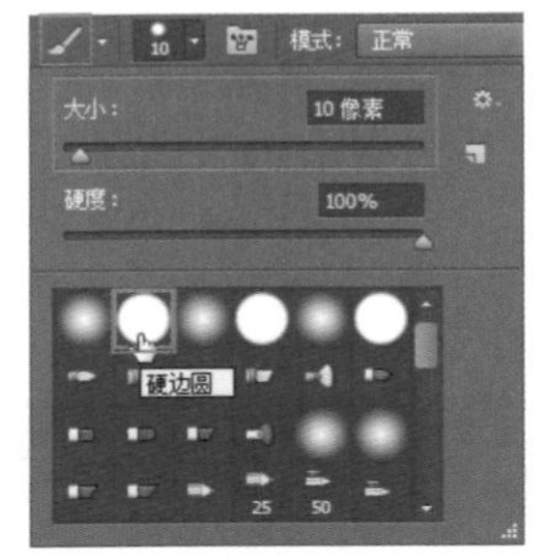
图18-15

图18-16

4.单击“画笔”下拉面板中的“设置”按钮，单击“载入画笔”命令，在弹出的“载入”对话框中选择素材光盘中的“气泡笔刷”素材（图18-17），单击“载入”按钮，气泡笔刷就出现在了“画笔”下拉面板的底部（图10-18）。

5.新建图层（图18-19），选取“工具箱”

图18-17

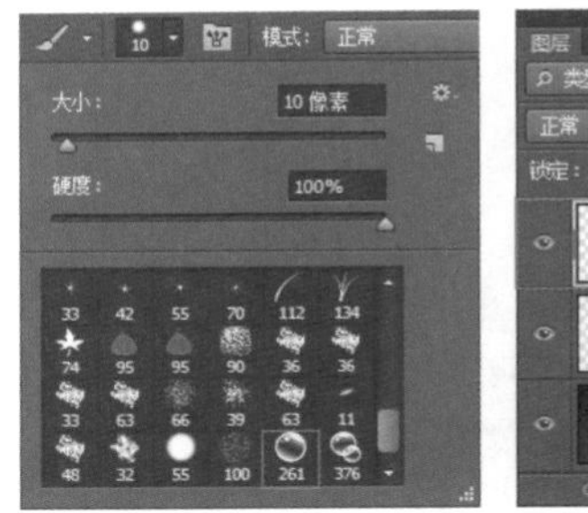
图18-18

图18-19

中的“画笔”工具，按快捷键<F5>打开“画笔”控制面板，在“画笔”控制面板中选择气泡笔尖并设置大小和间距（图18-20）。

6.选中左侧列表中的“形状动态”和“散步”复选框，分别进行设置（图18-21、图18-22）。

7.单击“路径”控制面板底部的“将路径作为选区载入”按钮（图18-23），将牛的外形轮廓转换为选区，设置前景色为白色，使用“画笔”工具在选区内涂抹，绘制出牛的形象（图18-24）。

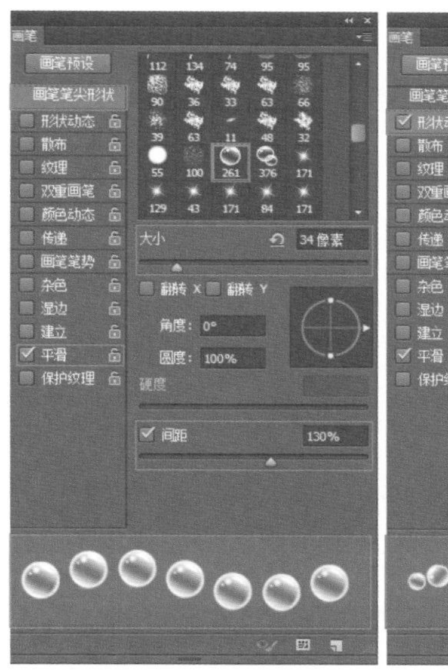

图18-20

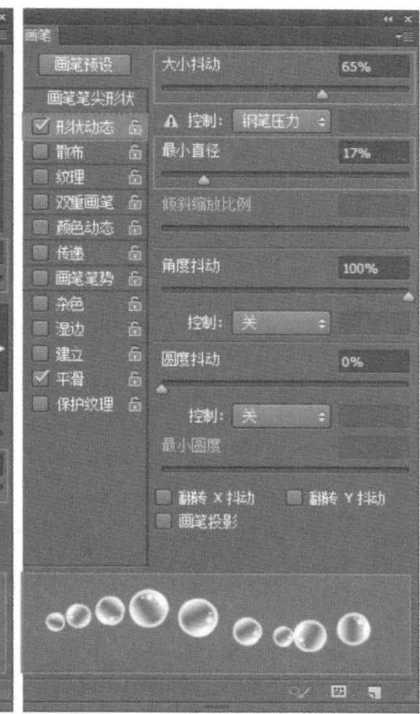

图18-21

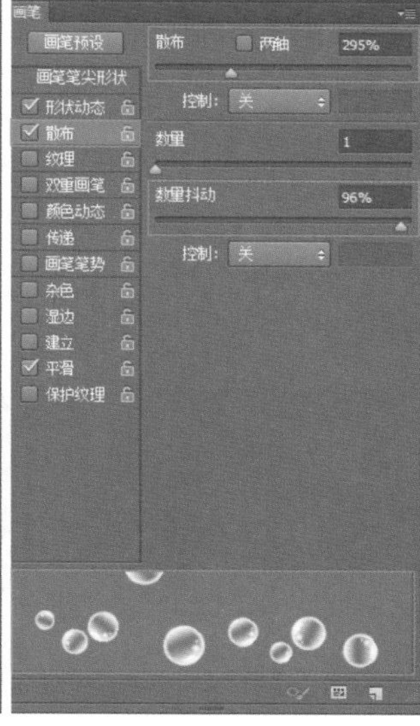

图18-22

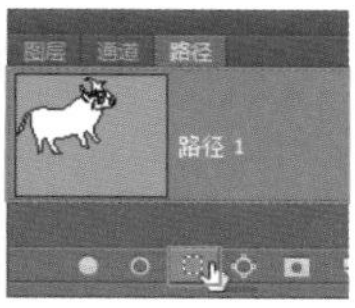

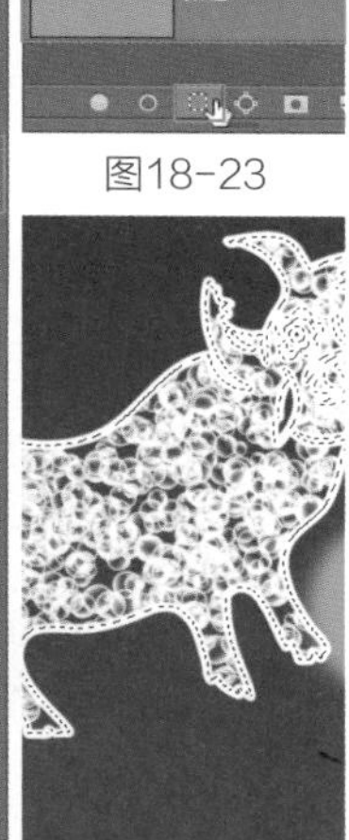

图18-23

图18-24

8.新建“图层3”，设置“不透明度”为50%，将“图层1”隐藏（图18-25），继续使用“画笔”工具 在选区内涂抹，丰富气泡效果（图18-26）。

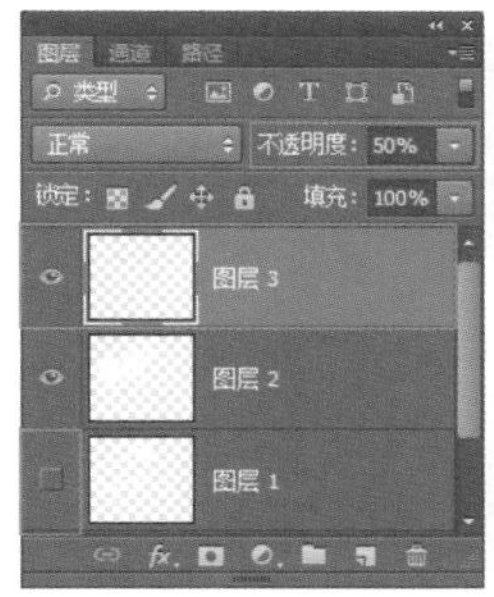

图18-25　　图18-26

9.按快捷键<Ctrl+D>取消选区，再新建一个图层，调节画笔大小，继续在画面中涂抹，使画面更加生动（图18-27）。

图18-27

10.按快捷键<Ctrl+Shift+Alt+E>将当前图像盖印到新图层中（图18-28），设置图层的混合模式为“叠加”，“不透明度”为60%（图18-29），效果即呈现出来（图18-30）。

图18-28

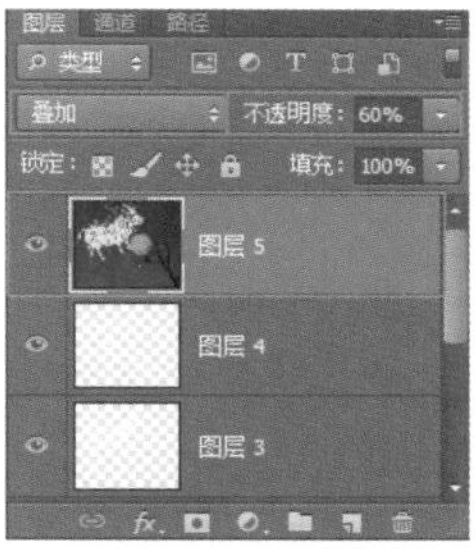

图18-29

图18-30

18.2 制作炫彩光影

18.2.1 制作炫光 视频

1.按快捷键<Ctrl+O>打开素材光盘中的“素材”→“第18章”→“18.2.1制作炫光1”素材（图18-31）。

图18-31

2.新建图层，选取“工具箱”中的“渐变”工具■，在工具属性栏中单击“径向渐变”按钮■，单击渐变条，在“渐变编辑器”对话框中设置渐变（图18-32）。设置完成后，在画面的左下角拖动鼠标创建渐变（图18-33）。

3.按快捷键<Ctrl+U>打开“色相/饱和度”对话框，调整“色相”参数，更改颜色（图18-34、图18-35）。

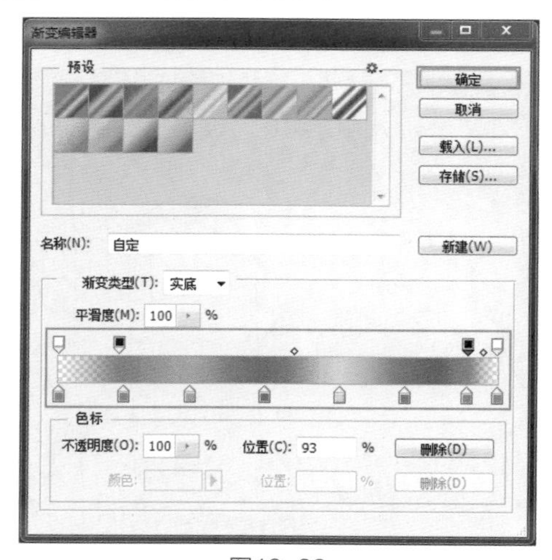

图18-32

图18-33

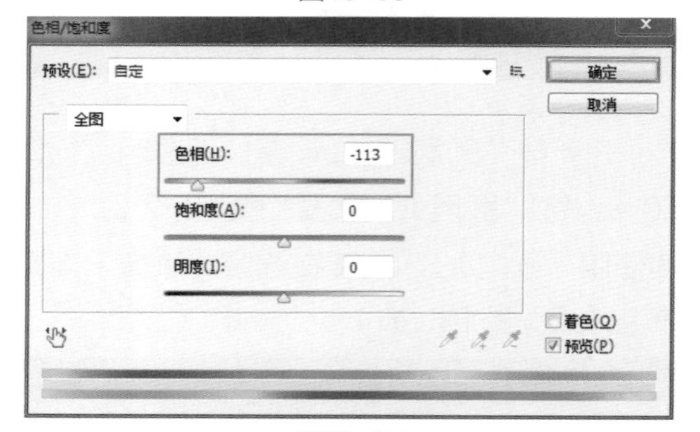

图18-34

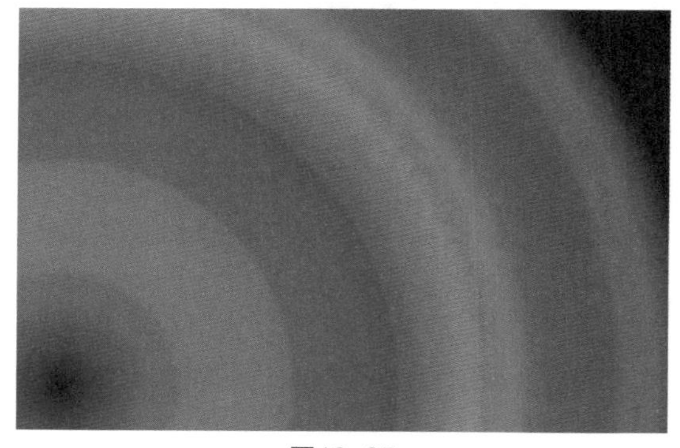

图18-35

4.设置图层的混合模式为“柔光”、“不透明度”为60%（图18-36），效果即有所变化（图18-37）。

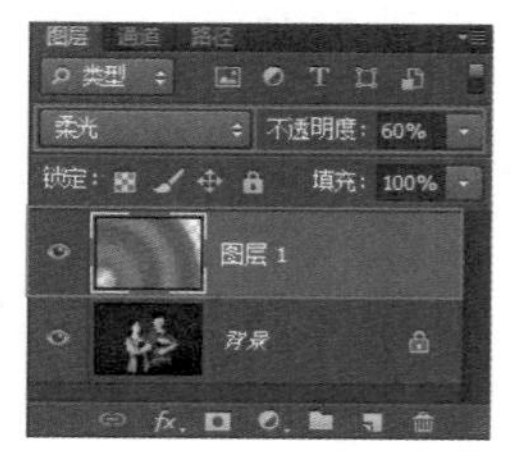

图18-36

图18-37

5.单击“图层”控制面板底部的“创建新组”按钮，创建一个图层组并命名为“黄色”（图18-38）。选取“工具箱”中的“钢笔”工具，在工具属性栏中选择“形状”选项，在照片中绘制形状（图18-39）。

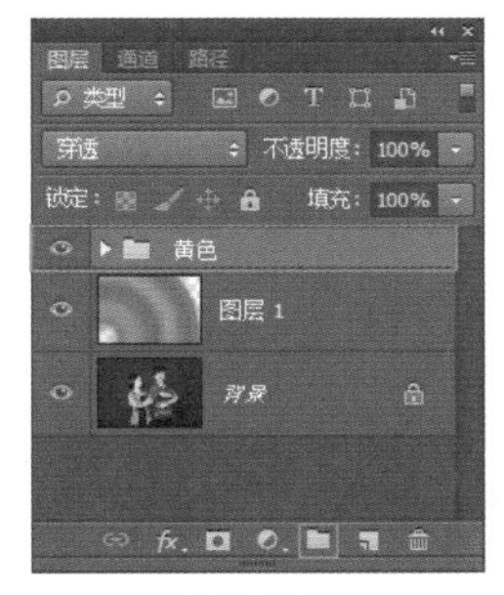

图18-38

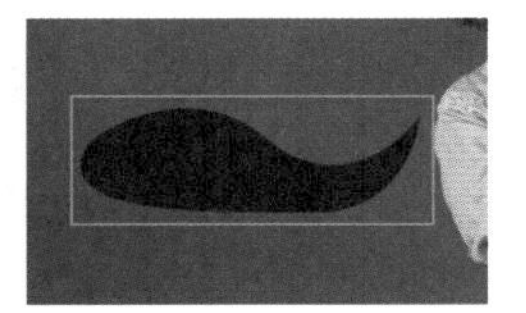

图18-39

6.设置形状图层的“填充”为0%（图18-40），双击该图层，在打开的“图层样式”对话框中设置内发光效果（图18-41），效果即有所变化（图18-42）。

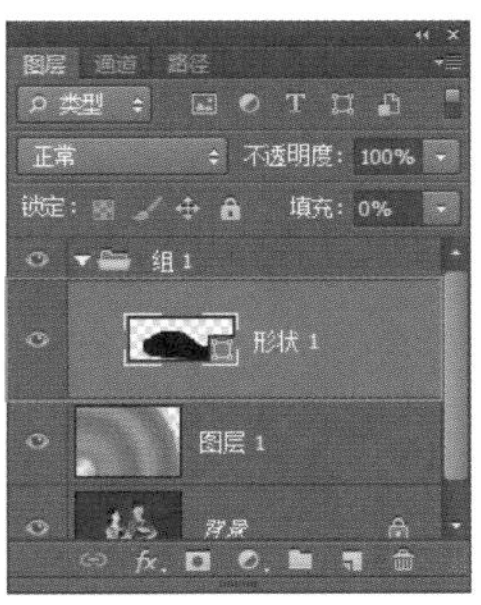

图18-40

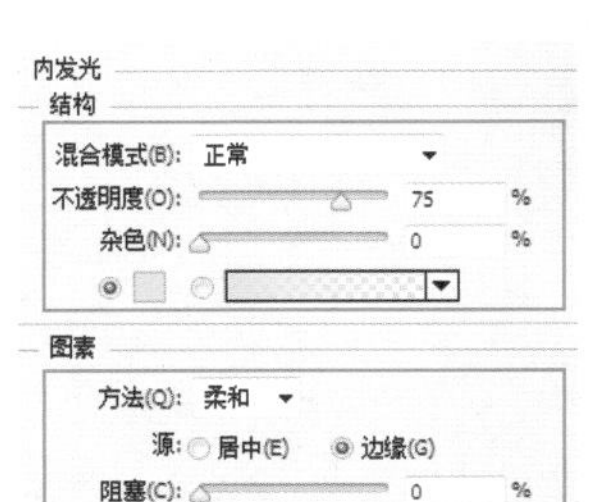

图18-41

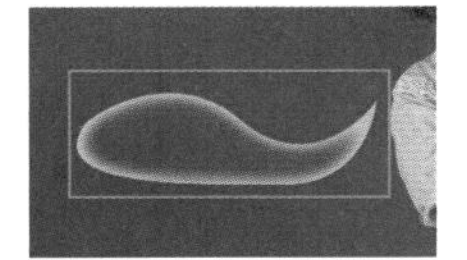

图18-42

7.选取“工具箱”中的“椭圆”工具，在画面中绘制一个图形，按住<Alt>键并拖动“形状1”图层后面的效果图标到该图层（图18-43），双击“内发光”效果，修改参数（图18-44），效果即有所变化（图18-45）。

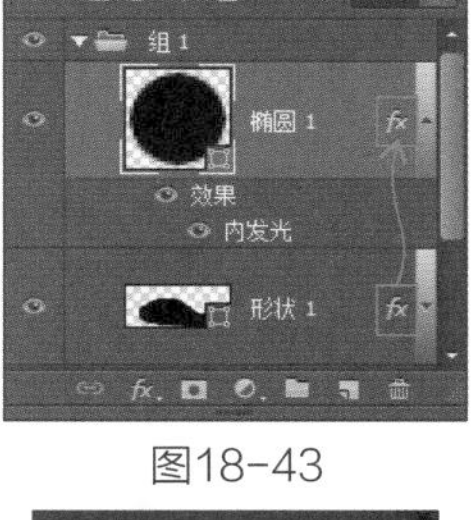

图18-43

图18-44

图18-45

8.将“形状1”图层复制，按快捷键<Ctrl+T>进行自由变换，单击鼠标右键，在弹出的快捷菜单中单击“垂直翻转”命令，然后将图像缩小并旋转（图18-46）。同样的方法再制作出两个图案（图18-47）。

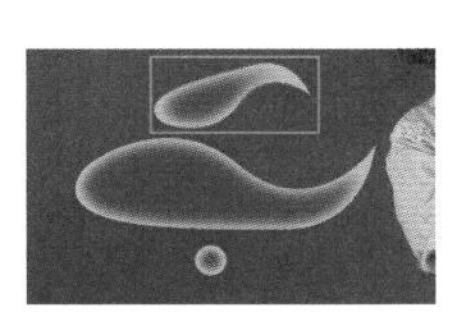

图18-46

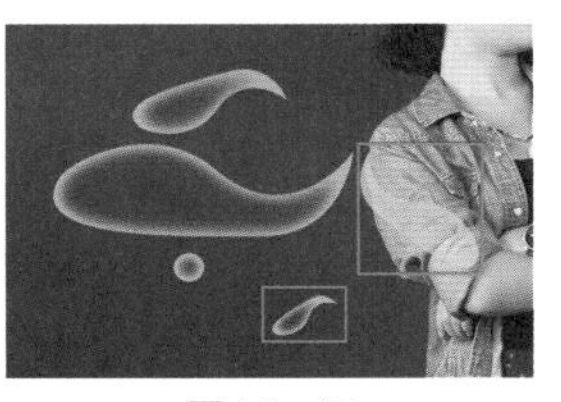

图18-47

要点提示

在照片中添加装饰图案属于比较繁琐的操作程序，添加1～2个装饰图案很难打动观众，也很难表达更深远的含义，应该添加一组或多组。如果单独绘制图案会花费大量时间，那么可以在网上下载一些图案素材，将其融合到照片中去。如果大多数图案都不适合相关照片的主题，那么用户可以根据实际情况仿制描绘。

9.再新建图层组，命名为“红色”，将之前绘制的形状图层复制一个并拖到该组（图18-48），调整形状的大小和位置。双击图层后面的效果图标 ，在打开的“图层样式”对话框中修改“内发光”颜色（图18-49），效果即有所变化（图18-50）。

图18-48

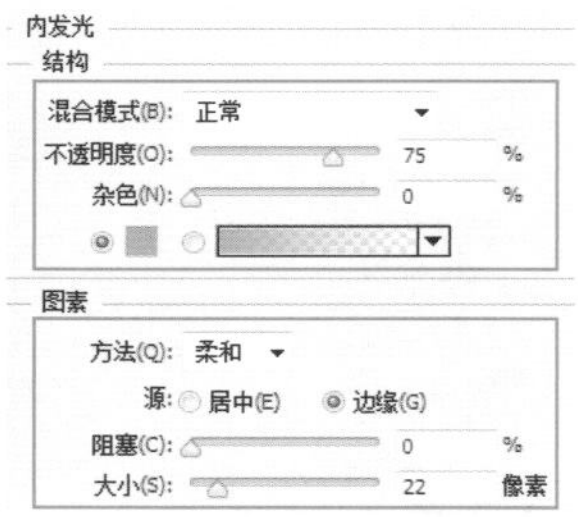

图18-49

图18-50

10.将红色形状复制并调整其位置、大小和角度（图18-51）。使用同样的方法，制作出蓝色、绿色和紫色的形状，以丰富照片效果（图18-52）。

图18-51

图18-52

11.设置前景色为白色，选取“工具箱”中的“渐变”工具 ，在工具属性栏中单击“径向渐变”按钮 ，选择“前景色到透明”的渐变（图18-53）。新建图层，在画面中小幅度地拖动鼠标创建径向渐变（图18-54），设置图层的混合模式为“叠加”，再在画面中添加更多的渐变，以产生闪亮的效果（图18-55、图18-56）。

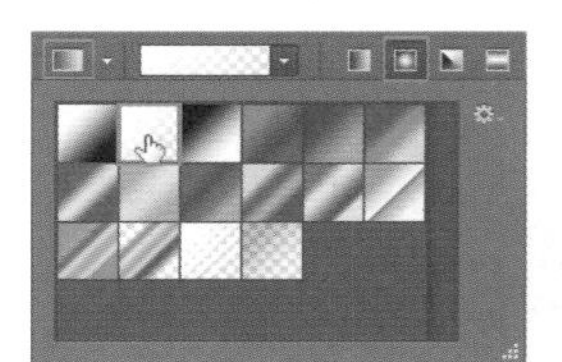
图18-53

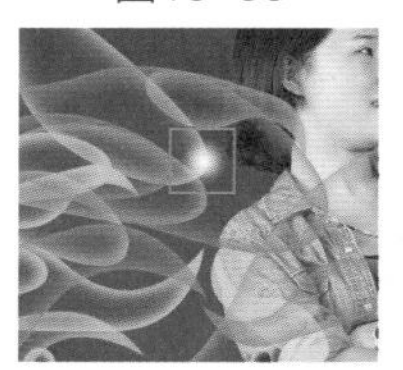
图18-54

图18-55

图18-56

12.打开素材光盘中的“素材”→“第18章”→“18.2.1制作炫光2”素材（图18-57），使用“移动”工具 将其拖入到当前文档中，效果即呈现出来（图18-58）。

图18-57

图18-58

18.2.2　瓶子里的风景 视频

1.按快捷键<Ctrl+O>打开素材光盘中的“素材”→“第18章”→“18.2.2瓶子里的风景1”素材（图18-59）。

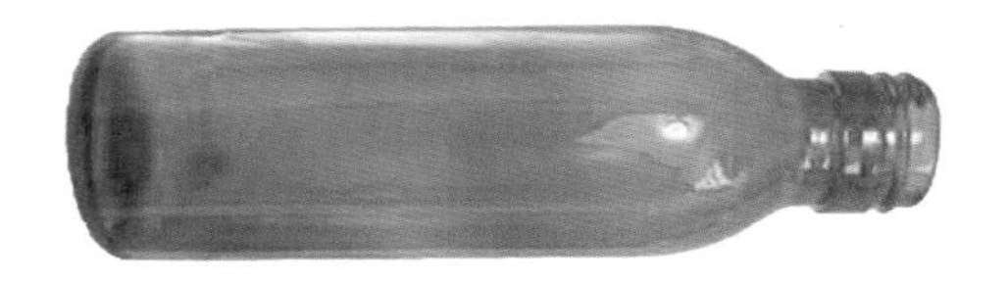

图18-59

2.单击“调整”控制面板中的“色相/饱和度”按钮 ，在“属性”控制面板中对“绿色”和“全图”进行调整（图18-60、图18-61），效果即有所变化（图18-62）。

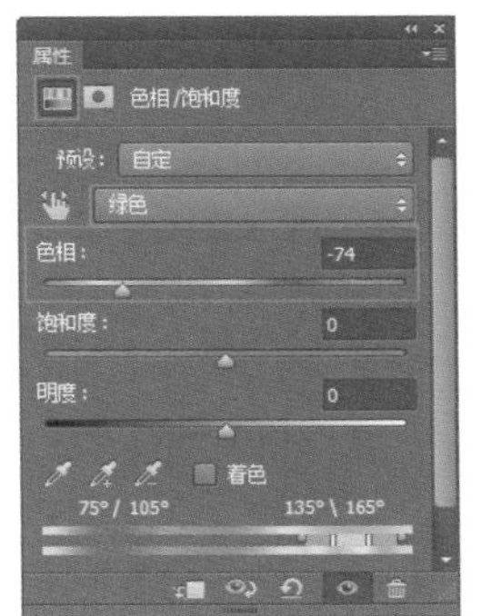

图18-60

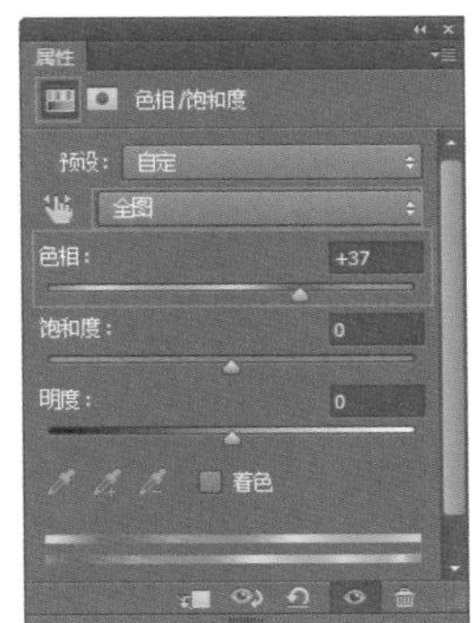

图18-61

图18-62

3.选取“工具箱”中的“画笔”工具 ，选择柔角笔尖，设置“不透明度”为50%。设置完成后，在瓶子的暗部区域涂抹黑色，使画面的暗部区域恢复到原来的颜色（图18-63、图18-64）。

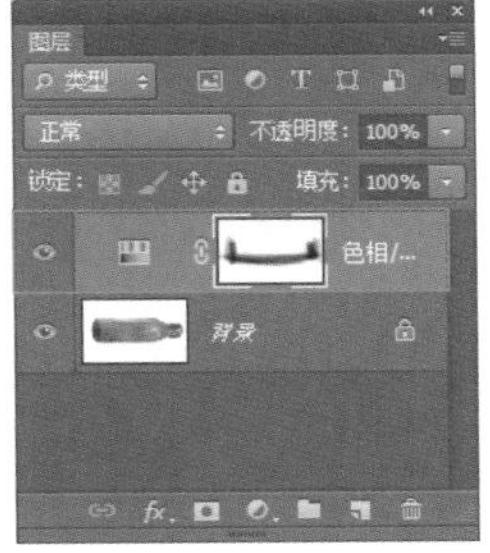

图18-63

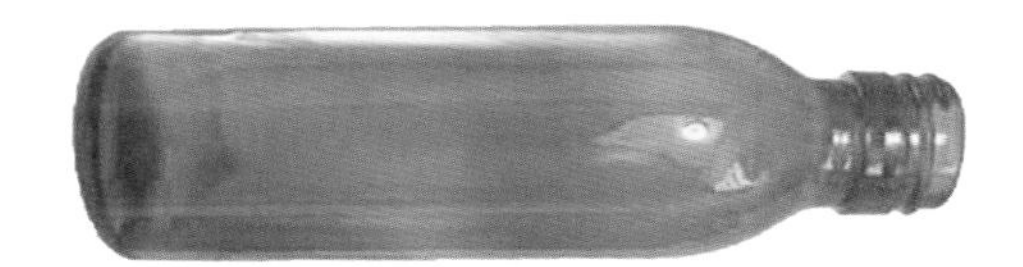

图18-64

4.选取“工具箱”中的“魔棒”工具 ，在画面背景上单击鼠标左键，将背景选中，按快捷键<Ctrl+Shift+I>将选区反选（图

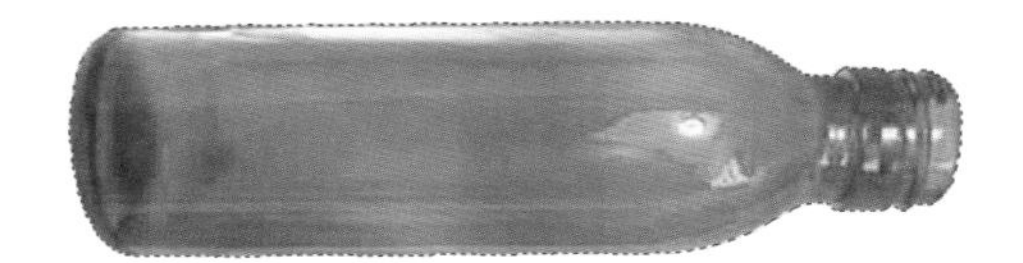

图18-65

18-65），按快捷键<Ctrl+Shift+C>合并拷贝选区内的图像，再按快捷键<Ctrl+V>将它们粘贴到新的图层中（图18-66）。

图18-66

5.打开素材光盘中的“素材”→“第18章”→“18.2.2瓶子里的风景2”素材，使用“移动”工具将其拖入到当前文档中（图18-67）。按快捷键<Ctrl+Alt+G>创建剪贴蒙版，将瓶子以外的风景图像隐藏（图18-68、图18-69）。

图18-67

图18-68

图18-69

6.在“图层”控制面板中单击“添加蒙版”按钮，为风景图层添加蒙版，使用“工具箱”中的“画笔”工具，在瓶子的四周涂抹，使风景图片与瓶子可以更加自然的融合（图18-70、图18-71）。

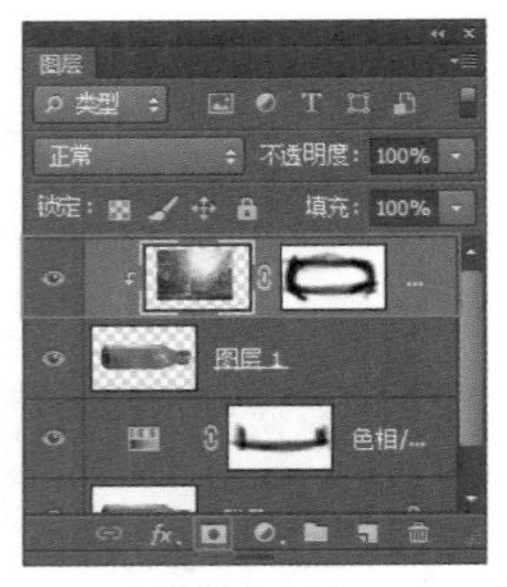

图18-70

图18-71

7.按<Ctrl>键将“瓶子”和“风景”图层同时选中（图18-72），快捷键<Ctrl+Alt+E>盖印图像到新的图层（图18-73），快捷键<Ctrl+T>进行自由变换，单击鼠标右键，在弹出的快捷菜单中单击“垂直翻转”命令，将图像翻转，然后将其移动到瓶子的下面，使其成为瓶子的倒影（图18-74）。

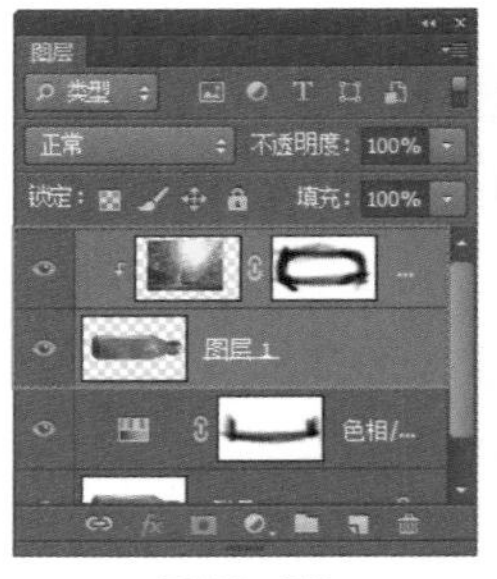

图18-72

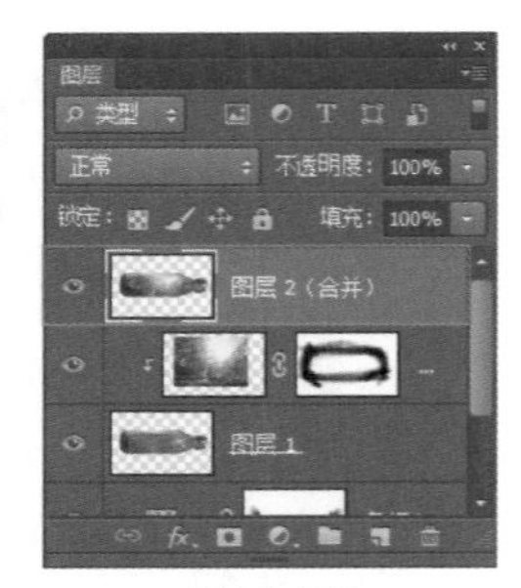

图18-73

图18-74

8.设置图层的“不透明度”为30%，单击“添加蒙版”按钮，为其添加蒙版。选取“渐变”工具，填充“前景色到背景色”的线性渐变，产生自然过渡的效果（图18-75、图18-76）。

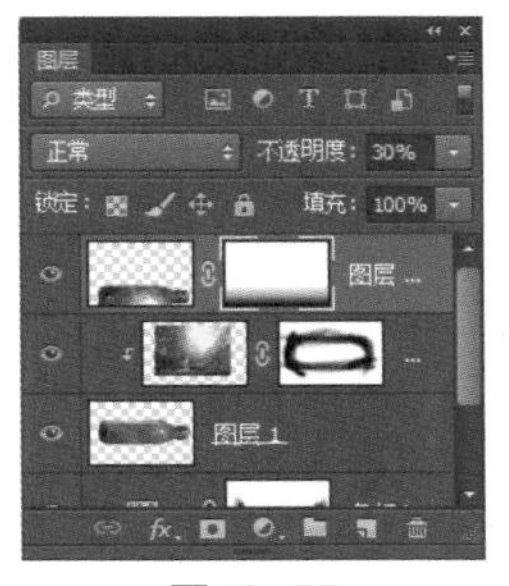
图18-75

图18-76

18.3　特效文字设计

18.3.1　牛奶字【视频】

1.按快捷键<Ctrl+O>打开素材光盘中的“素材”→“第18章”→“18.3.1牛奶字”素材（图18-77、图18-78）。

图18-77

图18-78

2.在“通道”控制面板中单击“创建新通道”按钮，创建新通道。选取“横排文字”工具，在工具属性栏中设置字体和字号，设置颜色为白色，在画面中输入文字（图18-79、图18-80）。

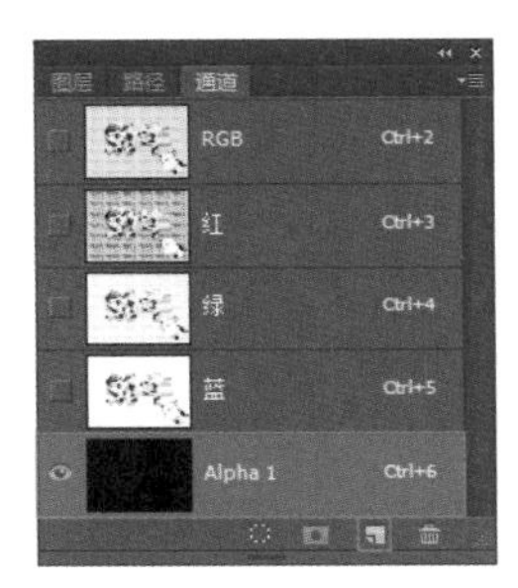

图18-79

图18-80

3.按快捷键<Ctrl+D>取消选择，将Alpha1通道复制，按快捷键<Ctrl+K>打开“首选项”对话框，将“显示滤镜库的所有组和名称”复选框勾选，单击“滤镜”→“艺术效果”→“塑料包装”命令，在弹出的对话框中设置参数（图18-81），效果即有所变化（图18-82）。

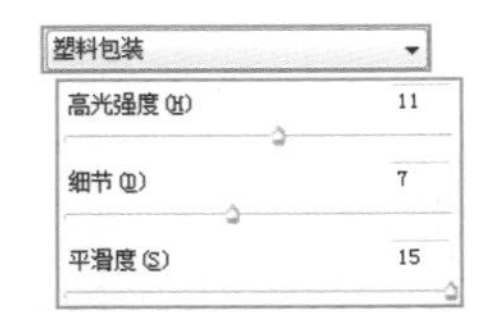

图18-81

图18-82

4.按住<Ctrl>键并单击Alphal1副本通道，将选区载入其中（图18-83）。按下快捷键<Ctrl+2>返回到RGB复合通道中（图18-84）。

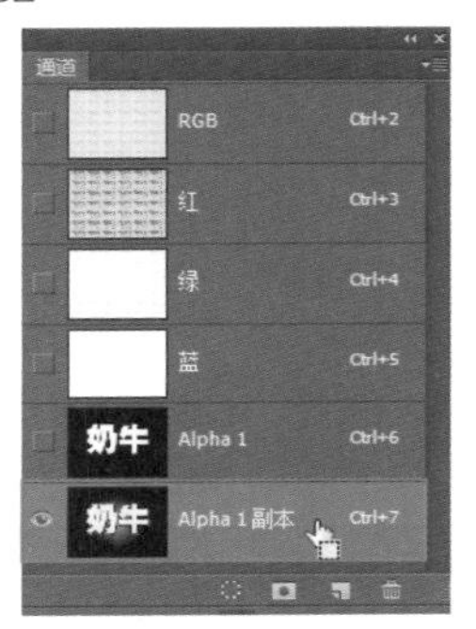

图18-83

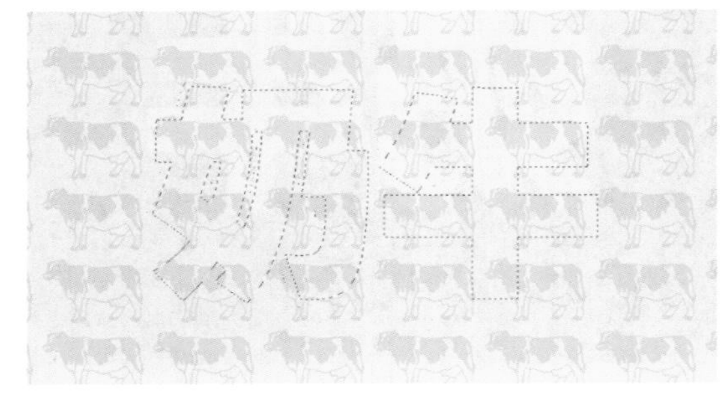

图18-84

5.新建一个图层，并将其填充为白色（图18-85、图18-86），按快捷键<Ctrl+D>取消选择。

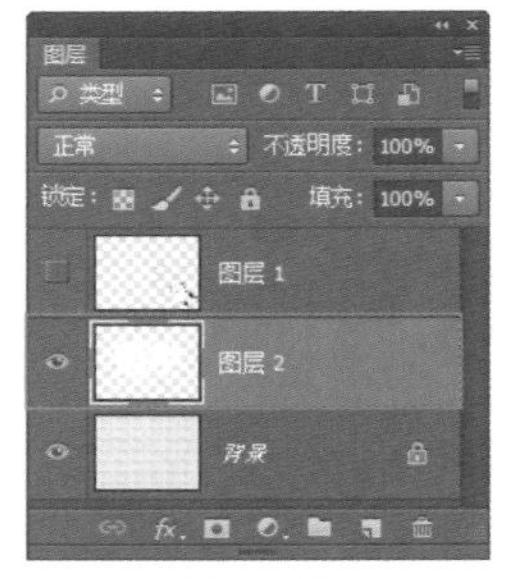

图18-85

图18-86

6.按住<Ctrl>键并单击Alphal1通道，将选区载入（图18-87）。单击“选择”→“修改”→“拓展”命令，将选区扩展为12个像素（图18-88、图18-89）。

图18-87

图18-88

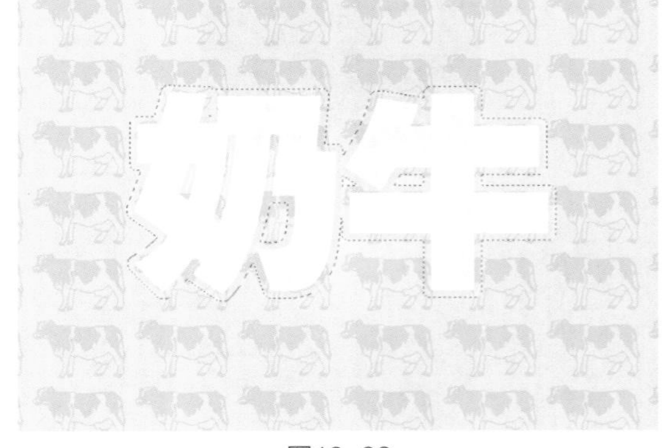

图18-89

7.单击“添加蒙版”按钮，基于选区添加蒙版（图18-90、图18-91）。

图18-90

图18-91

8.双击文字图层，在打开的“图层样式”对话框中设置“投影”和“斜面和浮雕”效果（图18-92、图18-93）。设置完成后，效果即有所变化（图18-94）。

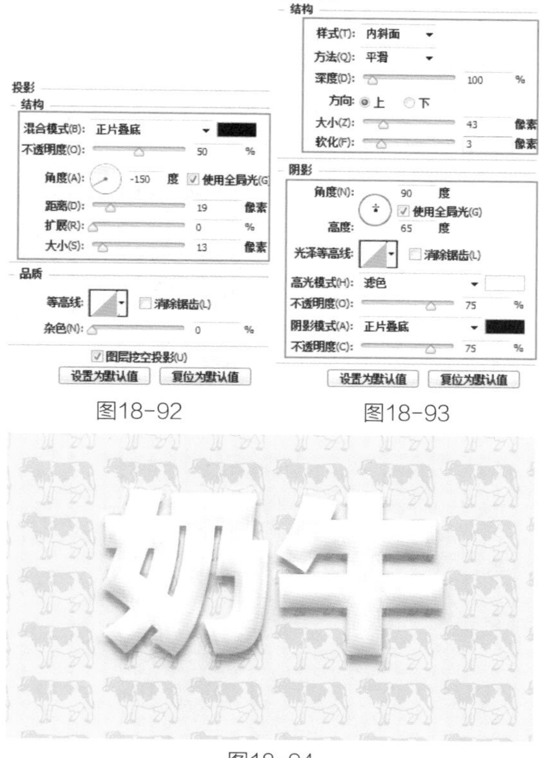

图18-92 图18-93

图18-94

9.新建图层，设置前景色为黑色，选取“工具箱”中的“椭圆”工具，在工具属性栏中选择“像素”选项，设置完成后在画面中绘制几个圆点（图18-95）。

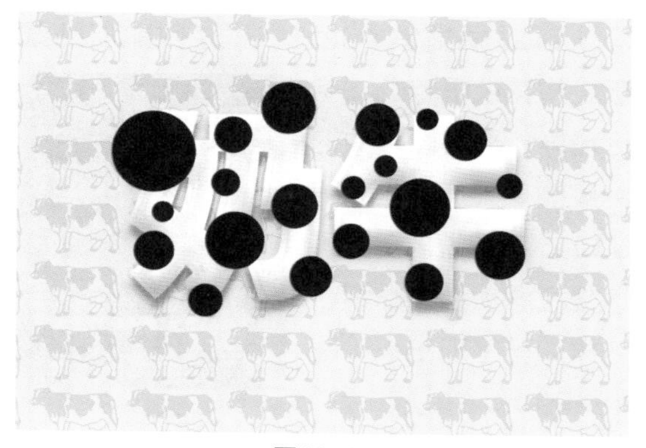

图18-95

10.单击“滤镜”→“扭曲”→“波浪”命令，在“波浪”对话框中设置参数，对圆点进行扭曲（图18-96、图18-97）。

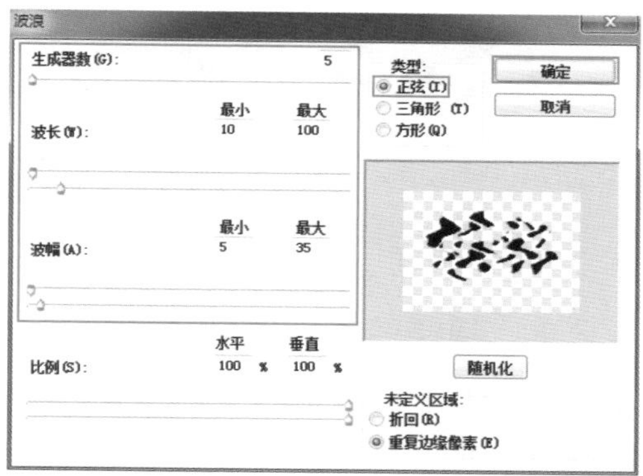

图18-96

图18-97

要点提示

制作艺术文字首先应选用图层效果，在图层效果的基础上配置自主绘制的图案就能达到满意的效果。

11.按快捷键<Ctrl+Alt+G>创建剪贴蒙版，将花纹限定在文字区域内，再将图层中的隐藏图层显示（图18-98），然后根据需要可以任意添加装饰图案，效果即可呈现出来（图18-99）。

图18-98

图18-99

18.3.2 制作有机玻璃字 [视频]

1.按快捷键<Ctrl+N>打开“新建”对话框，设置一个18×15厘米、300像素/英寸的文档。设置前景色为灰色（R：150、G：150、B：150），并填充到图层（图18-100）。

2.在“字符”控制面板中设置字体和大小，设置“颜色”为白色（图18-101）。设置完成后，使用“横排文字”工具，在画面中输入文字“PS”（图18-102）。

图18-100

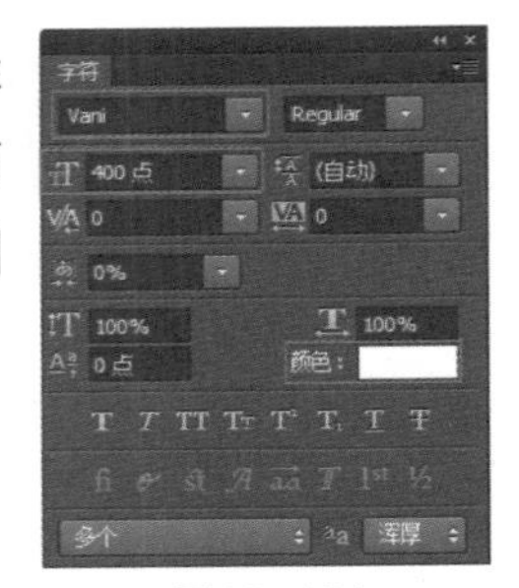
图18-101

图18-102

3.单击“图层”→“栅格化”→“文字”命令，将文字图层栅格化，按住<Ctrl>键并单击图层缩览图，载入文字选区（图18-103、图18-104）。

图18-103

图18-104

4.单击“选择”→“修改”→“扩展”命令，将“扩展量”设置为30像素（图18-

图18-105

105），单击“确定”按钮，效果即有所变化（图18-106）。设置前景色为白色，按快捷键<Ctrl+Delete>将前景色填充到选区（图18-107），按快捷键<Ctrl+D>取消选择。

图18-106

图18-107

5.按快捷键<Ctrl+T>进行自由变换，按住<Alt+Ctrl+Shift>键并拖动右上角的控制点，进行透视扭曲变换（图18-108）。再将中间的控制点向下拖动，将文字压扁（图18-109）。最后按住<Shift>键并拖动控制点，将文字等比例放大（图18-110）。

6.选取“工具箱”中的“移动”工具，按住<Alt>键并多次按下键盘上的向下方向键↓，复制约40个图层（图18-111、图18-112）。

图18-108

图18-109

图18-110

图18-111

图18-112

7.按住<Shift>键将所有“PS副本”图层选中（图18-113），按快捷键<Ctrl+E>将图层合并（图18-114），再按<快捷键Ctrl+[>将该图层移至“PS”图层下方（图18-115）。

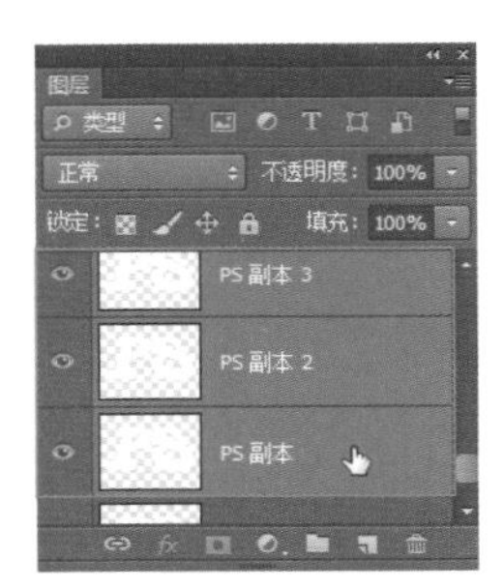

图18-113

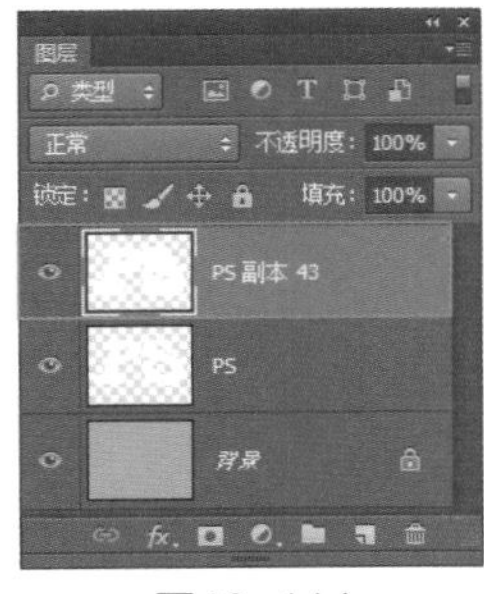

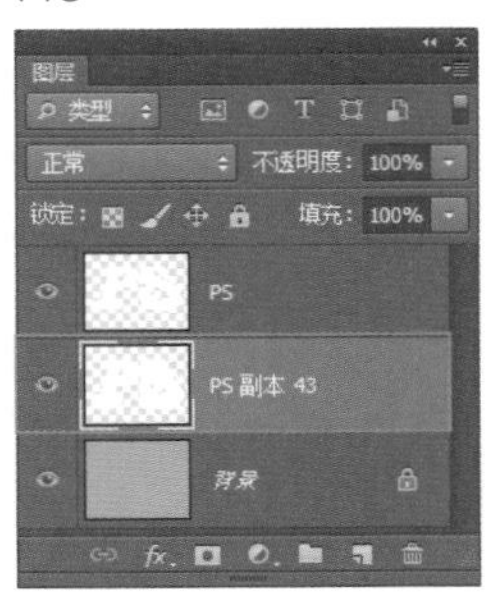

图18-114　　图18-115

8.双击该图层，打开“图层样式”对话框，设置“颜色叠加”效果，设置颜色为黑色（图18-116、图18-117）。

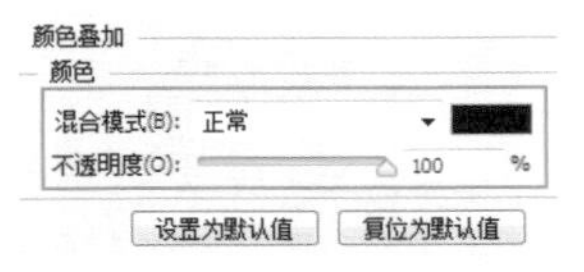

图18-116

图18-117

9.在左侧列表中选择“内发光”效果，设置发光颜色为蓝色（R：0、G：120、B：255），效果即有所变化（图18-118、图18-119）。

图18-118

图18-119

10.双击“PS”图层，在打开的“图层样式”对话框中设置“渐变叠加”效果，渐变颜色设置为黑色→灰色（图18-120、图18-121）。再设置“内发光”效果，设置发光颜色为蓝色（R：0、G：120、B：255），效果即有所变化（图18-122、图18-123）。

图18-120

图18-121

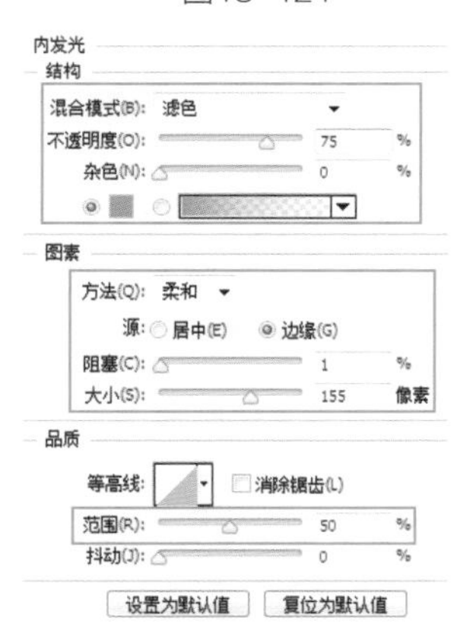

图18-122

图18-123

11.将“背景”图层隐藏（图18-124、图18-125），按快捷键<Ctrl+Alt+Shift+E>将图像盖印到新图层中（图18-126），单击“滤镜”→“模糊”→“高斯模糊”命令，将图像进行模糊处理（图18-127、图18-128）。

图18-124

图18-125

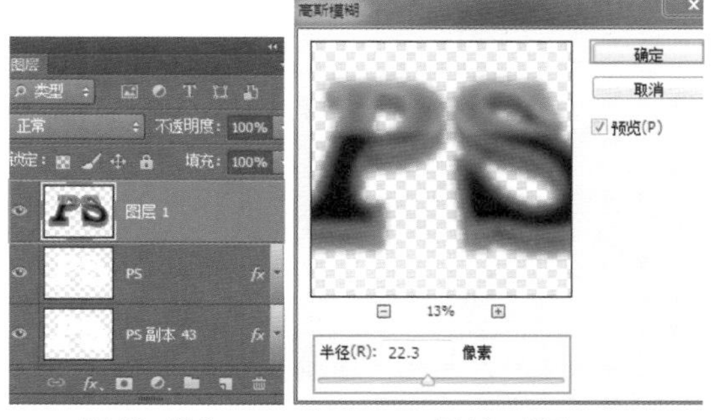

图18-126 图18-127

图18-128

12.按快捷键<Ctrl+Shift+[>将该图层移动到最底层（图18-129），然后将“背景”图层显示（图18-130）。

13.设置“图层1”的“不透明度”为50%（图18-131），使用“移动”工具将其向右下方移动，产生文字投影的效果（图18-132）。

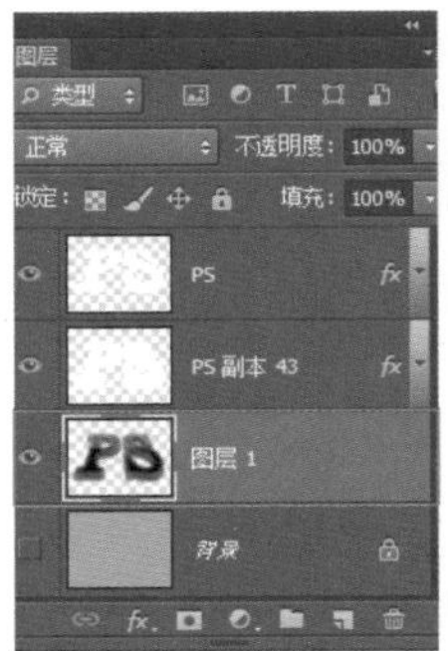

图18-129

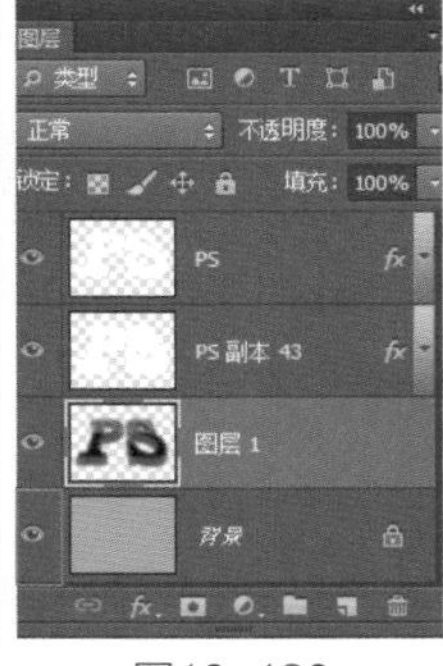

图18-130

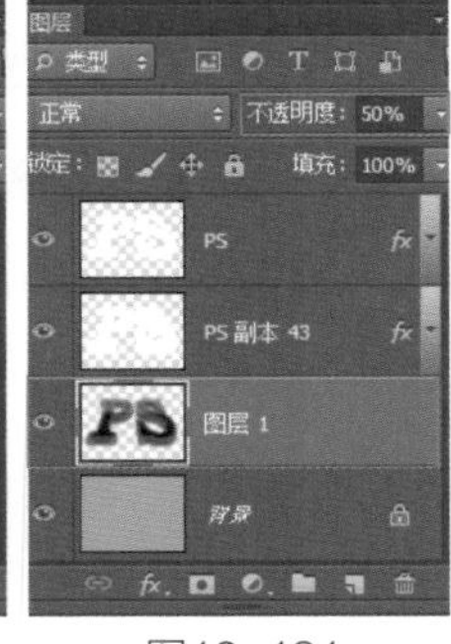

图18-131

图18-132

18.4 添加质感创意

18.4.1 极地效果 视频

1.按快捷键<Ctrl+O>打开素材光盘中的“素材”→“第18章”→“18.4.1极地效果”素材（图18-133）。

图18-133

2.单击“图像”→“图像大小”命令，在打开的“图像大小”对话框中取消勾选“约束比例”复选框，在“像素大小”中设置“宽度”和“高度”都为800像素（图18-134、图18-135）。

3.单击“图像”→“图像旋转”→“180度”命令，将图像旋转180度（图18-136）。

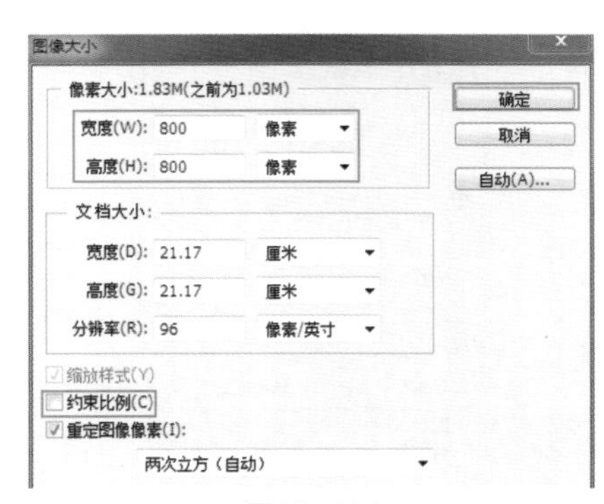

图18-134

图18-135

图18-136

4.单击“滤镜”→“扭曲”→“极坐标”命令，在“极坐标”对话框中选中“平面坐标到极坐标”单选按钮（图18-137），效果即有所变化（图18-138）。

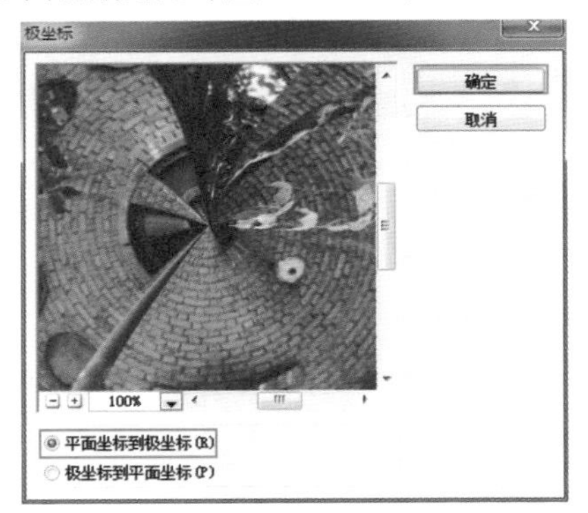

图18-137

图18-138

5.再次单击“图像”→“图像旋转180°”命令，使树干位于下方，最终效果即可呈现出来（图18-139）。

图18-139

18.4.2 艺术拼贴 视频

1.按快捷键<Ctrl+O>打开素材光盘中的“素材”→“第18章”→“18.4.2艺术拼贴”素材（图18-140）。新建一个图层，将“不透明度”设置为30%，使用柔角“画笔”工具，在画面中涂抹白色（图18-141）。

图18-140

图18-141

2.将“背景”图层复制，再将“背景副本”图层移至层顶，按住<Alt>键并单击“添加蒙版”按钮 ，为其创建一个黑色的蒙版（图18-142）。选取“工具箱”中的“矩形”工具 ，在工具属性栏中选择“像素”选项。设置完成后，在画面中绘制一个矩形（图18-143）。

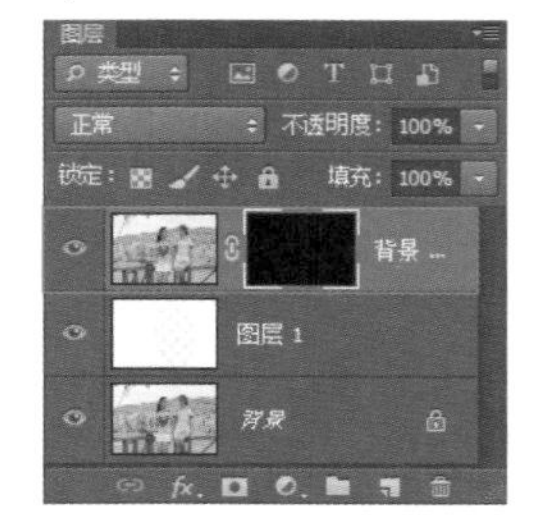

图18-142

图18-143

3.双击“背景副本”图层，在打开的“图层样式”对话框中设置“投影”、“内发光”和“描边”效果（图18-144～图18-146）。

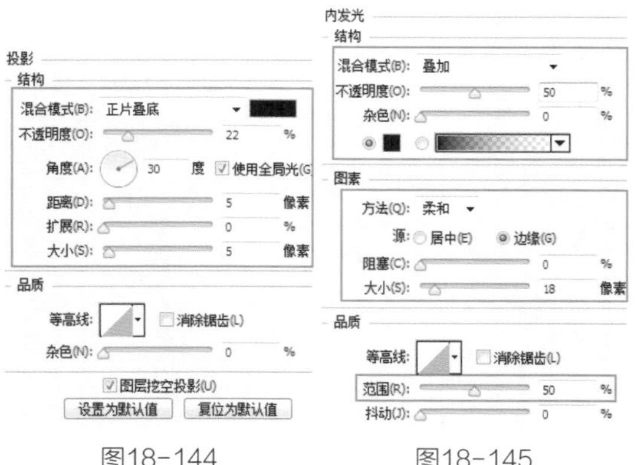

图18-144　　图18-145

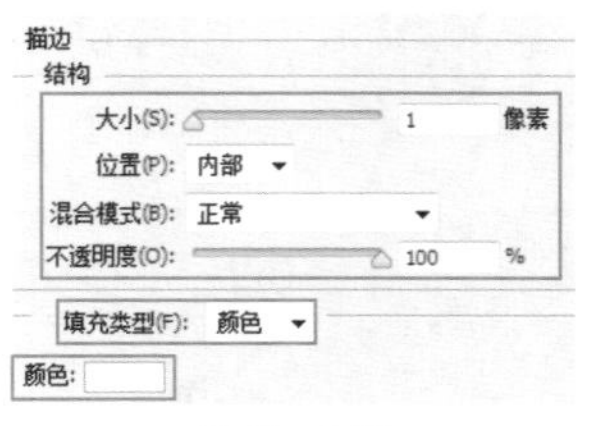

图18-146

4.在画面中继续绘制大小不一的矩形，图18-147、图18-148分别为蒙版效果和图形效果。

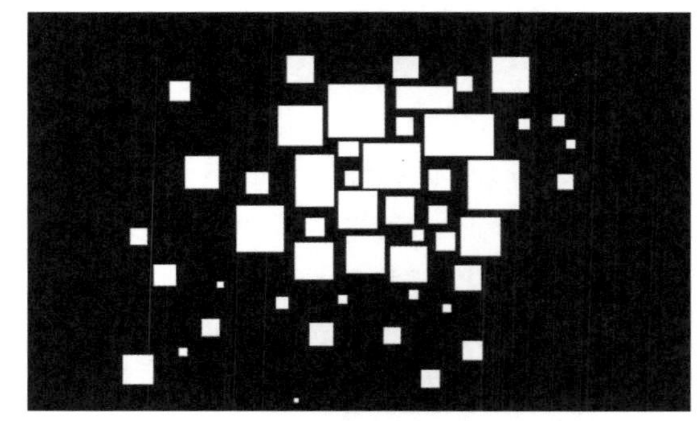

图18-147

图18-148

5.在“调整”控制面板中单击“照片滤镜”按钮 ，创建“照片滤镜”调整图层。在“属性”控制面板中设置“滤镜”为“深褐”，“浓度”为100%（图18-149），设置“照片滤镜”调整图层的混合模式为“滤色”，按快捷键<Ctrl+Alt+G>创建剪贴蒙版（图18-150、图18-151）。

6.按住<Alt>键并拖动“背景副本”图层至面板的最顶层，将其复制（图18-152），然后单击蒙版缩览图并填充黑色（图18-153）。

图18-149

图18-150

图18-151

图18-152

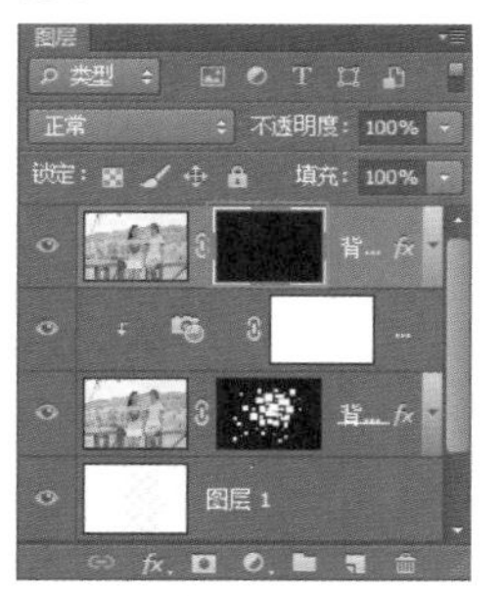

图18-153

7.继续在画面中绘制矩形，新绘制的矩形要与之前绘制的矩形错开位置，注意大小的变化。图18-154、图18-155分别为蒙版效果和图形效果。

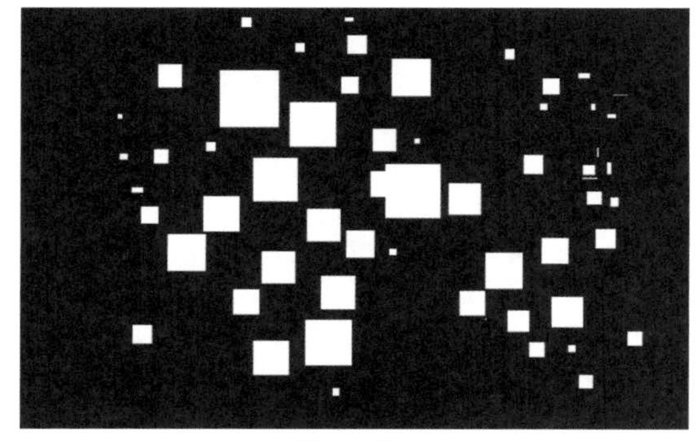
图18-154

图18-155

8.按快捷键<Ctrl+J>复制图层，单击蒙版缩览图并填充黑色（图18-156）。设置前景色为白色、背景色为黑色，使用“矩形”工具，绘制一个矩形（图18-157）。使用“矩形选框”工具将其框选，按快捷键<Ctrl+T>显示定界框（图18-158）。

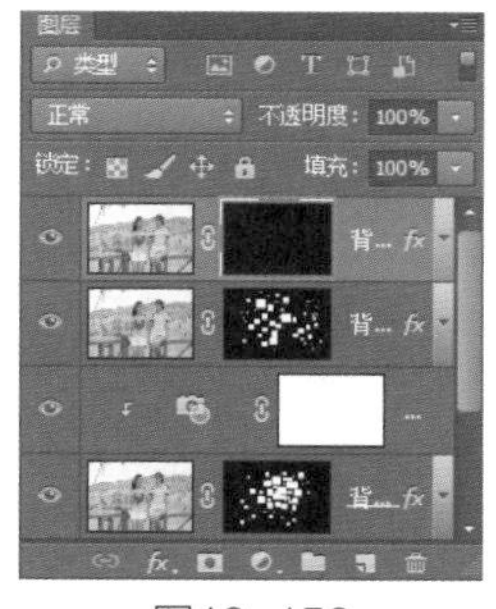

图18-156

图18-157

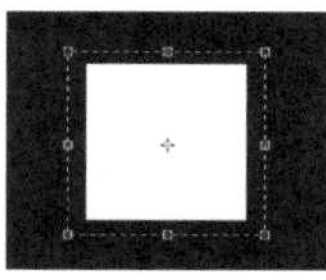
图18-158

9.单击鼠标右键，在弹出的快捷菜单中单击“变形”命令，拖动网格左下角的控制点，产生翘起的效果（图18-159），按<Enter>键确定（图18-160、图18-161）。

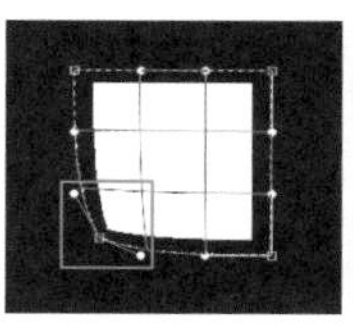
图18-159

图18-160

图18-161

10.按住<Ctrl>键并单击“新建图层”按钮新建图层，新建的图层位于当前图层的下方。设置“不透明度”为50%（图18-162），选取“工具箱”中的“矩形选框”工具▦，在工具属性栏中设置羽化值为1px。设置完成后，绘制一个矩形选区并填充黑色（图18-163）。单击“编辑”→“变换”→“变形”命令，调整左下角的控制点（图18-164）。

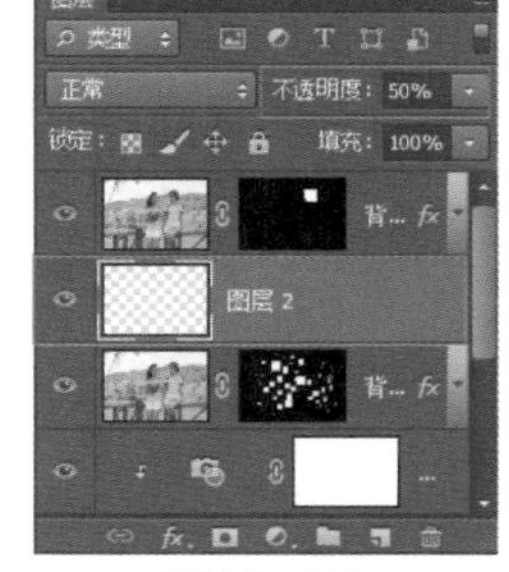

图18-162

图18-163　　图18-164

11.在“调整”控制面板中单击“色阶”按钮▦，创建“色阶”调整图层，在“属性”控制面板中将黑色控制滑块向右拖动（图18-165）。使用“画笔”工具▦在人物上涂抹黑色，使其不受调整图层的影响（图18-166、图18-167）。

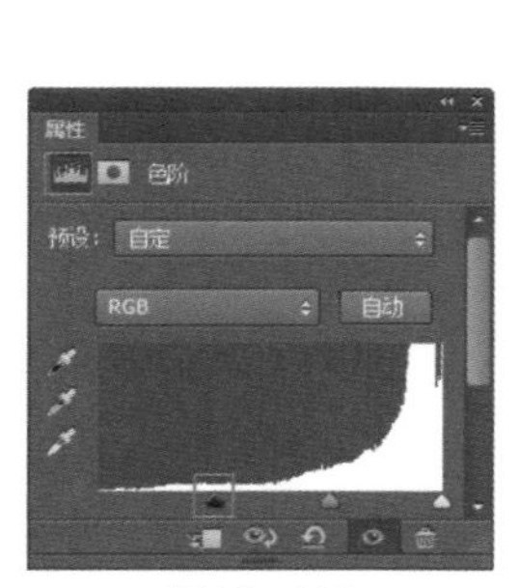

图18-165

图18-166

图18-167

12.在“调整”控制面板中单击“曲线”按钮▦，对“RGB”曲线进行调整，增强图像的对比度（图18-168）。再分别对“红”、“绿”和“蓝”曲线进行调整（图18-169~图18-171），这样可以使照片的颜色显得更加清新亮丽，最终效果即可呈现出来（图18-172）。

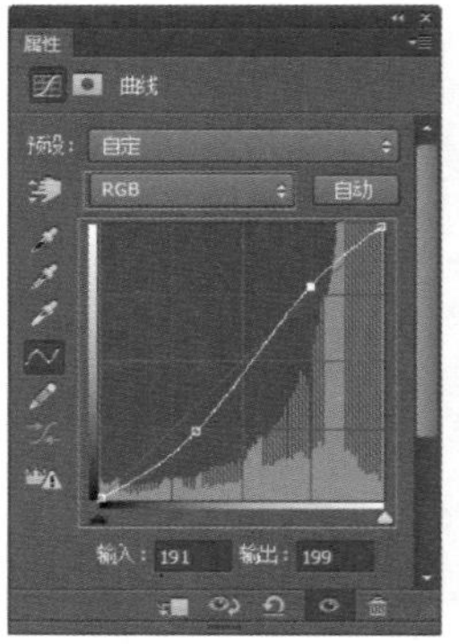

图18-168

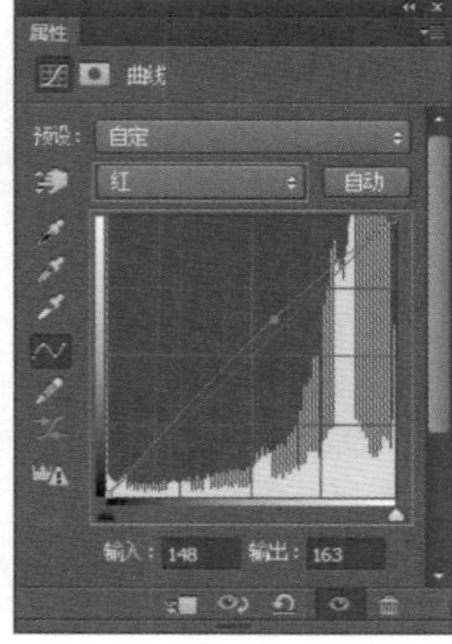

图18-169

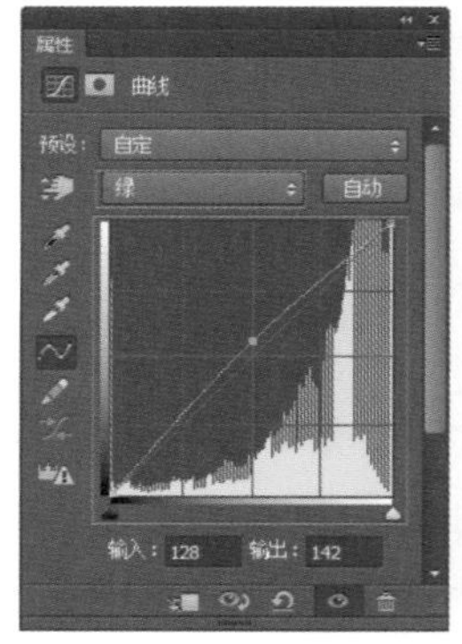

图18-170

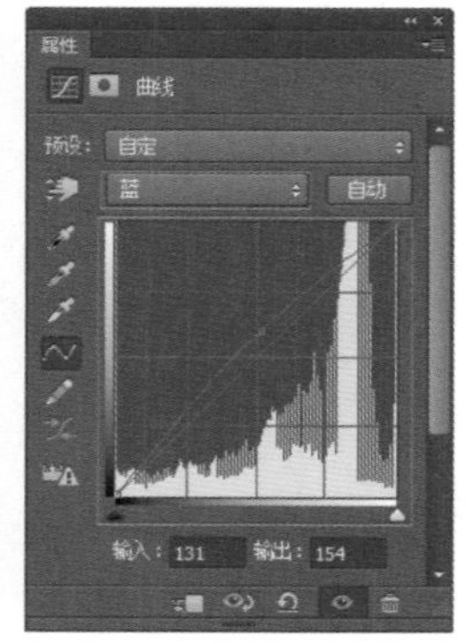

图18-171

图18-172

18.5　照片精细修饰

18.5.1　制作雪景效果 视频

1.按快捷键<Ctrl+O>打开素材光盘中的“素材”→“第18章”→“18.5.1制作雪景效果”素材（图18-173）。

图18-173

2.在“调整”控制面板中单击“通道混合器”按钮，创建“通道混合器”调整图层，在“属性”控制面板中勾选“单色”复选框，拖动各个通道的控制滑块调整参数（图18-174、图18-175）。

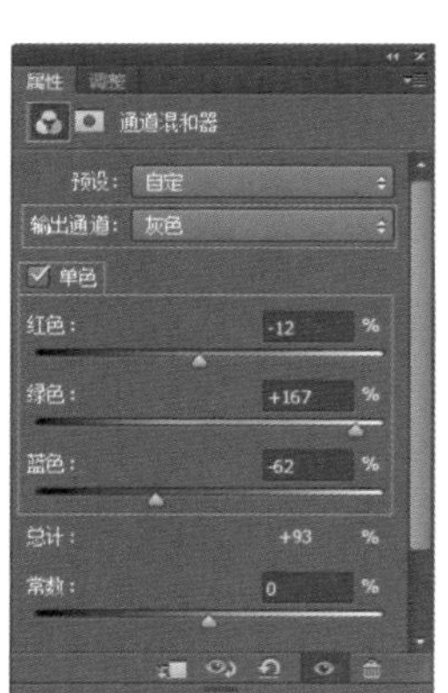

图18-174

图18-175

3.设置图层的混合模式为“变亮”（图18-176），效果即有所变化（图18-177）。

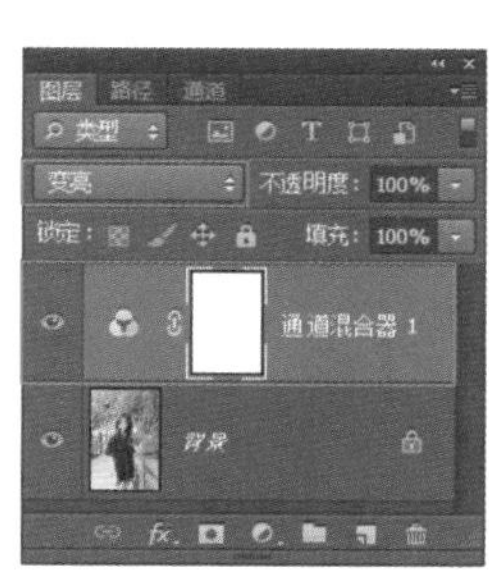

图18-176

图18-177

4.在“调整”控制面板中单击“可选颜色”按钮，创建“可选颜色”调整图层，在“属性”控制面板中分别对“红色”和“中性色”进行调整（图18-178、图18-179），效果即有所变化（图18-180）。

图18-178

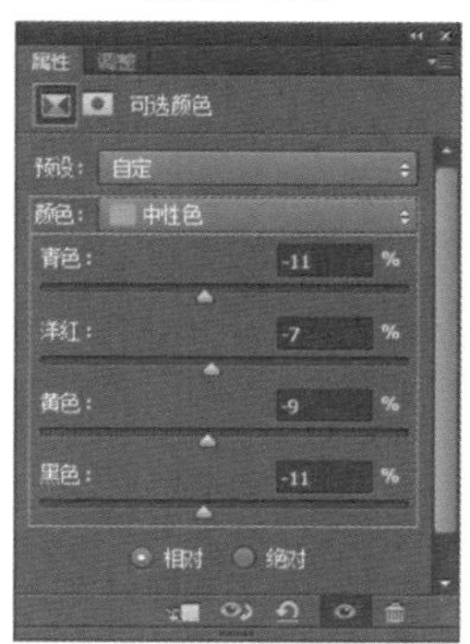

图18-179

图18-180

5.选取“工具箱”中的“套索”工具 ，设置羽化值为150像素，在人物周围拖动鼠标创建选区（图18-181）。

图18-181

6.按快捷键<Ctrl+Shift+I>将选区反选，单击“调整”控制面板中的“色相/饱和度”按钮 ，在“属性”控制面板中设置“明度”为+100（图18-182），将选区图像调亮，效果即有所变化（图18-183）。

7.在“调整”

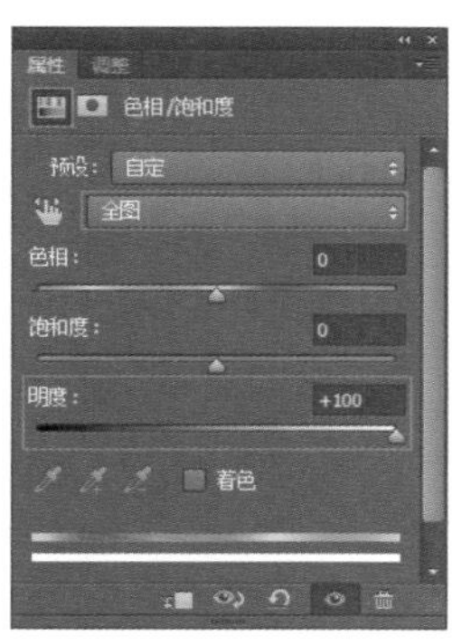

图18-182

图18-183

控制面板中单击“亮度/对比度”按钮 ，创建“亮度/对比度”调整图层，在“属性”控制面板中调整“亮度”和“对比度”参数的数值（图18-184），加强画面的亮度和对比度。使用“画笔”工具 在人物身上涂抹黑色，使调整图层的变化不对人物产生影响，效果即有所变化（图18-185）。

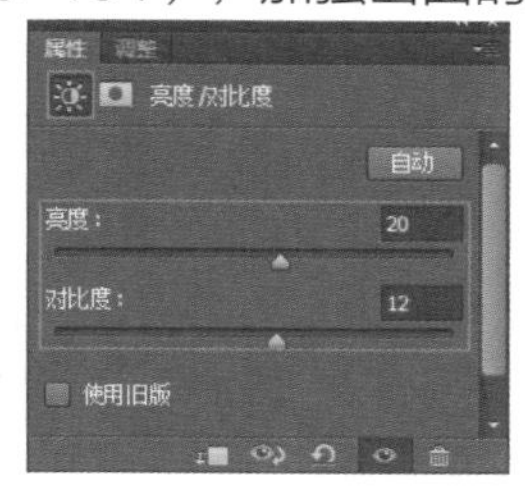

图18-184

8.将“背景”图层复制并拖至图层最顶层（图18-186），设置前景色为黑色、背景色为白色。单击“滤镜”→“素描”→“影印”命令，此时图像即变为线描效果（图18-187、图18-188）。

图18-185

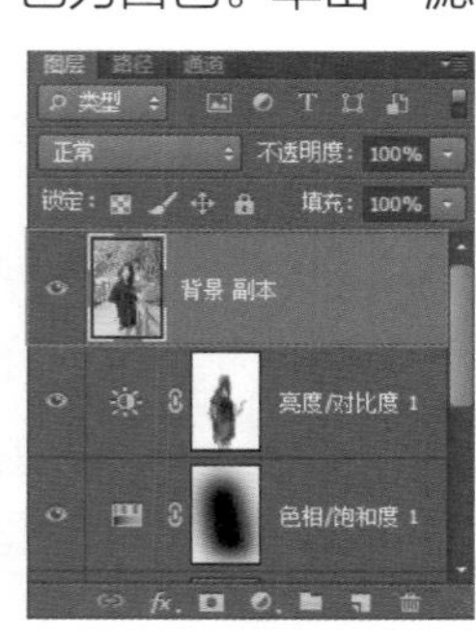

图18-186

9.设置图层的混合模式为“颜色加深”，使线条保留。为该图层添加蒙版，使用“画笔”工具 在人物手臂和衣物边缘涂抹黑色，将多于线条隐藏（图18-189、图18-190）。

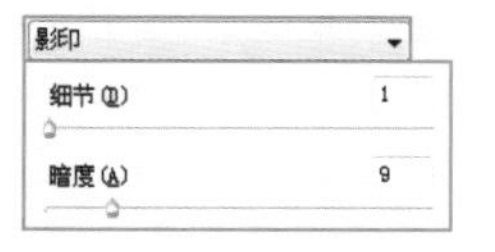

图18-187

图18-188

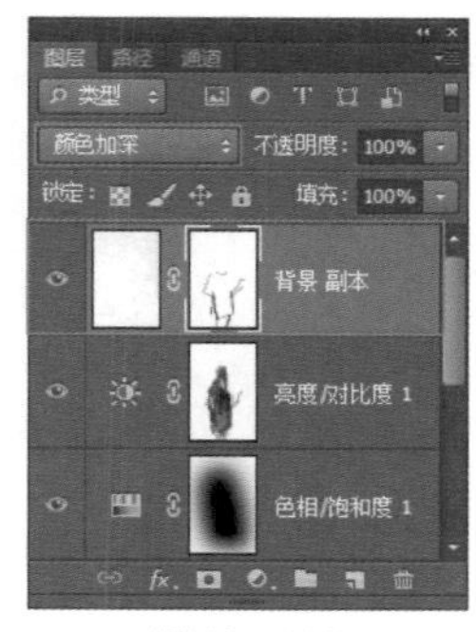

图18-189

图18-190

10.在“通道”控制面板中新建Alpha通道，设置前景色为白色、背景色为黑色。单击“滤镜”→“像素化”→“点状化”命令，设置“单元格大小”为8，生成灰色杂点（图18-191），再单击“图像”→“调整”→“阈值”命令，设置“阈值色阶”为42，使杂点变清晰（图18-192、图18-193）。

11.单击“通道”控制面板底部的“将通道作为选区载入”按钮，将通道中的选区载入，按快捷键<Ctrl+2>返回图像（图18-194）。新建图层，在选区内填充白色，按快捷键<Ctrl+D>取消选择（图18-195）。

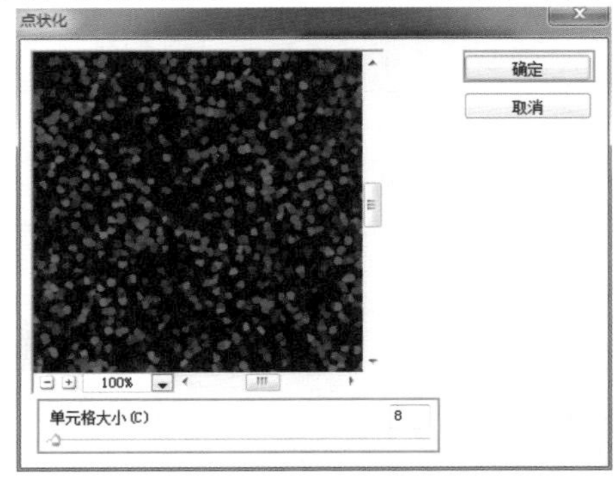

图18-191

图18-192

图18-193

图18-194

图18-195

12.单击“滤镜”→“模糊”→“动感模糊”命令，将杂点模糊，模拟出雪花效果（图18-196）。为该图层添加蒙版，用“画笔”工具 在人物脸上和身上涂抹黑色，将雪花适当隐藏（图18-197、图18-198）。

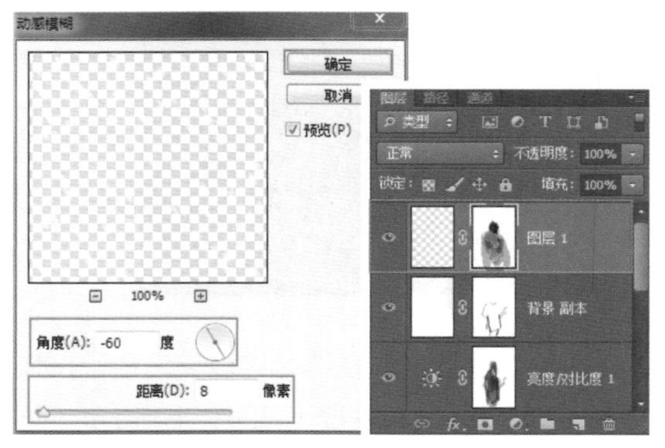

图18-196　　图18-197

图18-198

18.5.2　制作唯美蓝橙色调 视频

1.按快捷键<Ctrl+O>打开素材光盘中的“素材”→“第18章”→“18.5.2制作唯美蓝橙色调”素材（图18-199）。单击“图像”→“模式”→“Lab颜色”命令，将图像转换为Lab模式，再单击“图像”→“复制”命令，将图像复制备用。

2.在“通道”控制面板中单击“a”通道，将其选中（图18-200、图18-201），按快捷键<Ctrl+A>全选，再按快捷键<Ctrl+C>复制。

图18-199

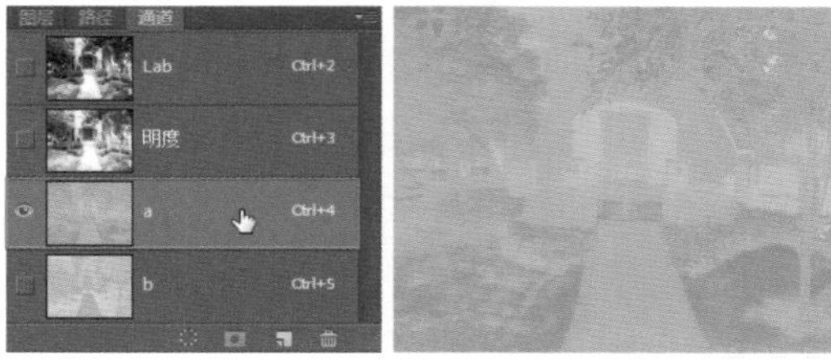

图18-200　　图18-201

3.单击“b”通道（图18-202、图18-203），按快捷键<Ctrl+V>粘贴图像到通道中，按快捷键<Ctrl+D>取消选择。

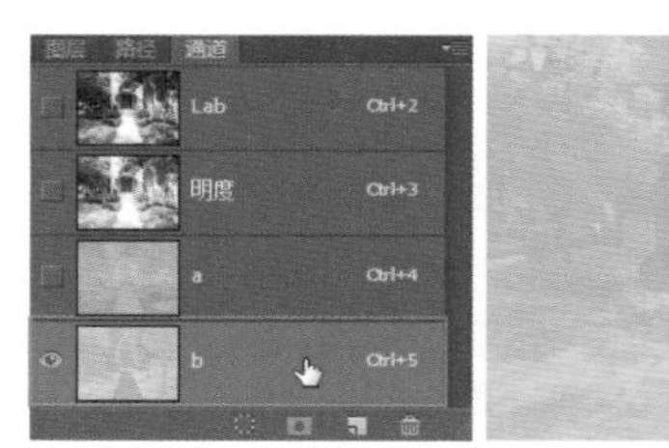

图18-202　　图18-203

4.按快捷键<Ctrl+2>显示图像，效果即有所变化（图18-204），蓝色调制作完成。

图18-204

5.橙色调与蓝色调的制作过程相反。打开另一个文档，选择“b”通道（图18-205），全选后复制，再选择“a”通道（图18-206），将图像粘贴到该通道，按快捷键<Ctrl+2>显示图像，效果即可呈现出来（图18-207），橙色调制作完成。

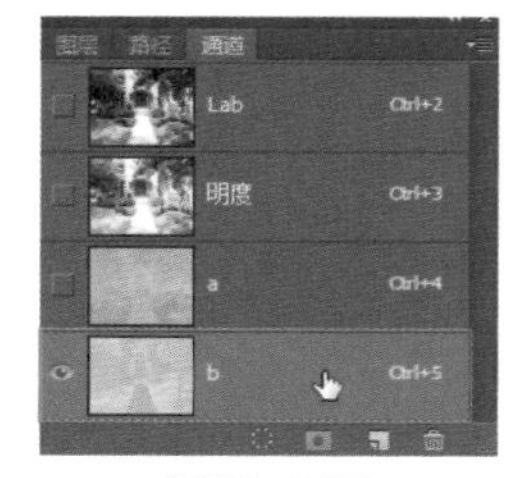

图18-205

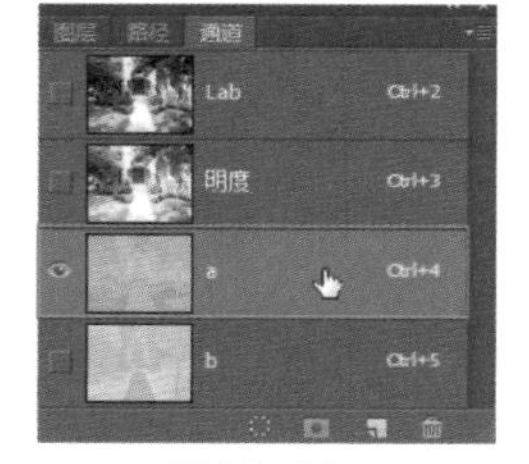

图18-206

图18-207

18.5.3　制作彩色漂白效果 视频

1.按快捷键<Ctrl+O>打开素材光盘中的“素材”→“第18章”→“18.5.3制作彩色漂白效果”素材（图18-208）。

图18-208

2.在“调整”控制面板中单击“曲线”按钮，创建“曲线”调整图层，在“属性”控制面板中向上拖动曲线，将照片色调调亮（图18-209、图18-210）。

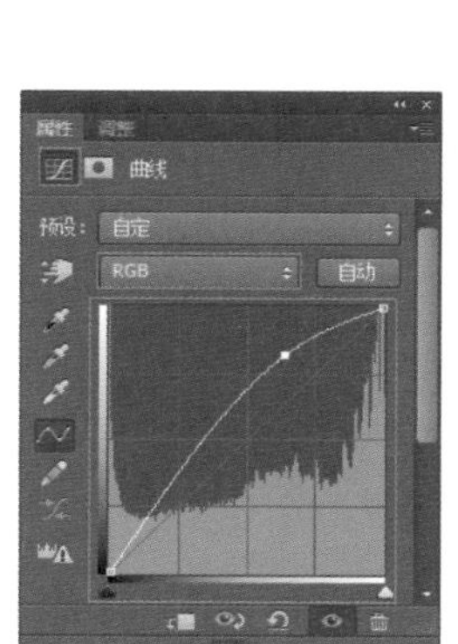

图18-209　　图18-210

3.分别调整“绿”和“蓝”通道的曲线，使照片呈现青白色色调（图18-211～图18-213）。

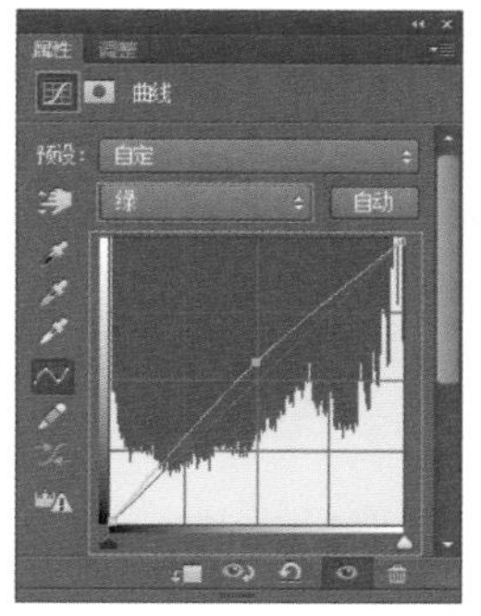

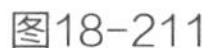
图18-211

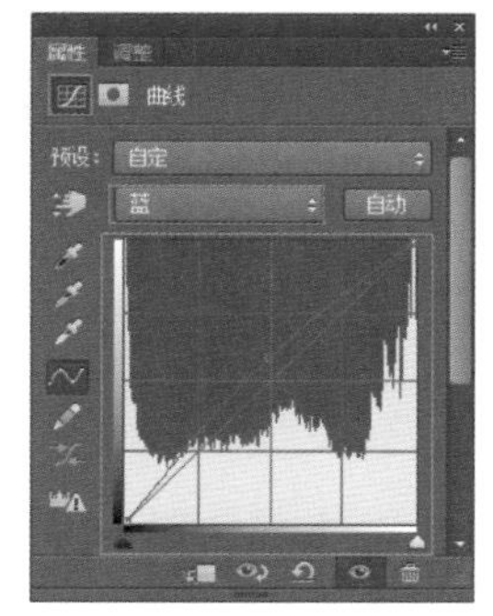

图18-212

图18-213

4.单击“调整”控制面板中的“色相/饱和度”按钮，创建“色相/饱和度”调整图层，在“属性”控制面板中将全图的饱和度降低。再调整“黄色”，更改人物头发的颜色（图18-214~图18-216）。

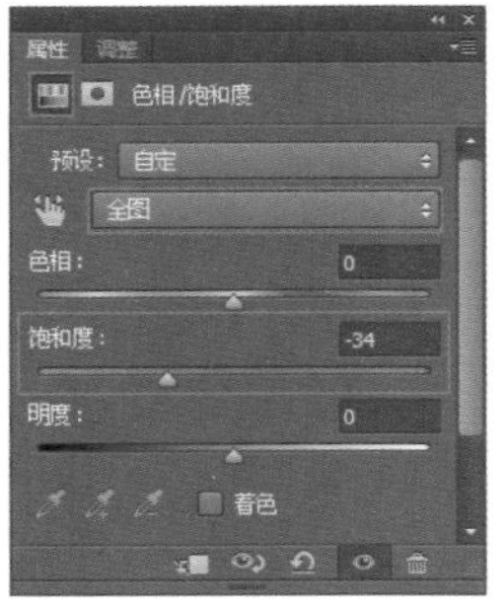

图18-214

图18-215

图18-216

5.将“背景”图层复制并拖动到图层最顶层，按快捷键<Ctrl+Shift+U>将照片去色（图18-217、图18-218）。

图18-217

图18-218

6.设置图层的混合模式为“正片叠底”、“不透明度”为20%，使得照片的细节和层析更加丰富（图18-219、图18-220）。

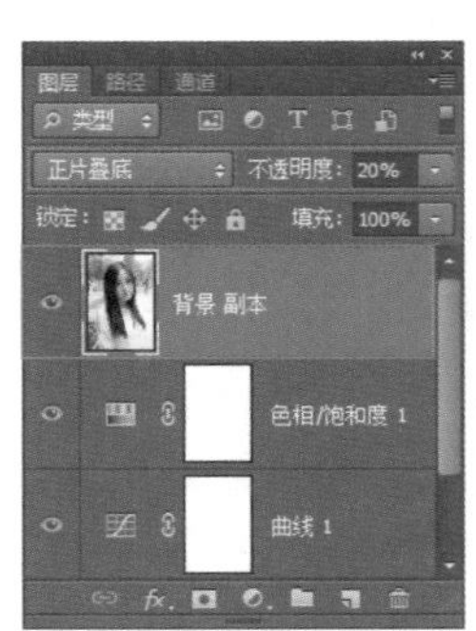

图18-219

图18-220

7.按住<Alt>键并单击“添加蒙版”按钮，为图层添加一个黑色的蒙版，使用“画笔”工具在人物衣服上涂抹白色，恢复衣服的图像细节（图18-221、图18-222）。

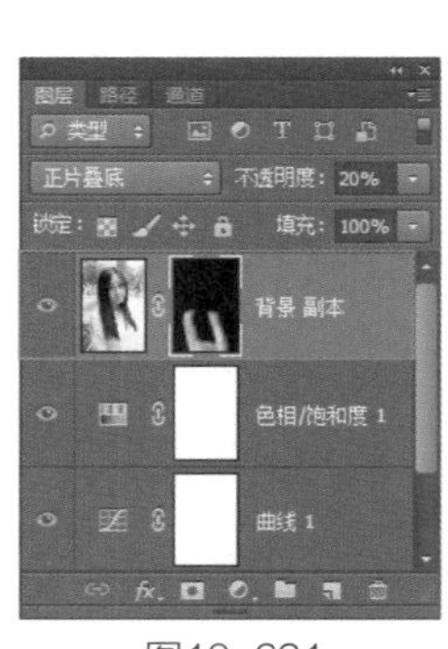

图18-221

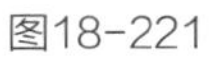

图18-222

要点提示

对人像照片进行漂白处理是比较常见的修饰方法，但是多用于女青年与儿童，不适合用于老年人。经过漂白处理的照片层次会有所减弱，这时应当稍许增加五官的色彩纯度。此外，照片一般是在日照充分的环境下拍摄，漂白能减弱阳光的暖色色温，避免刺眼的色彩。

8.新建图层，设置图层的混合模式为“颜色”，使用“画笔”工具 在嘴唇和脸颊处涂抹粉红色（图18-223、图18-224），使肤色更加红润。

图18-223

图18-224

9.单击“调整”控制面板中的“色彩平衡”按钮 ，创建“色彩平衡”调整图层，在“属性”控制面板中设置“色调”为“中色调”，对其他参数也进行设置（图18-225、图18-226）。

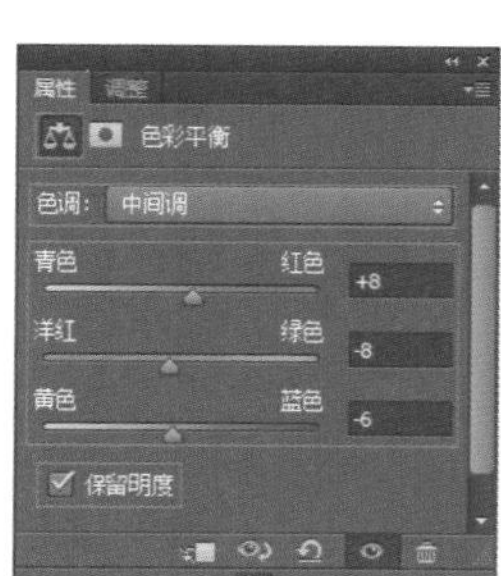

图18-225

图18-226

10.单击“图层”→“拼合图像”命令，将图层合并，按住<Ctrl>键并单击RGB通道缩览图，将高光色调载入选区（图18-227、图18-228）。

11.按快捷键<Ctrl+Shift+I>将选区反选，然后按快捷键<Ctrl+J>复制选区内的图像到新的图层，设置图层的混合模式为“滤色”（图18-229、图18-230）。

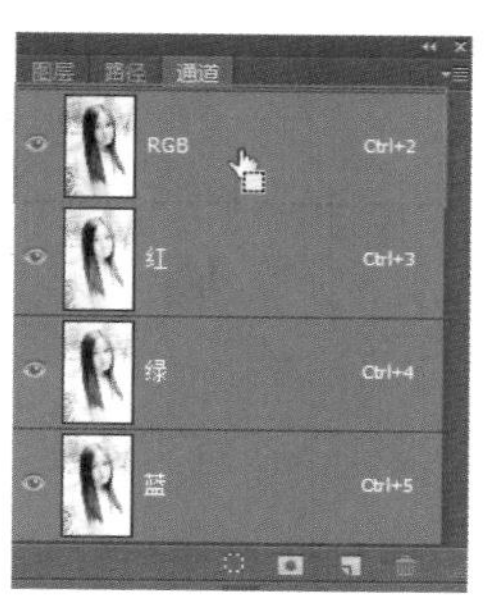

图18-227

图18-228

图18-229

图18-230

12.按住<Alt>键并单击“添加蒙版”按钮，为图层添加一个黑色的蒙版，使用“画笔”工具 在人物面部涂抹白色，使图层的提亮效果只对面部产生影响（图18-231、图18-232）。

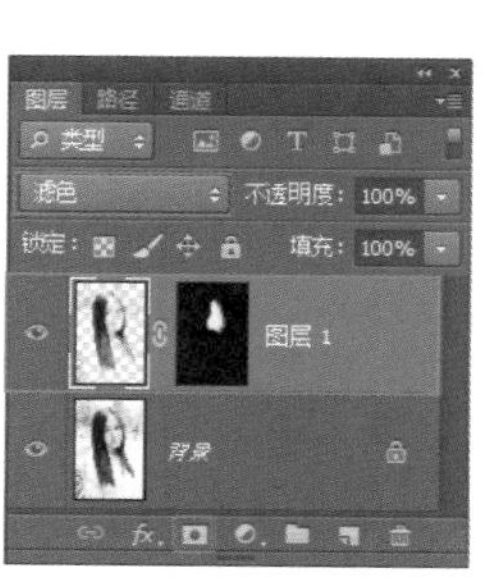

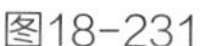

图18-231

图18-232

要点提示

“锐化”滤镜的各种参数值设置应控制在50%以下，否则会有明显的边缘痕迹，显得特别不自然，给人以生硬的感觉。

13.按快捷键<Ctrl+E>合并图层，单击“滤镜”→“锐化”→“USM锐化”命令，调整锐化参数（图18-233），增加照片的清晰度，效果即可呈现出来（图18-234）。

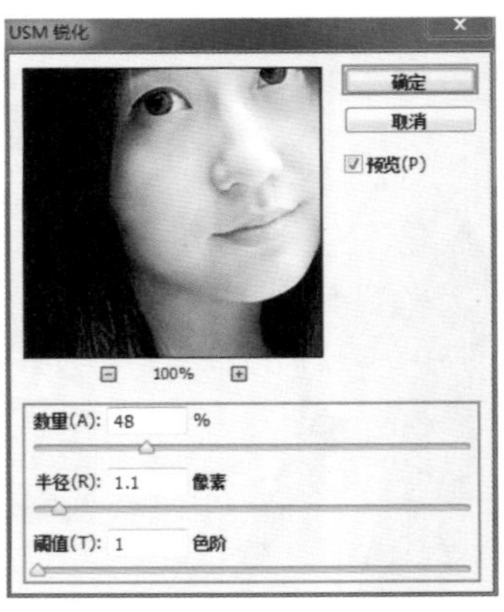

图18-233

图18-234

18.6 平面创意设计

18.6.1 制作贺卡 视频

1.按快捷键<Ctrl+O>打开素材光盘中的“素材”→“第18章”→“18.6.1制作贺卡1、2”两张素材（图18-235、图18-236）。

2.使用“快速选择”工具将人物选中，再使用“移动”工具将人物拖动到背景中（图18-237）。单击“调整”控制面板中的“色调分离”按钮，创建“色调分离”调整图层，在“属性”控制面板中设置“色阶”为5（图18-238），并单击“创建

图18-235

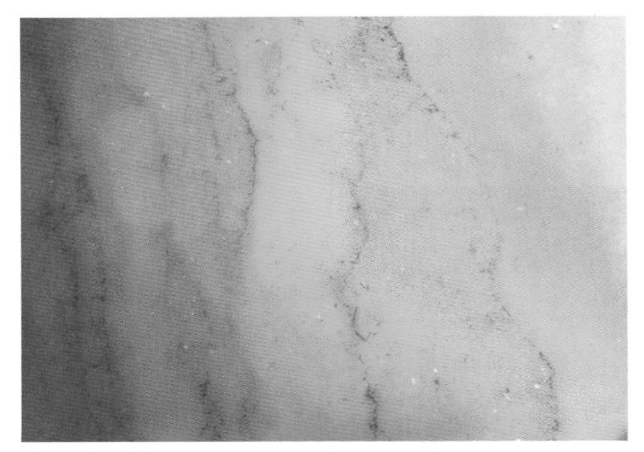

图18-236

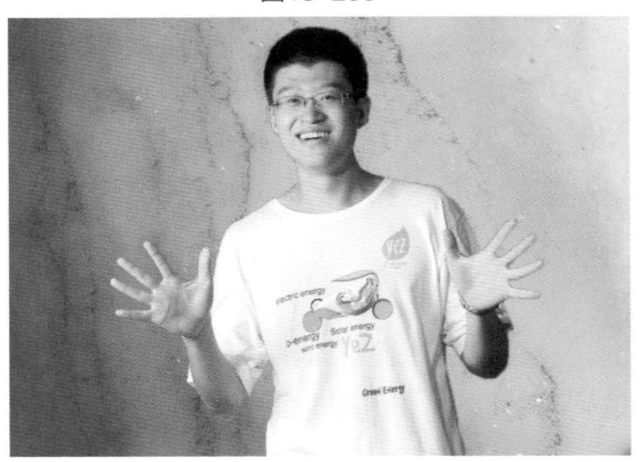

图18-237

剪贴蒙版”按钮 ，效果即有所变化（图18-239、图18-240）。

图18-238

图18-239

图18-240

3.单击“调整”控制面板中的“色相/饱和度”按钮 ，创建“色相/饱和度”调整图层，在“属性”控制面板中分别对“全图”和“红色”进行调整（图18-241、图18-242），效果即有所变化（图18-243）。

4.新建图层，将该图层拖至人物图层的下方，设置图层的混合模式为“正片叠底”、“不透明度”为80%，使用柔角“画笔”工具 在人物右侧涂抹黑色，模拟投影的效果（图18-244、图18-245）。

图18-241

图18-242

图18-243

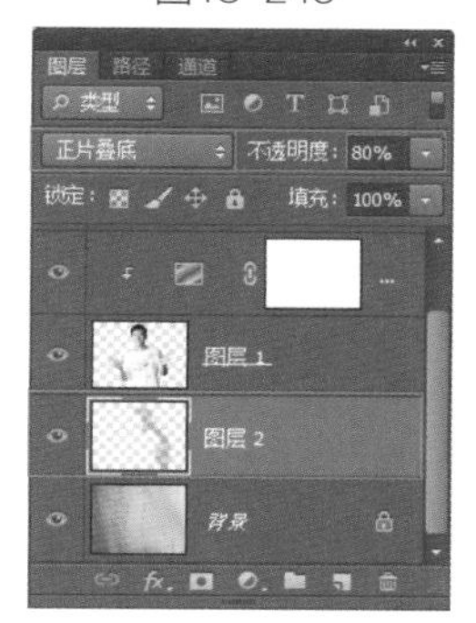
图18-244

图18-245

要点提示

“色调分离”能将照片中的色彩分成多种色块，形成卡通效果，适合用来修饰青年和幼儿的人像照片，给人以童趣感。

“色阶”参数的值一般设置为5~8，色阶过少会显得单调，色阶过多会显得没有效果。

5.新建图层，将其拖至图层最顶层，设置图层的混合模式为“柔光”，使用“椭圆”工具 在画面边缘处绘制大小不一、颜色不同的圆形，丰富画面效果（图18-246、图18-247）。最后加入一些装饰条纹丰富画面效果（图18-248）。

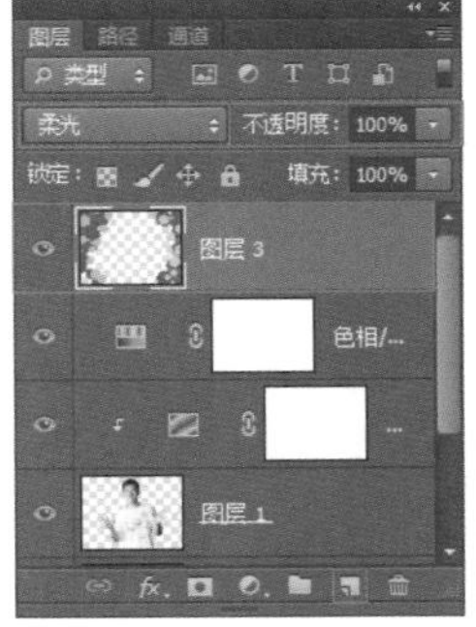

图18-246

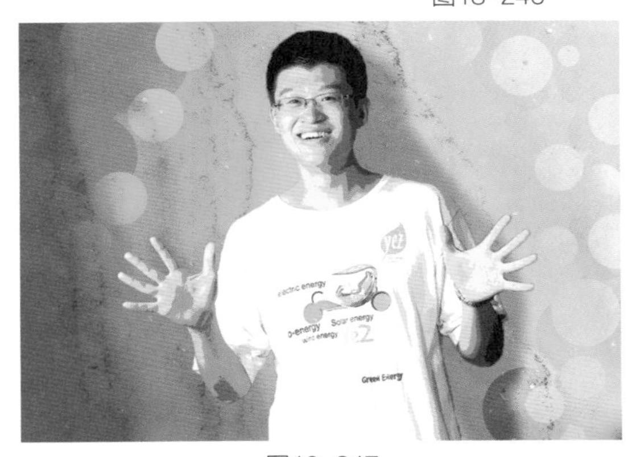

图18-247

图18-248

18.6.2　制作运动海报 视频

1.按快捷键<Ctrl+O>打开素材光盘中的“素材”→“第18章”→“18.6.2制作运动海报1”素材（图18-249、图18-250）。

2.按住<Ctrl>键并单击“人物”图层，将人物选区载入。新建图层，设置前景色为蓝色（R：54、G：0、B：255）并填充到选区（图18-251、图18-252）。

图18-249

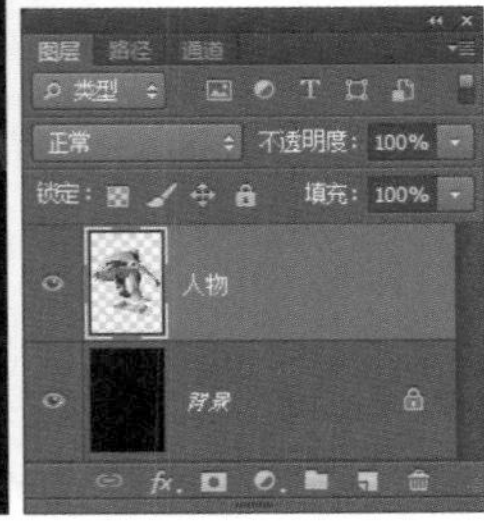

图18-250

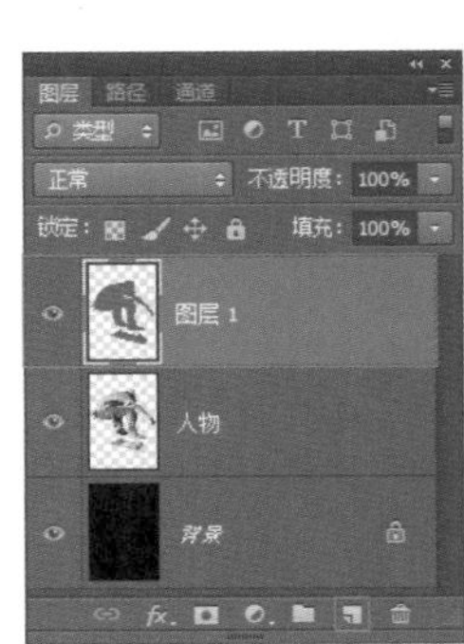

图18-251

图18-252

3.按快捷键<Ctrl+J>复制出两个图层（图18-253），按快捷键<Ctrl+Shift+[>将当前图层移至最底层（图18-254）。

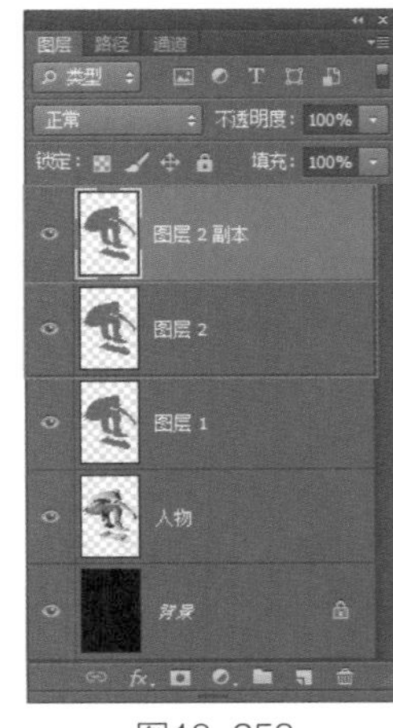

图18-253

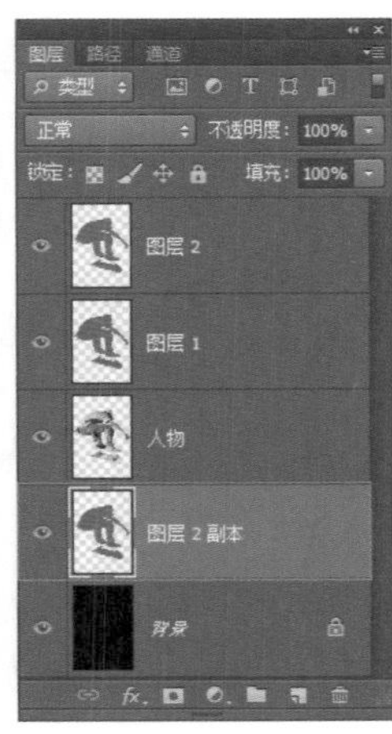

图18-254

4.将“图层2”及其副本图层隐藏，选择“图层1”（图18-255）。单击“滤镜”→“扭曲”→“波浪”命令，在“波浪”对话框中设置参数（图18-256），效果即有所变化（图18-257）。设置图层的混合模式为“颜色减淡”，效果即有所变化（图18-258）。

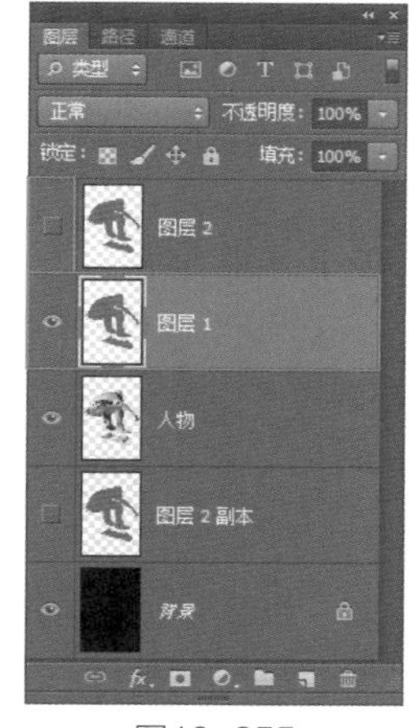

图18-255

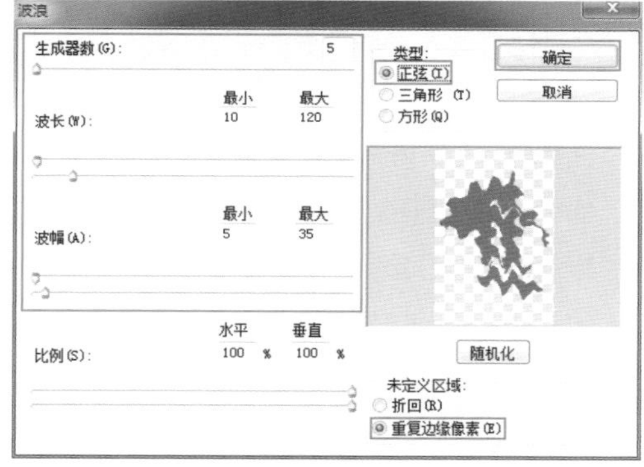

图18-256

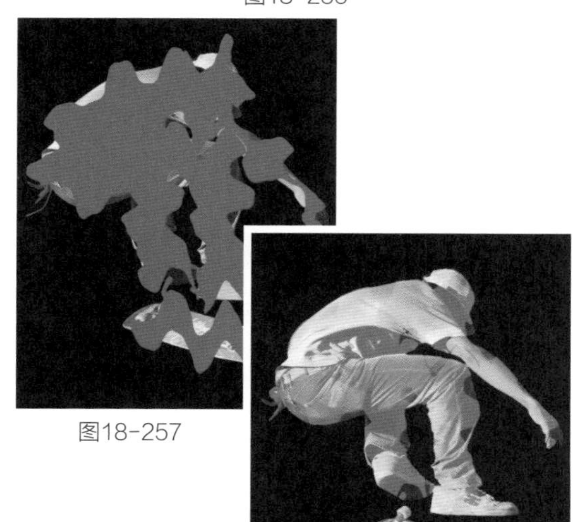

图18-257

图18-258

5.将“图层2”选择并显示，设置图层的混合模式为“颜色减淡”（图18-259），设置前景色为白色、背景色为黑色，单击“滤镜”→“像素化”→“点状化”命令，设置“单元格大小”为170（图18-260），效果即有所变化（图18-261）。

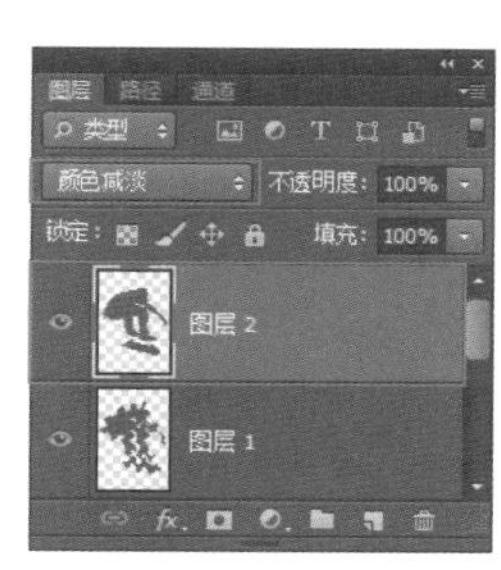

图18-259

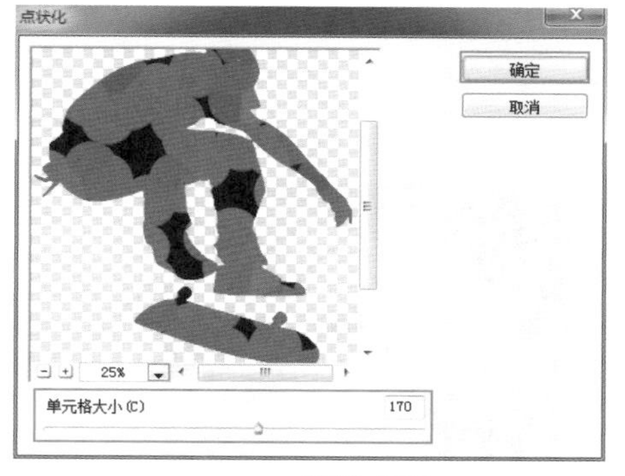

图18-260

图18-261

要点提示　完成图层的设置以后，再添加滤镜就容易造成错误操作，但是默认的恢复操作只有20步，当然也不建议随意增加恢复操作的步数。因此在操作过程中，用户应当预先积极思考，再实施操作，这样就能减少恢复的次数，同时有利于系统的稳定。

6.按快捷键<Ctrl+U>打开“色相/饱和度”对话框，调整“色相”参数，修改图层颜色（图18-262），效果即有所变化（图18-263）。

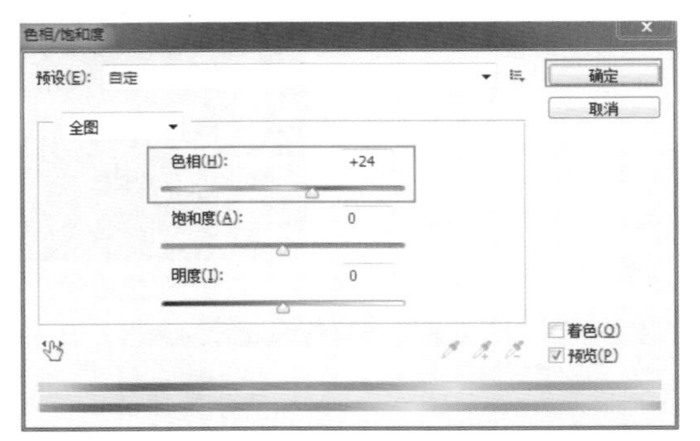

图18-262

图18-263

7.在“图层”控制面板中单击“添加蒙版”按钮，为“图层2”添加蒙版，使用柔角“画笔”工具在人物裤子上涂抹黑色，减弱图层的变化对裤子区域的影响（图18-264、图18-265）。

图18-264

图18-265

8.将“图层2副本”选择并显示，单击“滤镜”→“扭曲”→“波浪”命令，继续使用之前设置的参数，单击“随机化”按钮，产生新的扭曲形态，效果即有所变化（图18-266、图18-267）。

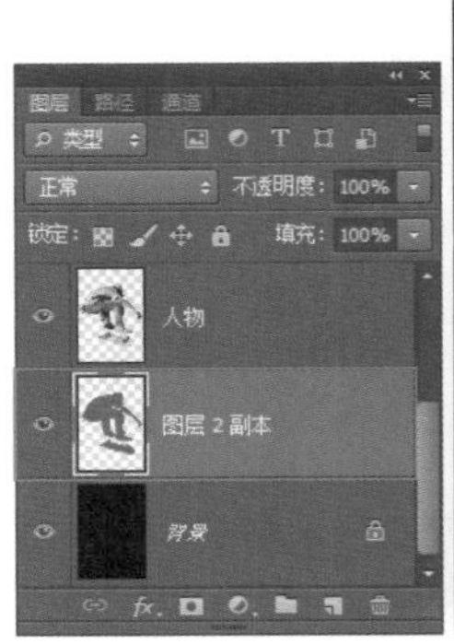

图18-266

图18-267

9.单击“滤镜”→“模糊”→“高斯模糊”命令，在打开的“高斯模糊”对话框中设置“半径”为48像素（图18-268），效果即

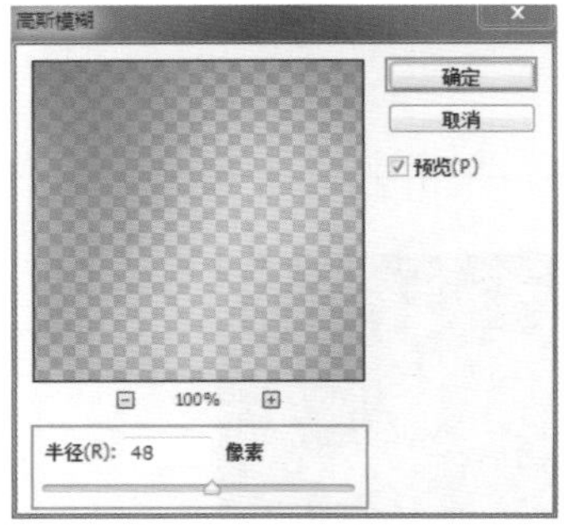

图18-268

图18-269

有所变化（图18-269）。

10.打开素材光盘中的“素材”→“第18章”→“18.6.2制作运动海报2”素材（图18-270、图18-271）。

11.将“图层1”拖入到画面中，变成“图层3”，并将其移至“背景”图层的上面（图18-272），效果即可呈现出来（图18-273）。

图18-270

图18-271

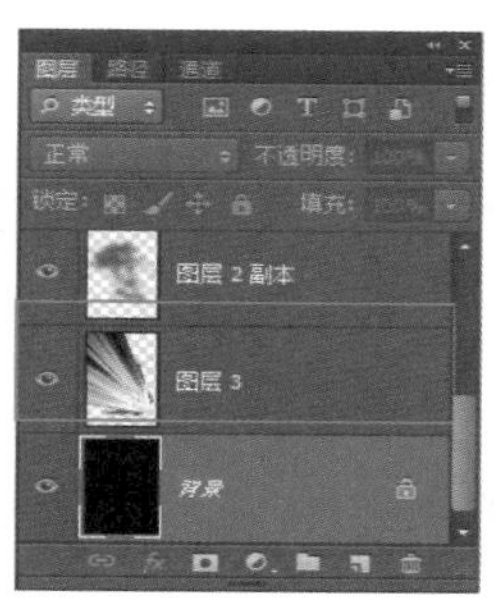

图18-272

图18-273

18.7　照片合成精髓

18.7.1　隐形人【视频】

1.按快捷键<Ctrl+O>打开素材光盘中的“素材”→“第18章”→“18.7.1隐形人1、2”两张素材（图18-274、图18-275）。

2.使用“移动”工具 将“隐形人2”照片拖入人物照片中，设置图层的混合模式为“变暗”（图18-276、图18-277）。

要点提示

照片合成会用到大量素材，这些文件素材的重命名方式一般应以汉字为主，相同内容可以在汉字后面增加数字。不要随意将名称临时命名为单独的数字，如111、222、333等，这样看似方便，但时间一长就容易忘掉。

图18-274

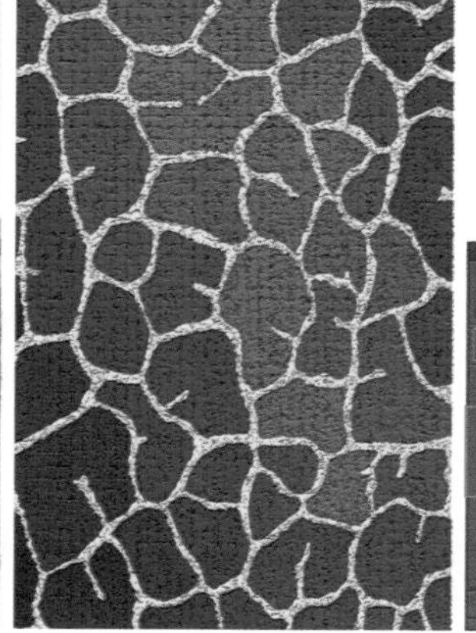

图18-275

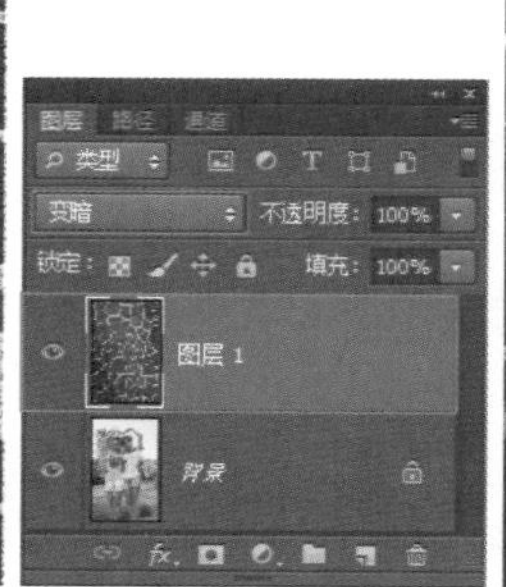

图18-276

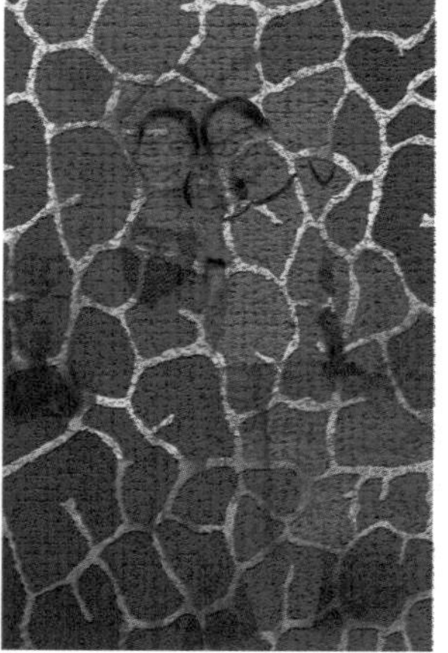

图18-277

3.将“背景”图层复制，并拖动到图层最顶层（图18-278），使用“快速选择”工具 将人物的腿和面部区域选中（图18-279）。

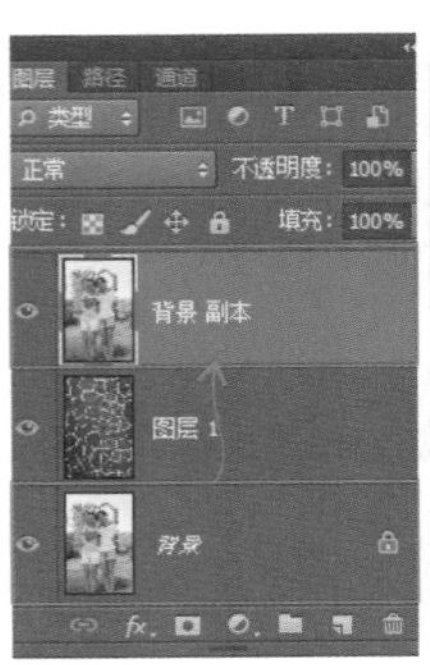
图18-278

图18-279

4.在“图层”控制面板中单击“添加蒙版”按钮 ，基于选区创建蒙版，将选区外的图像隐藏（图18-280、图18-281）。

图18-280

图18-281

5.单击“调整”控制面板中的“色阶”按钮 ，创建“色阶”调整图层，在“属性”控制面板中拖动控制滑块，增加图像的对比度（图18-282），效果即可呈现出来（图18-283）。

图18-282

图18-283

18.7.2 突破 [视频]

1.按快捷键<Ctrl+O>打开素材光盘中的“素材”→“第18章”→“18.7.2突破1”素材（图18-284）。

图18-284

2.单击“调整”控制面板中的“色相/饱和度”按钮 ，创建“色相/饱和度”调整图层，在“属性”控制面板中拖动控制滑块，降低图片的饱和度（图18-285），效果即有所变化（图18-286）。

图18-285

图18-286

3.新建图层并命名为“裂口”，使用“画笔”工具在画面右侧绘制一个裂口的形状（图18-287、图18-288）。

图18-287

图18-288

4.选取“工具箱”中的“多边形套索”工具在裂口的右侧创建选区。新建图层，将其拖至“裂口”图层的下方，并命名为“卷边”。设置前景色为白色，并填充到选区（图18-289、图18-290）

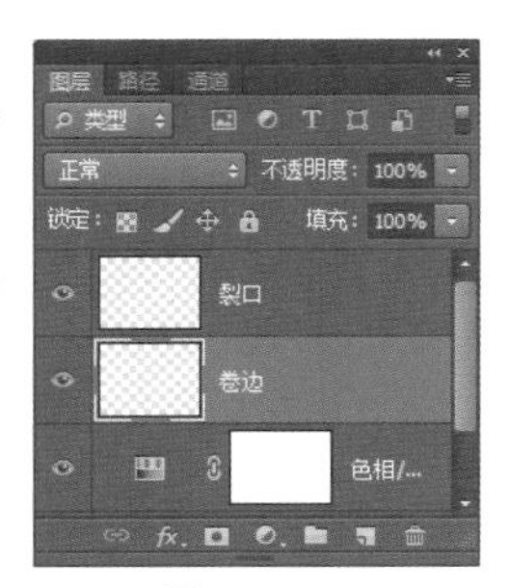

图18-289

图18-290

5.双击“卷边”图层，在打开的“图层样式”对话框中分别对“投影”、“内发光”和“渐变叠加”效果进行设置（图18-291～18-293），制作裂开纸张的卷边效果（图18-294）。

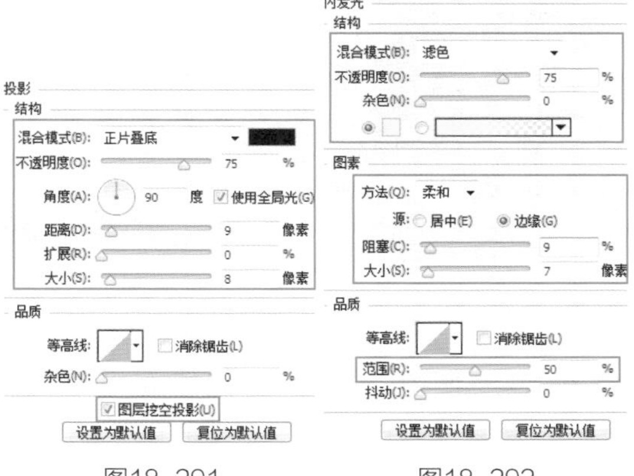

图18-291　图18-292

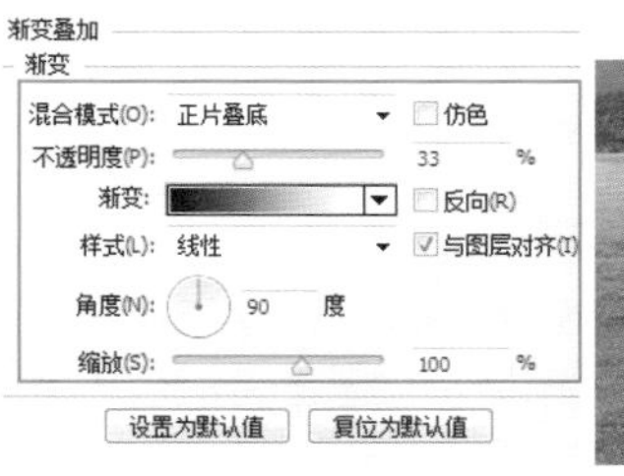

图18-293

图18-294

要点提示

添加图层效果是获得逼真效果的利器，其中“角度”参数值的设置至关重要，只有仔细调整方位与角度，才能塑造真实的效果。

6.打开素材光盘中的“素材”→“第18章”→“18.7.2突破2”素材（图18-295），将其拖入到当前文档中，将该图层移至“裂口”图层的上方，并对牛的大小和位置进行调整（图18-296）。

图18-295

图18-296

7.单击“添加蒙版”按钮，为该图层添加蒙版，使用“画笔”工具在牛的身上涂抹黑色，在裂口处涂抹时需细致，使图像与裂口处衔接准确，模拟出牛从裂口处跳出的效果（图18-297）。

图18-297

8.单击“调整”控制面板中的“色阶”按钮，创建“色阶”调整图层，在“属性”控制面板中调整色阶，使图像变亮（图18-298）。按快捷键<Ctrl+Alt+G>创建剪贴蒙版，使调整图层的变化只对牛的区域产生影响（图18-299、图18-300）。

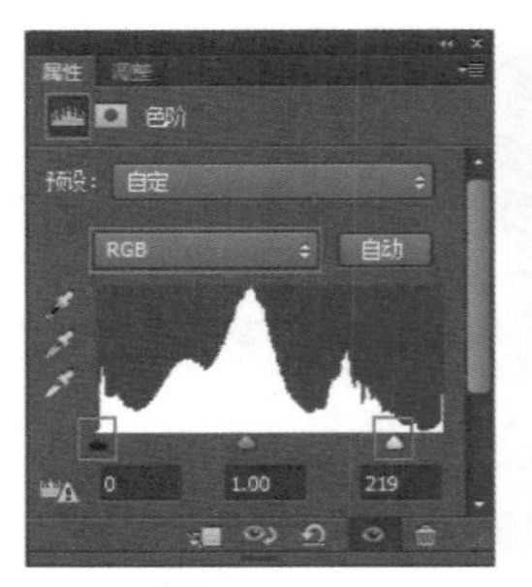

图18-298

图18-299

图18-300

9.新建图层并命名为“色调”，设置前景色为暗黄色（R：127、G：87、B：0），然后填充到该图层。设置图层的混合模式为“正片叠底”、“不透明度”为70%（图18-301、图18-302）。

图18-301

图18-302

10.单击“添加蒙版”按钮 ，为该图层添加蒙版，使用柔角“画笔”工具 在画面中涂抹黑色，模拟光照的效果（图18-303、图18-304）。

11.新建图层并命名为“加深”，设置图层的混合模式为“正片叠底”、“不透明度”为80%。设置前景色为深灰色，使用柔角“画笔”工具 在画面下方涂抹，丰富画面色调（图18-305），最终效果即可呈现出来（图18-306）。■

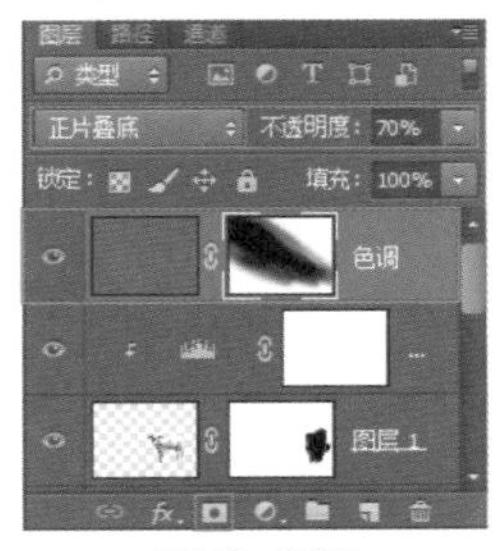

图18-303

图18-304

图18-305

图18-306

附录：快捷键一览

1.工具箱

（多种工具共用一个快捷键的可同时按<Shift>键加此快捷键选取）

矩形、椭圆选框工具 <M>

移动工具 <V>

套索、多边形套索、磁性套索工具 <L>

魔棒工具 <W>

裁剪工具 <C>

切片工具、切片选择工具 <K>

喷枪工具 <J>

画笔工具、铅笔工具 <B>

橡皮图章、图案图章 <S>

历史画笔工具、艺术历史画笔工具 <Y>

橡皮擦、背景擦除、魔术橡皮擦 <E>

渐变工具、油漆桶工具 <G>

模糊、锐化、涂抹工具 <R>

减淡、加深、海棉工具 <O>

路径选择工具、直接选取工具 <A>

文字工具 <T>

钢笔、自由钢笔 <P>

矩形、圆边矩形、椭圆、多边形、直线 <U>

写字板、声音注释 <N>

吸管、颜色取样器、度量工具 <I>

抓手工具<H>

缩放工具 <Z>

默认前景色和背景色 <D>

切换前景色和背景色 <X>

切换标准模式和快速蒙版模式 <Q>

标准屏幕模式、带有菜单栏的全屏模式、全屏模式 <F>

跳到ImageReady3.0中 <Ctrl+Shift+M>

临时使用移动工具 <Ctrl>

临时使用吸色工具 <Alt>

临时使用抓手工具 <空格>

2.文件操作

新建图形文件 <Ctrl+N>

打开已有的图像 <Ctrl+O>

打开为... <Ctrl+Alt+O>

关闭当前图像 <Ctrl+W>

保存当前图像 <Ctrl+S>

另存为... <Ctrl+Shift+S>

存储为供网页使用的图形 <Ctrl+Alt+Shift+S>

页面设置 <Ctrl+Shift+P>

打印预览 <Ctrl+Alt+P>

打印 <Ctrl+P>

退出Photoshop <Ctrl+Q>

3.编辑操作

还原／重做前一步 <Ctrl+Z>

一步一步向前还原 <Ctrl+Alt+Z>

一步一步向后重做 <Ctrl+Shift+Z>

淡入/淡出 <Ctrl+Shift+F>

剪切选取的图像或路径 <Ctrl+X>或<F2>

复制选取的图像或路径 <Ctrl+C>

合并复制 <Ctrl+Shift+C>

将剪贴板中的内容粘贴到当前图形中 <Ctrl+V>或<F4>

将剪贴板中的内容粘贴到选框中 <Ctrl+Shift+V>

自由变换 <Ctrl+T>

自由变换复制的像素数据 <Ctrl+Shift+T>

再次变换复制的像素数据并建立副本 <Ctrl+Shift+Alt+T>

删除选框中的图案或选取的路径 <Delete>

用背景色填充所选区域或整个图层 <Ctrl+BackSpace>或<Ctrl+Delete>

用前景色填充所选区域或整个图层 <Alt+BackSpace>或<Alt+Delete>

弹出“填充”对话框 <Shift+BackSpace>

从历史记录中填充 <Alt+Ctrl+Backspace>

打开“颜色设置”对话框 <Ctrl+Shift+K>

打开“预先调整管理器”对话框 <Alt+E>，放开后按<M>

打开“预置”对话框 <Ctrl+K>

显示最后一次显示的“预置”对话框 <Alt+Ctrl+K>

4.图像调整

调整色阶 <Ctrl+L>

自动调整色阶 <Ctrl+Shift+L>

自动调整对比度 <Ctrl+Alt+Shift+L>

打开“曲线调整”对话框 <Ctrl+M>

打开“色彩平衡”对话框 <Ctrl+B>

打开“色相 / 饱和度”对话框 <Ctrl+U>

去色 <Ctrl+Shift+U>

反相 <Ctrl+I>

打开“抽取”对话框 <Ctrl+Alt+X>

打开“液化”对话框 <Ctrl+Shift+X>

5.图层操作

从对话框新建一个图层 <Ctrl+Shift+ N>

以默认选项建立一个新的图层 <Ctrl+Alt+Shift+N>

通过复制建立一个图层（无对话框）<Ctrl+J>

从对话框建立一个通过复制的图层 <Ctrl+Alt+J>

通过剪切建立一个图层（无对话框）<Ctrl+Shift+J>

从对话框建立一个通过剪切的图层 <Ctrl+Shift+Alt+J>

与前一图层编组 <Ctrl+G>

取消编组 <Ctrl+Shift+G>

将当前层下移一层 <Ctrl+[>

将当前层上移一层 <Ctrl+]>

将当前层移到最下面 <Ctrl+Shift+[>

将当前层移到最上面 <Ctrl+Shift+]>

激活下一个图层 <Alt+[>

激活上一个图层 <Alt+]>

激活底部图层 <Shift+Alt+[>

激活顶部图层 <Shift+Alt+]>

向下合并或合并链接图层 <Ctrl+E>

合并可见图层 <Ctrl+Shift+E>

盖印或盖印链接图层 <Ctrl+Alt+E>

盖印可见图层 <Ctrl+Alt+Shift+E>

6.图层混合模式

循环选择混合模式 <Shift+->或<+>

正常 <Shift+Alt+N> 溶解 Dissolve <Shift+Alt+I>

正片叠底 <Shift+Alt+M>

屏幕<Shift+Alt+S>

叠加<Shift+Alt+O>

柔光<Shift+Alt+F>

强光<Shift+Alt+H>

颜色减淡<Shift+Alt+D>

颜色加深<Shift+Alt+B>

变暗<Shift+Alt+K>

变亮<Shift+Alt+G>

差值<Shift+Alt+E>

排除<Shift+Alt+X>

色相<Shift+Alt+U>

饱和度<Shift+Alt+T>

颜色<Shift+Alt+C>

光度<Shift+Alt+Y>

7.选择功能

全部选取 <Ctrl+A>

取消选择 <Ctrl+D>

重新选择 <Ctrl+Shift+D>

羽化选择 <Ctrl+Alt+D>

反向选择 <Ctrl+Shift+I>

载入选区<Ctrl>键+单击图层、路径、通道控制面板中的缩略图

按上次的滤镜参数再执行一次操作<Ctrl+F>

退去上次所做的滤镜效果<Ctrl+Shift+F>

重复上次所做的滤镜（可调参数）<Ctrl+Alt+F>

8.视图操作

选择彩色通道 <Ctrl+~>

选择单色通道 <Ctrl+数字>

选择快速蒙版 <Ctrl+\>

始终在视图窗口显示复合通道 <~>

以CMYK方式预览（开关）<Ctrl+Y>

打开/关闭色域警告<Ctrl+Shift+Y>

放大视图 <Ctrl++>

缩小视图 <Ctrl+->

满画布显示 <Ctrl+0>

实际像素显示 <Ctrl+Alt+0>

向上移动一屏 <PageUp>

向下移动一屏 <PageDown>

向左移动一屏 <Ctrl+PageUp>

向右移动一屏<Ctrl+PageDown>

向上移动10个单位<Shift+PageUp>

向下移动10个单位<Shift+PageDown>

向左移动10个单位<Shift+Ctrl+PageUp>

向右移动10个单位<Shift+Ctrl+PageDown>

将视图移到左上角 <Home>

将视图移到右下角 <End>

显示 / 隐藏选择区域 <Ctrl+H>

显示 / 隐藏路径<Ctrl+Shift+H>

显示 / 隐藏标尺 <Ctrl+R>

捕捉 <Ctrl+;>

锁定参考线 <Ctrl+Alt+;>

显示/隐藏“颜色”面板 <F6>

显示/隐藏“图层”面板 <F7>

显示/隐藏“信息”面板 <F8>

显示/隐藏“动作”面板 <F9>

显示/隐藏操作界面中除菜单栏以外的所有命令面板 <TAB>

显示/隐藏操作界面右侧的所有命令面板<Shift+TAB>

9.文字处理

（在字体编辑模式中应用）

显示/隐藏“字符”面板 <Ctrl+T>

显示/隐藏“段落”面板<Ctrl+M>

左对齐或顶对齐 <Ctrl+Shift+L>

中对齐 <Ctrl+Shift+C>

右对齐或底对齐 <Ctrl+Shift+R>

向左/右选择 1 个字符 <Shift+←/< Shift+→>

向下/上选择 1 行 <Shift+↑>/< Shift+↓>

选择所有字符 <Ctrl+A>

显示/隐藏字体，选取底纹 <Ctrl+H>

选择从插入点到鼠标单击点的字符：向左/右移动 1 个字符 <Shift+←>/<Shift+→>；向下/上移动 1 行 <Shift+↑>/<Shift+↓>；向左/右移动1个字符 <Shift+Ctrl+←>/<Shift+Ctrl+→>

将所选文本的文字大小减小2 个像素 <Ctrl+Shift+<>

将所选文本的文字大小增大2 个像素 <Ctrl+Shift+>>

将所选文本的文字大小减小10 个像素 <Ctrl+Alt+Shift+<>

将所选文本的文字大小增大10 个像素 <Ctrl+Alt+Shift+>>

将行距减小2个像素 <Alt+↓>

将行距增大2个像素 <Alt+↑>

将基线位移减小2个像素 <Shift+Alt+↓>

将基线位移增加2个像素 <Shift+Alt+↑>

将字距微调或将字距减小20/1000ems <Alt+←>

将字距微调或将字距增加20/1000ems <Alt+→>

将字距微调或将字距减小 100/1000ems <Ctrl+Alt+←>

将字距微调或将字距增加 100/1000ems <Ctrl+Alt+→>

参考文献

[1] 李金明，李金荣. Photoshop CS6完全自学教程 [M]. 北京：人民邮电出版社，2012.

[2] 王日光. Photoshop蜕变突出色感的人像摄影后期处理攻略 [M]. 北京：人民邮电出版社，2012.

[3] 曹培强，等. Photoshop CS5数码人像摄影后期精修108技 [M]. 北京：科学出版社，2010.

[4] 司清亮. Photoshop 数码人像精修全攻略 [M]. 北京：中国铁道出版社，2012.

[5] 张磊，冯翠芝. Photoshop婚纱与写真艺术摄影后期处理技法 [M]. 北京：中国铁道出版社，2011.

[6] 耿洪杰，王凯波. Photoshop人像摄影后期调色实战圣经 [M]. 北京：电子工业出版社，2012.

[7] 钟百迪，张伟. Photoshop人像摄影后期调色圣经 [M]. 北京：电子工业出版社，2011.

[8] 丁实. Photoshop人像精修专业技法 [M]. 北京：中国青年出版社，2012.

[9] 朱印宏. Photoshop人像照片精修技法 [M]. 北京：石油工业出版社，2010.

[10] 董明秀. Photoshop人像修饰密码 [M]. 北京：清华大学出版社，2012.